高等院校化学化工类专业新形态规划教材

分离工程

（第二版）

Separation Engineering

赵德明　祝铃钰　主编

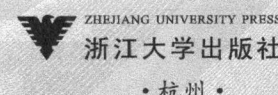
浙江大学出版社
·杭州·

内 容 提 要

本书从分离过程的特征、分类、研究内容及方法出发，详细地介绍了多组分分离基础、多组分精馏的简捷计算和严格计算、多组分气体吸收和解吸、特殊精馏（包括恒沸精馏、萃取精馏、加盐精馏和反应精馏等）、萃取技术、结晶、其他新型分离方法（吸附、离子交换、膜分离、薄层色谱、柱色谱、纸色谱等）、分离过程及设备的效率与节能、常用分离过程的工程操作要点、仿真模拟、绿色分离及工程实例等内容。各章均附例题和习题，以利于读者对本书内容的理解和运用。

本书具有"强化基础、拓宽专业、联系实际、信息丰富、启发思维、引导创新和便于自学"等特点，可作为高等院校化学工程与工艺及相关专业本科生的教材，亦可供化工领域从事科研、设计和生产的科技人员参考。

图书在版编目（CIP）数据

分离工程 / 赵德明，祝铃钰主编. -- 2版. -- 杭州：
浙江大学出版社，2025.2. -- ISBN 978-7-308-25924-8
Ⅰ．TQ028
中国国家版本馆CIP数据核字第20258Y0G89号

分离工程（第二版）
赵德明　祝铃钰　主编

丛书策划	季　峥
责任编辑	季　峥（really@zju.edu.cn）　潘晶晶
责任校对	蔡晓欢
封面设计	周　灵
出版发行	浙江大学出版社
	（杭州市天目山路148号　邮政编码310007）
	（网址：http://www.zjupress.com）
排　　版	杭州晨特广告有限公司
印　　刷	浙江新华数码印务有限公司
开　　本	787mm×1092mm　1/16
印　　张	16
字　　数	389千
版 印 次	2025年2月第2版　2025年2月第1次印刷
书　　号	ISBN 978-7-308-25924-8
定　　价	65.00元

版权所有　侵权必究　　印装差错　负责调换
浙江大学出版社市场运营中心联系方式：0571—88925591；http://zjdxcbs.tmall.com

第二版前言

《分离工程》第一版自2011年出版以来,受到广泛关注,并取得良好的教学效果。

近年来,高等教育形式发生了很大的变化,学科发展日新月异。为此,在浙江大学出版社的支持下,我们根据党的二十大精神的要求,结合近年来应用研究型大学建设、新工科建设提出的"瞄准化工前沿技术、注重学科交叉融合"的课程建设方向,"产教融合""互联网+"等教育改革的时代背景和学科最新进展,对第一版进行修订,使之成为适合应用研究型本科院校使用的专业教材。

这次修订在第一版的课程教学体系结构的基础上,保留分离过程介绍、多组分传质平衡分离基础、多组分精馏的简捷计算和严格计算、多组分气体吸收和解吸、特殊精馏(包括恒沸精馏、萃取精馏、加盐精馏和反应精馏等)、萃取技术、结晶过程、其他新型分离方法(包括吸附、离子交换、膜分离、薄层色谱、柱色谱和纸色谱等)、分离过程及设备的效率与节能等内容,增加了常用分离技术的工程操作要点、仿真模拟、绿色分离技术及应用等内容,并编制专业英语词汇微课等数字化内容,读者可通过扫描二维码实现线上学习,满足个性化学习、差异化学习、延伸学习、深度学习的需要。本次再版注重知识点与专业生产实践、生活实践、学科新成果的"三结合",强化工程应用,增加课程教学的实效性;对教学中的"思政元素"进行挖掘和分类,以"绿色分离""节能减排""清洁生产""环境保护"为主题进行渗透,实现科学性和思想性的有机结合,体现党的二十大报告中提出的"推进大中小学思政教育一体化建设"的要求;通过微课补充专业英语相关知识,提高学生的英语读写能力,拓宽学生的国际视野,为化工教学与国际接轨起到积极的推动作用。

本书自第一版出版后,执笔人赵德明(第1章、第3章、第6~9章全部,第2章、第4章部分)、金鑫丽(第5章全部,第2章、第4章部分)提出了修改意见和建议。本次修订由赵德明负责大部分章节的修改、统稿,由祝铃钰审核定稿,祝铃钰参与了部分章节的修改补充及微课的编制。

本书的再版得到了浙江工业大学化学工程学院、浙江大学出版社的指导和支持。使用第一版的老师和学生对本书的建设和修订提出了许多宝贵的意见与建议,在此表示诚挚的感谢。

分离过程种类繁多，而且新的分离过程不断出现，限于编写人员的水平，书中不妥之处在所难免，衷心希望广大读者和有关专家学者予以批评指正，以便在重印和再版时改正。

编　者

2024 年 6 月

第一版前言

分离工程是研究化工及其他相关过程中物质的分离和纯化方法的一门技术科学。研究对象是化工及其相关过程中基本的分离单元操作过程。在相当多的生产过程中，它对生产成本、产品质量和对环境的污染程度等起到了关键甚至决定性的作用。它为石化工业、无机和有机化学工业、石油加工、资源和能源工业、材料工业、聚合物加工、生化工业、制药工业、环境保护、核工业等许多国民经济重要工业领域的成长和技术进步做出了极其重要的贡献。现代科学技术的发展，尤其是以新能源、新材料、电子和信息技术、现代生物技术、环境保护技术、可再生资源利用技术等为代表的高新科技的兴起和发展，向分离技术提出了新的艰巨挑战，这使得分离工程成为近半个世纪以来发展最为迅速的化学工程技术之一。因此，分离工程在提高化工生产过程的经济效益和社会效益上起着举足轻重的作用。

"分离工程"作为化工专业及其相关专业的一门骨干课程，具有应用性和实践性较强，内容涉猎面广、跨度大、知识点多等特点。它在化工生产实际中及化工类及相关专业的人才培养中有着重要的地位和作用。"分离工程"课程是在学习"化工热力学""物理化学""化工原理""化学反应工程"等专业课基础上的提升。本教材注意与先修专业基础课的衔接，在内容上突出传质分离过程的基础理论，并注重培养学生理论联系实际的能力，拓宽其在分离工程领域的知识面，以适应多种专业化方向和化工企业对人才培养的需要。

根据化工类专业的培养目标和培养方向，我们编写了这本《分离工程》教材，以适应培养新世纪高水平专业技术人才的需要。本教材定位为应用型本科教材，使用对象为教学研究型与教学型学校的学生，面向化工生产实际，面向就业，突出应用性；编写原则是强化基础、拓宽专业、联系实际、信息丰富、启发思维、引导创新和便于自学。学生通过本课程的学习，应掌握传质过程和分离工程的基本理论，了解重要的分离单元操作及其设计、计算、应用基础，重视现代分离技术及其前沿发展，有利于培养学生扎实的理论基础、活跃的创新意识、分析和解决实际问题的能力以及利用先进的研究手段从事相关领域研究的能力。

本书包括分离过程介绍、多组分分离基础、多组分精馏的简捷计算和严格计算、多组分气体吸收和解吸、特殊精馏（包括恒沸精馏、萃取精馏、加盐精馏和反应精馏等）、萃取技术、结晶过程、其他新型分离方法（包括吸附、离子交换、膜分离、薄层色谱、柱色谱和纸色谱等）和分离过程及设备的效率与节能等内容。它以分离工程设计为主线，注重理论联系实际，密切结合工程实际问题,内容由浅入深、循序渐进,力求概念清晰、层次分明,便于自学。本书可作为高等院校化学工程与工艺及相关专业本科生的教材,亦可供化工领域从事科研、设计和生产的科技人员参考。

本书由浙江工业大学赵德明主编,其中第1、3、6～9章由赵德明编写,第5章由浙江工业大学金鑫丽编写,第2章和第4章由赵德明和金鑫丽共同编写。最后,感谢李敏和竺三奇等同学在文字输入、插图绘制和书稿校验等方面给予的帮助,特别是对李敏同学付出的大量辛苦劳动表示感谢。

分离过程种类繁多,而且新的分离过程不断出现,限于编写人员水平,书中不妥之处在所难免,衷心希望广大读者和有关专家学者予以批评指正。

编 者

2010 年 10 月

目 录

第 1 章　绪论 ··· 1

　1.1　分离过程的重要性 ··· 1
　　1.1.1　分离技术的发展历程 ·· 1
　　1.1.2　分离过程在工业生产中的地位和作用 ················ 2
　1.2　绿色分离过程的内涵 ·· 6
　1.3　分离过程的特征及分类 ··· 6
　　1.3.1　分离过程的定义 ··· 6
　　1.3.2　分离过程的特征 ··· 7
　　1.3.3　分离过程的分类 ··· 7
　　1.3.4　分离过程的研究特点 ·· 8
　1.4　分离过程中的纳米结构 ··· 9
　1.5　分离工程实例 ·· 9

第 2 章　多组分分离基础 ··· 11

　2.1　多元物系的气液相平衡及其计算 ···························· 11
　　2.1.1　气液相平衡的物系分类 ···································· 11
　　2.1.2　非理想溶液的相平衡关系与活度系数的计算 ····· 13
　　2.1.3　多组分物系泡点与露点的计算 ·························· 19
　2.2　多组分单级平衡分离 ··· 27
　　2.2.1　部分汽化和冷凝 ·· 27
　　2.2.2　等温闪蒸 ·· 31
　　2.2.3　绝热闪蒸 ·· 32

第 3 章　多组分精馏 ·· 41

　3.1　多组分简单精馏塔 ·· 41
　　3.1.1　精馏过程分析 ·· 41
　　3.1.2　设计变量的确定 ·· 44
　　3.1.3　简捷计算法 ··· 46
　　3.1.4　逐板计算法 ··· 61
　3.2　多组分复杂精馏塔 ·· 64

		3.2.1 精馏塔流程 ………………………………………………………	64
		3.2.2 简捷计算法 ………………………………………………………	65
		3.2.3 逐板计算法 ………………………………………………………	72
	3.3	常规普通精馏塔的内部结构 ………………………………………………	78
	3.4	精馏塔的操作 ……………………………………………………………	79
		3.4.1 精馏塔的开、停车 ………………………………………………	79
		3.4.2 精馏塔运行调节 …………………………………………………	80
		3.4.3 精馏操作中不正常现象及处理方法 ………………………………	82
	3.5	精馏过程仿真实例 ………………………………………………………	83

第 4 章 特殊精馏 …………………………………………………………………… 87

	4.1	恒沸精馏 …………………………………………………………………	87
		4.1.1 恒沸物的形成与特性 ……………………………………………	88
		4.1.2 恒沸剂选择和恒沸精馏流程 ……………………………………	91
		4.1.3 恒沸精馏过程的计算 ……………………………………………	96
	4.2	萃取精馏 …………………………………………………………………	114
		4.2.1 萃取精馏的基本原理 ……………………………………………	114
		4.2.2 萃取剂的选择 ……………………………………………………	116
		4.2.3 萃取精馏流程 ……………………………………………………	117
		4.2.4 萃取精馏的计算 …………………………………………………	118
		4.2.5 萃取精馏与恒沸精馏的比较 ……………………………………	127
	4.3	加盐萃取精馏 ……………………………………………………………	127
	4.4	反应精馏 …………………………………………………………………	127
		4.4.1 反应精馏的应用 …………………………………………………	128
		4.4.2 反应精馏过程 ……………………………………………………	128

第 5 章 多组分吸收和解吸 ………………………………………………………… 137

	5.1	吸收分离概述 ……………………………………………………………	137
		5.1.1 吸收过程的分类及应用 …………………………………………	137
		5.1.2 吸收过程的基本原理 ……………………………………………	139
		5.1.3 吸收过程流程 ……………………………………………………	142
		5.1.4 多组分吸收过程的特点 …………………………………………	144
	5.2	多组分吸收过程的计算 …………………………………………………	144
		5.2.1 吸收塔的简捷计算法 ……………………………………………	145
		5.2.2 吸收塔的逐板计算法 ……………………………………………	156
	5.3	吸收过程操作条件及因素分析 …………………………………………	163
		5.3.1 吸收过程的必要条件和限度 ……………………………………	163

		5.3.2 吸收过程的操作因素	164
		5.3.3 吸收剂的选择	165
5.4	吸收塔的热量平衡		166
5.5	多组分吸收液的解吸		166
		5.5.1 解吸的方法	166
		5.5.2 解吸过程的计算	168
5.6	吸收蒸出塔		169
5.7	工业吸收装置实操要点		169
		5.7.1 填料吸收塔的开、停车	169
		5.7.2 吸收操作的调节	169
		5.7.3 吸收操作不正常现象及处理方法	170
5.8	气体吸收过程的仿真操作		171

第 6 章 萃取技术 … 174

6.1	液液萃取		174
		6.1.1 液液萃取的基本概念和理论	175
		6.1.2 萃取过程与萃取剂	178
		6.1.3 液液萃取过程的计算	179
		6.1.4 液液萃取设备	187
6.2	双水相萃取		189
6.3	反胶团萃取		190
6.4	超临界流体萃取		190

第 7 章 结晶 … 192

7.1	结晶过程概述		192
		7.1.1 结晶的基本概念	192
		7.1.2 结晶过程	194
7.2	溶液结晶基础		194
		7.2.1 溶解度	194
		7.2.2 结晶机理和动力学	198
		7.2.3 结晶的粒数衡算和粒度分布	198
		7.2.4 收率的计算	202
7.3	熔融结晶基础		203
7.4	结晶过程与设备		204

第 8 章 新型分离方法 … 206

| 8.1 | 吸附 | | 206 |

        8.1.1　吸附现象与吸附剂 …………………………………………………… 206
        8.1.2　吸附平衡与速率 …………………………………………………… 211
        8.1.3　固定床吸附过程 …………………………………………………… 217
        8.1.4　变压吸附过程 ……………………………………………………… 218
    8.2　离子交换 …………………………………………………………………… 218
    8.3　膜分离过程 ………………………………………………………………… 219
        8.3.1　反渗透 ……………………………………………………………… 219
        8.3.2　纳滤 ………………………………………………………………… 222
        8.3.3　微滤和超滤 ………………………………………………………… 222
        8.3.4　电渗析 ……………………………………………………………… 223
        8.3.5　气体膜分离 ………………………………………………………… 224
        8.3.6　液膜分离 …………………………………………………………… 225
    8.4　色谱法 ……………………………………………………………………… 225
        8.4.1　薄层色谱法 ………………………………………………………… 225
        8.4.2　纸色谱法 …………………………………………………………… 229
        8.4.3　柱色谱法 …………………………………………………………… 229

第9章　分离过程的节能 ……………………………………………………………… 232

    9.1　分离过程节能的基本概念及热力学分析 ………………………………… 232
        9.1.1　有效能(熵)衡算 …………………………………………………… 232
        9.1.2　等温分离最小功 …………………………………………………… 233
        9.1.3　非等温分离最小功 ………………………………………………… 234
        9.1.4　净功耗 ……………………………………………………………… 235
        9.1.5　热力学效率 ………………………………………………………… 235
    9.2　精馏节能技术 ……………………………………………………………… 235
        9.2.1　设置中间冷凝器和中间再沸器的精馏 …………………………… 236
        9.2.2　多效精馏 …………………………………………………………… 236
        9.2.3　热泵精馏 …………………………………………………………… 238
    9.3　有关分离操作的节能经验规则 …………………………………………… 238
    9.4　分离过程系统合成 ………………………………………………………… 239
        9.4.1　分离序列数 ………………………………………………………… 239
        9.4.2　分离序列的合成方法 ……………………………………………… 241
        9.4.3　复杂塔的分离序列 ………………………………………………… 243
    9.5　氯化苯硝化反应产物分离 ………………………………………………… 244
    9.6　甲醛酯和乙醇酯分离技术 ………………………………………………… 245

第 1 章

绪　论

基本有机化工生产的产品种类繁多,生产方法各异,但都包含原料预处理、化学反应和加工精制等过程。原料预处理之所以必要,是因为存在于自然界的原料多数是不纯的。例如,石油是由多种碳氢化合物组成的液体混合物,煤也是复杂的多组分固体混合物,其中有我们需要的物质,也有我们不需要的甚至有害的物质。如果直接采用这样的原料去进行化学反应,让那些与反应无关的多余组分一起通过反应器,轻则影响反应器的处理能力,使生成的产物组成复杂化,重则损坏催化剂和设备,使反应无法顺利进行。因此,反应前的分离操作往往是必不可少的。

至于反应器出来的中间产物或粗产品需要分离,其理由也十分明显。这是因为,绝大多数有机化学反应都不可能百分之百地完成,而且除主反应外尚有副反应发生,从反应器出来的产物往往是由目的产物、副产物和未反应的原料组成的,要得到产品,必须进行分离。

在实际产品的生产中,尽管反应器是至关重要的设备,但在整个流程中,分离设备在数量上远远超过反应设备,其投资成本也不在反应设备以下,而消耗于分离的能量和操作费用在产品成本中也占极大的比重。因此,对分离过程必须予以极大的重视。

1-1　微课:分离过程介绍专业英语词汇

1.1　分离过程的重要性

1.1.1　分离技术的发展历程

在化学工业的发展过程中,人们最初以具体产品为对象,分别进行各种产品的生产过程和设备的研究。随着化工生产的发展,人们逐渐认识到,其生产过程的显著特点是所用原料广泛,生产工艺不同,产品品种繁杂,性质各异。但归纳起来,各个生产工艺都遵循相同的规律,即都可以由分离过程的基本操作和化学反应过程所组成,如图 1-1 所示。

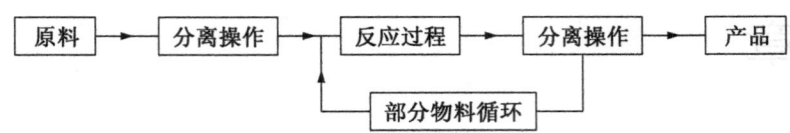

图 1-1 一般情况下产品的生产过程

化工分离技术是伴随着化学工业的发展而逐渐形成和发展的。现代化学工业出现于18世纪产业革命以后的欧洲,当时,纯碱和硫酸的制备及应用等无机化学工业成为现代化学工业的开端。19世纪,以煤为基础原料的有机化工在欧洲也发展起来,当时的煤化学工业主要着眼于苯、甲苯和酚等各种化学产品的开发,在这些化工生产中应用了吸收、蒸馏、过滤和干燥等操作。19世纪末20世纪初,大规模的石油炼制促进了化工分离技术的成熟与完善。20世纪30年代,美国出版了第一部《化学工程原理》。50年代中期提出传递过程原理,把单元操作进一步解析成三种基本传递过程,即动量传递、热量传递和质量传递。进入20世纪70年代以后,化工分离技术向高级化、应用广泛化发展。与此同时,化学分离技术与其他科学技术相互交叉渗透,产生了一些更新的边缘分离技术,如生物分离技术、膜分离技术、环境化学分离技术、纳米分离技术和超临界流体萃取等技术。进入21世纪以来,化工分离技术面临一系列新的挑战,其中最主要的来自能源、原料和环境保护三大方面。此外,化工分离技术还能对农业、食品和食品加工、城市交通和建设等做出贡献。

近几年来,科技人员在分离过程及设备的强化和提高效率、分离技术研究和过程模拟、分离新技术开发几个主要方面做了大量的工作,取得了一定的成果。通过这些研究成果在工业上的应用,强化了现有的生产过程和设备,在降低能耗、提高效率、开发新技术和设备、实现生产控制和工业设计最优化等方面发挥了巨大作用,同时也促进了化学工业的进一步发展。

需要说明的是,分离技术不仅仅可应用于化学工业。生产实践证明,将地球上各种各样混合物进行分离和提纯是提高和改善生活水平的一种重要途径。例如,冶炼技术的发明使人类从石器时代进入铜器时代,开始向文明社会进步。放射性铀的同位素分离成功,使人类迎来了原子能时代。将水和空气中的微量杂质除去的分离技术,大幅度提高了超大规模集成电器元件的成品合格率,使它得以实现商业化生产。深冷分离技术可以从混合气体中分离出纯氧、纯氮和纯氢,获得了接近绝对零度的低温,为科学研究和生产技术提供了极为宽广的发展基础,为火箭提供了具有极大推动力的高能燃料。从水中除去盐和有毒物质的蒸馏、吸附、萃取和膜分离等分离技术,使人们能从海水中提取淡水,从污水中回收干净的水和其他有用的东西。当代工业的三大支柱是材料、能源和信息,这三大产业的发展都离不开新的分离技术。人类生活水平的进一步提高也有赖于新的分离技术。在21世纪,分离技术必将日新月异,再创辉煌。

1.1.2 分离过程在工业生产中的地位和作用

1. 分离过程在化工生产中的重要性

分离过程是将混合物分成互不相同的两种或几种产品的操作。一个典型的化工生产装置通常是由一个反应器(有时多于一个)和具有提纯原料、中间产物、产品的多个分离设备以及泵、换热器等构成。分离操作一方面为化学反应提供符合质量要求的原料,清除对反应器或催化剂有害的杂质,减少副反应和提高收率;另一方面对反应产物进行分离提纯,以得到合格的产品,并使未反应的反应物得以循环利用。此外,分离操作在环境保护和充分利用资源方面起着特别重要的作用。因此,分离操作在化工生产中具有十分重要的地位,在提高生产过程的经济效益和产品质量上起着举足轻重的作用。对大型的石油工业和以化学反应为中心的石油化工生产过程,分离装置的费用占总投资的50%~90%。

图1-2为乙烯连续水合生产乙醇的工艺流程简图。其核心设备是固定床催化反应器,操作温度约为300℃,压力约为6.5MPa,反应器中进行的主反应为 $C_2H_4 + H_2O \rightarrow C_2H_5OH$。此外,乙烯还会发生若干副反应,生成乙醚、异丙醇、乙醛等副产物。由于热力学平衡的限制,乙烯的单程转化率一般仅为5%,因此必须有较大的循环比。通常,反应产物先经分凝器及水吸收塔与未反应的乙烯分离,后者返回反应系统。反应产物则需经进一步处理以获得合格产品。反应产物从吸收塔出来先送入闪蒸塔,由该塔出来的闪蒸气体用水吸收,以防止乙醇损失。反应产物进入粗馏塔,由塔顶蒸出含有乙醚及乙醛的浓缩乙醇,再经气相催化加氢将其中的乙醛转化成乙醇。乙醚在脱轻组分塔蒸出,并送入水吸收塔回收其中夹带的乙醇。最终产品是在产品塔中得到的,在距产品塔顶数块板处引出浓度为93%的含水乙醇产品。塔顶引出的轻组分送至催化加氢反应器,废水由塔釜排出。此外尚有一些设备用来浓缩原料乙烯、除去对催化剂有害的杂质以及回收废水中有价值的组分等。由上述流程可以看出,这一生产过程中涉及的分离操作很多,有分凝吸收、闪蒸和精馏等。

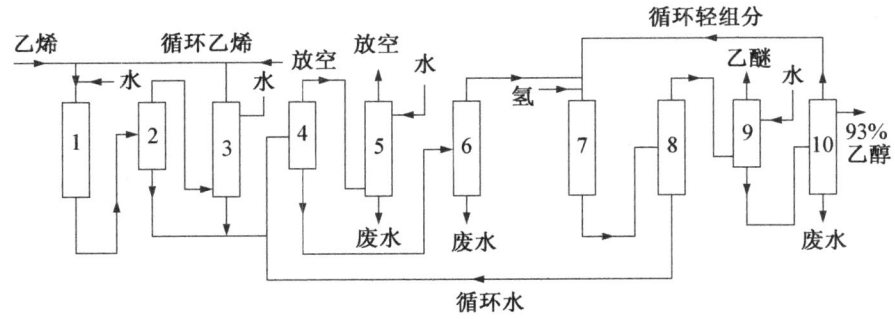

1—固定床催化反应器;2—分凝器;3,5,9—吸收塔;4—闪蒸塔;
6—粗馏塔;7—催化加氢反应器;8—脱轻组分塔;10—产品塔
图1-2 乙烯水合生产乙醇的工艺流程

在某些化工生产中,分离操作就是整个过程的主体部分。例如,石油裂解气的深冷分离、碳四馏分分离生产丁二烯、芳烃分离等过程。图1-3为对二甲苯生产流程简图。对二甲苯是一种重要的石油化工产品,主要用于制造对苯二甲酸。将沸程在120~230K的石脑油送入重整反应器,使烷烃转化为苯、甲苯、二甲苯和高级芳烃的混合物。该混合烃首先经脱丁烷塔以除去丁烷和轻组分。塔釜出料进入液液萃取塔。在此,烃类与不互溶的溶剂(如乙二醇)相接触。芳烃选择性地溶解于溶剂中,而烷烃和环烷烃则不溶。含芳烃的溶剂被送入再生塔中,在此将芳烃从溶剂中分离,溶剂则循环回萃取塔。在流程中,继萃取之后还有两个精馏塔。第一塔用以从二甲苯和重芳烃中脱除苯和甲苯,第二塔是将混合二甲苯中的重芳烃除去。

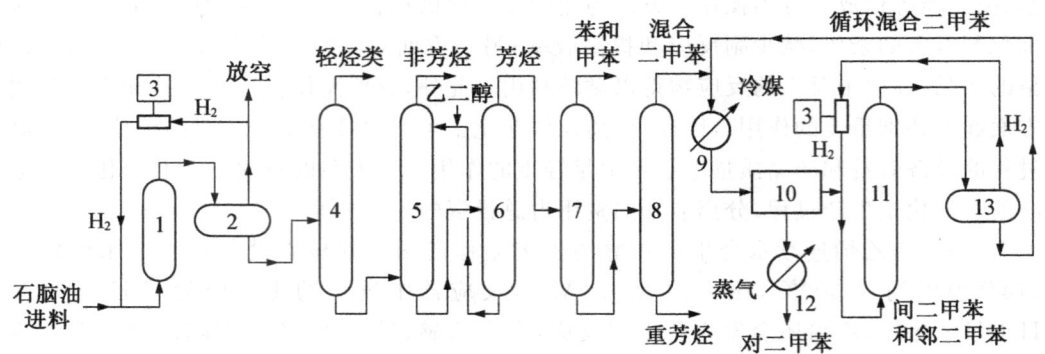

1—重整反应器;2,13—气液分离器;3—压缩机;4—脱丁烷塔;5—萃取塔;6—再生塔;
7—甲苯塔;8—二甲苯回收塔;9—冷却器;10—结晶器;11—异构化反应器;12—熔融器

图 1-3 二甲苯生产流程

从二甲苯回收塔塔顶馏出的混合二甲苯经冷却后在结晶器中生成对二甲苯的晶体。通过离心分离或过滤分出晶体,所得的对二甲苯晶体经熔化后便是产品。滤液则被送至异构化反应器,在此得到三种二甲苯异构体的平衡混合物,可再循环送去结晶。用这种方法几乎可将二甲苯馏分全部转化为对二甲苯。

上述两例说明了分离过程在石油和化学工业中的重要性。事实上,在医药、材料、冶金、食品、生化、原子能和环保等领域也都广泛地用到分离过程。例如,药物的精制和提纯,从矿产中提取和精选金属,食品的脱水、除去有毒或有害组分,抗生素的净制和病毒的分离,同位素的分离和重水的制备等,都离不开分离过程。而且这些领域对产品的纯度要求越来越高,对分离、净化、精制等分离技术提出了更多、更高的要求。

随着现代工业趋向大型化生产,所产生的大量废气、废水和废渣等更需集中处理和排放。对各种形式的流出废物进行末端治理,使其达到有关的排放标准,不但涉及物料的综合利用,而且关系到环境污染和生态平衡。如原子能废水中微量同位素物质,很多工业废气中的硫化氢、二氧化硫和氧化氮等都需妥善处理。

2. 分离过程在清洁生产工艺中的地位和作用

清洁生产工艺也称少废无废技术。它是面向 21 世纪社会和经济可持续发展的重大课题,也是当今世界科学技术进步的主要内容之一。所谓清洁生产工艺,即将生产工艺和防治污染有机地结合起来,在工艺过程中减少或消灭污染物,从根本上解决工业污染问题。开发和采用清洁生产工艺,既符合"预防优于治理的方针",又能降低原材料和能源的消耗,提高企业的经济效益,是保护生态环境和促进经济建设协调发展的最佳途径。故清洁生产工艺是一种节能、低耗、高效、安全、无污染的工艺技术。就化学工业而言,清洁生产工艺的本质是合理利用资源,减少甚至消除废料的产生。化学工业是工业污染的大户。化工生产所造成的污染来源于:①未回收的原料;②未回收的产品;③有用和无用的副产品;④原料中的杂质;⑤工艺的物料损耗。

化工清洁生产工艺应综合考虑原料的选择、反应路径的洁净化、物料分离技术的选择以及流程和工艺参数的确定等。因为化学反应是化工生产过程的核心,所以废物最小化问题必须首先考虑催化剂、反应工艺及设备,并与分离、再循环系统,换热器网络和公用工程等有机结合起来,作为整个系统予以解决。

化工清洁生产工艺包括的内容很多,其中与化工分离过程密切相关的有:①降低原材料和能源的消耗,提高有效利用率、回收利用率和循环利用率;②开发和采用新技术、新工艺,改善生产操作条件,以控制和消除污染;③采用生产工艺装置系统的闭路循环技术;④处理生产中的副产物和废物,减少或消除对环境的危害;⑤研究、开发和采用低物耗、低能耗、高效率的"三废"治理技术。因此,清洁生产工艺的开发和采用离不开传统分离技术的改进,新分离技术的研究、开发和工业应用,以及分离过程之间、反应和分离过程之间的集成化。

闭路循环系统是清洁工艺的重要方面,其核心是将过程中所产生的废物最大限度地回收和循环使用,减少生产过程中排出废物的数量。生产工艺过程的闭路循环如图 1-4 所示。

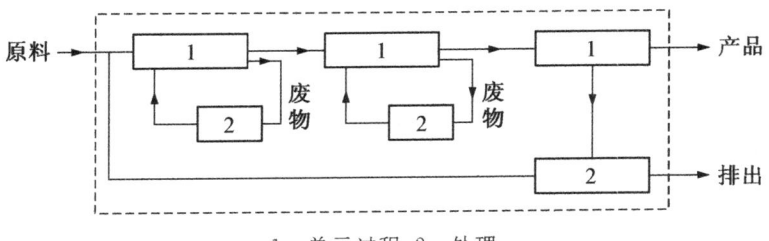

1—单元过程;2—处理
图 1-4 生产工艺过程的闭路循环示意

如果工艺中的分离系统能够有效地进行分离和再循环,那么该工艺产生的废物就少。实现分离与再循环系统使废物最小化的方法有以下几种:

①废物直接再循环。在大多数情况下,能直接再循环的废物流常常是废水,虽然它已被污染,但仍然能代替部分新鲜水作为进料使用。

②进料提纯。如果进料中的杂质参加反应,那么就会使部分原料或产品转变为废物。避免这类废物产生的最直接方法是净化或提纯进料。如果原料中有用成分浓度不高,则需提浓,例如许多氧化反应首选空气为氧气来源,而用富氧空气代替普通空气可提高反应转化率,减少再循环量,在这种情况下可选用气体膜分离法制造富氧空气。

③除去分离过程中加入的附加物质。例如在恒沸精馏和萃取精馏过程中需加入恒沸剂和溶剂,如果这些附加物质能够有效地循环利用,则不会产生太多废物,否则应采取措施降低废物的产生。

④附加分离与再循环系统。废物流一旦被丢弃,它含有的任何有用物质也将变为废物。在这种情况下,需要认真确定废物流中有用物质回收率的大小和对环境构成的污染程度,或许增加分离有用物质的设备、将有用物质再循环是比较经济的办法。

上述分析表明,清洁生产工艺除应避免在工艺过程中生成污染物,即从源头减少"三废"之外,生成废物的分离、再循环利用和废物的后处理也是极其重要的,而这后半部分任务大多是由化工分离操作承担和完成的。

上述种种原因都促使传统分离过程(如蒸发、精馏、吸收、吸附、萃取和结晶等)不断改进和发展;同时,新的分离方法(如固膜与液膜分离、热扩散及色层分离等)也不断出现,实现工业化应用。

1.2 绿色分离过程的内涵

欧洲委员会广泛地考察了"环境技术"的组成,它包括防止在生产过程中产生污染物的综合技术和新材料、节能和节约型过程、环境技术及工作的新方法。经济合作与发展组织(OECD)成员国的环境政策措施以命令和控制类法规为代表,例如《欧盟综合污染预防与控制》(IPPC)法规。在这些法规下,潜在的污染者被"命令"遵守特殊的法则,并受严格的监控。这些措施成功地减少了空气和水体的污染,例如,降低了温室气体和二氧化碳的排放量,改进了污水处理厂的处理能力。目前,OECD国家的环境政策正趋于更多地利用经济手段而较少地依赖命令和控制类法规。绿色分离过程能够在制造过程中更大程度地实现环境保护,从而更具有吸引力。

由于生产者已开始意识到绿色税收的经济内涵,例如通过绿色税收减少垃圾废物量,因此那些能够使生产者减少、再生或不产生废弃物的分离过程变得更为可行。

分离过程能够从废物流中恢复有价值的材料,尤其是即将耗尽的化石燃料和原生矿产。正确应用分离技术可最大量地生产目标材料并最小量地消耗化石燃料。

党的二十大报告指出,我们要加快发展方式绿色转型,实施全面节约战略,发展绿色低碳产业,倡导绿色消费,推动形成绿色低碳的生产方式和生活方式;深入推进环境污染防治,持续深入打好蓝天、碧水、净土保卫战,基本消除重污染天气,基本消除城市黑臭水体,加强土壤污染源头防控,提升环境基础设施建设水平,推进城乡人居环境整治;提升生态系统多样性、稳定性、持续性,加快实施重要生态系统保护和修复重大工程,实施生物多样性保护重大工程,推行草原森林河流湖泊湿地休养生息,实施好长江十年禁渔,健全耕地休耕轮作制度,防治外来物种侵害;积极稳妥推进碳达峰碳中和,立足我国能源资源禀赋,坚持先立后破,有计划分步骤实施碳达峰行动,深入推进能源革命,加强煤炭清洁高效利用,加快规划建设新型能源体系,积极参与应对气候变化全球治理。为消除污染,保护环境,绿色化工分离过程起着举足轻重的作用。特别是在"双碳"目标背景下,发展绿色化工过程是大势所趋。化工分离工程在绿色化工生产中起着重要的作用,应引导学生形成低碳环保意识,树立低碳生活的价值观,推进我国生态文明建设,促进社会全面发展。

1.3 分离过程的特征及分类

1.3.1 分离过程的定义

分离过程定义为,将一混合物转变为组成互不相同的两种或者两种以上产物的操作。

混合是自发过程,分离则是非自发过程。下面通过简单的例子来对分离过程的定义和特点进行解释。例如,水和盐的混合是一个自发的过程,但是从海水中提取盐的分离是非自发的,需要的条件有:①供给热量,使水沸腾、汽化,然后在较低温度下使其冷凝;②供给冷量,使纯水凝固,然后在较高温度下使其熔化;③将盐水加压,通过特殊的固体膜将水与盐分离。

1.3.2 分离过程的特征

在上面的例子中,通过加热等方法实现盐的分离,也就是说通过加入能量实现了分离。下面就分离过程中使用分离剂的情况做一简要介绍。图1-5是一个简单的分离过程示意图。

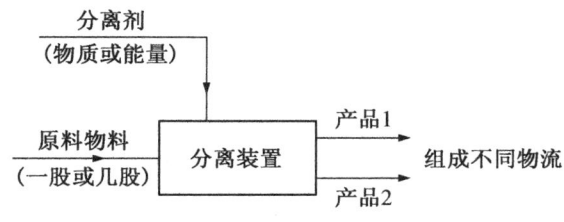

图1-5 一般分离过程示意

一股或者几股物流的原料进入分离装置,加入分离剂起分离作用,最后得到至少两股不同组成的产品。通常分离所需输入的能量由分离剂供给,分离剂又常常引起第二相物质的生成。分离剂的分类为:

①能量(热量、冷量或者功)作为分离剂,称为能量分离剂;
②物质(或者另一种原料)作为分离剂,称为质量分离剂;
③其他分离方法,如某种强制力(压力梯度、温度梯度、电、磁场力)及特殊膜等。
分离过程的特征往往由加入分离剂的性质决定。

1.3.3 分离过程的分类

分离过程可分为机械分离过程和传质分离过程两大类。

1. 机械分离过程

机械分离过程在"化工原理"这门课的一些单元操作过程中已经讲过,如萃取、过滤、沉降、固液分离和气液分离器等都属于这一类。

2. 传质分离过程

传质分离过程除了机械地将不同相加以分离外,相间还发生物质的传递。当两相平衡时,具有不同的组成,叫平衡分离过程,也可称为相平衡分离,主要根据相平衡实现分离。

依据所加分离剂的不同,分离过程可以分为以下几种:

(1) 能量分离剂的平衡过程

简单冷凝、简单蒸发、部分冷凝、部分蒸发、节流和减压精馏等均属这类过程,这些过程的共同点是所加分离剂均为能量(热量、冷量、减压等)。

(2) 质量分离剂的平衡过程

吸收(以不挥发性液体作分离剂)、气提(以不凝性气体作分离剂)、吸附和离子交换(分别以固体吸附剂和树脂作分离剂)及萃取(以不互溶液体作分离剂)等均属这类过程。

(3) 使用一个以上分离剂的平衡过程

如萃取精馏和恒沸精馏过程就是同时使用能量和质量分离剂(加入热量和适当液体)。

(4) 速率控制过程

有些过程通过某种介质，在压力、温度、组成、电势或其他梯度所造成的强制力的推动下，依靠传递速率的差别而操作，叫速率控制过程。如电渗析、反渗透和膜分离等均属这类过程。

1.3.4 分离工程的研究特点

本课程主要是在"物理化学""化工热力学"及"化工原理"等课程的基础上对常用能量分离剂和质量分离剂的平衡过程进行研究,重点讨论多组分多级分离过程,主要内容包括：①平衡过程分离过程基本原理及计算；②分离方法选择；③分离过程的节能及优化；④分离系统的组织。

在分离过程的热力学计算中，掌握以下几个特点是十分重要的,这也是从事多组分多级分离研究的重要方法。

1. 多组分混合物的热物性数据

当对多组分混合物的单个分离过程或整个分离装置进行计算时，既要对各个分离设备的物料与热量进行平衡计算,又要进行整个分离装置的物料与热量平衡计算。为了进行这些计算,必须有被分离混合物及各个组分的热物性数据。在多数情况下,纯物质的热物性数据可以查到,但对于混合物,由于组成千变万化,在量上没有固定关系,没有现成的数据可供利用。因此,根据纯组分的热物性数据得到混合物的热物性数据是多组分混合物分离计算问题要解决的首要问题。

2. 实际体系的相平衡常数

对由理想气体、理想溶液组成的体系的相平衡常数,可以容易地进行计算；但对于实际体系的相平衡常数的计算则比较困难。平衡常数 K 最可靠的数据是通过实验来求得；计算平衡常数则需要用活度系数、逸度系数等对理想体系进行修正。平衡常数的计算是多组分混合物分离过程计算中反复使用的基本运算之一。因此,解决实际体系相平衡常数计算尤为重要。

3. 急态的变化

在多组分混合物分离过程中,往往伴随着急态的变化,即出现新的相——液相或气相。因此,计算时需要确定可能出现新相的参数(T 或 p)、气体或液体的量及它们的组成,这也是多组分分离过程要解决的基本问题。

4. 需用电子计算机作为运算工具

由于多组分混合物分离过程的计算往往需要反复试差、迭代,或需要联立求解线性或非线性方程组,计算工作量大,手工计算很难完成任务,需借助于电子计算机。

1.4 分离过程中的纳米结构

1-2 功能化的磁性粒子

1-3 树状大分子

1.5 分离工程实例

1-4 功能化的磁性粒子在分离过程中的应用实例

1-5 树状大分子在分离过程中的应用实例

1-6 分离过程在甘蔗制糖工业中的应用实例

▶▶▶ 参考文献 ◀◀◀

[1] 袁惠新. 分离过程与设备. 北京：化学工业出版社，2008.
[2] King C J. Separation Processes. 2nd ed. New York：McGraw-Hill，1980.
[3] 刘家祺. 分离过程. 北京：化学工业出版社，2002.
[4] 刘家祺. 传质分离过程. 北京：高等教育出版社，2005.
[5] 靳海波等. 化工分离过程. 北京：中国石化出版社，2008.
[6] Afonso C A M，Grespo J G. 绿色分离过程：基础与应用. 许振良，魏永明，陈桂娥，译. 上海：华东理工大学出版社，2008.
[7] 魏刚. 化工分离过程原理. 北京：中国石化出版社，2017.
[8] Hendey E J，Seader J D. Equilibrium-Stage Separation Operation in Chemical Engineering. New York：John Wiley & Sons，1981.
[9] Oliveira L C A，Rios R V R A，Fabris J D, et al. Activated carbon/iron oxide magnetic composites for the adsorption of contaminants in water. Carbon，2002，40：2177-2183.
[10] Oliveira L C A，Rios R V R A，Vijayendra K G. Clayiron oxide magnetic composites for the adsorption of contaminants in water. Appl. Clay Sci.，2003，22：169-177.
[11] Tsouris C，Yiacoumi S，Scott T C. Kinetics of heterogeneous magnetic flocculation using a bivariate population-balance equation. Chem. Eng. Commun.，1995，137：147-154.
[12] Meijer E W. Synthesis，characterization，and guest-host properties of inverted unimolecular dendritic micelles. J. Am. Chem. Soc.，1996，118(31)：7398-7399.
[13] Baars M W P L，Meijer E W，Froehling P E. Liquid-liquid extractions using poly (propylene imine) dendrimers with an apolar periphery. Chem. Commun.，1997，20：1959-1960.
[14] Froehling P E. Dendrimers and dyes-a review. Dyes Pigments，2001，48：187-195.

▶▶▶ 习 题 ◀◀◀

1. 什么叫分离剂？它有哪几类？请举例说明。
2. 何为分离过程？分离过程的特征是什么？
3. 合成橡胶生产中，在反应液中产生一种低相对分子质量的蜡状副产物，其挥发性很小，可以忽略不计，下面三种分离操作对回收溶剂是可行的。请说明原因，并指出其他方法不适的原因。
   (1) 精馏；(2) 蒸发；(3) 过滤。
4. 什么是绿色分离工程？请谈谈你的理解。

第 2 章

多组分分离基础

多组分分离是工业生产中常用的单元操作。尤其是在有机化工生产中,分离系统是整个装置的主体。多组分溶液的分离所依据的原理及使用的设备与双组分分离相同,但由于组分的增多使计算过程变得复杂。因此,研究和解决多组分分离的设计计算和生产问题更具有实际意义。

2-1 微课:分离过程中的热力学专业英语词汇

2.1 多元物系的气液相平衡及其计算

2.1.1 气液相平衡的物系分类

工程上将组成气液相平衡的体系分成几种不同类型,然后做适当的简化,使气液相平衡计算得到基本或近似解决。

工业上常见气液相平衡的体系可分成以下几类:

1. 完全理想体系

由气相是理想气体混合物、液相是理想溶液组成的体系称为完全理想体系。

完全理想体系从严格意义上讲是不存在的,只有在低压下体系中各组成物质的分子结构、化学性质都十分相近的溶液才接近完全理想体系。如苯-甲苯在 200kPa 压力下组成的气液相平衡体系接近完全理想体系。

相平衡关系可以表示为

$$K_i = \frac{y_i}{x_i} = \frac{\gamma_i^L f_i^{0L}}{\varphi_i^V p} \quad (2-1)$$

式中:γ_i^L 为 i 组分的液相活度系数;f_i^{0L} 为系统温度、压力下,纯 i 组分的液相逸度;φ_i^V 为系统温度、压力下,i 组分的气相逸度系数。

根据完全理想体系的定义,式(2-1)可以简化。因气相是理想气体,故 $\varphi_i^V=1$;液相是理想溶液,故 $\gamma_i^L=1$,则

$$K_i = f_i^{0L}/p \qquad (2-2)$$

因是低压,纯 i 液体的逸度受压力影响不大,即 f_i^{0L} 与 p_i^0 之差不大,故

$$f_i^{0L} = p_i^0 \qquad (2-3)$$

因此

$$K_i = \frac{y_i}{x_i} = \frac{p_i^0}{p} = f(T,p) \qquad (2-4)$$

式(2-4)表明完全理想体系的气液相平衡常数 K_i 仅与体系的温度、压力有关,而与溶液的组成无关。

2. 理想体系

由气相是实际气体,液相是理想溶液所组成的体系叫理想体系。如中压下,组成物系的分子结构相近时构成的体系为理想体系。

根据热力学基本关系,可知气相逸度 f_i^V 与气相组成的关系为

$$f_i^V = f_i^{0V}\gamma_i^V y_i = p\varphi_i^{0V}\gamma_i^V y_i = p\varphi_i^V y_i \qquad (2-5)$$

式中:f_i^{0V} 为系统温度、压力下,纯 i 组分的气相逸度;γ_i^V 为 i 组分的气相活度系数;φ_i^V 为系统温度、压力下,纯 i 组分的气相逸度系数;φ_i^{0V} 为系统温度、压力下,i 组分的气相逸度系数。

液相逸度 f_i^L 与液相组成的关系为

$$f_i^L = f_i^{0L}\gamma_i^L x_i = p_i^0\varphi_i^{0L}\gamma_i^L x_i = p_i^0\varphi_i^L x_i \qquad (2-6)$$

式中:f_i^{0L} 为系统温度、压力下,纯 i 组分的液相逸度;γ_i^L 为 i 组分的液相活度系数;φ_i^{0L} 为系统温度、压力下,纯 i 组分的液相逸度系数;φ_i^L 为系统温度、压力下,i 组分的液相逸度系数。

因体系是理想体系,此时,$\gamma_i^V=1$,$\gamma_i^L=1$,由式(2-5)与式(2-6)得

$$K_i = \frac{y_i}{x_i} = \frac{\gamma_i^L f_i^{0L}}{\gamma_i^V f_i^{0V}} = \frac{f_i^{0L}}{f_i^{0V}} = \frac{p_i^0 \varphi_i^{0L}}{\varphi_i^L} = f(T,p) \qquad (2-7)$$

式(2-7)表明理想体系的平衡常数也只与 T、p 有关。

3. 非理想体系

气相、液相中有一相为非理想气体或非理想溶液,该体系称为非理想体系,它可分为:

①气相为理想气体混合物,液相为非理想溶液,如低压下物系中组成的分子结构差异较大就属这类情况,水与醇、醛、酮、酸等组成的体系为非理想体系,此时,$\varphi_i^V=1$,$\varphi_i^{0V}=1$,所以

$$K_i = \frac{p_i^0 \gamma_i^L}{p} = f(T,p,x_i) \qquad (2-8)$$

式(2-8)表明这类体系的平衡常数与 T、p 及液相组成有关。

②气相是实际气体混合物,只能看作非理想溶液,液相为理想溶液,如高压下轻烃类气、液混合物组成的体系。此时,$\gamma_i^V \neq 1$,$\gamma_i^L = 1$,$\varphi_i^{0V} \neq 1$,所以

$$K_i = \frac{p_i^0 \varphi_i^{0V} \gamma_i^V}{p \varphi_i^V} = f(T,p,y_i) \qquad (2-9)$$

可见,对非理想体系,K_i 不仅与 T、p 有关,而且与气相或液相组成有关。

2.1.2 非理想溶液的相平衡关系与活度系数的计算

1. 非理想溶液的气液相平衡

在相平衡传质分离中,组分在相接触的两相间发生传递,表示相平衡的特征常数是相平衡常数,在上一节中已介绍了在各种不同条件下的相平衡常数计算方法。在工业生产中,对于非理想溶液的精馏,通常在低压下(一般指1.0MPa以下)操作,因此,气相可视为符合道尔顿分压定律,气液相平衡计算的内容实际上就变成求取活度系数 γ 的问题了。

道尔顿分压定律

$$p_i = p y_i$$

修正的拉乌尔定律

$$p_i = p_i^0 \gamma_i x_i$$

气液相平衡时存在如下关系

$$K_i = \frac{y_i}{x_i} = \frac{p_i^0 \gamma_i}{p}$$

热力学已经导得如下总过剩自由焓(又称超额自由焓)G^E 与活度系数 γ_i 的关系

$$G^E = \sum_{i=1}^{C} n_i RT \ln \gamma_i \tag{2-10}$$

和

$$\left(\frac{\partial G^E}{\partial n_i}\right)_{T,p,n_j} = RT \ln \gamma_i \tag{2-11}$$

对于具有适当的过剩自由焓的数学模型,可通过对组分 i 的物质的量 n_i 求偏导数,求得活度系数 γ_i 的计算式。式(2-11)相当于求逸度系数所用的基本计算式。

根据自由焓的定义 $G = H - TS$,可得出

$$G^E = H^E - TS^E \tag{2-12}$$

式中:H^E 和 S^E 分别为总过剩焓和过剩熵。当纯组分混合成理想溶液时,混合焓 $\Delta H^{id} = 0$,故 H^E 即为由纯组分混合成实际溶液时所产生的热效应。形成理想溶液时的混合熵 ΔS^{id} 为

$$\Delta S^{id} = -R \sum_{i=1}^{C} n_i \ln x_i \tag{2-13}$$

故

$$S^E = \Delta S - \Delta S^{id} = \Delta S + R \sum_{i=1}^{C} n_i \ln x_i \tag{2-14}$$

式中:ΔS 为纯组分混合成实际溶液时的熵变(混合熵)。

文献中记载了许多 G^E 的数学模型,其中一部分是经验性的,而另一部分则是以某种溶液理论为基础的半经验方程。现常用的半经验方程大多从简化的正规溶液和无热溶液这两类溶液中得出,下面将分别叙述。

2. 正规溶液的活度系数方程

正规溶液的 $S^E = 0$ 可以忽略不计,其非理想原因是 $H^E \neq 0$。故

$$G^E = H^E$$

H^E 之所以不等于零,是由于不同组分具有不同的化学结构、不同的分子大小、不相等的分子间作用力,以及分子的极性差异等。据此,获得了以下各方程:

(1) 范拉尔(Van Laar)方程

$$\lg \gamma_1 = A_{12}\left(\frac{A_{21}x_2}{A_{12}x_1 + A_{21}x_2}\right)^2 \tag{2-15}$$

$$\lg \gamma_2 = A_{21}\left(\frac{A_{12}x_1}{A_{21}x_2 + A_{12}x_1}\right)^2 \tag{2-16}$$

上式为二元系范拉尔方程。式中 A_{12}、A_{21} 为系统端值常数。

由式(2-15)和式(2-16)可见

$$\lim_{x_1 \to 0} \lg \gamma_1 = A_{12}$$

$$\lim_{x_2 \to 0} \lg \gamma_2 = A_{21}$$

范拉尔方程在多数情况下较符合试验数据。但其使用也有一定的限制,即当 A_{12}、A_{21} 有不同的符号,而 $\dfrac{x_1}{x_2} = \left|\dfrac{A_{21}}{A_{12}}\right|$ 时,式中的分母相互抵消为零,式(2-15)和式(2-16)不能求解,这种情况虽然很少会遇到,但方程式的中断是它的缺点,为此得到如下改进的范拉尔方程。

$$\lg \gamma_1 = A_{12} Z_2^2 \left[1 + 2Z_1\left(\frac{A_{12}A_{21}}{|A_{12}A_{21}|} - 1\right)\right] \tag{2-17}$$

$$\lg \gamma_2 = A_{21} Z_1^2 \left[1 + 2Z_2\left(\frac{A_{12}A_{21}}{|A_{12}A_{21}|} - 1\right)\right] \tag{2-18}$$

式中

$$Z_1 = \frac{|A_{12}|x_1}{|A_{12}|x_1 + |A_{21}|x_2} \tag{2-19}$$

$$Z_2 = 1 - Z_1 \tag{2-20}$$

当 A_{12} 和 A_{21} 为同符号时,式(2-17)和式(2-18)即同于式(2-15)和式(2-16)。

(2) 马格勒斯(Margules)方程

$$\lg \gamma_1 = [A_{12} + 2(A_{21} - A_{12})x_1]x_2^2 \tag{2-21}$$

$$\lg \gamma_2 = [A_{21} + 2(A_{12} - A_{21})x_2]x_1^2 \tag{2-22}$$

上式即为二元系马格勒斯方程。式中 A_{12} 和 A_{21} 的意义与范拉尔方程相同。

$$\lg \gamma_1 = x_2^2[A_{12} + 2x_1(A_{21} - A_{12})] + x_3^2[A_{13} + 2x_1(A_{31} - A_{13})]$$
$$+ x_2 x_3[A_{21} + A_{13} - A_{32} + 2x_1(A_{31} - A_{13}) + 2x_3(A_{32} - A_{23}) - C(1 - 2x_1)] \tag{2-23}$$

式中:C 表示三组分系统的特征常数,一般系统可取 $C=0$,或由实验数据测定。

$$C = \frac{A_{21} - A_{12} + A_{23} - A_{32} + A_{31} - A_{13}}{2}$$

A 为有关的双组分溶液之端值常数,可查阅有关手册。式(2-23)即为三元系的马格勒斯方程。

顺序轮回替换式(2-23)中的下标,即用 2 代替 1,3 代替 2,1 代替 3,便可得出计算 γ_2 和 γ_3 的关系式。

用马格勒斯方程计算得到的三组分溶液的活度系数是一个近似值。活度系数不仅是组

成 x_i 的函数,而且是压力及温度的函数。严格说来,式(2-23)仅在恒温、恒压下适用。由于压力对活度系数影响甚小,计算结果可在不同压力下使用。

当 $x_3=0$ 时,式(2-23)即变成求双组分溶液的活度系数的方程。

若 $A_{12}=A_{21}$,$A_{23}=A_{32}$,$A_{13}=A_{31}$,式(2-23)成为

$$\lg \gamma_1 = x_2^2 A_{12} + x_3^2 A_{13} + x_2 x_3 (A_{12} + A_{13} - A_{23}) \quad (2-24)$$

式(2-24)为三组分对称型的马格勒斯方程式。

在工程上,特别在萃取精馏和恒沸精馏中,广泛应用相对挥发度进行计算。从 α_{ij} 定义式中可看出

$$\alpha_{ij} = \frac{p_i^0 \cdot \gamma_i}{p_j^0 \cdot \gamma_j}$$

故若能得各组分活度系数比值,则用 α_{ij} 更为方便。

(3) 伍尔(Wohl)方程

伍尔(Wohl)曾推导出直接计算活度系数的比值。

$$\lg \frac{\gamma_1}{\gamma_2} = A_{21}(x_2 - x_1) + x_2(x_2 - 2x_1)(A_{12} - A_{21}) + x_2[A_{13} - A_{32}$$
$$+ 2x_1(A_{31} - A_{13}) - x_3(A_{23} - A_{32}) - C(x_2 - x_1)] \quad (2-25)$$

其他组分活度系数的比值也可以用顺序轮回替换原理求得。

(4) 柯岗(КОГАН)公式

当三个二组分溶液均属非对称性不太大时,可以用下式表达三组分溶液的活度系数比

$$\lg \frac{\gamma_1}{\gamma_2} = A'_{12}(x_2 - x_1) + x_3(A'_{13} - A'_{23}) \quad (2-26)$$

$$\lg \frac{\gamma_1}{\gamma_3} = A'_{13}(x_3 - x_1) + x_2(A'_{12} - A'_{32}) \quad (2-27)$$

$$\frac{\gamma_2}{\gamma_3} = \frac{\gamma_1}{\gamma_3} \cdot \frac{\gamma_2}{\gamma_1} \quad (2-28)$$

式中

$$A'_{12} = \frac{1}{2}(A_{12} + A_{21})$$

$$A'_{13} = \frac{1}{2}(A_{13} + A_{31})$$

$$A'_{23} = \frac{1}{2}(A_{23} + A_{32})$$

式(2-26)可视为采用平均端值常数 A 值后,对式(2-25)的简化。

以上各方程均依据 $G^E = H^E$ 推导而得,而 G^E 式中需考虑相互作用的基团分子数越多,γ_i 的正确性越高,但参数越多;当需要处理多元系混合液时,不仅要有各对的二元系平均的实验数据,还需要一定数量的多元系数据。希望用二元系的数据去预测多元系的性质将会遇到很大困难。

正是由于上述原因,多元溶液的活度系数计算长期以来并未得到有效解决,直至 1964 年威尔逊提出以局部组成概念为基础的、能应用于任意组分的活度系数方程,这一难题终被突破。

3. 应用局部组成概念的模型——Wilson、NRTL 和 UNIQUAC 模型

威尔逊认为,由于分子混合时其分子间的作用力有差异,因此分子间的混合通常是有轨的,从微观的局部来看其组成并非一半对一半,通常可用 X 来表示局部分子数。当两种分

子混合时，X 定义如下

$$X_{21} = \frac{\text{和中心分子 1 紧邻的分子 2 的分子数}}{\text{和中心分子 1 紧邻的总分子数}} \tag{2-29}$$

$$X_{11} = \frac{\text{和中心分子 1 紧邻的分子 1 的分子数}}{\text{和中心分子 1 紧邻的总分子数}} \tag{2-30}$$

显然

$$X_{21} + X_{11} = 1 \tag{2-31}$$

对 X_{12} 和 X_{22} 可做出类似的定义，并有

$$X_{12} + X_{22} = 1 \tag{2-32}$$

式(2-31)和式(2-32)中的 X 值均不等于 1/2，其大小与因各分子作用力大小不同而产生的分子分布有关。

(1) 威尔逊(Wilson)方程

过剩自由焓方程为

$$G^E/(RT) = -\sum_{i=1}^{C} x_i \ln\left(\sum_{j=1}^{C} \Lambda_{ij} x_j\right) \tag{2-33}$$

对于两组分溶液，活度系数方程为

$$\ln \gamma_1 = -\ln(x_1 + \Lambda_{12} x_2) + x_2 \left(\frac{\Lambda_{12}}{x_1 + \Lambda_{12} x_2} - \frac{\Lambda_{21}}{\Lambda_{21} x_1 + x_2} \right) \tag{2-34}$$

将上式中下标 1 和 2 交换可得到 γ_2 计算式。

对于多组分溶液，活度系数方程为

$$\ln \gamma_1 = 1 - \ln\left(\sum_{j=1}^{C} \Lambda_{1j} x_j\right) - \sum_{k=1}^{C} \frac{\Lambda_{k1} x_k}{\sum_{j=1}^{C} \Lambda_{kj} x_j} \tag{2-35}$$

$$\Lambda_{ij} = \frac{V_j^L}{V_i^L} \exp[-(\lambda_{ij} - \lambda_{ii})/(RT)]$$

式中：Λ_{ij} 为威尔逊参数；λ_{ii}、λ_{ij} 为组分 i 和 j 的二元交互作用能量参数；V_i^L 和 V_j^L 分别为纯液体 i 和 j 的摩尔体积，单位为 m³/kmol。

威尔逊方程具有以下几个特点：①仅需有关二元系的参数 Λ_{ij} 和 Λ_{ji} 即能预测多元系的活度系数；②适用范围广，对酮、醇、醚、腈、酯类及含水、硫、卤化物的互溶系统均有较高的正确度；③λ_{ij} 基本上与温度无关，因此方程中包括了温度对活度系数的影响；④不能预测液液体系的活度系数。

(2) 有规双液(non-random two liquids，NRTL)方程

过剩自由焓方程为

$$G^E/(RT) = \sum_{i=1}^{C} x_i \frac{\sum_{j=1}^{C} \tau_{ji} x_j}{\sum_{k=1}^{C} G_{ki} x_k} \tag{2-36}$$

对于双组分溶液，活度系数方程为

$$\ln \gamma_1 = x_2^2 \left[\frac{\tau_{21} G_{21}^2}{(x_1 + x_2 G_{21})^2} + \frac{\tau_{12} G_{12}^2}{(x_2 + x_1 G_{12})^2} \right] \tag{2-37}$$

将式(2-37)中的下标 1 和 2 交换可得 γ_2 的计算式。

对于多元系溶液,活度系数方程为

$$\ln\gamma_i = \frac{\sum_{j=1}^{C}\tau_{ij}G_{ij}x_j}{\sum_{k=1}^{C}G_{ki}x_k} + \sum_{j=1}^{C}\frac{x_jG_{ij}}{\sum_{k=1}^{C}G_{kj}x_k}\left[\tau_{ij} - \frac{\sum_{i=1}^{C}\tau_{ij}G_{ij}x_i}{\sum_{k=1}^{C}G_{kj}x_k}\right] \tag{2-38}$$

式中:$\tau_{ij}=(g_{ij}-g_{jj})/(RT)$,其中$(g_{ij}-g_{jj})$为组分 i 和 j 的二元交互作用能量参数;$G_{ij}=\exp(-\alpha_{ij}\tau_{ij})$,其中 α_{ij} 为模型参数之一,通常为 0.2~0.47,可由二元试验数据求得,在无试验数据时可由表 2-1 查得 α_{12} 的近似值。

表 2-1 非电解质溶液的 α_{12} 值

类 型	Ⅰ$_a$	Ⅰ$_b$	Ⅰ$_c$	Ⅱ	Ⅲ	Ⅳ	Ⅴ	Ⅵ	Ⅶ
α_{12}	0.3	0.3	0.3	0.2	0.4	0.47	0.47	0.3	0.47

注:Ⅰ$_a$——一般非极性物质,如烃类和四氯化碳,但不包括烷烃和烃类氯化物。

Ⅰ$_b$—包括非缔合性的极性和非极性物系,如正庚烷-甲乙基酮、苯-丙酮、四氯化碳-硝基乙烷等。

Ⅰ$_c$—极性液体混合物,其中有的物系对拉乌尔定律为负偏差,如丙酮-氯仿、丙酮-二氯六环等;也可以是对拉乌尔定律为少量正偏差的物系,如丙酮-乙酸甲酯、乙醇-水等。

Ⅱ—饱和烃和非缔合物系统,如乙烷-丙酮、异辛烷-硝基乙烷等,这些物系与理想物系的偏差较小,但能分层,α_{12} 较小。

Ⅲ—饱和烃和烃的过氧化物物系,如正己烷-过氧化正己烷等。

Ⅳ—强缔合性物质和非极性物质系统,如醇类-烃类物质。

Ⅴ—极性物质(乙腈或硝基甲烷)和四氯化碳系统,这些系统的非均匀参数 α_{12} 较高,达 0.47,NRTL 方程对这些系统的适应性较好。

Ⅵ—水-非缔合极性物质(丙酮、二氧六环)。

Ⅶ—水-缔合极性物质(丁二烯、吡啶)。

NRTL 方程具有与威尔逊方程的特性②和③类同的性质,而且还适用于液液相平衡,不过需要有关二元系三个模型参数(τ_{ij}、τ_{ji} 和 α_{ij})才能预计多元系的相平衡。经验表明,它对于气液相平衡的预计精度比威尔逊方程稍差一点,但对含水系统的预计精度甚好。

(3) 通用拟化学(UNIQUAC)方程

过剩自由焓方程为

$$G^E = G_C^E(组合) + G_R^E(剩余) \tag{2-39}$$

$$\frac{G_C^E}{RT} = \sum_{i=1}^{C} x_i \ln\frac{\varphi_i}{x_i} + \frac{z}{2}\sum_{i=1}^{C} q_i x_i \ln\frac{\theta_i}{\varphi_i} \tag{2-40a}$$

$$\frac{G_R^E}{RT} = -\sum_{i=1}^{C} q'_i x_i \ln\left(\sum_{j=1}^{C}\theta'_j \tau_{ji}\right) \tag{2-40b}$$

对于双组分溶液,活度系数方程为

$$\ln\gamma_1 = \ln\frac{\varphi_1}{x_1} + \frac{z}{2}q_1\ln\frac{\theta_1}{\varphi_1} + \varphi_2\left(l_1 - \frac{\gamma_1}{\gamma_2}l_2\right) - q'_1\ln(\theta'_1 + \theta'_2\tau_{21})$$

$$+ \theta'_2 q'_1\left(\frac{\tau_{21}}{\theta'_1 + \theta'_2\tau_{21}} - \frac{\tau_{12}}{\theta'_1\tau_{12} + \theta'_2}\right) \tag{2-41}$$

将式(2-41)中的下标 1 和 2 交换可得 γ_2 的计算式。

对于多元系溶液,活度系数方程为

$$\ln\gamma_i = \ln\gamma_i^C + \ln\gamma_i^R \tag{2-42}$$

$$\ln\gamma_i^C = \ln\frac{\varphi_i}{x_i} + \frac{z}{2}q_i\ln\frac{\theta_1}{\varphi_i} + l_i - \frac{\varphi_i}{x_i}\sum_{j=1}^{C}x_j l_j \tag{2-43}$$

$$\ln\gamma_i^R = -q'_i\ln\left(\sum_{j=1}^{C}\theta'_j\tau_{ji}\right) + q'_i - q'_i\sum_{j=1}^{C}\frac{\theta'_j\tau_{ij}}{\sum_{k=1}^{C}\theta'_k\tau_{kj}} \tag{2-44}$$

式中:$\tau_{ij} = \exp[-(u_{ij}-u_{ji})RT]$,其中 u_{ij}、u_{ji} 为组分 i 和 j 的二元交互作用能量参数;z 为配位数,通常取 10。

$$l_i = \left(\frac{z}{2}\right)(\gamma_i - q_i) - (\gamma_i - 1)$$

$$\theta_i = \frac{q_i x_i}{\sum_{j=1}^{C}q_j x_j} \qquad \theta'_i = \frac{q'_i x_i}{\sum_{j=1}^{C}q'_j x_j}$$

$$\varphi_i = \frac{\gamma_i x_i}{\sum_{j=1}^{C}\gamma_j x_j}$$

式中:q_i、q'_i 为组分 i 的表面积参数,除一元醇和水($q\neq q'$)外,其余 $q'=q$;γ_i 为组分 i 的体积参数;θ_i、θ'_i 为组分 i 的平均表面积分数;φ_i 为组分 i 的平均体积分数。

UNIQUAC 方程有与威尔逊方程特性①~③类似的特性,还适用于液液相平衡和大分子聚合物溶液。但计算式较复杂,预测普通气液相平衡的精度比威尔逊方程稍差一些。

4. 基团贡献(UNIFAC、ASOG)法

基团贡献法的原理是把纯物质和混合物的物性看成是构成它们的基团对物性贡献的加和。通过系统实验的测定、数据的收集和数据库的建立,获得大量可供应用的数据;选用热力学原理,进行关联拟合,应用于活度系数的计算。在化工生产中遇到的化合物很多,但构成这些化合物的基团只有数十个。因此,从基团参数出发来推算混合物的物性具有广泛和灵活的特点。

UNIFAC 法在理论上是以 UNIQUAC 方程为基础的,其基团参数基本上与温度无关。目前已拥有 45 个基团,在 300~425K 范围内实际应用的基团配偶参数有 414 个,其气相摩尔分数的计算值与实验值的平均绝对偏差为 0.01。此法可用于加压条件下的气液相平衡推算(1MPa 以下)。此法不仅可用于气液相平衡数据推算,还能用于液液相平衡、无限稀释活度系数、过量焓和固液相平衡等数据的推算。但此法不能用于同分异构体的推算,否则就得把整个异构体分子作为基团,这时就失去了基团贡献的意义。

ASOG 法是另一种基团贡献法。此法是以 Wilson 方程为基础应用结构贡献推算活度系数的方法。基团贡献法计算活度系数比较繁复,因此常在缺乏关联数据时才用此法推算,具体推算方法详见 *The Properties of Gases and Liquids*[①]。

---

① Reid R C, Prausnitz J M, Poling B E. The Properties of Gases and Liquids. 4th ed. New York: McGraw-Hill, 1987.

2.1.3 多组分物系泡点与露点的计算

多组分混合物泡点、露点的计算是精馏过程设计的基础。例如在精馏过程的严格法计算中,为确定各塔板的温度,要多次反复进行泡点温度的计算;为了确定适宜的精馏塔操作压力,就要进行泡点、露点压力的计算。

多组分混合物的泡点温度是在一定压力下液态混合物达到饱和状态时的温度;露点温度为气态混合物达到饱和状态时的温度。若系统的温度为 T,压力为 p,液相组成为 x_i,气相组成为 y_i,当气、液相达到平衡时,气相处于露点,液相处于泡点。在一般情况下,对于一个完全确定的平衡状态,泡点、露点温度的计算必须用试差计算法。若系统压力、液相组成为已知,求气相组成和泡点温度,这种计算称泡点计算;若气相组成为已知,求露点温度和液相组成,称露点计算。

1. 泡点计算

泡点计算在精馏计算中大量反复进行,用来确定塔级温度和塔的操作压力。如果液体混合物有 C 个组分,其组成为 $x_1, x_2, \cdots, x_C$,由相律可知当处于气液相平衡时自由度 $f = C - \pi + 2 = C$。

即只要给定 C 个变量,整个系统就规定了,由于由 C 个组分构成的溶液其独立变量数为 $C-1$ 个,所以在一般的计算中除已知混合物的组成外,还必须已知一个压力或温度,才可以利用相平衡关系计算。

相平衡关系式为

$$y_i = K_i x_i \tag{2-45}$$

浓度总和式为

$$\sum_{i=1}^{C} y_i = \sum_{i=1}^{C} K_i x_i = 1 \tag{2-46}$$

$$\sum_{i=1}^{C} x_i = \sum_{i=1}^{C} \frac{y_i}{K_i} = 1 \tag{2-47}$$

相平衡常数关联式为

$$K_i = f(T, p, x_i, y_i) \tag{2-48}$$

共有方程数 $2C+2$ 个,变量为 $3C+2$ 个(K_i, T, p, x_i, y_i),故设计变量数为 C 个,因此给定操作压力 p(或操作温度 T)和 $C-1$ 个 x_i,则上述方程有唯一解。因为上述方程对 T 和 y_i 均是非线性的,需用迭代法求解。

泡点计算有以下几种方法:

(1) 平衡常数与组成无关的泡点计算

从气液相平衡的热力学分析可知,混合物中 i 组分的相平衡常数 K_i 是系统温度 T、压力 p 与平衡的气、液相组成 x_i 和 y_i 的函数,如果按严谨的气液相平衡模型计算 K_i 值,其工作量很大,只能借助计算机进行。为适应手工计算的需要,通常均做简化处理:对于石油化工中常见的烃类系统,由于组成对 K_i 的影响较小,因而在简化计算中可将 K_i 近似为 $K_i = f(T, p)$,对烃类物系可采用 p-T-K 图(又称诺谟图),当气相为理想气体、液相为理想溶液时可用式(2-49)。

1) 试差法

计算思路为

$$p, x_i \xrightarrow{y_i = K_i x_i} T_B, y_i$$

$$K_i = p_i^0 / p \tag{2-49}$$

式中：p_i^0 为 i 组分的饱和蒸气压，采用安托尼(Antoine)公式计算，$p_i^0 = A_i + B/(T+C)$。

从 Antoine 公式可以看出，计算涉及温度 T。因此在计算相平衡常数 K_i 时，采用试差法假设一个初始温度 T，求得 K_i，再进行如下验证：

$$p, x_i \xrightarrow[y_i = K_i x_i]{\text{设} T} |\sum y_i - 1| \leq \varepsilon \xrightarrow{\text{是}} T$$

（否时重设 T）

按初设温度 T 所求 $\sum y_i$ 值若大于 1，说明 K_i 值偏大，由式(2-46)可知，所设温度偏高；反之，若 $\sum y_i$ 小于 1，则表明所设温度偏低。

如果已知操作温度求泡点压力，此时是已知 T，应设 p，其计算步骤仍按上述进行。若其计算结果 $\sum y_i$ 值若大于 1，因 K 与 p 成反比，说明所设的压力 p 偏小。

虽然可以根据该法定性来调整所设的温度或压力，但它不能定量地表达应调整多少，如何调整 $T(p)$ 值。为避免盲目性，引入了加速收敛法。

2) 加速收敛法

该法引进 K_G 来计算。首先介绍一下 K_G：假设该混合物有 A、B、C、D 四个组分，引进 K_G 中物质 G 必须是混合物的成分之一，而且必须是对混合物影响最大的组分。将 $\sum K_i x_i$ 表示为

$$\sum_{i=1}^{C} K_i x_i = K_G \sum_{i=1}^{C} \frac{K_i x_i}{K_G} = K_G \sum_{i=1}^{C} \alpha_{iG} x_i \tag{2-50}$$

$$\alpha_{iG} = K_i / K_G \text{（相对挥发度）} \tag{2-51}$$

将式(2-50)转化为下式

$$\frac{1}{K_G} \sum_{i=1}^{C} K_i x_i = \sum_{i=1}^{C} \alpha_{iG} x_i \approx \text{常数} \tag{2-52}$$

对各次试差得

$$\frac{1}{K_{Gm}} \left(\sum_{i=1}^{C} K_i x_i \right)_m = \frac{1}{K_{Gm-1}} \left(\sum_{i=1}^{C} K_i x_i \right)_{m-1} \tag{2-53}$$

m 为试差序号，计算到第 m 次时，$\left(\sum_{i=1}^{C} K_i x_i \right)_m$ 理想状态下为 1，假设温度后可以计算得出 $\frac{1}{K_{Gm-1}} \left(\sum_{i=1}^{C} K_i x_i \right)_{m-1}$，所以得出

$$K_{Gm} = \left\{ \frac{K_G}{\sum_{i=1}^{C} K_i x_i} \right\}_{m-1} \tag{2-54}$$

因为 $K_i = f(p, T)$，所以根据得出的 $K_i(K_G)$ 和已知条件压力 p 查诺谟图或利用 Antoine 公式计算，可得出温度 T，再根据得出的温度去查其他组分的诺谟图或利用 Antoine 公式计算，可得出 K_i，然后根据下式来判断温度是否合适。

$$\left|\sum y_i - 1\right| = \left|\sum_{i=1}^{C} K_i x_i - 1\right| \leqslant \varepsilon$$

对于石油化工和炼油中重要组成的轻烃类组分，科学家已进行了广泛的研究，得出了求平衡常数的一些近似图，如诺谟图（图 2-1）。当已知压力和温度时，从列线图能迅速查得平衡常数。由于该图仅考虑了压力、温度对 K 的影响，而忽略了组成的影响，查得的 K 表示了不同组成的平均值。

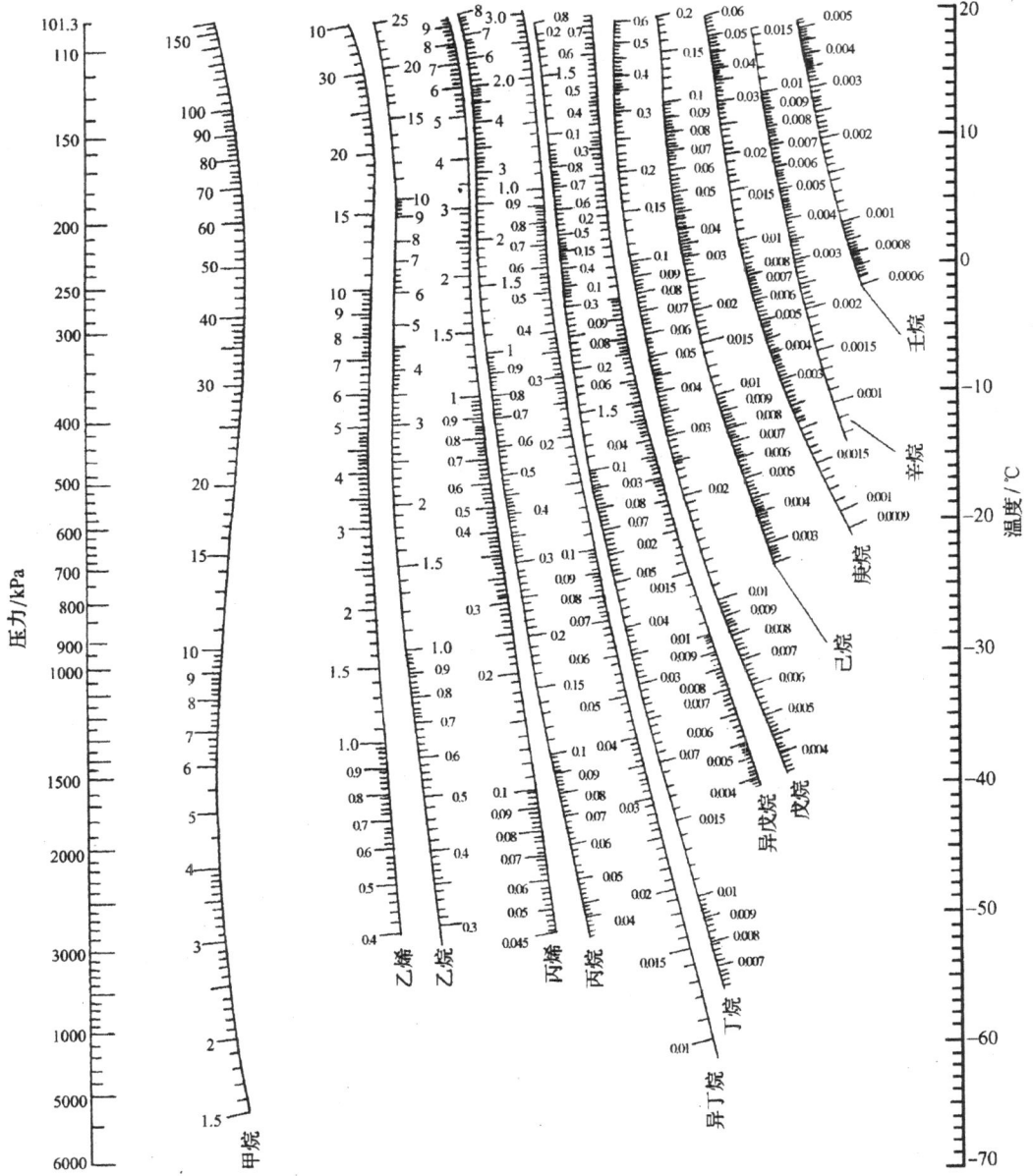

a. 低温段

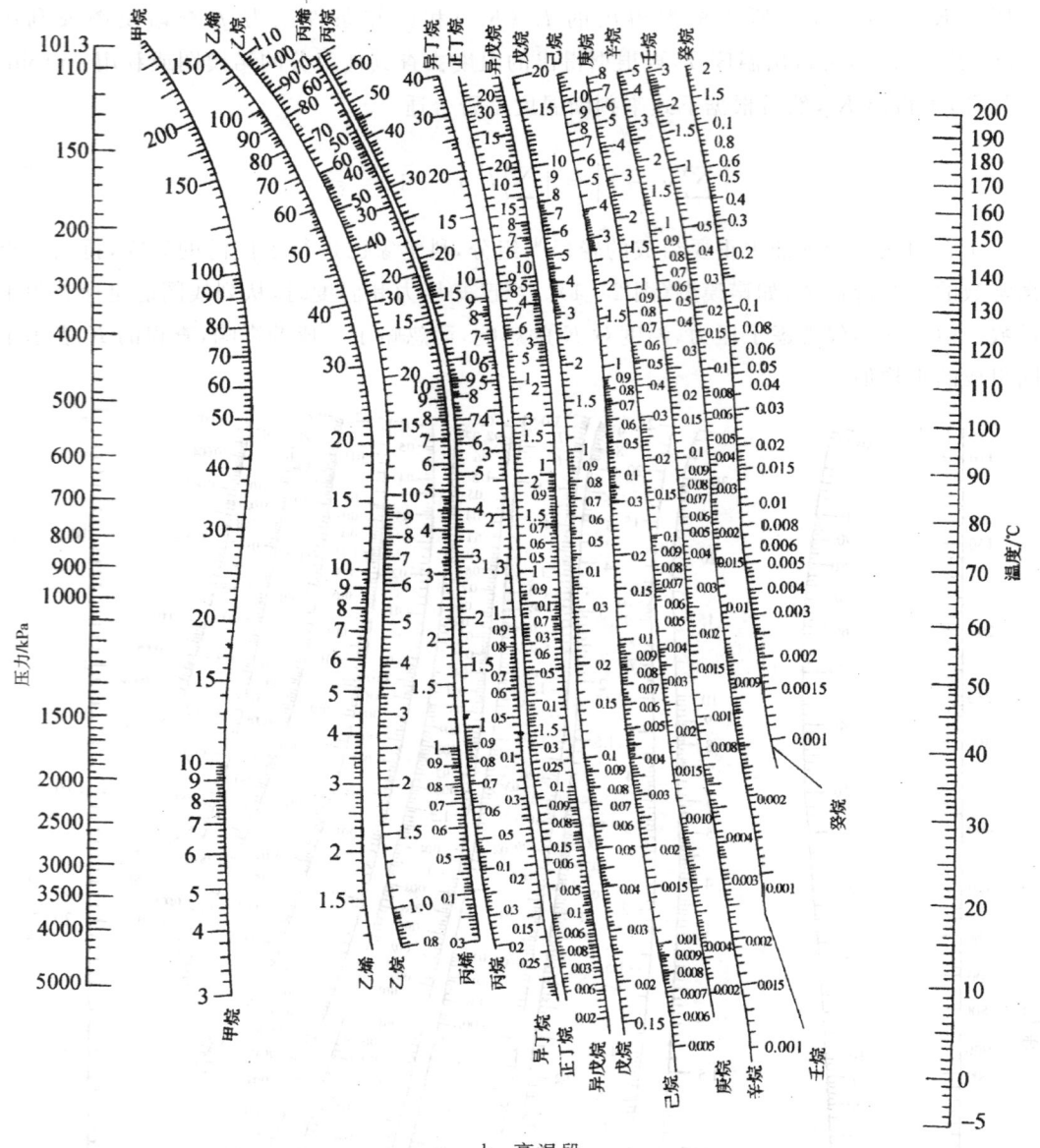

b. 高温段

图 2-1 轻烃的诺谟图

3) 计算机计算

对于平衡常数 K_i,可以用很多模型进行严谨的计算。当相平衡常数 K_i 可表示为温度 T 的函数时,定压下的泡点温度可用牛顿-拉夫森(Newton-Raphson)迭代法求解。

泡点方程为

$$f(T) = \sum K_i x_i - 1 \qquad (2-55)$$

求导可得

$$f'(T) = \sum x_i \frac{dK_i}{dT}$$

迭代公式为

$$T_{n+1}=T_n-f(T_n)/f'(T_n) \quad (2-56)$$

式中：下标 n 表示迭代序号。

设一温度初值 T，由 $K=f(T)$ 关系式求出各组分的 K 值后，便可按上述公式计算，通常允许偏差 ε 取 10^{-4}。

也可用 Richmond 迭代法求解。

$$T_{n+1}=T_n-\dfrac{2}{\dfrac{2f'(T_n)}{f(T_n)}-\dfrac{2f''(T_n)}{f'(T_n)}} \quad (2-57)$$

(2) 平衡常数与组成有关的泡点计算

对于非理想体系，$K_i=f(T,p,x_i,y_i)$，即平衡常数 K_i 不仅是压力和温度的函数，而且与组成有关，泡点温度（压力）的计算流程可见图 2-2。

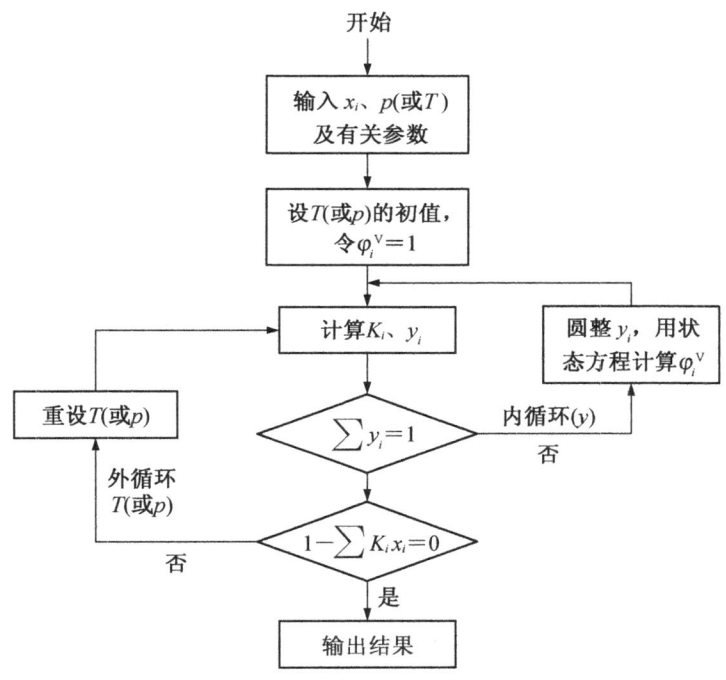

图 2-2 泡点温度（压力）计算流程

【例题 2-1】 四组分为 $C_2^=$（乙烯,1）、C_2^0（乙烷,2）、$C_3^=$（丙烯,3）和 C_3^0（丙烷,4），其组成见下表，压力为 35atm，计算此混合物的泡点温度。

组　分	乙烯(1)	乙烷(2)	丙烯(3)	丙烷(4)
x_i（摩尔分数）	0.5352	0.1235	0.3175	0.023

解　假设泡点 $t=8℃$。在压力为 35atm、温度为 8℃ 时，查诺谟图得出的 K_i 如下：

组　分	乙烯(1)	乙烷(2)	丙烯(3)	丙烷(4)
K_i	1.2	0.86	0.295	0.258
$K_i x_i$	0.6422	0.1062	0.0937	0.0061

$\sum_{i=1}^{4} K_i x_i = 0.8482$,说明假设的温度偏低。

可以看出,乙烯对混合物的影响最大,因而,选择乙烯作为 K_G,也就是 $K_G = K_1 = 1.2$。

$$K_{G2} = \left(\frac{K_G}{\sum_{i=1}^{4} K_i x_i}\right)_1 = \frac{1.2}{0.8482} = 1.415$$

根据乙烯的平衡常数 1.415 和压力 35atm,查诺谟图得出第二次假设的温度 $t = 18℃$ 及在此条件下其他组分的 K_i,数据如下:

组 分	乙烯(1)	乙烷(2)	丙烯(3)	丙烷(4)
K_i	1.415	0.98	0.37	0.315
$K_i x_i$	0.7573	0.1210	0.1175	0.0075

$\sum_{i=1}^{4} K_i x_i = 1.0033$,在误差允许范围内,得出泡点温度为 18℃。

2. 露点计算

露点计算在精馏计算中用来确定出气相产品的分凝器温度或压力,也可用来确定各塔级温度,尤其当物料中各组分的挥发性差别较大时,用露点计算确定塔级温度,收敛稳定性更好一些。露点计算也分为露点温度计算和露点压力计算两类。此时气相组成 y 给定。当压力指定,求开始凝出第一滴露珠时的温度为露点温度计算;当温度指定,求恒温增压到结出第一滴露珠时的压力为露点压力计算。两者均需确定此露珠的组成 x_i。

相平衡关系为

$$x_i = \frac{y_i}{K_i} \tag{2-58}$$

浓度和总式为

$$\sum_{i=1}^{C} y_i = \sum_{i=1}^{C} K_i x_i \tag{2-59}$$

$$\sum_{i=1}^{C} x_i = \sum_{i=1}^{C} \frac{y_i}{K_i} \tag{2-60}$$

相平衡常数关联式为

$$K_i = f(T, p, x_i, y_i) \tag{2-61}$$

露点方程为

$$\sum \frac{y_i}{K_i} - 1 = 0 \tag{2-62}$$

露点计算方法有以下几种:

(1) 平衡常数与组成无关的露点计算

1) 试差法

计算思路为

$$p(T), y_i \xrightarrow[x_i=y_i/K_i]{\text{设}T(p)} |\sum x_i - 1| \leqslant \varepsilon \xrightarrow{\text{是}} T(p)$$

$$\uparrow \qquad\qquad \text{重设}T(p) \quad \text{否}$$

ε 为试差的允许偏差,一般取 0.00~0.01。按初设温度 T 所求得 $\sum x_i < 1$,表明所设温度偏高,$T > T_D$;反之,若 $\sum x_i > 1$,则表明所设温度偏低。达到允许误差时,所设温度即为所求的露点温度。

2) 加速收敛法

与泡点计算的加速收敛法相类似,$\sum y_i/K_i$ 表示为

$$\sum_{i=1}^{C} \frac{y_i}{K_i} = \frac{1}{K_G} \sum_{i=1}^{C} \frac{\frac{y_i}{K_i}}{K_G} = \frac{1}{K_G} \sum_{i=1}^{C} \frac{y_i}{\alpha_{iG}} \qquad (2-63)$$

对各次试差得

$$K_{Gm} \left(\sum_{i=1}^{C} \frac{y_i}{K_i} \right)_m \approx K_{Gm-1} \left(\sum_{i=1}^{C} \frac{y_i}{K_i} \right)_{m-1} \qquad (2-64)$$

m 为试差序号,为使第 m 次试差时 $\left(\sum \frac{y_i}{K_i} \right)_m = 1$

$$K_{Gm} = K_{Gm-1} \left(\sum_{i=1}^{C} \frac{y_i}{K_i} \right)_{m-1} \qquad (2-65)$$

因为 $K_i = f(p, T)$,所以根据得出的 $K_i(K_G)$ 和已知条件 p 查诺谟图,可得出温度 T,再根据得出的温度,去查其他组分的诺谟图,可得出 K_i,然后根据下式来判断温度是否合适。

$$\left| \sum x_i - 1 \right| = \left| \sum_{i=1}^{C} \frac{y_i}{K_i} - 1 \right| \leqslant \varepsilon \qquad (2-66)$$

3) 计算机计算

由于精馏塔内各板操作压力基本相同,为了使用方便,一般将物系在某恒压下的相平衡常数写成温度 T 的多项式。相平衡常数 K_i 与温度的解析式为

$$K_i = a_{i1} + a_{i2}T + a_{i3}T^2 + \cdots \qquad (2-67)$$

露点方程为

$$f(T) = \sum \frac{y_i}{K_i} - 1 = 0 \qquad (2-68)$$

求导可得

$$f'(T) = -\sum \frac{y_i}{K_i^2} \left(\frac{\mathrm{d}K_i}{\mathrm{d}T} \right) \qquad (2-69)$$

迭代公式为

$$T_{n+1} = T_n - \frac{f(T_n)}{f'(T_n)} \qquad (2-70)$$

式中:下标 n 表示迭代序号。

设一温度初值 T,由 $K = f(T)$ 关系式求出各组分的 K 值后,便可按上述公式计算,通常

允许偏差 ε 取 10^{-4}。

(2) 平衡常数与组成有关的露点计算

对于非理想体系，$K_i = f(T, p, x_i, y_i)$，即平衡常数 K_i 不仅是压力和温度的函数，而且与组成有关，露点温度(压力)的计算流程见图 2-3。

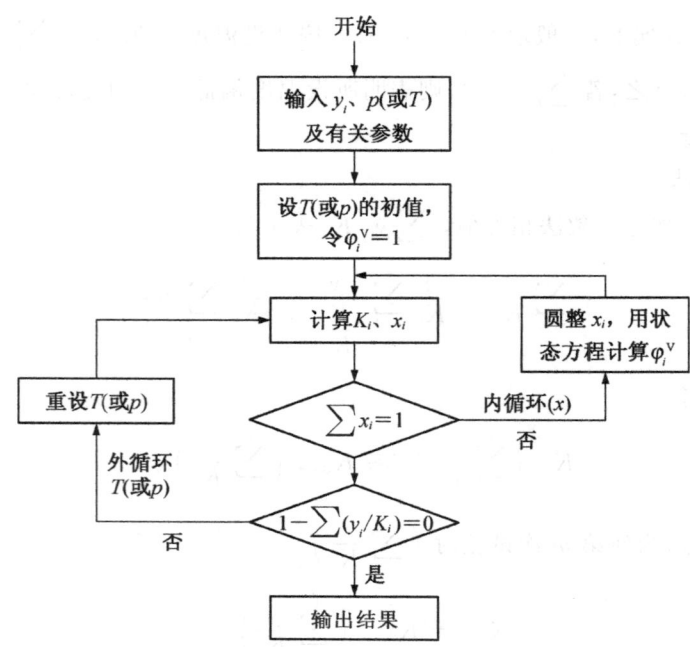

图 2-3 露点温度(压力)计算流程

【例题 2-2】 已知某乙烷塔，塔操作压力为 28.8MPa，塔顶采用分凝器，并经分析得塔顶气相产品的组分及摩尔分数如下表所示。求塔顶温度。

组 分	甲烷(1)	乙烷(2)	丙烷(3)	异丁烷(4)	$\sum$
y_i/%	1.48	88	10.16	0.36	100

解 由于塔顶采用分凝器，塔顶温度即为对应塔顶气相组成的露点。

设 $t = 20℃$，$p = 28.8\text{MPa} = 2880\text{kPa}$，查图 2-1 得

$$K_1 = 5.4 \quad K_2 = 1.2 \quad K_3 = 0.37 \quad K_4 = 0.18$$

因此

$$\sum x_i = \sum \frac{y_i}{K_i} = \frac{0.0148}{5.4} + \frac{0.88}{1.2} + \frac{0.1016}{0.37} + \frac{0.0036}{0.18} = 1.031 \neq 1$$

选乙烷为参考组分 G，则

$$K_i = K_G \sum x_i = 1.031 \times 1.2 = 1.24$$

由 $K_2 = 1.24$ 和 $p = 2917\text{kPa}$ 查图 2-1 得，$t = 22℃$，此温度下

$$K_1 = 5.6 \quad K_2 = 1.24 \quad K_3 = 0.38 \quad K_4 = 0.19$$

因此

$$\sum x_i = \sum \frac{y_i}{K_i} = \frac{0.0148}{5.6} + \frac{0.88}{1.24} + \frac{0.1016}{0.38} + \frac{0.0036}{0.19} = 0.999 \approx 1$$

故塔顶温度为 22℃。

2.2 多组分单级平衡分离

多组分单级平衡分离过程主要是指等温闪蒸、部分汽化、部分冷凝、等焓节流及等熵膨胀等过程。计算这些过程的共同特点是假设物系在出口处气、液两相达到了相平衡,其分离效果相当于一块理论板,故称单级平衡分离。化工生产中部分蒸发器、分凝器、节流阀及两相膨胀机等设备的工作过程均属单级平衡分离过程。

2-2 微课:单级平衡——闪蒸专业英语词汇

2.2.1 部分汽化和冷凝

部分汽化或部分冷凝如图 2-4 所示。

流量 F(单位为 kmol/h)、组成为 z_i(摩尔分数,下同)的液相或气相进料,经加热或冷却至温度 T 后,将有部分汽化或冷凝,并进入分离器(压力为 p)分离成平衡的气、液两相,气相量为 V(单位为 kmol/h),组成为 y_i,液相量为 L,组成为 x_i。

相平衡方程为

$$y_i = K_i x_i \tag{2-71}$$

物料平衡方程为

$$F z_i = V y_i + L x_i \tag{2-72}$$

把相平衡方程代入物料平衡方程得

$$F z_i = V K_i x_i + L x_i \tag{2-73}$$

$$x_i = \frac{F z_i}{V K_i + L} \tag{2-74}$$

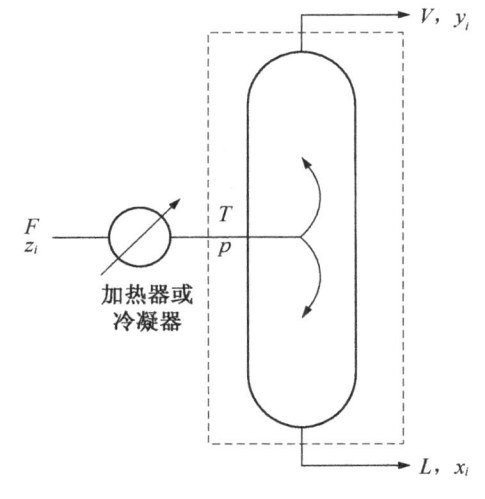

图 2-4 部分汽化或部分冷凝过程

下面还需要知道 V 和 L 的关系。当一股物料被加热或者冷凝变为两股物料的时候,就是物料在气液相中的分配还存在一种关系。首先介绍两个概念及其定义:

① 当一股物料被加热或者冷凝变为两股物料的时候,V/F 成一定的比例。

定义:$\nu = V/F$,已经汽化的物料量占总的物料量的比例,称为汽化率。

② 当一股物料被加热或者冷凝变为两股物料的时候,L/F 成一定的比例。

定义:$e = L/F$,已经液化的物料量占总的物料量的比例,称为液化率。

注:这儿的液化率 e 相当于在"化工原理"中学到的 q。

e 和 ν 还存在以下关系:

$$V/F + L/F = 1 \quad \nu + e = 1 \quad e = 1 - \nu$$

这样，对 $x_i = \dfrac{Fz_i}{VK_i+L}$ 继续进行简化推导

$$x_i = \frac{Fz_i}{VK_i+L} = \frac{z_i}{\dfrac{V}{F}K_i+\dfrac{L}{F}} = \frac{z_i}{\nu K_i+e} = \frac{z_i}{\nu K_i+(1-\nu)} \tag{2-75}$$

得出

$$x_i = \frac{z_i}{1+(K_i-1)\nu} \tag{2-76}$$

利用上式并通过已知的 z_i、$K_i(T,p)$、ν 计算部分汽化和冷凝后的组成，其中 ν 为与进料量、汽化和液化后的情况有关。而可知道的变量为如表 2-2 所示：

表 2-2 部分汽化和冷凝变量

变量名称	变量数量
F	1
z_i	$C-1$
p	1
$T(\nu)$	1
$\sum$	$C+2$

由上表可知：
①知道了 T、p，就知道了 K_i。
②$\nu=V/F$，F 已知，V 未知，可以要求汽化率定下来。一般情况下，汽化率可以定下来。对于假设的变量是否正确，需要选择方程 $|\sum x_i-1|=0$ 或 $|\sum y_i-1|=0$ 进行验证。
部分汽化的方程为

$$\sum x_i = \sum \frac{z_i}{(K_i-1)\nu+1} = 1 \tag{2-77}$$

简化为

$$\sum \frac{z_i}{(K_i-1)\nu+1} - 1 = 0 \tag{2-78}$$

将 $\nu=1-e$ 代入方程(2-78)，得到部分冷凝的方程

$$\sum \frac{z_i}{K_i+(1-K_i)e} - 1 = 0 \tag{2-79}$$

部分汽化方程(2-78)和部分冷凝方程(2-79)均为有极值点的复值函数，如图 2-5 所示。

不过对于单值函数，无论从大或从小假设，均可以计算到收敛。部分汽化和部分冷凝的计算与泡点、露点的计算有些类同，也可以采用牛顿迭代法或者试差等方法。为了简化计算，化为单值函数来计算。采用 $\sum x_i - \sum y_i = 0$ 来简化计算。

首先 $y_i = K_i x_i \quad x_i = \dfrac{z_i}{(K_i-1)\nu+1}$

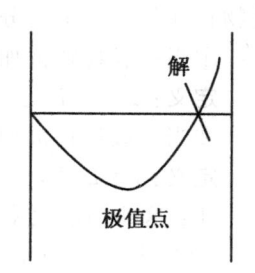

图 2-5 部分汽化、冷凝极值函数图

得

$$y_i = K_i x_i = \frac{K_i z_i}{(K_i-1)\nu+1} = \frac{K_i z_i}{K_i \nu + (1-\nu)} \tag{2-80}$$

$$\sum y_i = \sum K_i x_i = \sum \frac{K_i z_i}{(K_i-1)\nu+1} \tag{2-81}$$

这样代入到 $\sum y_i - \sum x_i = 0$ 中,得到用汽化率表示的方程

$$\sum y_i - \sum x_i = \sum \frac{K_i z_i - z_i}{(K_i-1)\nu+1} = \sum \frac{(K_i-1)z_i}{(K_i-1)\nu+1} = 0 \tag{2-82}$$

同样地,用液化率表示的方程为

$$\sum \frac{(K_i-1)z_i}{K_i + (1-K_i)e} = 0 \tag{2-83}$$

上述推导得到的部分冷凝和部分汽化的计算方程式(2-82)和式(2-83)均为单值函数,使得计算简化。

在进行部分汽化或部分冷凝计算时,根据指定独立变量的不同,有两种求解方法。

①根据给定操作温度、压力、进料量及组成,求汽化率及液相组成。计算时可由 T 先计算 K_i,按假设汽化率计算 x_i,利用 $\sum x_i$ 是否等于 1 检验汽化率假设是否正确。

计算思路为

②根据指定汽化率及操作压力,求部分冷凝点(或汽化)的温度及气、液相组成。计算时根据泡点、露点定义先假设冷凝(或汽化)温度为泡点、露点温度之间的某一值,计算 K_i,计算 x_i,检验 $\sum x_i$ 是否等于 1;或计算 y_i,检验 $\sum y_i$ 是否等于 1,从而判断假设冷凝(或汽化)温度是否正确。

计算思路为

一般来说,利用复值函数采用牛顿迭代法计算比较复杂且计算量较大。但利用单值函数来计算并且采用牛顿迭代法计算,可使计算量大大减少。

下面介绍一下采用单值函数牛顿迭代法计算部分冷凝、部分汽化的方法。

$$f(\nu) = \sum \frac{(K_i-1)z_i}{(K_i-1)\nu+1} \tag{2-84}$$

因此

$$f'(\nu) = -\sum \frac{(K_i-1)^2 z_i}{[(K_i-1)\nu+1]^2} \tag{2-85}$$

$$\nu_m = \nu_{m-1} - \frac{f(\nu)_{m-1}}{f'(\nu)_{m-1}} \tag{2-86}$$

迭代到 $|f(\nu)| \leq \varepsilon$ 为止。

进行汽化或者冷凝计算之前,应该判断原料混合物在给定的温度和压力下的状态是否处于两相区。判断是否在两相区的方法为

$$\sum K_i z_i \begin{cases} \text{等于 } 1(T \text{ 等于泡点温度}) \\ \text{大于 } 1(T \text{ 大于泡点温度,原料液处于两相区}) \\ \text{小于 } 1(T \text{ 小于泡点温度,过冷液体}) \end{cases}$$

$$\sum \frac{z_i}{K_i} \begin{cases} \text{等于 } 1(T \text{ 等于露点温度}) \\ \text{大于 } 1(T \text{ 小于露点温度,原料液处于两相区}) \\ \text{小于 } 1(T \text{ 大于露点温度,过热蒸气}) \end{cases}$$

【例题 2-3】 由乙烷(1)、丙烷(2)、正丁烷(3)和正戊烷(4)组成的料液以 500kmol/h 的流率加入闪蒸室。闪蒸室的压力为 1.38MPa,温度为 82.5℃。料液的摩尔分数为:$z_1 = 0.08, z_2 = 0.22, z_3 = 0.53, z_4 = 0.17$。试计算气、液相产品的流率和组成。

解 首先查出各组分的 K_i

$$K_1 = 4.80 \quad K_2 = 1.96 \quad K_3 = 0.80 \quad K_4 = 0.33$$

假设料液的泡点温度为 82.5℃,则

$$\sum K_i z_i = 4.80 \times 0.08 + 1.96 \times 0.22 + 0.80 \times 0.53 + 0.33 \times 0.17 = 1.295 > 1$$

可见所设泡点温度偏高,即 $T_B < 82.5℃$

假设露点温度为 82.5℃,则

$$\sum_{i=1}^{4} \frac{z_i}{K_i} = \frac{0.08}{4.80} + \frac{0.22}{1.96} + \frac{0.53}{0.8} + \frac{0.17}{0.33} = 1.307 > 1$$

可见所设的露点温度偏低,即 $T_D > 82.5℃$。由上述计算可见,题给条件会使料液产生气、液两股产物。

假设 ν 的初值 $\nu = 0.1$

$$f(0.1) = \sum_{i=1}^{4} \frac{z_i(K_i - 1)}{(K_i - 1) \times 0.1 + 1} = 0.1967 > 0$$

$$f'(0.1) = -\sum_{i=1}^{4} \frac{z_i(K_i - 1)^2}{[(K_i - 1) \times 0.1 + 1]^2} = -0.8851$$

设新的 ν 值 $\nu = 0.1 + \frac{0.1967}{0.8851} = 0.322$

$$f(0.322) = \sum_{i=1}^{4} \frac{z_i(K_i - 1)}{(K_i - 1) \times 0.322 + 1} = 0.0395 > 0$$

$$f'(0.322) = -\sum_{i=1}^{4} \frac{z_i(K_i - 1)^2}{[(K_i - 1) \times 0.322 + 1]^2} = -0.5002$$

设新的 ν 值 $\nu = 0.322 + \frac{0.0395}{0.5002} = 0.401$

$$f(0.401) = \sum_{i=1}^{4} \frac{z_i(K_i - 1)}{(K_i - 1) \times 0.401 + 1} = 0.002 \approx 0$$

$$f'(0.40) = -\sum_{i=1}^{4} \frac{z_i(K_i - 1)^2}{[(K_i - 1) \times 0.401 + 1]^2} = -0.4548$$

设新的 ν 值 $\nu = 0.401 + \frac{0.002}{0.4548} = 0.405$

$$f(0.405) = \sum_{i=1}^{4} \frac{z_i(K_i-1)}{(K_i-1) \times 0.405 + 1} = 0.0001 \approx 0$$

气相产物量 $V = \nu F = 0.405 \times 500 = 202.5 \text{kmol/h}$

液相产物量 $L = (1-0.405) \times 500 = 297.5 \text{kmol/h}$

液相组成 $x_1 = 0.0315$ $x_2 = 0.1584$ $x_3 = 0.5768$ $x_4 = 0.2333$

气相组成 $y_1 = 0.1512$ $y_2 = 0.3105$ $y_3 = 0.4613$ $y_4 = 0.0770$

2.2.2 等温闪蒸

等温闪蒸是单级平衡分离过程之一,其分离过程如图 2-6 所示。已知原料流量 F、组成 z_i、闪蒸温度 T_F 和闪蒸压力 p。所谓等温闪蒸是指闪蒸槽的温度 T_F 与闪蒸后气体与液体的温度相等的,而闪蒸温度 T_F 不一定与闪蒸前原料的温度相等。

等温闪蒸过程可用如下方程描述。

物料平衡方程为

$$Fz_i = y_i V + L x_i \tag{2-87}$$

相平衡方程为

$$y_i = K_i x_i \tag{2-88}$$

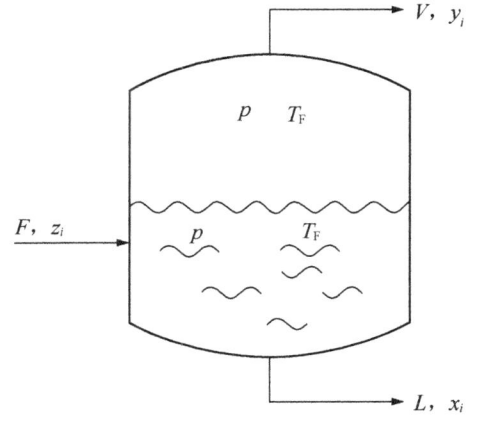

图 2-6 等温闪蒸过程

式中:F 为进入闪蒸槽原料流量,单位为 kmol/h;x_i 为液体 i 组分摩尔分数;y_i 为气体 i 组分摩尔分数;z_i 为原料中 i 组分摩尔分数;p 为闪蒸压力;T_F 为闪蒸温度。

在上述两个方程中,共有 $5+3C$ 个变量,方程个数为 $2C+3$ 个,现已知 F、p、T_F 与 z_i,所以自由变量数也是 $C+2$ 个,上述两个方程有唯一解。

因为 $\nu = V/F$,则物料平衡方程可改为

$$z_i = y_i \nu + (1-\nu) x_i \tag{2-89}$$

再利用相平衡关系 $y_i = K_i x$,并消去 y_i 得

$$x_i = \frac{z_i}{1-\nu(1-K_i)} \tag{2-90}$$

因为要求 $\sum x_i = 1$,即

$$f(\nu) = \sum_{i=1}^{C} \frac{z_i}{1-\nu(1-K_i)} - 1 = 0 \tag{2-91}$$

对于理想体系,认为平衡常数是压力与温度的函数,此时,利用牛顿迭代法可以解出汽化率 ν

$$\nu_{k+1} = \nu_k - \frac{f(\nu)}{f'(\nu)} \tag{2-92}$$

由式(2-91)可知

$$f'(\nu) = \sum \frac{z_i(1-K_i)}{[1-\nu(1-K_i)]^2} \quad (2-93)$$

图 2-7 显示了 ν 与 $f(\nu)$ 的关系。由图 2-7 可知，当 $T_B < T_F < T_D$，即闪蒸后有气、液两相。式(2-91)有两个实根，一个是"坐标原点"，一个是真根。为避免收敛成"坐标原点"那个根，一般取汽化率的初值 $\nu=1$。解出 ν 后，利用式(2-90)求出 x_i，再利用 $y_i = K_i x_i$ 计算出 y_i。至于 V 与 L，利用 $\nu = V/F$ 与总物料平衡可方便地求出。

$$V = \nu F \quad (2-94)$$
$$L = F - V \quad (2-95)$$

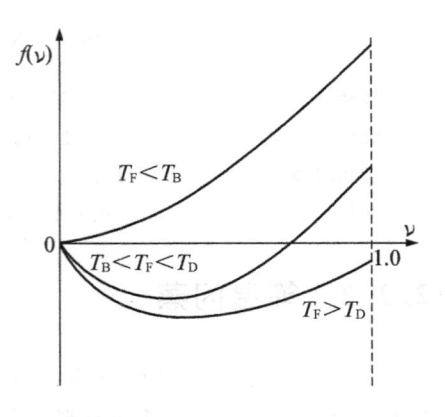

图 2-7 等温闪蒸过程求 ν 的过程

2.2.3 绝热闪蒸

1. 绝热闪蒸过程及其计算内容

流量为 F、组成为 z_i 的液相进料于压力 p_1、温度 T_1 下经过阀门，在绝热情况下减压至 p_2，将有一部分液体依靠进料本身携带的热量汽化，而系统温度降至 T_2，由于上述过程是在绝热情况下进行的（$Q=0$），因而节流前后混合物的焓 $h_1 = H_2$，节流生成的气相和剩余液相分离时假设达到平衡。因此，这个过程称为等焓节流，又称为绝热闪蒸（图 2-8）。

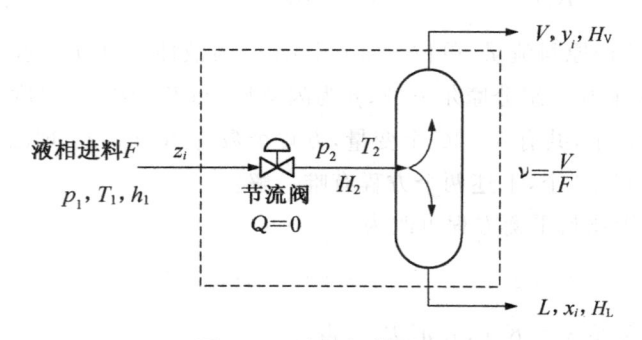

图 2-8 绝热闪蒸过程

绝热闪蒸和等温闪蒸都能产生气液相平衡相，属单级平衡分离，但所用的分离剂不同。若用郭氏法的设计变量来分析绝热闪蒸过程，它相当于一个分相器，其可调设计变量为零。即当进料的温度、压力、流率和组成一定后，如果节流后的压力被确定，则节流后的状态就被确定了，此时温度 T_2、气相量 V 及组成 y_i、液相量 L 及组成 x_i 都随之被确定。故该过程的设计变数为 $C+3$ 个，一般是已知节流前的流量、组成、压力、温度和节流后的压力，要求计算节流后的温度和在这温度下产生的气液两相的组成和量。

2. 基本计算公式

绝热闪蒸的计算目的是去确定闪蒸的温度和气液相组成和流率。与部分冷凝或者部分汽化不同的是，绝热闪蒸的 $Q=0$。

物料平衡方程为

$$Fz_i = y_i V + L x_i$$

相平衡方程为

$$y_i = K_i x_i$$

把相平衡方程代入物料平衡方程

$$x_i = \frac{Fz_i}{K_i V + L} = \frac{z_i}{K_i\left(\frac{V}{F}\right) + \left(\frac{L}{F}\right)} = \frac{z_i}{K_i \nu + (1-\nu)} = \frac{z_i}{(K_i - 1)\nu + 1} \quad (2-96)$$

其中汽化率为

$$\nu = V/F$$

代入 $\sum x_i = 1$，得出

$$\sum \frac{z_i}{(K_i - 1)\nu + 1} - 1 = 0 \text{（复值函数）} \quad (2-97)$$

利用 $\sum x_i - \sum y_i = 0$ 得

$$\sum \frac{z_i(K_i - 1)}{(K_i - 1)\nu + 1} = 0 \text{（单值函数）} \quad (2-98)$$

在部分汽化过程中，外界提供汽化需要的热量，可以保证汽化率 ν 达到一定的要求。但是在绝热闪蒸过程中，外界不提供热量（即 $Q=0$），而且焓不变（$h_1 = H_2$）。汽化率 ν 不是我们可以控制的。因为绝热闪蒸过程中必须符合焓不变的条件，所以由 T_2 的变化提供汽化需要的热量。

必须检验汽化率 ν，需要建立能量平衡方程（不能像部分汽化一样得出 $f(\nu) = \cdots$）。

对闪蒸罐的能量平衡计算得

$$Fh_1 = VH + Lh \quad (2-99a)$$

$$h_1 = \frac{V}{F}H + \frac{L}{F}h \quad (2-99b)$$

将汽化率 ν 代入上式得

$$h_1 = \nu H + (1-\nu)h \quad (2-100)$$

$$h_1 - h = \nu(H - h) \quad (2-101)$$

$$\nu = \frac{h_1 - h}{H - h} \quad (2-102)$$

式中：H 为闪蒸后的气相焓；h 为闪蒸后的液相焓；h_1 为混合物的焓。

绝热闪蒸的基本计算式为

$$\begin{cases} \nu = \dfrac{h_1 - h}{H - h} \\ \sum \dfrac{z_i}{(K_i - 1)\nu + 1} - 1 = 0 \end{cases}$$

3. 计算方法

绝热闪蒸的计算方法主要有以下三种：

(1) 手算计算法

这种方法主要基于节流前后焓值相等的原理,涉及相平衡常数和焓平衡的计算。假设节流后的温度为 T_2,可计算出相应的焓值 H_2,只要 $h_1=H_2$,T_2 为节流后的温度,得出 T_2 后,其未知量便可求解。因此,所有的问题归结为寻找使 $h_1=H_2$ 方程成立的 T_2。该方法存在试差过程,特别是双循环的试差。

计算思路为,本计算为两层迭代:内层为 ν 循环,用牛顿-拉夫森迭代法求解汽化率 ν,收敛精度 $f(\nu)<0.005$;外层为 T_2 循环,也可用正割法调整节流后的温度,但需二点温度。

$$T_{2,k}=\frac{T_{2,k-2}f(T_{2,k-1})-T_{2,k-1}f(T_{2,k-2})}{f(T_{2,k-1})-f(T_{2,k-2})} \quad (2-103)$$

式中:$f(T_{2,k-1})=(H_2)_{T_{2,k-1}}-h_1$,其中,$(H_2)_{T_{2,k-1}}$ 为假设温为 $T_{2,k-1}$ 下的计算焓值;$f(T_{2,k-2})=(H_2)_{T_{2,k-2}}-h_1$,其中,$(H_2)_{T_{2,k-2}}$ 为假设温度为 $T_{2,k-2}$ 下的计算焓值。

$$f(T_2)=H_2-H_1=0$$

收敛精度为

$$\left|\frac{H_2-H_1}{H_1}\right|<0.005$$

正割法计算绝热闪蒸的流程见图 2-9。

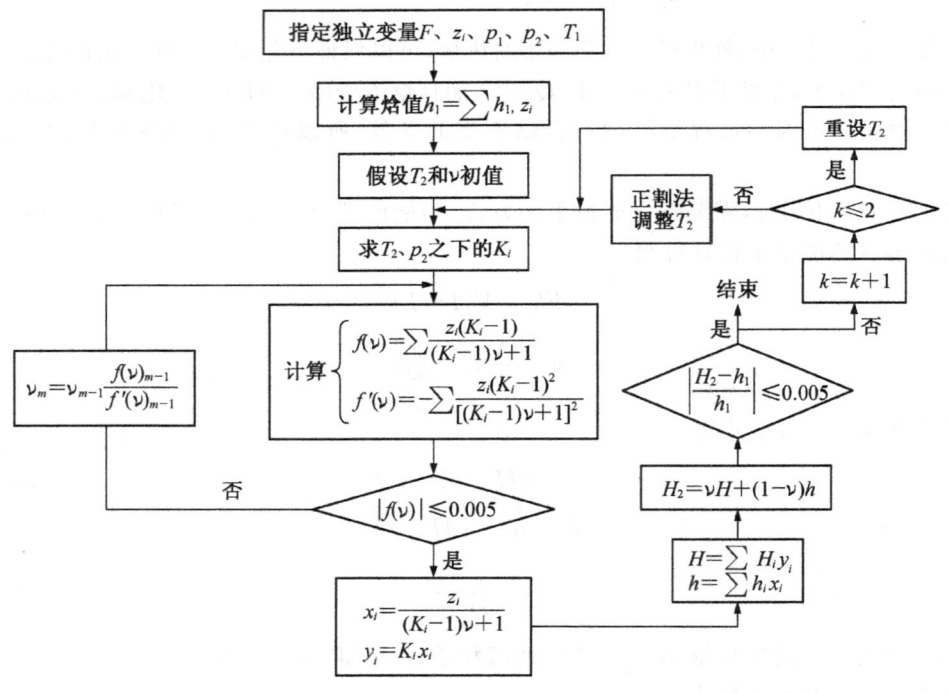

图 2-9 正割法进行闪蒸计算流程

(2) 利用相对挥发度进行闪蒸计算

该方法用相对挥发度代替相平衡常数,但是仍然存在焓平衡的计算,单循环的试差。

从物料平衡算起,得

$$Fz_i=Vy_i+Lx_i \quad (2-104)$$

$$f_i=v_i+\frac{Ly_i}{K_i}=v_i+\frac{L}{VK_i}v_i \quad (2-105)$$

式中：f_i 为某个组分的物料量；v_i 为某个组分闪蒸后的气相量。

$$v_i = \frac{f_i}{1+\dfrac{L}{VK_i}} \tag{2-106}$$

$$\frac{L}{VK_i} = \frac{f_i}{v_i} - 1 \tag{2-107}$$

$$\alpha_{ji} = \frac{K_j}{K_i} = \frac{\dfrac{L}{VK_i}}{\dfrac{L}{VK_j}} = \frac{\dfrac{f_i}{v_i}-1}{\dfrac{f_j}{v_j}-1} \tag{2-108}$$

$$\frac{f_i}{v_i} = \alpha_{ji}\left(\frac{f_j}{v_j}-1\right)+1 \tag{2-109}$$

式中 j 的选择：取挥发度或者相平衡常数居中的组成，选择 j 后，假设一个 f_j/v_j 进行计算。

$$l_i = f_i - v_i$$

$$\sum l_i = L \qquad \sum v_i = Vy_i \qquad x_i = l_i/L$$

按假设进行计算后，需要验证假设的正确性，具体计算过程见图 2-10。

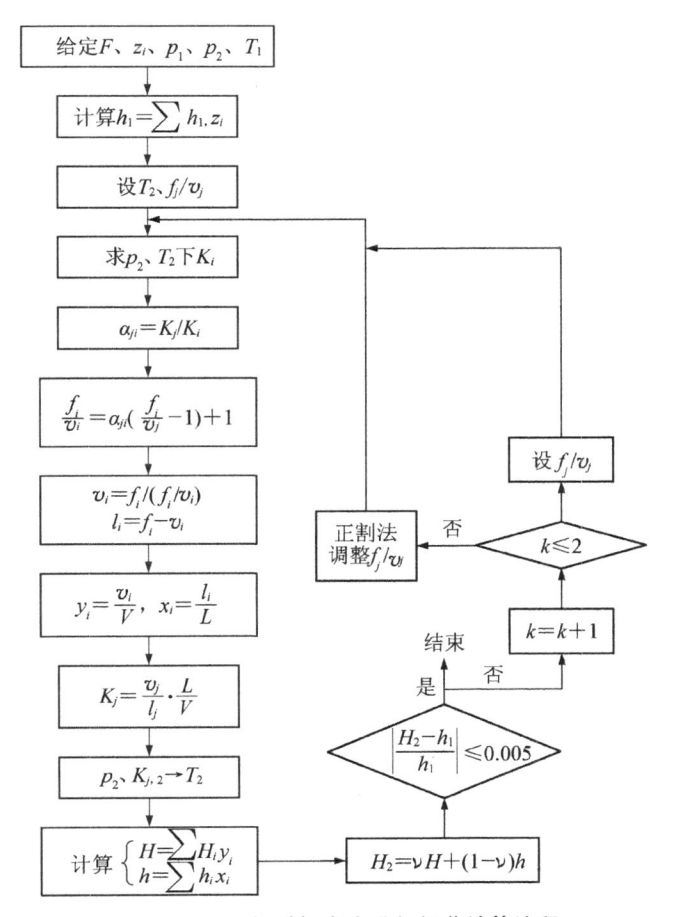

图 2-10 相对挥发度进行闪蒸计算流程

(3) 作图法

该方法是先根据焓平衡方程作出一条等焓曲线,再根据另外方程作出一条闪蒸曲线,两条曲线的交点就是所求的值。

计算思路为,先假设一个 T_2(T_2 在泡点、露点温度之间),这样可按闪蒸来计算产生的气、液两相的组成和量,得出 $T-\nu$ 关系,即闪蒸曲线,然后再由进出料热焓相等原则来校核 T_2,即得到等焓曲线,交点为 $T_2-\nu$。

1) 闪蒸曲线($T-\nu$)

假设一系列的 T_2:$T_{2.1}$、$T_{2.2}$、$T_{2.3}$、$T_{2.4}$ $\xrightarrow{\text{循环计算}}$ 得到 ν_1、ν_2、ν_3、ν_4 $\begin{cases} x_1、x_2、x_3、x_4 \\ y_1、y_2、y_3、y_4 \end{cases}$。以横坐标为 ν,纵坐标为 T,作出一条闪蒸曲线。在求闪蒸曲线的过程中,根据图 2-9 可以知道,仍然需要迭代。

2) 等焓曲线

假设 T_2、x_i、y_i → $\begin{cases} H_1、H_2、H_3、H_4 \\ h_1、h_2、h_3、h_4 \end{cases}$ $\xrightarrow{\nu=\frac{h_1-h}{H-h}}$

得到 ν_1、ν_2、ν_3、ν_4。以横坐标为 ν,纵坐标为 T,作出一条等焓曲线。

闪蒸曲线与等焓曲线的交点就是所求的值,见图 2-11。

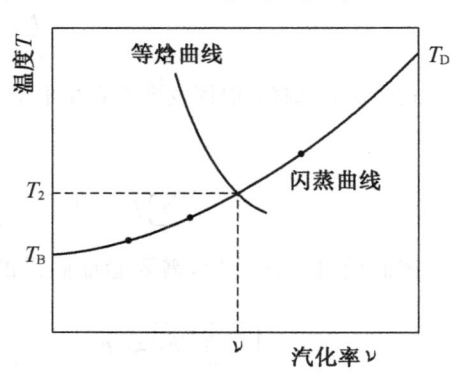

图 2-11 等焓节流汽化率与温度的关系

【例题 2-4】 某乙烯、乙烷和丙烯的混合物,其组成为:乙烯 0.2(摩尔分数,下同),乙烷 0.4 和丙烯 0.4。现将温度为 10℃、压力为 2.0265MPa 的饱和液体,等焓节流到 0.8106MPa。求节流后的温度、汽化率、气、液相组成。

解 先计算 0.816MPa 压力下该物系的泡点、露点温度。解得 0.816MPa 压力下泡点温度为 -32℃,露点温度为 -10℃。在 -32~-10℃ 间设 3 个 t_2 温度:-16℃、-20℃、-26℃,按等温闪蒸来计算汽化率及液相组成,结果见下表:

\multicolumn{6}{c}{ $-16℃,\nu=0.725$ }
组 分	z_i	K_i	$\nu K_i+(1-\nu)$	x_i	y_i
乙 烯	0.2	2.80	2.305	0.0868	0.2430
乙 烷	0.4	1.65	1.471	0.2719	0.4486
丙 烯	0.4	0.48	0.623	0.6421	0.3082
合 计	1.0			1.0008	0.9998

\multicolumn{6}{c}{ $-20℃,\nu=0.545$ }
组 分	z_i	K_i	$\nu K_i+(1-\nu)$	x_i	y_i
乙 烯	0.2	2.60	1.872	0.1068	0.2778
乙 烷	0.4	1.51	1.278	0.3130	0.4256
丙 烯	0.4	0.43	0.689	0.5803	0.2495
合 计	1.0			1.0001	0.9999

续 表

−26℃, $\nu=0.725$

组 分	z_i	K_i	$\nu K_i+(1-\nu)$	x_i	y_i
乙 烯	0.2	2.35	1.402	0.1428	0.3355
乙 烷	0.4	1.35	1.104	0.3623	0.4892
丙 烯	0.4	0.35	0.808	0.4950	0.1752
合 计	1.0			1.0001	0.9999

根据泡点 $\nu=1$、露点 $\nu=0$ 和上述三点数据，在坐标图上作如下闪蒸曲线。

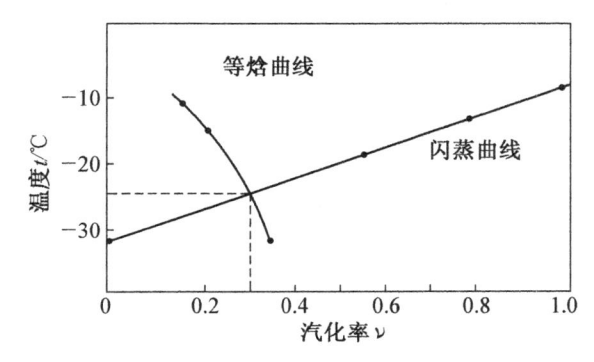

已知 10℃、2.0265MPa 下各纯组分的液相焓为

$$H_{\text{乙烯}}=11720\text{J/mol} \quad H_{\text{乙烷}}=11050\text{J/mol} \quad H_{\text{丙烯}}=13010\text{J/mol}$$

$$H_1=\sum z_i H_i=0.2\times 11720+0.4\times 11050+0.4\times 13010=11968\text{J/mol}$$

按式(2-102)计算 −10℃（露点温度）、−16℃、−20℃、−26℃ 和 −32℃（泡点温度）下的 ν 值，结果见下表。其中 H_i、h_i 分别为气相出料和液相出料中纯组分的焓值，均根据相应的温度和压力从手册中查得。

−10℃, $\nu=0.1162$

组 分	x_i	h_i/(J/mol)	h/(J/mol)	y_i	H_i/(J/mol)	H/(J/mol)
乙 烯	0.0645	9965	642.74	0.200	17585	3517
乙 烷	0.2162	9421	2036.82	0.400	19460	7784
丙 烯	0.7194	11080	7970.95	0.400	26730	10692
合 计	1.0001	—	10650.51	1.000	—	21993

−16℃, $\nu=0.1866$

组 分	x_i	h_i/(J/mol)	h/(J/mol)	y_i	H_i/(J/mol)	H/(J/mol)
乙 烯	0.0868	9833	810	0.2430	17515	4255
乙 烷	0.2719	8668	2357	0.4486	19319	8667
丙 烯	0.6421	10447	6708	0.3082	26520	8173
合 计	1.0008	—	9875	0.9998	—	21095

续 表

$-20℃, \nu=0.2361$

组 分	x_i	h_i/(J/mol)	h/(J/mol)	y_i	H_i/(J/mol)	H/(J/mol)
乙 烯	0.1068	8910	952	0.2778	17470	4853
乙 烷	0.3130	8165	2556	0.4256	19220	9084
丙 烯	0.5803	10025	5817	0.2495	26380	6582
合 计	1.0001	—	9325	0.9999	—	20519

$-26℃, \nu=0.2931$

组 分	x_i	h_i/(J/mol)	h/(J/mol)	y_i	H_i/(J/mol)	H/(J/mol)
乙 烯	0.1428	8478	1210	0.3355	17397	5837
乙 烷	0.3623	7788	2822	0.4892	19064	9325
丙 烯	0.4950	9492	4698	0.1752	26340	4615
合 计	1.0001	—	8730	0.9999	—	19777

$-32℃, \nu=0.725$

组 分	x_i	h_i/(J/mol)	h/(J/mol)	y_i	H_i/(J/mol)	H/(J/mol)
乙 烯	0.200	8210	1642	0.400	17250	6900
乙 烷	0.400	7540	3016	0.486	18860	9166
丙 烯	0.400	9150	3660	0.114	26220	2989
合 计	1.000	—	8318	1.000	—	19055

在上页图中上绘出等焓曲线,得两条曲线的交点为节流后的温度 $t_2=-26℃$,汽化率 $\nu=0.293$。前面等温闪蒸的计算已得出节流后 $-26℃$ 的气、液相组成。

▶▶▶ 参考文献 ◀◀◀

[1] 刘家祺. 分离过程. 北京:化学工业出版社,2002.
[2] 叶庆国. 分离工程. 北京:化学工业出版社,2009.
[3] 刘家祺. 传质分离过程. 北京:高等教育出版社,2005.
[4] King C J. Separation Processes. 2nd ed. New York:McGraw-Hill,1980.
[5] 张一安,徐欣茹. 石油化工分离工程. 上海:华东理工大学出版社,1998.
[6] 尹芳华,钟璟. 现代分离技术. 北京:化学工业出版社,2009.
[7] 刘芙蓉,金鑫丽,王黎. 分离过程及系统模拟. 北京:科学出版社,2001.
[8] 郁浩然. 化工分离工程. 北京:中国石化出版社,1992.
[9] Hendey E J, Seader J D. Equilibrium-Stage Separation Operation in Chemical Engineering. New York:John Wiley&Sons,1981.
[10] 邓修,吴俊生. 化工分离工程. 北京:科学出版社,2001.
[11] 裘元焘. 基本有机化工过程及设备. 北京:化学工业出版社,1981.

➤➤➤ 习　题 ◀◀◀

1. 怎样判断混合物在 T、p 下的相态？若在两相区，其组成怎样计算？
2. 什么叫泡点和露点？如何求取精馏塔塔顶温度和精馏塔塔釜温度？
3. 简述绝热闪蒸的特点，并介绍计算绝热闪蒸的方法及各自优缺点。
4. 一液体混合物的组成为：苯 0.50（摩尔分数，下同），甲苯 0.25，对二甲苯 0.25。试计算该物系在 100kPa 时的平衡温度和气相组成。（假设为完全理想物系）
5. 一烃类蒸气混合物含有甲烷 0.05（摩尔分数，下同），乙烷 0.10，丙烷 0.30 及异丁烷 0.55。试求混合物在 25℃ 时的泡点压力和露点压力。
6. 某三元理想混合物的摩尔分数为：$x_A=0.60$，$x_B=0.20$，$x_C=0.20$。系统的操作压力为 0.1013MPa。计算混合物的泡点温度。A、B、C 三个组分的饱和蒸气压数据如下（T：K，p：Pa）：

A：$\ln p_A = 23.4803 - 3626.55/(T-34.29)$
B：$\ln p_B = 23.8047 - 3803.98/(T-41.68)$
C：$\ln p_C = 22.4367 - 3166.38/(T-80.15)$

（注：试差范围为 65~85℃；误差限 $|\sum y_i - 1| < 0.01$）

7. 已知某物料的摩尔流为：$z_1=1/3$，$z_2=1/3$，$z_3=1/3$；其相对挥发度为：$\alpha_{11}=1$，$\alpha_{21}=2$，$\alpha_{31}=3$；且已知组分 1 的相平衡常数 K_1 与温度的关系为：$\ln K_1 = 8.294 - 3.3 \times \frac{10^3}{T}$。求此物料的泡点和露点温度。

8. 分离 A、B、C 三组分的普通精馏塔塔顶设置分凝器，已知其气相产品的摩尔分数为：$y_A=0.45$，$y_B=0.52$，$y_C=0.03$。为保证分凝器能用水冷（取气相产品的露点为 40℃），试分别按完全理想体系和非理想体系计算分凝器的最小操作压力，并计算平衡的回流液组成。

9. 某气相混合物的组成及平衡常数如下：

组　分	A	B	C
摩尔分数	0.2	0.35	0.45
$K_i/(t:℃,p:\text{atm})$	$0.02t/p$	$0.15t/p$	$0.01t/p$

（1）求 $p=2$atm 时，混合物的露点温度。（误差判据可取 0.001）
（2）上述混合物若温度为 50℃，试分析是否有液相存在。

10. 某精馏塔塔顶蒸气的摩尔分数为：乙烷 0.15，丙烷 0.20，异丁烷 0.60，正丁烷 0.05。要求有 75% 的物料在冷凝器液化，若离开冷凝器的温度为 26.7℃，求所需压力。

11. 某混合物含三个组分，进料量 $F=100$kmol/h，$p=13.6$atm，冷却温度 $T=-101$℃。要求有 58% 的物料在冷凝器中液化，求 V、L、x_i、y_i。

组　分	甲　烷	乙　烷	丙　烷
z_i（摩尔分数）	0.7619	0.2036	0.0345
K_i(13.6atm，-101℃)	1.6	0.051	0.0029

12. 某混合物含丙烷(1)0.451（摩尔分数，下同），异丁烷(2)0.183，正丁烷(3)0.366。在 $t=94$℃ 和 $p=2.41$MPa 下进行闪蒸。试估算平衡时混合物的汽化率及气、液相组成。（已知 $K_1=1.42$，$K_2=0.86$，$K_3=0.72$）

13. 在 0.1013MPa 和 378.47K 下苯(1)-甲苯(2)-对二甲苯(3) 三元系中，当 $x_1=0.3125$（摩尔分数，下

同），$x_2=0.2978$，$x_3=0.3897$ 时，求 K 值。其中气相为理想气体，液相为非理想溶液。已知三个二元系 Wilson 方程参数。

$$\lambda_{12}-\lambda_{11}=-1035.33 \quad \lambda_{12}-\lambda_{22}=977.83$$

$$\lambda_{23}-\lambda_{22}=442.15 \quad \lambda_{23}-\lambda_{33}=-460.05$$

$$\lambda_{13}-\lambda_{11}=1510.14 \quad \lambda_{13}-\lambda_{33}=-1642.81 \quad (单位：J/mol)$$

在 $T=378.47\text{K}$ 时液相摩尔体积为

$$V_1^L=100.91\times10^{-3}\,\text{m}^3/\text{kmol} \quad V_2^L=117.55\times10^{-3}\,\text{m}^3/\text{kmol} \quad V_3^L=136.69\times10^{-3}\,\text{m}^3/\text{kmol}$$

Antoine 公式（p^s: Pa，T: K）为

$$\ln p_1^s=20.7936-\frac{2788.51}{(T-52.36)}$$

$$\ln p_2^s=20.9065-\frac{3096.52}{(T-53.67)}$$

$$\ln p_3^s=20.9891-\frac{3346.65}{(T-57.84)}$$

14. 含有摩尔分数为 80％醋酸乙酯(A)和 20％乙醇(E)的二元物系，液相活度系数用 Van Laar 方程计算，$A_{AE}=0.144$，$A_{EA}=0.170$。试计算在 101.3kPa 压力下的泡点温度和露点温度。

Antoine 公式（p^s: Pa，T: K）为

$$\ln p_A^s=21.0444-\frac{2790.50}{(T-57.15)}$$

$$\ln p_E^s=23.8047-\frac{3803.98}{(T-41.68)}$$

第 3 章

多组分精馏

精馏是化工生产中最常见、最重要的分离方法,有 90%～95% 的产品提纯和回收是由精馏实现的。它是利用不同组分间的挥发度差异,借助"回流"技术实现混合液高纯度分离的多级分离操作,即同时进行多次部分汽化和部分冷凝的过程。例如,烃类裂解气的分离、作为生产聚苯乙烯原料的苯乙烯的精制等都采用多组分精馏。虽然在化工原理课程中对双组分精馏进行过比较详细的讨论,但在生产实践中所遇到的精馏操作多为多组分混合物,而极少是双组分溶液。尽管多组分精馏与二元精馏的基本原理是相同的,然而由于组分的增多,故影响精馏操作的因素也增多,计算过程就比较复杂。随着计算机应用技术的普及和发展,目前,对于多组分多级分离问题的计算大多有软件包可供使用。因此,研究和解决多组分精馏的设计计算和生产问题更具有实际意义。

3.1 多组分简单精馏塔

3.1.1 精馏过程分析

1. 关键组分

对于普通精馏塔,可调设计变量为 5。当指定回流比、回流状态和适宜进料位置后,尚有两个可调设计变量可用来指定馏出液中某一组分的浓度。对于二元精馏来说,分别指定馏出液和釜液中一个组分的浓度,就确定了馏出液和釜液的全部组成;而对于多组分精馏来说,由于剩余设计变量数仍为 2,只能指定两个组分的浓度,其他组分的浓度的确定仍很困难。

由设计者指定浓度或提出分离要求的两个组分称为关键组分,这两个组分在设计中起着重要的作用。一旦这两个组分的组成一定,其他的组分的组成也相应地定下来。这两个组分中挥发度大(即沸点低)的组分叫轻关键组分(用 l 表示);挥发度小(沸点高)的组分叫重关键组分(用 h 表示)。原料中除了这两个关键组分外其他组分统称为非关键组分。

其中,比轻关键组分挥发度更大或更轻的组分称轻非关键组分,简称轻组分;比重关键组分挥发度更小或更重的组分称为重非关键组分,简称重组分。

在精馏中,关键组分对于物系的分离起着控制作用。对于轻关键组分,其在釜液中的浓度应受严格的限制,且比该组分轻的组分及该组分的绝大部分应该从塔顶采出;对于重关键组分，其在塔顶馏出液中的浓度应受严格的限制，且比该组分重的组分及该组分的绝大部分应该在釜液中采出。

例如现在城市居民的主要燃料之一是液化石油气，其组分主要是 C_3 和 C_4，它是由油田伴生气或者天然气 C_1、C_2、$\cdots$、C_{10}^+ 等加工而成的。一般来说，烷烃的 $C_1 \sim C_{10}^+$ 的沸点依次增加，欲得到产品 C_3 和 C_4，至少应该有两个精馏塔，如图 3-1 所示。

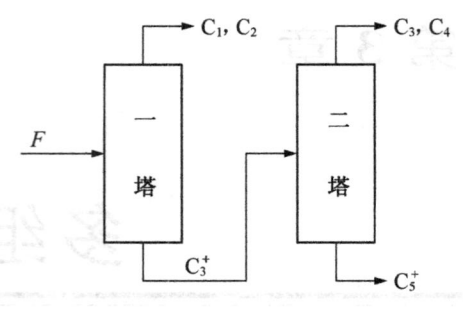

图 3-1 液化石油气分离流程简单示意图

一塔的任务是将比 C_3 轻的组分 C_1、C_2 从塔顶分离出去，C_3^+ 则从塔釜分出。因此，对一塔来说，设计者应规定 C_2 和 C_3 两个组分的分离要求，如规定 C_2 在塔釜的浓度或者在塔顶的回收率，以及 C_3 在塔顶的浓度或者在塔釜的回收率。因此，C_2 和 C_3 两个组分是一塔的两个重要组分，称为关键组分。

类似的，C_4 和 C_5 两个组分是二塔的两个重要组分，设计者应规定 C_4 和 C_5 两个组分的分离要求。

2. 清晰分割与非清晰分割

根据分离要求确定关键组分后，还不能确定非关键组分在馏出液和釜液中的含量，为了进行物料衡算，先将问题简单化。一般规定轻关键组分在馏出液中的含量和重关键组分在釜液中的含量。若假设轻、重关键组分是相邻组分，并且馏出液中不含有比重关键组分还重的组分，釜液中不含有比轻关键组分还轻的组分，则这种情况称为清晰分割。清晰分割是一种理想的情况，当轻、重关键组分为相邻组分，且与关键组分挥发度接近的非关键组分的量不大时，或者非关键组分的挥发度和两关键组分的挥发度相差很大时，可以近似按清晰分割处理，或者说轻组分在塔顶产品的收率为1，重组分在塔釜产品的收率为1，即轻组分全部从塔顶馏出液采出，重组分全部从塔釜釜液排出。非关键组分均为非分配组分。

在实际精馏过程中，尤其是对于组分数多、各组分的挥发度较接近、关键组分又不一定是相邻组分的情形，不能按清晰分割处理。在轻、重关键组分为相邻组分时，馏出液中除了重关键组分以及比它轻的非关键组分外，还含有比它重的组分；釜液中除了轻关键组分以及比它重的组分外，还含有比它轻的组分。当轻、重关键组分为非相邻组分时，两关键组分间的各组分会在馏出液和釜液中出现。这两种分配情况称为非清晰分割。

3. 多组分精馏过程的复杂性

(1) 求解方法

二元精馏时，在设计变量值被确定后，就很容易用物料衡算式、气液相平衡式和热量衡算式从塔的任何一端出发逐级计算，无需试差。而多组分精馏时，由于不能指定馏出液和釜液的全部组成，相平衡、进料和产品组成以及平衡液级数的计算都需要用试差法计算。如果进行逐级计算，必须先假设一端的组成，然后通过反复试差求解。

(2) 摩尔流率

二元精馏除了在进料级处液体组成有突变外，各级的摩尔流率基本为常数。对多组分精馏，以苯-甲苯-异丙苯精馏塔为例加以讨论。液、气流量有一定的变化，但液气比 L/V 却接近于常数，原因是各组分的摩尔汽化潜热相差较小。

（3）温度分布

无论几元精馏，温度分布总是从再沸器到冷凝器单调下降。二元精馏在精馏段和提馏段中段温度变化最明显；对多元精馏，在接近塔顶、接近塔釜及进料点附近，温度变化最快，这是因为在这些区域中组成变化最快，而泡点和组成密切相关。

（4）组成分布

二元精馏的组成分布与温度分布一样，在精馏段和提馏段中段组成变化明显；而对于多组分精馏，在进料级处各个组分都有显著的数量，而在塔的其余部分由组分性质决定，其分布见表3-1。

表 3-1 多组分精馏塔内组分的分布情况

组 分	邻近进料级上部的几个级	邻近进料级下部的几个级	邻近塔釜的几个级	邻近塔顶的几个级	总趋势
轻组分	有恒浓区	→0	≈0	迅速上升	由塔釜往上而上升
轻关键组分	—	气相中有波动	—	气相中出现最大值	由塔釜往上而上升
重关键组分	液相中有波动	—	出现最大值	—	由塔顶往下而上升
重组分	→0	有恒浓区	迅速增浓	≈0	由塔顶往下而上升

重组分在塔釜产品中占有相当大的分率，由塔釜往上，由于分馏的结果，使得气、液相中重组分的摩尔分数迅速下降，但在到达加料级之前，气、液相中重组分的摩尔分数会降到某一极限值，因为加料中有重组分存在，这一数值在到达加料级前基本保持恒定（恒浓区）。轻组分在塔顶占有很大分率，由于分馏作用，由塔顶往下，气、液相中轻组分急剧下降到一个恒定的极限值，直到加料级为止。

关键组分摩尔分数的变化不仅与关键组分本身有关，同时还受非关键组分浓度变化的影响。总的趋势是轻关键组分的摩尔分数沿塔釜往上不断增大，而重关键组分则不断下降（这和双组分精馏的情况类似）。但在邻近塔釜处，由于重组分的摩尔分数迅速上升，结果使两个关键组分的摩尔分数下降，此为重关键组分的摩尔分数在加料级以下出现最大值的原因。在邻近塔顶处，由于轻组分的迅速增浓，使两个关键组分的摩尔分数下降，这是轻关键组分在气相中的摩尔分数在加料级以上出现最大值的原因。

在加料级往上邻近的几个级处，重组分由加料级下面的极限值很快降到微量，这一分馏作用对轻的组分产生影响，使其摩尔分数在这几个级上升较快，液相中重关键组分的摩尔分数在加料级以上不是单调下降，而是有一波动；同理，在加料级以下，气相中轻关键组分的摩尔分数有所上升。

影响 $L、V$ 的因素有以下几点：

①通常精馏塔自下至上物料的相对分子质量和摩尔汽化潜热渐降，则沿塔向上的摩尔流率应有增加的趋势。

②沿塔向上，温度渐降，蒸气上升过程中需被冷却，若靠液相的汽化冷却，则导致向上流量增加。

③液体沿塔向下流动时必须被加热，若加热靠蒸气冷凝，将导致向下的流量增加。塔内流量变化是 L 与 V 同方向变化，故 L/V 变化很小，所以，对分离影响很小。

由上得出重要结论：精馏塔中，温度分布主要反映物流的变化；而总的级间流量分布则主要反映热量衡算的限制。其反映精馏过程中的内在规律，在精馏的操作、设计中有着广泛的应用。

3.1.2 设计变量的确定

设计分离装置就是要求确定各个物理量的数值,如进料流率、浓度、压力、温度、热负荷、机械功的输入(或输出)量、传热面积大小以及理论板数等。这些物理量都是互相关联、互相制约的,因此,设计者只能规定其中若干个变量的数值,这些变量称为设计变量。如果设计过程中给定数值的物理量数目少于设计变量的数目,设计就不会有结果;反之,给定数值的物理量数目过多,设计也无法进行。因此,设计的第一步不是选择变量的具体数值,而是要知道设计者所需要给定数值的变量数目。对于简单的分离过程,一般容易按经验给出。例如,对于一个只有一处进料的二组分精馏塔,如果已给定了进料流率、进料浓度、进料状态和塔压后,那么就只需再给定釜液浓度、馏出液浓度及回流比的数值后,便可计算出按适宜进料位置进料时所需的精馏段理论板数,提馏段理论板数,以及冷凝器、再沸器的热负荷等。但若过程较复杂,例如多组分精馏塔又有侧线出料或多处进料,就较难确定,容易出错。因此在讨论具体的多组分分离过程之前,最好先讨论确定设计变量数的方法。

1. 简单精馏塔模型

图 3-2 是典型的工业简单精馏塔,它有一个进料(流量为 F,单位为 kmol/h)和两个产品——塔顶产品(流量为 D,单位为 kmol/h)和塔釜产品(流量为 W,单位为 kmol/h)。该塔有 N 个理想平衡级(简称级)。冷凝器是第一级,再沸器是第 N 级。冷凝器可以是全凝器,也可以是部分冷凝器。

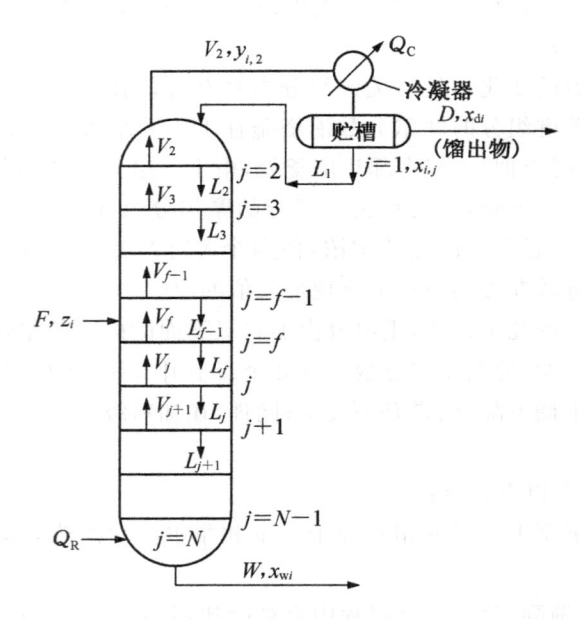

图 3-2 简单精馏塔模型

对于稳定工况下的精馏塔,为了计算塔顶和塔釜产品组成,确定所需要的理论板数,需同时求解以下方程:气液相平衡方程、组分物料平衡方程、总物料平衡方程、能量平衡方程。

2. 基本方程

稳定工况下的精馏塔应同时满足以下方程:

物料平衡方程
$$\begin{cases} V_{j+1}y_{i,j+1}=L_jx_{i,j}+Dx_{di}(j=1,2,\cdots,f-2) \\ V_fy_{i,f}+V_Fy_{iF}=L_{f-1}x_{i,f-1}+Dx_{di}(j=f-1) \\ V_{j+1}y_{i,j+1}=L_jx_{i,j}-Wx_{wi}(j=f,f+1,\cdots,N-1) \\ Fz_i=Dx_{di}+Wx_{wi}(i=1,2,\cdots,C) \end{cases} \quad (3-1)$$

相平衡方程
$$y_{i,j}=K_{i,j}x_{i,j}(j=1,2,\cdots,N)(i=1,2,\cdots,C) \quad (3-2)$$

分子总和方程
$$\begin{cases} \sum_{i=1}^{C} y_{i,j} = 1(j=1,2,\cdots,N) \\ \sum_{i=1}^{C} x_{i,j} = 1(j=1,2,\cdots,N) \end{cases} \quad (3-3)$$

能量总和方程
$$\begin{cases} V_{j+1}H_{j+1}=L_jh_j+DH_D+Q_C(j=1,2,\cdots,f-2) \\ V_fH_f+V_FH_F=L_{f-1}h_{f-1}+DH_D+Q_C(j=f-1) \\ V_{j+1}H_{j+1}=L_jh_j-Wh_W+Q_R(j=f,f+1,\cdots,N-1) \\ FH=Wh_W+DH_D+Q_C-Q_R \end{cases} \quad (3-4)$$

式中：V_j 为离开第 j 级气体量；V_{j+1} 为上升到第 j 级气体的量；V_F 为原料中气体量；L_f 为离开原料级液体量；L_j 为离开第 j 级的液体量；L_{f-1} 为流到原料级的液体量；z_i 为原料中 i 组分的摩尔分数；x_{di} 为塔顶馏出物中 i 组分的摩尔分数；x_{wi} 为塔釜馏出物中 i 组分的摩尔分数；$x_{i,j}$、$x_{i,j+1}$ 为离开第 j 级和第 $j+1$ 级液体中 i 组分的摩尔分数；$y_{i,j}$、$y_{i,j+1}$ 为离开第 j 级和第 $j+1$ 级气体中 i 组分的摩尔分数；h_{f-1}、h_j、h_W 为流到原料级、离开第 j 级及塔釜馏出物液体的焓值；H_f、H_{j+1}、H_D 为离开原料级、上升到第 j 级及塔顶馏出气体的焓值；H_F、H 为原料中气体和原料混合物的焓值；Q_C、Q_R 为冷凝器和再沸器的热负荷。

3. 设计变量的确定

如果描述一个系统的独立变量总数是 N_v，对该系统可以列出的方程数是 N_C，那么设计变量 N_i 可表示为

$$N_i=N_v-N_C \quad (3-5)$$

对于简单精馏塔，式(3-1)(物料平衡方程)表示物料平衡关系，称 M 方程；式(3-2)(相平衡方程)表示气液相平衡关系式，又称 E 方程；式(3-3)表示分子总和关系，又称归一化方程，叫 S 方程；式(3-4)表示能量平衡关系，又称 H 方程。因此，稳定工况下精馏塔应同时满足 MESH 方程组。此外，为了进行精馏计算，还需知如下关系：

相平衡常数计算式
$$K_{i,j}=f(T_j,p,x_{i,j},y_{i,j})$$

气、液相焓计算式
$$h_j=f(T_j,p,x_{i,j}) \qquad H_j=f(T_j,p,y_{i,j})$$

回流比

$$R = L_1/D$$

根据以上分析,可将简单塔精馏过程涉及的变量、变量数、方程及方程参数归纳为表3-2。

表3-2 简单塔精馏过程的变量、变量数、方程及方程参数列表

变量	变量数	方程	方程参数
N, f	2	物料平衡方程	CN
F, z_i, H_F	$C+2$	相平衡方程	CN
$K_{i,j}, x_{i,j}, y_{i,j}$	$3CN$	分子总和方程	$2N+1$
L_j, V_j	$2N-2$	焓平衡方程	N
R, D, W	3	$R=L_1/D$	1
H_j, h_j	$2N$	$K_{i,j}=f(T_j, p, x_{i,j}, y_{i,j})$	CN
T_j, p, Q_C, Q_R	$N+3$	$h_j=f(T_j, p, x_{i,j})$	N
—	—	$H_j=f(T_j, p, y_{i,j})$	N
$\sum$	$N(3C+5)+C+8$	$\sum$	$N(3C+5)+2$

因此,独立变量数或设计变量为

$$N_i = N(3C+5)+C+8-[N(3C+5)+2] = C+6$$

一般精馏塔设计时应给出 $C+6$ 个变量,如给出 F, z_i,进料状态 q,塔操作压力 p,关键组分在塔顶、塔釜的浓度,回流比 R 及最佳进料位置 f 等,常用于设计新塔,称设计型计算;如给出 F, z_i, q, p, R, f, D 及总理论板数 N,常用于校核计算,称操作型计算。

3.1.3 简捷计算法

3-1 微课:多组分精馏简捷计算法专业英语词汇

对于一个多组分精馏过程,若指定两个关键组分,并以任何一种方式规定它们在馏出液和釜液中的分配,则:①用芬斯克(Fenske)公式估算最少理论板数和组分分配;②用恩德伍德(Underwood)公式估算最小回流比;③用吉利兰(Gilliland)或耳波(Erbar)-马多克斯(Maddox)图或相应的关系式估算实际回流比下的理论板数。以这三步为主体组合构成多组分精馏的 FUG(Fenske-Underwood-Gilliland)算法。计算流程见图3-3。

馏出液和釜液中组分分配的规定方式有以下几种:

①当给定轻、重关键组分分别在塔顶和塔釜的回收率时,应用芬斯克公式、恩德伍德公式和物料衡算方程可以直接进行计算。

②当给定轻、重关键组分分别在塔顶、塔釜的含量,且轻、重关键组分相对挥发度相邻

时,首先假定为清晰分割进行物料衡算,通过校核。若假定合理,则能得到轻、重关键组分的回收率;若假定不合理,则应以该计算值作为初值进行试差计算,直至得到合理物料分配。

③当给定轻、重关键组分分别在塔顶、塔釜的含量,但轻、重关键组分的相对挥发度不相邻时,首先设定轻、重关键组分的塔顶、塔釜的含量值。

④当给定轻、重关键组分其中一个的回收率,另一个为塔顶或塔釜的含量时,首先假定比轻关键组分轻的组分的含量在塔釜为零,比重关键组分重的组分的含量在塔顶为零,做物料衡算并进行校核。若假定合理,得到轻、重关键组分的回收率;若假定不合理,则应以该计算值作为初值进行试差计算,直至物料分配合理。

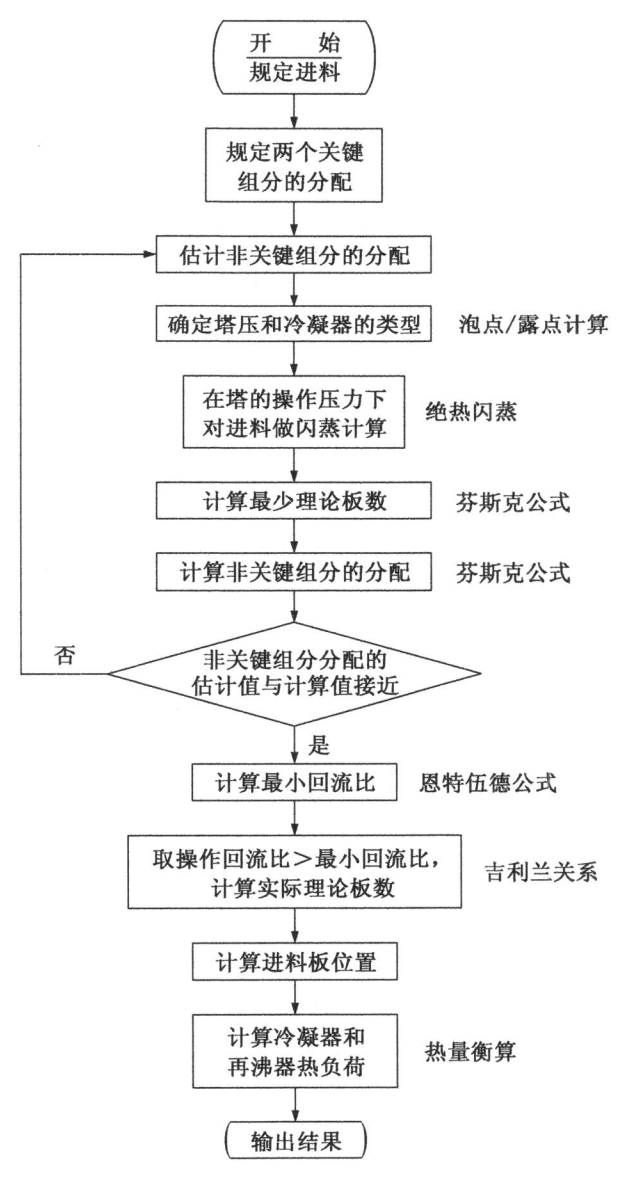

图 3-3 组分精馏的 FUG 算法

1. 物料预分布

如图3-4所述的精馏塔,可以看出,对于一股进料、两股出料的塔,自由变量数目为$2C$。一般情况下,已知的变量有x_{di}(1个)、x_{wi}(1个)、F(1个)、z_i($C-1$个),总共$C+2$个,还缺少$2C-(C+2)=C-2$个变量。

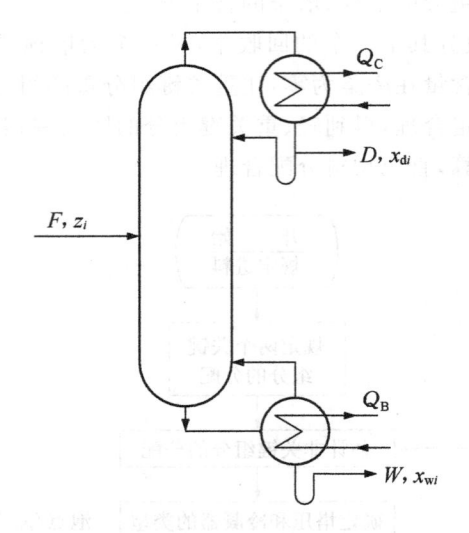

图3-4 一股进料、两股出料的精馏塔示意图

如何解决缺少$C-2$个变量的问题呢?方法有两种:①假设未知数$C-2$个;②建立$C-2$个辅助方程。这样才可以进行塔的计算。下面分别介绍这两种方法——清晰分割法和非清晰分割法。

(1) 清晰分割法

所谓清晰分割法就是假设未知数$C-2$个。设 l 为轻组分,h 为重组分,可见建立的方程有

$$Fz_1 = Dx_{d1} + Wx_{w1}$$
$$\cdots$$
$$Fz_l = Dx_{dl} + Wx_{wl}$$
$$Fz_h = Dx_{dh} + Wx_{wh}$$
$$\cdots$$
$$Fz_C = Dx_{dC} + Wx_{wC}$$

所谓清晰分割法就是假设:①比重组分挥发度还小的组分在塔顶的组成为0,即$x_{di}=0$;②比轻关键组分挥发度还大的组分在塔釜的组成为0,即$x_{wi}=0$。

因此,除了轻、重关键组分以外的$x_{wi}=x_{di}=0$,有$C-2$个未知数为0。

【例题3-1】 已知$F=100$kmol/h,其他条件见下表。要求塔顶$C_3^=<0.025$(摩尔分数,下同),塔釜$C_2^0<0.05$,求解塔顶、塔釜的组成分布。

编号	组分	z_i
1	C_1^0	0.05
2(l)	C_2^0	0.35
3(h)	$C_3^=$	0.15
4	C_3^0	0.20
5	$i\text{-}C_4^0$	0.10
6	$n\text{-}C_4^0$	0.15

解 重关键组分为 $C_3^=$，轻关键组分为 C_2^0。

$$x_{w1}=0.05 \quad x_{dh}=0.025$$

比轻关键组分轻的为 C_1^0，在塔釜中的 $x_{wC_1^0}=0$，即 C_1^0 全部在塔顶产出，塔釜内组成为 0。比重关键组分重的为 C_3^0、$i\text{-}C_4^0$、$n\text{-}C_4^0$ 在塔顶中的 $x_{dC_3^0}=0$，$x_{di\text{-}C_4^0}=0$，$x_{dn\text{-}C_4^0}=0$，即 C_3^0、$i\text{-}C_4^0$、$n\text{-}C_4^0$ 全部在塔釜内组成产出，在塔顶内组成为 0。因此得出：$x_{w1}=0.05$，$x_{dh}=0.025$，$x_{wC_1^0}=0$，$x_{dC_3^0}=0$，$x_{di\text{-}C_4^0}=0$，$x_{dn\text{-}C_4^0}=0$。下面首先对塔顶(也就是轻关键组分 C_2^0)进行计算

$$x_{dC_1^0}=\frac{Fz_i}{D}=\frac{5}{D}$$

$$Fz_2=Dx_{d2}+Wx_{w2}$$

$$x_{w2}=x_{w1}=0.05$$

$$F=D+W$$

代入数据进行计算

$$100\times 0.35=Dx_{d2}+(100-D)\times 0.05$$

$$x_{d2}=\frac{35-5+0.05D}{D}=\frac{30+0.05D}{D}$$

在塔顶 $\sum x_{di}=1$

$$x_{d1}+x_{d2}+x_{d3}=1$$

$$\frac{5}{D}+\frac{30+0.05D}{D}+0.025=1$$

$$D=37.84 \text{kmol/h}$$

$$W=62.16 \text{kmol/h}$$

从而得到如下表所示塔顶的分布情况：

编号	组分	x_{di}	$d_i/(\text{kmol/h})$
1	C_1^0	0.132	5
2(l)	C_2^0	0.843	31.89
3(h)	$C_3^=$	0.025	0.95
4	C_3^0	0	0
5	$i\text{-}C_4^0$	0	0
6	$n\text{-}C_4^0$	0	0

下面求塔釜的分布情况：

$$Fz_i = Dx_{di} + Wx_{wi}$$

$$x_{w1} = x_{wC_1^0} = 0$$

$$x_{w2} = x_{wl} = 0.05$$

$F = 100 \text{kmol/h} \quad D = 37.84 \text{kmol/h} \quad W = 62.16 \text{kmol/h}$

编 号	组 分	x_{wi}	$w_i/(\text{kmol/h})$
1	C_1^0	0	0
2(l)	C_2^0	0.0500	3.11
3(h)	$C_3^=$	0.2260	14.05
4	C_3^0	0.3218	20.00
5	$i\text{-}C_4^0$	0.1609	10.00
6	$n\text{-}C_4^0$	0.2413	15.00

（2）非清晰分割法

非清晰分割法就是建立 $C-2$ 个辅助方程。在化工原理中学过，芬斯克公式计算最少理论板数 $N_{\min}$。

$$N_{\min} = \frac{\lg\left(\dfrac{x_1}{x_2}\right)_D \left(\dfrac{x_2}{x_1}\right)_W}{\lg \alpha_{12}} \tag{3-6}$$

我们在这儿借鉴一下，不能使用原来的形式，在这儿做一些假设。假设在任意条件下都能用，用轻、重关键组分代替 1、2 组分。

$$N_m = \frac{\lg\left(\dfrac{x_1}{x_h}\right)_D \left(\dfrac{x_h}{x_1}\right)_W}{\lg \alpha_{lh}} \tag{3-7}$$

都乘以 D 和 W，上式变为

$$N_m = \frac{\lg\left(\dfrac{Dx_1}{Dx_h}\right)_D \left(\dfrac{Wx_h}{Wx_1}\right)_W}{\lg \alpha_{lh}} = \frac{\lg\left(\dfrac{d_1}{d_h}\right)\left(\dfrac{w_h}{w_1}\right)}{\lg \alpha_{lh}} = \frac{\lg\left(\dfrac{d}{w}\right)_1 \left(\dfrac{w}{d}\right)_h}{\lg \alpha_{lh}} \tag{3-8}$$

把 1 变为 i，可以得出

$$\frac{\lg\left(\dfrac{d}{w}\right)_1 \left(\dfrac{w}{d}\right)_h}{\lg \alpha_{lh}} = \frac{\lg\left(\dfrac{d}{w}\right)_i \left(\dfrac{w}{d}\right)_h}{\lg \alpha_{ih}} \tag{3-9}$$

$$\frac{\lg\left(\dfrac{d}{w}\right)_1 - \lg\left(\dfrac{d}{w}\right)_h}{\lg \alpha_{lh}} = \frac{\lg\left(\dfrac{d}{w}\right)_i - \lg\left(\dfrac{d}{w}\right)_h}{\lg \alpha_{ih}} \tag{3-10}$$

上式称为亨斯特别克（Hengstebeck）公式。采用亨斯特别克公式进行解析法或者图解法求出塔顶、塔釜的组分分布。

$$\alpha_{ih} = \frac{K_i}{K_h} \tag{3-11}$$

$$K_i = \frac{p_i^0}{p} \tag{3-12}$$

【例题3-2】 常压塔中,要求3-氯丙烯在塔顶的含量(质量分数,下同)>98%,在塔釜的含量<1%。求塔顶、塔釜的组成分布。

编号	组 分	z_i	$f_i/(\text{kg/h})$
1	2-氯丙烯	0.00006	0.42
2	2-氯丙烷	0.01025	76.83
3(l)	3-氯丙烯	0.8765	6407.95
4	1,2-二氯丙烷	0.0372	401
5(h)	1,3-二氯丙烯	0.0760	805
$\sum$	—	—	$F=\sum f_i=7691.2\text{kg/h}$

解 假设塔顶温度45.5℃,塔釜温度100℃。

因为$K_i=p_i^0/p$, $\alpha_{i1}=K_i/K_1=p_i^0/p_1^0$,可以根据假设温度求出相平衡常数,然后得出相对挥发度,具体数值见下表(j为3组分):

编号	组 分	z_i	$f_i/(\text{kg/h})$	α_{ij}(45.5℃)	α_{ij}(100℃)	$\bar{\alpha}_{ij}$
1	2-氯丙烯	0.00006	0.42	2.0900	1.7900	1.9350
2	2-氯丙烷	0.01025	76.83	1.4400	1.342	1.3780
3(l)	3-氯丙烯	0.87650	6407.95	1.0000	1.0000	1.0000
4	1,2-二氯丙烷	0.03720	401.00	0.1630	0.2325	0.1945
5(h)	1,3-二氯丙烯	0.07600	805.00	0.1232	0.4130	0.2256
$\sum$	—	1.00001	7691.2	—	—	—

注:$\bar{\alpha}_{ij}=\sqrt{\alpha_{ij}(45.5℃)\alpha_{ij}(100℃)}$

对轻关键组分做物料衡算,因为题目要求轻关键组分3-氯丙烯在塔顶$x_{d3}\geqslant98\%$,在塔釜$x_{w3}\leqslant1\%$:

$$\begin{cases}0.98D+0.01W=6407.95\text{kg/h}\\ D+W=F=7691.2\text{kg/h}\end{cases}$$

$D=6526.84\text{kg/h}$ $W=1164.36\text{kg/h}$

$d_3=0.98D=6396.5\text{kg/h}$ $d_3+w_3=6407.95\text{kg/h}$ $w_3=11.45\text{kg/h}$

$$\lg\left(\frac{d}{w}\right)_3=\lg\left(\frac{6396.5}{11.45}\right)_3=2.747$$

$$\frac{\lg\left(\frac{d}{w}\right)_4-\lg\left(\frac{d}{w}\right)_3}{\lg\alpha_{43}}=\frac{\lg\left(\frac{d}{w}\right)_5-\lg\left(\frac{d}{w}\right)_3}{\lg\alpha_{53}}$$

$$\frac{\lg\left(\frac{d}{w}\right)_4-\lg\left(\frac{d}{w}\right)_3}{\lg\left(\frac{d}{w}\right)_5-\lg\left(\frac{d}{w}\right)_3}=\frac{\lg\alpha_{43}}{\lg\alpha_{53}}=\frac{0.1945}{0.2256}$$

$$\frac{\lg\left(\frac{d}{w}\right)_4-2.747}{\lg\left(\frac{d}{w}\right)_5-2.747}=\frac{0.1945}{0.2256}=0.862$$

$d_4+d_5=D-(d_1+d_2)-d_3=6526.84-77.25-6396.25=53.09\text{kg/h}$

(组分 1 和 2 均在塔釜组成为 0，$d_1+d_2=f_1+f_2=0.42+76.83=77.25$ kg/h，$w_1=w_2=0$)

$$\begin{cases} d_4+d_5=53.09\text{kg/h} \\ d_4+w_4=401\text{kg/h}=f_4 \\ d_5+w_5=805\text{kg/h}=f_5 \end{cases}$$

$$\frac{\lg(d/w)_4-2.747}{\lg(d/w)_5-2.747}=0.862$$

上面四个方程中，有四个未知数（d_4、d_5、w_4、w_5）。由于有一个方程为对数方程，不好解，最好采用试差法。

假设 $d_4=34.5$ kg/h

$w_4=366.5$ kg/h　$\lg(d/w)_4=\lg(34.5/366.5)_4=-1.0264$

$d_5=18.58$ kg/h　$w_5=786.41$ kg/h　$\lg(d/w)_5=-1.6271$

代入对数方程进行验证

$$\frac{\lg(d/w)_4-2.747}{\lg(d/w)_5-2.747}=\frac{-1.0264-2.747}{-1.6271-2.747}=0.861$$

$$\left|\frac{0.862-0.861}{0.862}\right|=0.0011\leqslant 0.005=\varepsilon$$

假设符合要求。

得出　　　　$d_4=34.5$ kg/h　$d_5=18.58$ kg/h　$w_5=786.41$ kg/h

注：温度校正采用摩尔分数，前面在计算的时候均采用的是质量分数。

编号	d_i /(kmol/h)	w_i /(kmol/h)	$y_{di}=\dfrac{d_i}{\sum d_i}$	$x_{wi}=\dfrac{w_i}{\sum w_i}$	$p_i(45.5℃)$ /mmHg	$p_i(100℃)$ /mmHg
1	0.0055	0	0.000065	0	1621	0
2	0.98	0	0.011521	0	1095	0
3(l)	83.60	0.15	0.982853	0.014313	775.4	3634
4	0.3055	3.24	0.003592	0.309160	126.2	844.8
5(h)	0.1675	7.09	0.001969	0.676527	95.5	666.1
$\sum$	85.0585	10.48	1.000000	1.000000	—	—

用 $\sum K_i x_i=1$ 和 $\sum \dfrac{y_i}{K_i}=1$ 验证。

塔顶验证 $\sum \dfrac{y_i}{K_i}=1$；$\sum y_{di}=\sum \dfrac{p_i^0}{p}x_{di}$；$x_{di}=\dfrac{y_{di}}{\left(\dfrac{p_i^0}{p}\right)}$

编号	y_{di}	x_{di}	$p_i(45.5℃)$/mmHg
1	0.000065	0.000031	1621
2	0.011521	0.007996	1095
3(l)	0.982853	0.963333	775.4
4	0.003592	0.021632	126.2
5(h)	0.001969	0.015670	95.5
$\sum$	1.000000	1.008662	—

塔釜校正 $\sum K_i x_i = 1$；$K_i = \dfrac{p_i^0}{p}$；$y_{wi} = \left(\dfrac{p_i^0}{p}\right) x_{wi}$

编　号	$w_i/(\mathrm{kmol/h})$	x_{wi}	y_{wi}	$p_i(100℃)/\mathrm{mmHg}$
1	0	0	0	0
2	0	0	0	0
3(l)	0.15	0.014313	0.068439	3634
4	3.24	0.309160	0.343656	844.8
5(h)	7.09	0.676527	0.592940	666.1
$\sum$	10.48	1.000000	1.005035	—

因此,塔釜温度是合理的,塔顶、塔釜的分布是合理的。

综上所述,相对挥发度差别大的采用清晰分割法；相对挥发度差别不大的采用非清晰分割法,但是解析法计算量很大。对于非清晰分割,还可采用图解法,可大大减少计算量。

由式(3-6)和式(3-10)可知,等号左边为一常数,另其用 $N_{\min}$ 表示,则

$$\dfrac{\lg\left(\dfrac{d}{w}\right)_i - \lg\left(\dfrac{d}{w}\right)_h}{\lg\alpha_{ih} - \lg\alpha_{hh}} = N_{\min} \tag{3-13}$$

$$\lg\left(\dfrac{d}{w}\right)_i = N_{\min}\lg\alpha_{ih} + \lg\left(\dfrac{d}{w}\right)_h \tag{3-14}$$

可见,在双对数坐标上,以 α_{ih} 为横坐标,以 $\left(\dfrac{d}{w}\right)_i$ 为纵坐标,式(3-14)截距为 $\lg\left(\dfrac{d}{w}\right)_h$、斜率为 $N_{\min}$ 的一条直线。

若取 i 组分为轻关键组分 l,则式(3-14)变为

$$\lg\left(\dfrac{d}{w}\right)_l = N_{\min}\lg\alpha_{lh} + \lg\left(\dfrac{d}{w}\right)_h \tag{3-15}$$

若取 i 组分为重关键组分 h,则式(3-14)变为

$$\lg\left(\dfrac{d}{w}\right)_h = C\lg\alpha_{hh} + \lg\left(\dfrac{d}{w}\right)_h \tag{3-16}$$

式(3-15)和式(3-16)均是截距为 $\lg\left(\dfrac{d}{w}\right)_h$、斜率为 C 的直线方程,与式(3-14)同为一条直线。而关键组分一定,$(d/w)_l$、$(d/w)_h$、α_{lh}、α_{hh} 也随之确定。由此可知,在双对数坐标上先定出两点,直线即确定了,于是得出图解法的步骤为：

①根据工艺要求选择关键组分,并计算出它们在塔顶、塔釜的物料分配比。

②根据进料温度及塔的压力,计算出各组分相对于重关键组分的相对挥发度。

③如图 3-5 所示,在双对数坐标上,以 α_{ih} 为横坐标、$(d/w)_i$ 为纵坐标,并根据 $(d/w)_l$、$(d/w)_h$、α_{lh}、α_{hh}

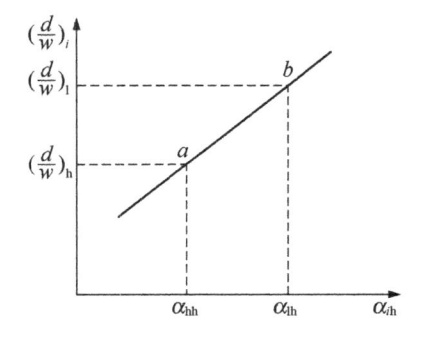

图 3-5　组分在塔顶和塔釜的分布

的值定出 a、b 两点，连 ab 为一条直线，则塔内其他组分的塔顶、塔釜物料分配比 $(d/w)_i$ 的值与 α_{ih} 的交点均落在直线上。

④由任一组分 α_{ih} 的值作垂线与 ab 直线相交，从纵坐标上可读得 $(d/w)_i$ 值，然后由 $w_i = \dfrac{f_i}{[1+(d/w)_i]}$ 和 $d_i = f_i - w_i$ 计算得出其在塔顶和塔釜的物料分布。

2. 最少理论板数

达到规定分离要求所需的最少理论板数对应于全回流操作的情况。精馏塔的全回流操作是有重要意义的：①一个塔在正常进料之前，全回流操作达到稳态是正常的开始步骤，在实验设备中，全回流操作是研究传质的简单和有效的手段；②全回流下理论板数在设计计算中是很重要的，它表示达到规定分离要求所需的理论板数的下限，是简捷法估算理论板数必须用到的一个参数。

精馏塔全回流操作如图 3-6 所示。像两组分精馏一样，全回流操作下的多组分精馏也有确定的最少理论板数，可用芬斯克公式来进行推导。芬斯克公式是计算基于全回流状态下时所需要的理论板数。

对精馏段进行物料衡算

$$Vy_{n,i} = Lx_{n+1,i} + Dx_{di} \quad (3-17)$$

对提馏段进行物料衡算

$$L'x_{m+1,i} = V'y_{m,i} + Wx_{wi} \quad (3-18)$$

计算最少理论板数的条件

$$F=0 \quad D=0 \quad W=0 \quad V=L \quad L'=V'$$

精馏段操作线方程

$$y_{n,i} = x_{n+1,i} \quad (3-19)$$

提馏段操作线方程

$$x_{m+1,i} = y_{m,i} \quad (3-20)$$

下面运用相对挥发度的基本定义式来计算最少理论板数

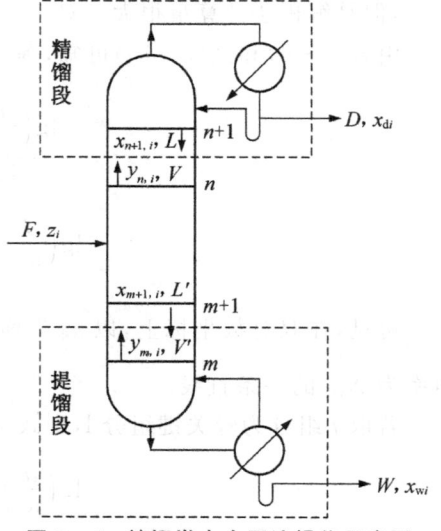

图 3-6 精馏塔内全回流操作示意图

$$\alpha_{ij} = \frac{K_i}{K_j} = \frac{y_i/x_i}{y_j/x_j} = \frac{y_i/y_j}{x_i/x_j} \quad (3-21)$$

塔釜的相对挥发度表示为

$$(\alpha_{ij})_W = \left(\frac{y_i}{y_j}\right)_W \bigg/ \left(\frac{x_i}{x_j}\right)_W \quad (3-22)$$

在塔顶冷凝器为全冷凝，全回流状态下，提馏段操作线方程 $x_{m+1,i} = y_{m,i}$，且如果塔釜上面的为第一块板，则式(3-22)变化为

$$(\alpha_{ij})_W = \left(\frac{x_i}{x_j}\right)_1 \bigg/ \left(\frac{x_i}{x_j}\right)_W$$

上式经过整理，得到在第一块板上存在以下关系：

$$\left(\frac{x_i}{x_j}\right)_1 = (\alpha_{ij})_W \left(\frac{x_i}{x_j}\right)_W$$

同理,得到第二块板上存在以下关系:

$$\left(\frac{x_i}{x_j}\right)_2 = (\alpha_{ij})_1 \left(\frac{x_i}{x_j}\right)_1 = (\alpha_{ij})_1 (\alpha_{ij})_W \left(\frac{x_i}{x_j}\right)_W$$

从塔釜一直向上计算,当共有 N_{min} 块板时,则

$$\left(\frac{x_i}{x_j}\right)_{N_{min}} = (\alpha_{ij})_{N_{min}-1} (\alpha_{ij})_{N_{min}-2} (\alpha_{ij})_{N_{min}-3} \cdots (\alpha_{ij})_1 (\alpha_{ij})_W \left(\frac{x_i}{x_j}\right)_W \quad (3-23)$$

$$\left(\frac{x_i}{x_j}\right)_{N_{min}} = (\alpha_{ij})^{N_{min}} \left(\frac{x_i}{x_j}\right)_W \quad (3-24)$$

因塔顶冷凝器为全凝器,此时存在

$$\left(\frac{x_i}{x_j}\right)_{N_m} = \left(\frac{x_i}{x_j}\right)_D \frac{1}{(\alpha_{ij})_{N_m}} \quad (3-25)$$

把式(3-25)代入式(3-24)并整理后,得到塔顶冷凝器为全凝器时的最少理论板数

$$N_m = \frac{\lg\left(\frac{x_i}{x_j}\right)_D \left(\frac{x_j}{x_i}\right)_W}{\lg \alpha_{ij}} - 1 \quad (3-26)$$

当塔顶冷凝器为部分冷凝器时(部分冷凝器也相当于一块板),此时,共有 $N_{min}+1$ 块板,则

$$\left(\frac{x_i}{x_j}\right)_{N_{min}+1} = (\alpha_{ij})^{N_{min}+1} \left(\frac{x_i}{x_j}\right)_W \quad (3-27)$$

因塔顶冷凝器为全凝器,此时存在

$$\left(\frac{x_i}{x_j}\right)_{N_m+1} = \left(\frac{x_i}{x_j}\right)_D \frac{1}{(\alpha_{ij})_{N_m+1}} \quad (3-28)$$

把式(3-28)代入式(3-27)并整理后,塔顶冷凝器为部分冷凝器时最少理论板数为

$$N_m = \frac{\lg\left(\frac{x_i}{x_j}\right)_D \left(\frac{x_j}{x_i}\right)_W}{\lg \alpha_{ij}} - 2 \quad (3-29)$$

上述推导均以塔釜上面的塔板为第一块理论板,但如考虑到不同的塔釜再沸形式,同时把组分 i 和 j 变为轻、重关键组分,则全塔的最少理论板数计算式表示为:

$$N_{min} = \frac{\lg\left(\frac{x_l}{x_h}\right)_D \left(\frac{x_h}{x_l}\right)_W}{\lg \alpha_{lh}} - \begin{cases} 0(\text{塔顶:全凝器;塔釜:热虹式或者泵厢循环式再沸器}) \\ 1\begin{pmatrix} \text{塔顶:部分冷凝器;塔釜:热虹式或者泵厢循环式再沸器} \\ \text{塔顶:全凝器;塔釜:部分汽化再沸器} \end{pmatrix} \\ 2(\text{塔顶:部分冷凝器;塔釜:部分汽化再沸器}) \end{cases}$$

由芬斯克公式还可以看出,最少理论板数与进料组成无关,只取决于分离的要求。随着分离要求的提高(即轻关键组分的分配比加大,重组分的分配比减小),以及关键组分之间的相对挥发度向1接近,所需最少理论板数将增加。

3. 最小回流比

与二元精馏的情况一样,最小回流比是在无穷多塔板数的条件下达到关键组分预期分离所需要的回流比。

二元精馏仅有一个"夹点"及恒浓区,在夹点处塔板数变为无穷多,且通常出现在进料板处(图3-7)。而对于多组分精馏,则会出现在两个恒浓区,但由于非关键组分的存在,组分精馏中,只在塔顶或塔釜出现的组分为非分配组分,而在塔顶和塔釜均出现的组分为分配组分。在最小回流比条件下,若轻、重组分都是非分配组分,则因原料中所有组分都有,进料板以上必须紧接着有若干块板,使重组分的浓度降到零,恒浓区向上推移至精馏塔段中部;同理,进料板以下必须有若干块板,使轻组分的浓度降到零,恒浓区应向下推移至提馏段中部(图3-8a)。若重组分均为非分配组分,而轻组分均为分配组分,则进料板以上的恒浓区在精馏段中部,进料板以下因无需一个区域使轻组分的浓度降至零,恒浓区依然紧靠着进料板(图3-8b)。若混合物中并无轻组分,即轻关键组分是相对挥发度最大的组分,情况也是这样。若轻组分是非分配组分,而重组分是分配组分,或原料中并无重组分,则进料板以上的恒浓区紧靠着进料板,而进料板以下的恒浓区在提馏段中部(图3-8c)。

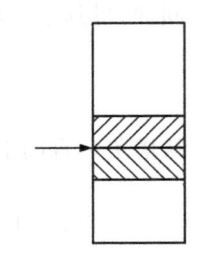

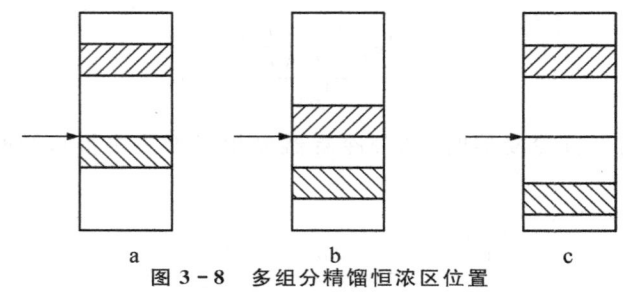

图3-7 二元精馏恒浓区位置图

图3-8 多组分精馏恒浓区位置

多组分精馏同两组分精馏一样,最小回流比时为精馏的一种极限工况,即当$R<R_{min}$时,无论使用多少块板均不可能完成预定的分离任务。但多组分精馏不像两组分精馏那样简单,用$y-x$图便可确定,而必须用解析法来计算。实际上,精馏计算多组分精馏时的R_{min}是相当复杂、困难的,目前多使用简化估算法,简称简化法。常用的简化法有恩德伍德法和库伯(Korlben)法。由于前者计算方法简单,对分离碳氢化合物的计算基本能满足工业设计要求,故得到广泛应用。恩德伍德公式使用的条件是:①塔内气、液相均为恒摩尔流;②各组分的相对挥发度均为常数。

公式的形式是

$$\sum \frac{\alpha_{ib} z_i}{\alpha_{ib} - \theta} = 1 - q \tag{3-30}$$

$$\sum \frac{\alpha_{ib} x_{di}}{\alpha_{ib} - \theta} = 1 + R_{min} \tag{3-31}$$

对于上式,需要注意的问题如下:

① α_{ib}中,i为任一组分,b指整个被处理的物系中挥发度最小的组分。

② 进料的组成z_i是总的组成。有三种进料状态:气液相混合进料、露点进料和泡点进料。气、液相混合进料;可以根据$x_i = \dfrac{z_i}{[(K_i-1)\nu+1]}$,计算得出$z_i$(进料的总组成)。$\nu = 1-q$,其中$q$为液化率。露点进料:$z_i$为气相组成。泡点进料:$z_i$为液相组成。

③ 对于中间参数θ,规定$\alpha_{hb} \leqslant \theta \leqslant \alpha_{lb}$,一般选择在轻、重关键组分之间的值。可以采取试

差法或者牛顿迭代法计算。

④x_{di}是指塔顶的采出组成。塔顶为部分冷凝时，x_{di}就是气相采出的组成；塔顶为全冷凝时，x_{di}就是液相采出的组成。

4. 理论板数的确定

由芬斯克公式求出最少理论板数 N_{min}，由恩德伍德法计算出最小回流比 R_{min} 后，再由经验关联式求出工作回流比 R 下的理论板数 N。

一般情况下，工作回流比为最小回流比的 1.2~2.0 倍。常用的经验关联式有吉利兰关联式或者关联图，以及耳波-马多克斯关联图。

（1）吉利兰关联图

当物系组分为 2~11 个，进料状态为过冷进料至蒸气进料，操作压力从接近真空至 4.4MPa，关键组分相对挥发度为 1.26~4.05，最小回流比为 0.53~7.0，理论板数为 2.4~43.1 时，可用吉利兰关联图。

吉利兰对 R_{min}、R、N_{min} 和 N 之间的关系进行了研究，根据实验结果总结了一种经验关联图，如图 3-9 所示。

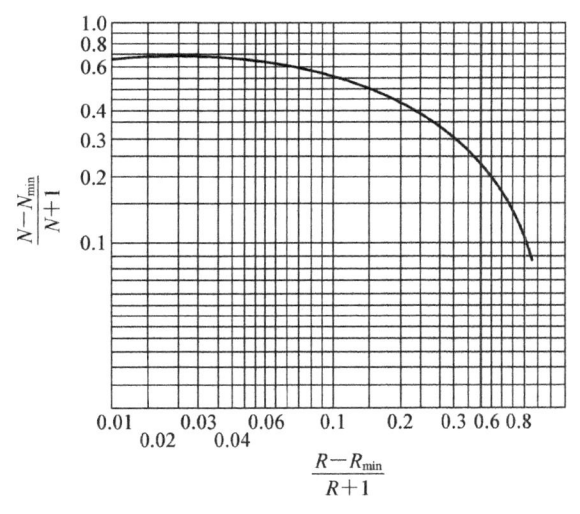

图 3-9 吉利兰关联图

（2）李德关联式

李德将吉利兰关联图整理成如下关联，便于计算应用。

横坐标：$x = \dfrac{R - R_{min}}{R + 1}$；纵坐标：$y = \dfrac{N - N_{min}}{N + 1}$

当 $0.0 \leqslant x \leqslant 0.01$，$y = 1.0 - 18.5715x$

当 $0.01 \leqslant x \leqslant 0.9$，$y = 0.545827 - 0.591422x + \dfrac{0.002743}{x}$

当 $0.9 \leqslant x \leqslant 1.0$，$y = 0.16595 - 0.16595x$

简化为 $y = 0.75(1 - x^{0.5668})$

（3）耳波-马多克斯关联图

耳波与马多克斯在吉利兰关联图的基础上，对更多组分进行试验并关联，得如图 3-10 所示的关联图。它更适用于对多组分精馏计算，但只适用于泡点进料情况。

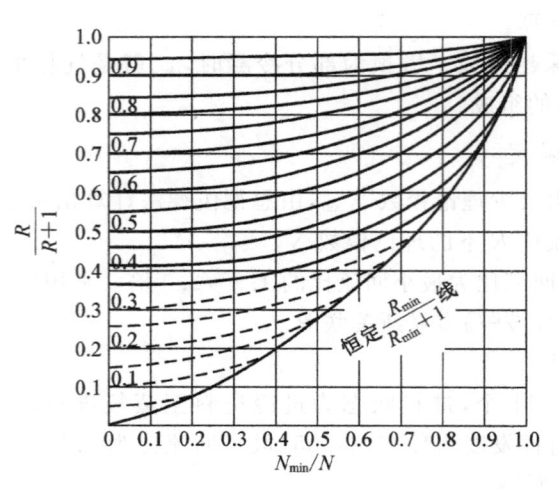

图 3-10 耳波-马多克斯关联图

5. 进料板位置的确定

(1) 泡点进料的专门的计算关联式

$$\lg \frac{n}{m} = 0.2061 - \lg\left[\left(\frac{W}{D}\right)\left(\frac{z_h}{z_1}\right)\left(\frac{x_{wl}}{x_{dh}}\right)^2\right] \quad (3-32)$$

式中：n 为精馏段板数；m 为提馏段板数。这个关联式把塔釜再沸器包括在内，所以 $n+m=N+1$。

(2) 简捷计算法

芬斯克公式既可求全塔最少理论板数，也可单独用于计算精馏段或提馏段最少理论板数，然后利用全塔计算时得到的最小回流比 R_{min}，再由经验关联式求出工作回流比 R 下的精馏段理论板数 n，从而确定进料位置。

首先采用芬斯克公式计算精馏段的最少理论板数。

$$n_{min} = \frac{\lg\left(\frac{x_1}{x_h}\right)_D\left(\frac{x_h}{x_1}\right)_F}{\lg\alpha_{lh}} \quad (3-33)$$

式中：$(x_h/x_1)_F$ 为进料板的液相组成，把进料板（也就是提馏段最上面的一块板）当成塔釜。

精馏段的实际最少理论板数与进料状态和塔顶冷凝器形式有关，具体分析如下。

① 泡点进料：$(x_1/x_h)_D$ 为塔顶采出的气（液）相组成；$(x_h/x_1)_F$ 为泡点进料的液相组成。当塔顶为全冷凝时，精馏段实际最少理论板数为 $n_{min}-1$；当塔顶为部分冷凝时，精馏段实际最少理论板数 $n_{min}-2$。

② 露点进料：进料是采用气相组成表示的。$\left(\frac{x_h}{x_1}\right)_F$ 必须采用液相组成，所以根据 $y_i \rightarrow x_i^*$ 求得液相组成。

$$n_{min} = \frac{\lg\left(\frac{x_1}{x_h}\right)_D\left(\frac{x_h^*}{x_1^*}\right)_F}{\lg\alpha_{lh}} \quad (3-34)$$

因为进料为气相，物料进入塔后全部进入精馏段第 1 块板上，就是塔釜在精馏段的第

1块板。当塔顶为全冷凝的时候,精馏段实际最少理论板数就是$n_{\min}$;当塔顶为部分冷凝的时候,精馏段实际最少理论板数就是$n_{\min}-1$。

③ 气液相混合进料:用液相组成表示进料的情况。$(x_l/x_h)_D$为塔顶采出的气(液)相组成;$(x_h/x_l)_F$为进料的液相组成。当塔顶为全冷凝的时候,精馏段实际最少理论板数就是$n_{\min}-1$;当塔顶为部分冷凝的时候,精馏段实际最少理论板数就是$n_{\min}-2$。

因此,精馏段的实际最少理论板数计算式表示为:

$$n_{\min}=\frac{\lg\left(\frac{x_l}{x_h}\right)_D\left(\frac{x_h}{x_l}\right)_F}{\lg\alpha_{lh}}-\begin{cases}0(露点进料,全凝器)\\2(泡点进料,部分冷凝器或气液进料,部分冷凝器)\\1(泡点、气液进料,全凝器或露点进料,部分冷凝器)\end{cases}$$

精馏段的理论板数计算与全塔的理论板数计算一样,常用的经验关联式有吉利兰关联式或者关联图,以及耳波-马多克斯关联图。

【例题 3-3】 某乙烯精馏塔,进料、塔顶和塔釜产品的摩尔分数见下表,操作压力为 2.13MPa,塔顶和塔釜温度分别为 -23℃ 和 -3.5℃,塔顶为全凝器,泡点进料,塔釜为部分汽化再沸器,操作回流比为最小回流比的 1.3 倍。试求该塔的最小回流比、理论板数和进料位置。

组 分	甲 烷	乙 烯	乙 烷	丙 烷	$\sum$
z_i	0.0049	0.8938	0.0960	0.0053	1.0000
x_{di}	0.0055	0.9900	0.0045	0.0000	1.0000
x_{wi}	0.0000	0.1000	0.8510	0.0490	1.0000

解 根据分离要求和已知条件,得乙烯为轻关键组分(l),乙烷为重关键组分(h)。

① 进料温度

根据进料组成采用泡点方程试差计算求得,在 2.13MPa 压力下,泡点温度为 -22.5℃。进料温度试差结果如下($p=2.13\text{MPa},t_B=-22.5℃$):

组 分	甲 烷	乙烯(l)	乙烷(h)	丙 烷	$\sum$
z_i	0.0049	0.8938	0.0960	0.0053	1.0000
K_i	5.05	1.02	0.69	0.176	—
y_i	0.0247	0.9117	0.0662	0.0009	1.0035
α_{ih}	7.3188	1.4783	1	0.2551	—

② 最小回流比

选择重关键组分乙烷为 b 组分,进料为泡点,$q=1$,所以

$$\sum_{i=1}^{C}\frac{\alpha_{ib}z_i}{\alpha_{ib}-\theta}=1-q$$

$$\frac{7.3188\times 0.0049}{7.3188-\theta}+\frac{1.4783\times 0.8938}{1.4783-\theta}+\frac{1\times 0.0960}{1-\theta}+\frac{0.2551\times 0.0053}{0.2551-\theta}=0$$

解得 $\theta=1.0324$

最小回流比 $R_{\min}=\sum_{i=1}^{C}\frac{\alpha_{ib}x_{di}}{\alpha_{ib}-\theta}-1=\frac{7.3188\times 0.0055}{7.3188-1.0324}+\frac{1.4783\times 0.9900}{1.4783-1.0324}+\frac{1\times 0.0045}{1-1.0324}-1=1.15$

③ 最少理论板数

该塔操作压力为 2.13MPa，塔顶和塔釜温度分别为 $-23℃$ 和 $-3.5℃$，则塔顶、塔釜条件下各组分的相平衡常数 K_i 和相对挥发度 α_{ih} 见下表。

组 分	塔 顶 K_i	塔 顶 α_{ih}	塔 釜 K_i	塔 釜 α_{ih}	$\overline{\alpha_{ih}}$
乙烯(l)	0.98	1.4627	1.47	1.4848	1.4737
乙烷(h)	0.67	1	0.99	1	1

最少理论板数 $N_{min} = \dfrac{\lg\left(\dfrac{x_l}{x_h}\right)_D \left(\dfrac{x_h}{x_l}\right)_W}{\lg\alpha_{lh}} - 1 = \dfrac{\lg\left(\dfrac{0.9900}{0.0045}\right)_D \left(\dfrac{0.8510}{0.1000}\right)_W}{\lg 1.4737} - 1 = 18.43$

④ 理论板数

$R_{min} = 2.15, R = 1.3R_{min} = 2.80$，根据李德关联式求取理论板数，则

$$x = \frac{R - R_{min}}{R+1} = \frac{2.80 - 2.15}{2.80 + 1} = 0.1711$$

$$y = \frac{N - N_{min}}{N+1} = 0.75 - 0.75x^{0.5668} = 0.75 - 0.75 \times 0.1711^{0.5668} = 0.4743$$

$$\frac{N - 18.43}{N+1} = 0.4743$$

$$N = 35.96$$

⑤ 精馏段最少理论板数

该塔操作压力为 2.13MPa，塔顶和进料板温度分别为 $-23℃$ 和 $-22.5℃$，则塔顶、泡点进料条件下各组分的相平衡常数 K_i 和相对挥发度 α_{ih} 见下表。

组 分	塔 顶 K_i	塔 顶 α_{ih}	进料板 K_i	进料板 α_{ih}	$\overline{\alpha_{ih}}$
乙烯(l)	0.98	1.4627	1.02	1.4783	1.4705
乙烷(h)	0.67	1	0.69	1	1

精馏段最少理论板数 $n_{min} = \dfrac{\lg\left(\dfrac{x_l}{x_h}\right)_D \left(\dfrac{x_h}{x_l}\right)_F}{\lg\alpha_{lh}} - 1 = \dfrac{\lg\left(\dfrac{0.9900}{0.0045}\right)_D \left(\dfrac{0.096}{0.8938}\right)_F}{\lg 1.4705} - 1 = 7.20$

⑥ 精馏段理论板数

$R_{min} = 2.15, R = 1.3R_{min} = 2.80$，根据李德关联式求取理论板数，则

$$x = \frac{R - R_{min}}{R+1} = 0.1711$$

$$y = \frac{n - n_{min}}{n+1} = 0.4743$$

$$\frac{n - 7.02}{n+1} = 0.4743$$

$$n = 14.60$$

⑦ 进料位置

$$n + m = N$$

$$m = N - n = 35.96 - 14.60 = 21.36$$

以塔釜上面的板为第 1 块板,向上数,第 22 块板即为进料板。

3.1.4 逐板计算法

3-2 微课:平衡级模型专业英语词汇

逐板计算法就是以某一已知条件的塔板为起点,根据物料衡算、热量衡算和相平衡关系,反复逐板计算出各板的条件。

对于多组分精馏过程的计算,简捷法只能以关键组分按清晰分割计算塔顶和塔釜组成,理论板数 N,适宜操作回流比 R,不能计算各板上的气、液相组成($y_{n,i}$、$x_{n,i}$),沿塔高和各板的温度 t_n 和流量(L_n、V_n)分布。逐板计算法的计算内容很多,准确度高,可以弥补简捷法的不足。下面介绍恒分子流的逐板计算法,精馏塔参考图 3-6。

1. 基本方程

计算主要采用相平衡方程和物料平衡方程。

以 K_i 表示的相平衡方程为

$$\sum K_i x_i - 1 = 0 \quad \sum \frac{y_i}{K_i} - 1 = 0$$

也可以表示为

$$y_i = K_i x_i \quad x_i = \frac{y_i}{K_i}$$

以相对挥发度表示的相平衡方程为

$$K_b = \frac{1}{\sum \alpha_{ib} x_i} \quad K_b = \sum \frac{y_i}{\alpha_{ib}}$$

也可以表示为

$$y_i = \frac{\alpha_{ib} x_i}{\sum \alpha_{ib} x_i} \quad x_i = \frac{\frac{y_i}{\alpha_{ib}}}{\sum \frac{y_i}{\alpha_{ib}}}$$

操作线方程与两组分一样,只是组分增加而已。精馏段操作线方程为

$$y_{n,i} = \frac{R}{R+1} x_{n+1,i} + \frac{1}{R+1} x_{di} \qquad (3-35)$$

提馏段操作线方程为

$$x_{m+1,i} = \frac{L + qF - W}{L + qF} y_{m,i} + \frac{W}{L + qF} x_{wi} \qquad (3-36)$$

$$y_{m,i} = \frac{L + qF}{L + qF - W} x_{m+1,i} - \frac{W}{L + qF - W} x_{wi} \qquad (3-37)$$

2. 计算方法

对一股进料、两股出料的精馏塔计算,一般从塔的两头向中间计算,从塔顶向下和从塔釜向上一直计算到进料位置,见图 3-11。

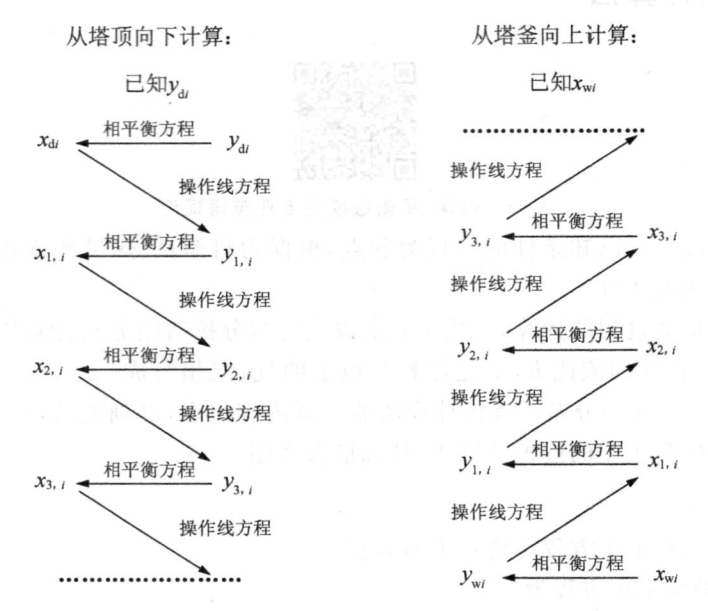

图 3-11 逐板计算示意图

恒分子流不考虑热量的影响,只是考虑相平衡和物料平衡。这样算到何时为止呢?下面介绍一下进料位置的确定方法。

3. 进料位置的确定

如图 3-12 所示,对提馏段来说,计算直到第 m 板上液相组成接近进料液相组成为止,m 即为提馏段的理论板数;如进料为气相,则计算直到第 m 板上气相组成接近进料气相组成为止。对精馏段来说,计算直到第 n 板上液相组成与进料液相组成接近为止,n 即为精馏段的理论板数;如进料为气相,则到第 n 块板上气相组成接近进料气相组成为止。

由塔釜向上及由塔顶向下计算达到进料板处时,考虑到精馏段从塔顶向下到进料板 $\left(\dfrac{x_1}{x_h}\right)$ 逐渐变小,提馏段从塔釜向上到进料板 $\left(\dfrac{x_1}{x_h}\right)$ 逐渐变大,据此得出判断式

$$\left(\dfrac{x_1}{x_h}\right)_n > \left(\dfrac{x_1}{x_h}\right)_S \geqslant \left(\dfrac{x_1}{x_h}\right)_m \qquad (3-38)$$

图 3-12 进料位置示意图

式中:$(x_1/x_h)_S$ 的值与进料状态有关。

由方程(3-38)可确定进料板位置。

4. 未现组分引入

用逐板计算法进行物料平衡计算的时候，为了精确起见，就不能按清晰分割法处理物料，因为在实际生产中，比轻关键组分还轻的组分在塔釜内仍有微量存在，而比重关键组分还重的组分在塔顶馏出液中也可能微量存在。若当作清晰分割处理，则是不合理的，特别是对组分较多且挥发度接近的物系，以及关键组分之间尚有其他组分存在的情况，更不能简单处理。下面介绍一种验证的方法，其塔板示意图为图 3-13。

（1）精馏段：对于恒分子流，对于塔顶没有的组分（a）

$$Vy_{n,i} = Lx_{n-1,i} \xrightarrow{y_{n,i}=K_i x_{n,i}} VK_i x_{n,i} = Lx_{n-1,i}$$

$$\left(\frac{x_n}{x_{n-1}}\right)_i = \left(\frac{L}{KV}\right)_i \quad (3-39)$$

假定在某块板（第 p 块板）上组分（a）消失，从假设组分（a）消失的（第 p 块板）向下，组分（a）量逐渐增加，采用下式来判断：

$$\left(\frac{x_F}{x_p}\right)_a = \left(\frac{L}{KV}\right)_a^{n-p+1} \quad (3-40)$$

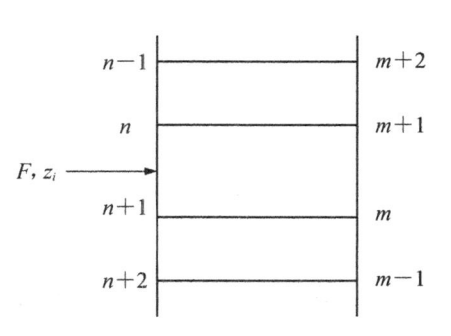

图 3-13 塔板示意图

x_F 已知，引入 $x_p = 0.001$，计算得出 p。通过比较 p 和 n 值的大小即可得出物料预分布时是否在塔顶丢失组分（a）。

（2）提馏段：对于恒分子流，对于塔釜没有的组分（a）

假定在某块板（第 q 块板）上组分（a）消失，从假设组分（a）消失的（第 q 块板）向上，组分（a）量逐渐增加，采用下式来判断：

$$\left(\frac{x_F}{x_q}\right)_a = \left(\frac{\overline{V}'K}{\overline{L}'}\right)_a^{m-q+1} \quad (3-41)$$

x_F 已知，引入 $x_q = 0.001$，计算得出 q。通过比较 q 和 m 值的大小即可得出物料预分布时是否在塔釜丢失组分（a）。

如果量很少就没必要引入了，可能出现负值。

【例题 3-4】 某多组分精馏塔的原料、产品的摩尔分数（组分 1 为轻关键组分）及各组分的相对挥发度如下表所示。已知提馏段第 m 块板上升的气相组成，提馏段操作线方程为 $x_{m,i} = 0.8y_{m-1,i} + 0.2x_{wi}$，精馏段操作线方程为 $x_{n,i} = 1.2y_{n-1,i} - 0.2x_{di}$，试求离开第 $m+2$ 块板的液相组成。（塔序从下往上，第 $m+1$ 块板为进料板）

组 分	$x_{f,i}$	x_{di}	x_{wi}	α_{i2}	$y_{m,i}$
1	0.40	0.980	0.013	2.45	0.473
2	0.40	0.020	0.653	1.00	0.491
3	0.10	0.000	0.167	0.49	0.021
4	0.10	0.000	0.167	0.41	0.015

解 ①用提馏段操作线方程 $x_{m,i} = 0.8y_{m-1,i} + 0.2x_{wi}$，即

$$x_{m+1,1} = 0.8 \times 0.473 + 1.2 \times 0.013 = 0.381$$

其他组分的计算结果列于下表。

② 用相平衡方程 $y_{m+1,i} = \dfrac{\alpha_{i2} x_{m+1,i}}{\sum \alpha_{i2} x_{m+1,i}}$，计算 $y'_{m+1,i}$ 结果列于下表。

③ 由于第 $m+1$ 块板为进料板，所以用精馏段操作线方程计算 $x_{m+2,i}$，其他组分的计算结果列于下表。

④ 计算结果汇总如下：

组 分	$x_{m+1,i}$	$\alpha_{i2} x_{m+1,i}$	$y'_{m+1,i}$	$x'_{m+2,i}$	$x_{m+2,i}$
1	0.3810	0.9335	0.6223	0.5004	0.5508
2	0.5234	0.5234	0.3489	0.4097	0.4147
3	0.0502	0.0246	0.0164	0.0465	0.0197
4	0.0454	0.0186	0.0124	0.0434	0.0149

3.2 多组分复杂精馏塔

简单塔或普通塔只有一股进料，塔顶、塔釜各有一股出料。复杂塔是有多股进料，或有侧线出料，或有能量引入、引出的精馏塔。复杂精馏塔包括多股进料、多股出料、中间再沸器和中间冷凝器四种典型流程以及它们的各种结合形式。采用复杂精馏进行分离是为了节省能量和减少设备的数量。

3-3 微课：多组分多平衡级模型专业英语词汇

3.2.1 精馏塔流程

1. 多股进料

将不同组的物料加在相应浓度的塔级上，从能耗看，单股进料更耗能，因为混合物的分离不是自发过程，必须由外界供给能量。如图 3-14a 所示，采用三股进料，表明它们进塔前已有一定程度的分离，比它们混合成一股在塔内进行分离节省能量。如氯碱厂脱 HCl 塔，有三股不同物料组成的物料分别进入相应浓度的塔级。再如烃类裂解分离前流程中的脱甲烷塔，四股不同组成的进料分别在自上而下数第十三、十九、二十五和三十三的塔级处进入塔内。

2. 侧线采出

若精馏塔除了塔顶和塔釜采出馏出液和釜液外，在塔的中部还有一股或一股以上物料采出，则称该塔具有侧线采出。精馏塔可以在提馏段设侧线采出，也可在精馏段设侧线采出（图 3-14b 和 c），按工艺要求采出的物料可为液体或气体。采用侧线采出相对于普通精馏塔可减少所用精馏塔的数目。但具有侧线采出精馏塔的操作要比普通精馏塔复杂，如裂解气分离中的乙烯塔、炼油中的常压减压塔等。

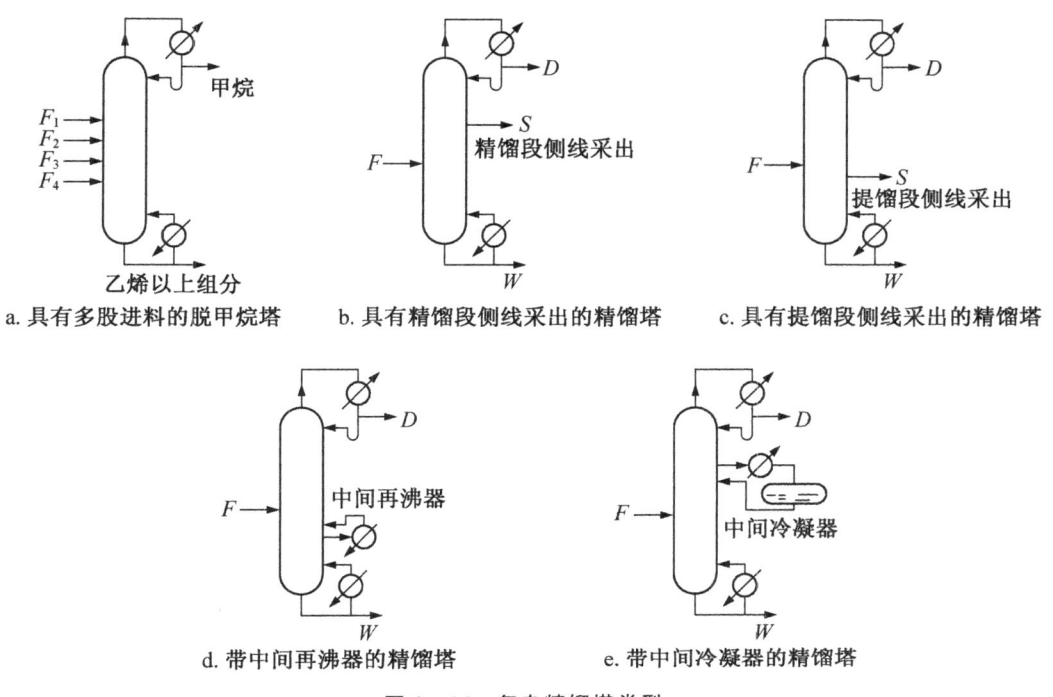

图 3-14 复杂精馏塔类型

3. 中间冷凝或中间再沸

设中间再沸器的精馏塔在提馏段某处抽出一股或多股料液，进入中间再沸器加热汽化后返回塔内，通过中间再沸器加入部分热量，以代替塔釜再沸器加入的部分热量，流程如图 3-14d 所示。采用中间再沸器可改善分离过程的不可逆性，由于中间再沸器的温度比塔釜再沸器的温度低，因而可以利用比用于塔釜再沸器的加热介质级别低的热源，甚至可用回收热，以节省能耗费用。中间冷凝是在精馏段抽出一股料液（气相），进入中间冷凝器被取走热量冷凝成液相，然后返回精馏塔，通过中间冷凝加入部分冷量，以代替塔顶冷凝器的部分冷量，如图 3-14e 所示。和中间再沸器一样，用中间冷凝器可以改善分离的不可逆性，提高热力学效率。由于中间冷凝温度更高，可采用较高温度的冷级，降低了冷量的级别，减少冷剂的费用。使用中间再沸器或中间冷凝器的精馏，相当于多了一股侧线出料、一股进料及中间有热量引入或取出的复杂塔。

3.2.2 简捷计算法

复杂精馏塔计算的基本原理与普通精馏塔计算方法一样，根据相平衡、物料平衡和热量平衡进行计算。简捷法的实质在于根据进料及侧线采出的股数，将塔分为若干段，对各段进出塔的物料进行预分布，首先假设各段为恒分子流，并将各段组分的相对挥发度视为恒定，由此求出各段最少理论板数及最小回流比，然后确定各段的操作回流比，最后求出所需之理论板数。

下面以一股进料、三股出料（即分别在塔顶、塔釜和精馏段侧线出料）的简单复杂精馏塔为例，介绍其简捷计算方法。

1. 物料分布

由于侧线液相采出，将塔分为三段，如图 3-15 所示。侧线以上至塔顶为上段；侧线以下至进料为中段；进料以下至塔釜为下段。因各段物料情况不一，则需分别采用非清晰分割法进行物料预分布，其中涉及的方程有式(3-42)和式(3-43)等。

对于精馏塔上段

$$\frac{\lg\left(\frac{d}{s}\right)_l - \lg\left(\frac{d}{s}\right)_h}{\lg\alpha_{lh}} = \frac{\lg\left(\frac{d}{s}\right)_i - \lg\left(\frac{d}{s}\right)_h}{\lg\alpha_{ih}} \quad (3-42)$$

对于精馏塔中下段

$$\frac{\lg\left(\frac{d+s}{w}\right)_l - \lg\left(\frac{d+s}{w}\right)_h}{\lg\alpha_{lh}} = \frac{\lg\left(\frac{d+s}{w}\right)_i - \lg\left(\frac{d+s}{w}\right)_h}{\lg\alpha_{ih}} \quad (3-43)$$

$$x_{si} = \frac{s_i}{\sum s_i} \quad x_{di} = \frac{d_i}{\sum d_i} \quad x_{wi} = \frac{w_i}{\sum w_i}$$

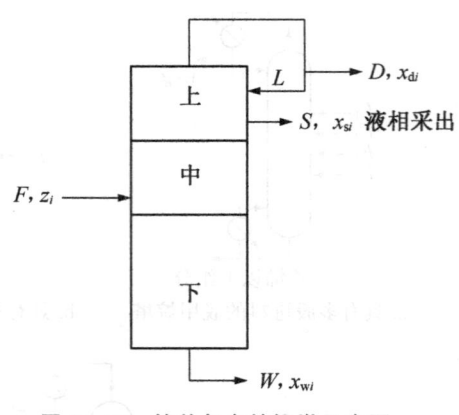

图 3-15 简单复杂精馏塔示意图

2. 最小回流比

仍以液相侧线采出为例，由于侧线采出塔内气体及液体流量在各段分布情况不一，分别用恩德伍德法计算最小回流比。图 3-15 为塔内三段情况。

同样采用恩德伍德公式的形式是

$$\sum \frac{\alpha_{ib} z_i}{\alpha_{ib} - \theta} = 1 - q \quad (3-44)$$

$$\sum \frac{\alpha_{ib} x_{di}}{\alpha_{ib} - \theta} = 1 + R_{min} \quad (3-45)$$

计算精馏塔上段最小回流比时，x_{di} 已知，α_{ib} 可以根据塔顶、塔釜温度确定，回流比的求解仍然采用上式，具体的问题是 z_i 是未知的，如何确定呢？需采用式(3-46)计算得到 z_i 代入恩德伍德公式。

$$z_i = \frac{x_{si} + y_{si}}{2} \quad (3-46)$$

计算精馏塔中下段最小回流时，z_i 和 q 与进料的实际情况有关系，关键的问题是 x_{di} 未知，不能单独采用 x_{si}，需采用式(3-47)计算得到 x_{di}。

$$x_{di} = \frac{Dx_{di} + Sx_{si}}{D + S} \quad (3-47)$$

对于上段计算得出最小回流比 $R_{min上}$，对于中下段计算得出最小回流比 $R_{min中}$。操作的时候既要满足上段的要求又要满足中段的要求，究竟用哪个作为回流比？

上段和中段的回流比的表达式应该为

$$\frac{L-S}{D+S} = R_中 \quad (3-48)$$

$$\frac{L}{D} = R_上 \quad (3-49)$$

最小回流比为

$$R_{\min 中}=\frac{L_{\min}-S}{D+S}=\frac{\left(\frac{L_{\min}}{D}\right)-\left(\frac{S}{D}\right)}{1+\left(\frac{S}{D}\right)}=\frac{R'_{\min 上}-\left(\frac{S}{D}\right)}{1+\left(\frac{S}{D}\right)} \qquad (3-50)$$

$$R'_{\min 上}=R_{\min 中}\left(1+\frac{S}{D}\right)+\frac{S}{D} \qquad (3-51)$$

在 $R'_{\min 上}$ 和 $R_{\min 上}$ 之间选择大的作为操作回流比。

对于多股侧线采出的情况,中段回流比为

$$R_{中}=\frac{L-S_1-S_2-S_3-\cdots}{D+S_1+S_2+S_2+\cdots} \qquad (3-52)$$

最小回流比为

$$R_{\min 中}=\frac{L_{\min}-S_1-S_2-S_3-\cdots}{D+S_1+S_2+S_2+\cdots} \qquad (3-53)$$

同样推导得到

$$R'_{\min 上}=R_{m中1}\left(1+\frac{S_1}{D}\right)+\frac{S_1}{D} \qquad (3-54)$$

$$R''_{\min 上}=R_{m中2}\left(1+\frac{S_1}{D}+\frac{S_2}{D}\right)+\frac{S_1}{D}+\frac{S_2}{D} \qquad (3-55)$$

三者取比较大的。

前面的计算都是精馏段有一股液相采出为基准的结论,在实际工业应用中,还存在提馏段侧线采出、塔中间有再沸器等情况。它们的理论板数的计算问题都不大,但回流比的计算是个难题。在提馏段侧线采出情况下回流比的计算是把塔颠倒过来计算,此时恩德伍德公式要做一些变化。

$$\sum \frac{\alpha_{ib}z_i}{\alpha_{ib}-\theta}=1-q \qquad (3-56)$$

$$\sum \frac{\alpha_{ib}x_{wi}}{\alpha_{ib}-\theta}=-R'_{\min} \qquad (3-57)$$

$$R'_{\min}=\frac{V_{底}}{W} \qquad (3-58)$$

式中:$V_{底}$ 是塔釜的上升蒸气量。

$R'_{\min}$ 已知 $\xrightarrow{R'_{\min}=\frac{V_{底}}{W}}$ 得到 $V_{底}$、$\overline{V}_{\min}$、$\overline{L}_{\min}$ $\xrightarrow{根据进料状态 q}$ 精馏段下降液体量

$L_{\min}$ $\xrightarrow{物料衡算}$ $D \rightarrow R_{\min}=\frac{L_{\min}}{D}$

3. 最少理论板数

根据芬斯克公式分段计算各段所需之最少理论板数。

对于精馏塔上段

$$N_{\min 上}=\frac{\lg\left[\left(\frac{x_i}{x_j}\right)_D \cdot \left(\frac{x_j}{x_i}\right)_S\right]}{\lg \alpha_{ij}} \qquad (3-59)$$

$N_{\min 上}$ 包括侧线采出板,但不包括冷凝器。

对于精馏塔中段

$$N_{\min 中} = \frac{\lg\left[\left(\dfrac{x_i}{x_j}\right)_S \cdot \left(\dfrac{x_j}{x_i}\right)_F\right]}{\lg \alpha_{ij}} \tag{3-60}$$

$N_{\min 中}$ 包括进料板,但不包括侧线出板。

对于精馏塔下段

$$N_{\min 中下} = \frac{\lg\left[\left(\dfrac{x_i}{x_j}\right)_S \cdot \left(\dfrac{x_j}{x_i}\right)_W\right]}{\lg \alpha_{ij}} \tag{3-61}$$

$$N_{\min 下} = N_{\min 中下} - N_{\min 中} \tag{3-62}$$

$N_{\min 下}$ 包括塔釜,但不包括进料板。i、j 分别指精馏塔上、中、下各段所选取的轻、重关键组分。α_{ij} 为塔中各段轻、重关键组分的相对挥发度之平均值。

然后根据 $R_{\min}$ 取 R,一般情况下,工作回流比为最小回流比的 1.2～2.0 倍,再由经验关联式求出工作回流比 R 下的理论板数 N。常用的经验关联式有吉利兰关联式或者关联图,及耳波-马多克斯关联图。

【例题 3-5】 乙苯采用固定床加热管炉(500～600℃)脱氢,得到乙苯、苯乙烯、甲苯等(产物复杂,以其中三种主要成分来举例)。因为苯乙烯含有 C=C 双键,主要是考虑防止苯乙烯聚合,采用减压蒸馏使得塔釜温度尽可能低。精馏塔进料组分及摩尔分数见下表:

编号	组分	z_i
1	甲苯	0.113
2	乙苯	0.479
3	苯乙烯	0.408

如下图所示,进料量 100kmol/h,塔顶压力 45mmHg,塔釜压力 231mmHg,进料温度 46℃,要求乙苯侧线采出,塔顶甲苯含量≥95%,塔釜苯乙烯含量≥0.9960,塔顶苯乙烯含量≤0.010。求 R、N。

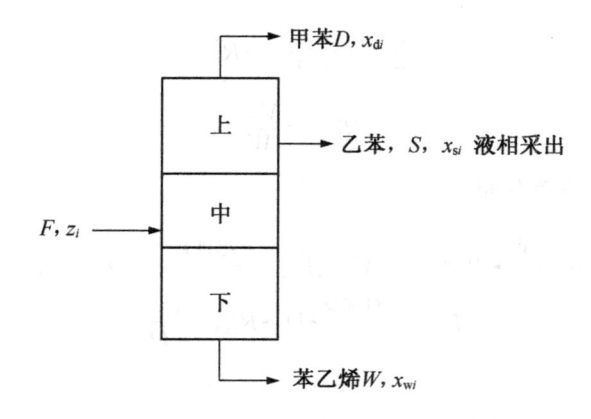

解 全塔物料平衡

$$F = W + (S + D)$$

侧线采出:侧线采出板以上总的采出组分组成以 x_{dsi} 表示

$$x_{dsi} = \frac{Dx_{di} + Sx_{si}}{D + S}$$

塔顶要求：$x_{d3} \leqslant 0.01$，假设在侧线采出板以上，$x_{d3} \approx 0.01$

$$F = W + (S+D) = 100 \text{kmol/h}$$

$$Fz_3 = (S+D)x_{ds3} + Wx_{w3}，即 100 \times 0.408 = (S+D) \times 0.01 + W \times 0.996$$

得到　　　　$(S+D) = 59.6 \text{kmol/h}$　　$W = 40.4 \text{kmol/h}$

采出板以上的总的采出部分存在以下关系：

$$d_i + s_i = (S+D)x_{dsi}$$

根据假设在侧线采出板以上，$x_{d3} \approx 0.01$ 计算得出的 $d_3 + s_3$ 和 w_3，1 和 2 组分的数据未知。

组　分	f_i/(kmol/h)	w_i/(kmol/h)	$d_i + s_i$/(kmol/h)
1	11.3	?	?
2	47.9	?	?
3	40.8	40.2	0.596

下面进行物料预分布。根据分离要求乙苯侧线采出，塔顶甲苯含量≥0.99，塔釜苯乙烯含量≥0.996，塔顶苯乙烯含量≤0.01，所以把塔顶、塔釜当作纯组分，由物料的蒸汽压曲线得到塔顶温度 34℃、塔釜温度 105.6℃ 时各组分的饱和蒸汽压。

本分离体系为三组分体系，看作是理想体系，符合道尔顿分压定律和拉乌尔定律。因为相平衡常数 $K_i = p_i^0/p$，所以得出相对挥发度 $\alpha_{ij} = p_i^0/p_j^0$（$p_i^0$、$p_j^0$ 为饱和蒸气压）。

组　分	p_i^0/mmHg	α_{i3}
1	200	3.3
2	84	1.4
3	60	1

对于中下段

$$\frac{\lg\left(\dfrac{d_1+s_1}{w_1}\right) - \lg\left(\dfrac{d_3+s_3}{w_3}\right)}{\lg\alpha_{13}} = \frac{\lg\left(\dfrac{d_2+s_2}{w_2}\right) - \lg\left(\dfrac{d_3+s_3}{w_3}\right)}{\lg\alpha_{23}}$$

$$(d_1+s_1) + w_1 = 11.3 \text{kmol/h}$$

$$(d_2+s_2) + w_2 = 47.9 \text{kmol/h}$$

$$(d_1+s_1) + (d_2+s_2) + (d_3+s_3) = 59.6 \text{kmol/h}$$

上面四个方程有四个未知数，即 w_1、w_2、(d_1+s_1)、(d_2+s_2)，可以采用试差法计算。求解得到：

组　分	w_i/(kmol/h)	(d_i+s_i)/(kmol/h)
1	5.4×10^{-15}	11.3
2	0.196	47.7
3	40.2	0.596
$\sum$	40.4	

对于上段

$$\frac{\lg\left(\frac{d_1}{s_1}\right)-\lg\left(\frac{d_3}{s_3}\right)}{\lg\alpha_{13}}=\frac{\lg\left(\frac{d_2}{s_2}\right)-\lg\left(\frac{d_3}{s_3}\right)}{\lg\alpha_{23}}$$

$$s_1+d_1=11.3\text{kmol/h} \quad s_2+d_2=47.7\text{kmol/h} \quad s_3+d_3=0.596\text{kmol/h}$$

上面四个方程有六个未知数,即 s_1、s_2、s_3、d_1、d_2、d_3,需要规定两个未知数,对 3 组分进行假设: $d_3=6\times10^{-4}$kmol/h;且塔顶产物中甲苯含量$\geqslant0.95$,则存在以下关系:$d_1/(d_1+d_2+d_3)=0.95$。联立上述方程后求解。

组 分	s_i/(kmol/h)	d_i/(kmol/h)
1	4.65	6.65
2	47.35	0.35
3	0.596	6×10^{-4}
$\sum$	52.6	7

$$N_{\min 上}=\frac{\lg\left(\frac{s_2}{d_2}\right)-\lg\left(\frac{s_1}{d_1}\right)}{\lg\alpha_{12}}=6$$

$$N_{\min 中}=\frac{\lg\left(\frac{s_2}{z_2}\right)-\lg\left(\frac{s_3}{z_3}\right)}{\lg\alpha_{23}}=12.5$$

$$N_{\min 中下}=\frac{\lg\left(\frac{s_2}{w_2}\right)-\lg\left(\frac{s_3}{w_3}\right)}{\lg\alpha_{23}}=28.9$$

$$N_{\min 下}=N_{\min 中下}-N_{\min 中}=28.9-12.5=16.4$$

$$N_{\min 总}=34.9$$

最小回流比同样采用恩德伍德公式的形式表示。

$$\sum\frac{\alpha_{ib}z_i}{\alpha_{ib}-\theta}=1-q;\quad \sum\frac{\alpha_{ib}x_{di}}{\alpha_{ib}-\theta}=1+R_{\min}$$

上段:

具体的问题是 z_i 是未知的,如何确定呢?

进入到上段的组成,介于气、液相组成之间,$z_i=\frac{x_{si}+y_{si}}{2}=y'_{si}$。

q 应该是饱和气体进料,因为在上段即侧线出料板向上,均为气体,$y_{si}=\frac{\alpha_{ib}x_{si}}{\sum\alpha_{ib}x_{si}}$。

组 分	s_i/(kmol/h)	x_{si}	α_{i3}	y_{si}	y'_{si}
1	4.65	0.0884	3.3	0.1867	0.1376
2	47.35	0.9000	1.4	0.8061	0.8530
3	0.596	0.0113	1	0.0072	0.0093
$\sum$	52.6	0.9997	—	1.0000	0.9990

$$\sum \frac{\alpha_{ib} y'_{si}}{\alpha_{ib} - \theta} = 1 - q \quad \sum \frac{\alpha_{ib} x_{di}}{\alpha_{ib} - \theta} = 1 + R_{\min 上}$$

采用试差法计算得

$$\theta_上 = 0.304 \quad R_{\min 上} = 11$$

中段：

z_i、q 已知，与进料的实际情况有关系。关键的问题是 x_{di} 未知，不能单独采用 x_{si}。

$$x_{dsi} = \frac{Dx_{di} + Sx_{si}}{D + S}$$

组 分	d_i/(kmol/h)	x_{di}	x_{dsi}
1	6.65	0.95	0.1896
2	0.35	0.05	0.8001
3	6×10^{-4}	3×10^{-4}	0.0100
$\sum$	7	1.0003	0.9997

$$\sum \frac{\alpha_{ib} z_i}{\alpha_{ib} - \theta} = 1 - q \quad \sum \frac{\alpha_{ib} x_{dsi}}{\alpha_{ib} - \theta} = 1 + R_{\min 中}$$

其中 q 不知道，采用部分汽化的统一方程式 $\sum \frac{z_i(K_i - 1)}{(K_i - 1)\nu + 1} = 0$ 来求解 q。

在进行汽化或者冷凝计算之前，应该判断原料混合物在给定的温度和压力下的状态是否处于两相区，采用平均压力验证，经计算得

$$q = 0.24 \quad \theta_中 = 1.137 \quad R_{\min 中} = 3.5$$

上段计算得出最小回流比 $R_{\min 上}$，中下段计算得出最小回流比 $R_{\min 中}$，操作的时候既要满足上段的要求又要满足中段的要求，究竟用哪个作为回流比？

最小回流比

$$R'_{\min 上} = R_{\min 中}\left(1 + \frac{S}{D}\right) + \frac{S}{D} = 3.5 \times \left(1 + \frac{52.6}{7}\right) + \frac{52.6}{7} = 37.3$$

在 $R'_{\min 上}$ 和 $R_{\min 上}$ 之间选择大的作为操作回流比，$R_{\min 上} = 37.3$。操作回流比为最小回流比的 2 倍，$R = 2R_{\min} = 74.6$。根据吉利兰关联式来进行理论板数的计算。

对于上段

$$Y = 0.75(1 - X^{0.5668})$$

$$X = \frac{R - R_{\min}}{R + 1} = \frac{74.6 - 37.3}{74.6 + 1} = 0.493$$

$$Y = 0.75(1 - X^{0.5668}) = 0.75(1 - 0.493^{0.5668}) = 0.2476$$

$$Y = \frac{N - N_{\min 上}}{N + 1} = 0.2476$$

$$\frac{N_上 - 6}{N_上 + 1} = 0.2476$$

$$N_上 = 7.6$$

对于中段

$$R_{中} = \frac{L-S}{S+D} = \frac{R_上 - \left(\frac{S}{D}\right)}{1+\left(\frac{S}{D}\right)} = 7.9$$

$$N_{中} = 16.9$$

对于中下段

$$R_{中下} = 7.9 \quad N_{中下} = 38.7 \quad N_{总} = 46.3$$

3.2.3 逐板计算法

图 3-4 微课：MESH 方程求解策略专业英语词汇

1. 通用模型塔的建立

假设一个通用的模型精馏塔，设模型精馏塔（图 3-16）共有 N 个理想平衡级，冷凝器为第一级，再沸器为第 N 级，除了第 1 级和第 N 级外，每个平衡级都有进料 F_j 和侧线出料 $S_j (j=2,3,\cdots,N-1)$，并有加热或者冷却设备（即有 $\pm Q_j$）。根据具体条件可将塔简化为任何一座实际塔，不需要的量可以为定量。因此，图 3-16 中的塔是一个通用模型精馏塔，也可以简化成简单精馏塔或者任何精馏塔。

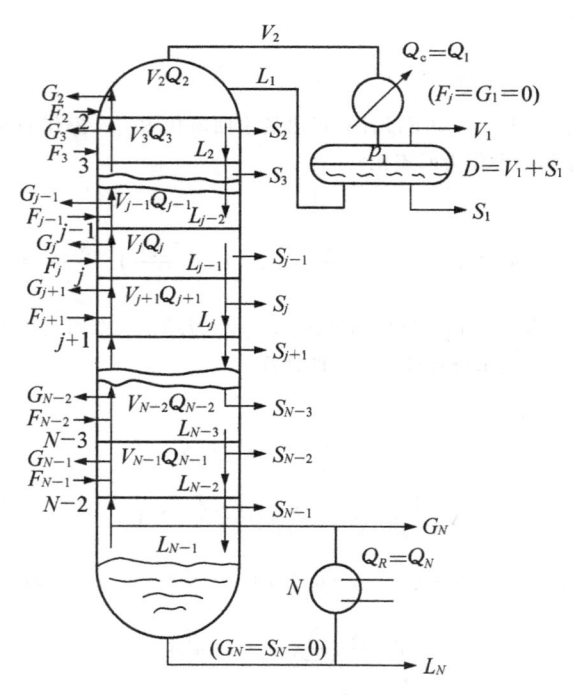

图 3-16 通用模型精馏塔

（1）通用数学模型的建立

在稳定工况下，精馏塔的任何理想平衡级 j（简称第 j 理想级或第 j 级）必须同时满足以下方程：

①物料平衡方程(M 方程)
$$V_{j+1}y_{i,j+1}+L_{j-1}x_{i,j-1}+F_jz_{i,j}=(V_j+G_j)y_{i,j}+(L_j+S_j)x_{i,j} \quad (3-63)$$
②气液相平衡方程(E 方程)
$$y_{i,j}=K_{i,j}x_{i,j} \quad (3-64)$$
③归一化方程(S 方程)
$$\sum y_{i,j}=1 \quad \sum x_{i,j}=1 \quad (3-65)$$
④能量平衡方程(H 方程)
$$V_{j+1}H_{j+1}+L_{j-1}h_{j-1}+F_jH_{f,j}=(V_j+G_j)H_j+(L_j+S_j)h_j+Q_j \quad (3-66)$$

(2) 计算方法

1) 三对角矩阵法

以上是描述多组分复杂精馏过程中每一块板的 M、E、S、H 方程。下面将这些方程进一步整理。将 M、E 方程联立求解得到一组方程,并用矩阵求解得到各板上组成 $x_{i,j}$。用 S 方程求各板上新的温度(此温度已非开始假定的温度)。用 H 方程求各板上新的气、液流量 V、L(此流量已非开始假定的流量)。

为了将 M、E 方程联立求解,将 E 方程代入 S 方程,得到
$$V_{j+1}K_{i,j+1}x_{i,j+1}+L_{j-1}x_{i,j-1}+F_jz_{i,j}=(V_j+G_j)K_{i,j}x_{i,j}+(L_j+S_j)x_{i,j} \quad (3-67)$$
即
$$L_{j-1}x_{i,j-1}-[(V_j+G_j)K_{i,j}+(L_j+S_j)]x_{i,j}+V_{j+1}K_{i,j+1}x_{i,j+1}=-F_jz_{i,j} \quad (3-68)$$
令
$$L_{j-1}=A_j \quad -[(V_j+G_j)K_{i,j}+L_j+S_j]=B_j \quad V_{j+1}K_{i,j+1}=C_j \quad -F_jz_{i,j}=D_j$$
$$A_jx_{i,j-1}+B_jx_{i,j}+C_jx_{i,j+1}=D_j \quad (3-69)$$

其中,$j=1,\cdots,N$。对于第一块板(冷凝器),$j=1$,如图 3-17 所示。

冷凝器作为第一块板,不存在 L_0,即 $A_1=0$。
$$B_1x_{i,1}+C_1x_{i,2}=D_1 \quad (3-70)$$

对于第二块板,$j=2$
$$A_2x_{i,1}+B_2x_{i,2}+C_2x_{i,3}=D_2 \quad (3-71)$$

对于第 j 块板
$$A_jx_{i,j-1}+B_jx_{i,j}+C_jx_{i,j+1}=D_j \quad (3-72)$$

对于再沸器(第 N 块板),$j=N$,如图 3-18 所示。

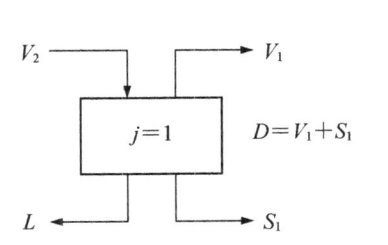

图 3-17 复杂精馏塔第一理想级 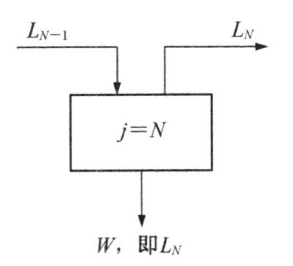   图 3-18 复杂精馏塔第 j 理想级

$$V_{N+1}K_{i,N+1}=C_N$$

对于再沸器 $C_N=0$,即 $j=N, C_N=V_{N+1}, K_{i,N+1}=0$,则

$$A_N x_{i,N-1}+B_N x_{i,N}=D_N \tag{3-73}$$

得出

$$\begin{cases} 第1块板: B_1 x_{i,1}+C_1 x_{i,2}=D_1 \\ 第2块板: A_2 x_{i,1}+B_2 x_{i,2}+C_2 x_{i,2}=D_2 \\ \cdots \\ 第j块板: A_j x_{i,j-1}+B_j x_{i,j}+C_j x_{i,j}=D_j \\ \cdots \\ 第N-1块板: A_{N-1} x_{i,N-2}+B_{N-1} x_{i,N-1}+C_{N-1} x_{i,N}=D_{N-1} \\ 第N块板: A_N x_{i,N-1}+B_N x_{i,N}=D_N \end{cases}$$

将上述方程组写成矩阵。

$$\begin{bmatrix} B_1 & C_1 & & & & & \\ A_2 & B_2 & C_2 & & & & \\ & & \ddots & & & & \\ & & & A_j & B_j & C_j & \\ & & & & & \ddots & \\ & & & & A_{N-1} & B_{N-1} & C_{N-1} \\ & & & & & A_N & B_N \end{bmatrix} \begin{bmatrix} x_{i,1} \\ x_{i,2} \\ \vdots \\ x_{i,j} \\ \vdots \\ x_{i,N-1} \\ x_{i,N} \end{bmatrix} = \begin{bmatrix} D_1 \\ D_2 \\ \vdots \\ D_j \\ \vdots \\ D_{N-1} \\ D_N \end{bmatrix} \tag{3-74}$$

或者简写为

$$[A \quad B \quad C]\{x_{i,j}\}=\{D_j\} \quad \{1 \leqslant i \leqslant M\}$$

式中:$[A \quad B \quad C]$ 为三对角矩阵;A、B、C 为矩阵元素;$\{x_{i,j}\}$ 为未知量的列向量;$\{D_j\}$ 为常数项的列向量。对于每一组分可列出上述方程,即 N 个平衡板方程组,由于系统中共有 m 个组分,因此,可列出 Nm 个方程式,有 m 个上述矩阵。

① 三对角矩阵中 $x_{i,j}$ 的计算方法

先把矩阵中一对角线元素 A_j 变为"零",另一对角线元素 B_j 变为"1",然后将 C_j 与 D_j 引用两个辅助参量 p_j 与 q_j。下面讨论采用高斯消元求解法的过程。

第一步:将上述矩阵中第一行乘以 $1/B_1$,并令 $p_1=C_1/B_1, q_1=D_1/B_1$,则第1行可写为:$1 \quad P_1 \quad q_1$

第二步:将第1行乘以 (A_2/B_1),然后与第二行相加,则消去 A_2。

A_2 成为 $\left[A_2+B_1\left(-\dfrac{A_2}{B_1}\right)\right]=0$;$B_2$ 成为 $\left[B_2+C_1\left(-\dfrac{A_2}{B_1}\right)\right]=B_2-A_2\dfrac{C_1}{B_1}=B_2-A_2 p_1$;

C_2 成为 $[C_2+0]=C_2$;D_2 成为 $\left[D_2+D_1\left(-\dfrac{A_2}{B_1}\right)\right]=\left[D_2-A_2\left(\dfrac{D_1}{B_1}\right)\right]=D_2-A_2 q_1$。

则第2行成为: $0 \quad B_2-A_2 p_1 \quad C_2 \quad D_2-A_2 q_1$

再将上式除以 $B_2-A_2 p_1$,则第2行成为: $0 \quad 1 \quad \dfrac{C_2}{B_2-A_2 p_1} \quad \dfrac{D_2-A_2 q_1}{B_2-A_2 p_1}$

逐板依次进行类似整理。

第 j 行可写成：0 1 $\dfrac{C_j}{B_j - A_j p_{j-1}}$ $\dfrac{D_j - A_j q_{j-1}}{B_j - A_j p_{j-1}}$

令 $p_j = \dfrac{C_j}{B_j - A_j p_{j-1}}$，$q_j = \dfrac{D_j - A_j q_{j-1}}{B_j - A_j p_{j-1}}$ $(2 \leqslant j \leqslant N-1)$。

第三步：通过以上顺序消去，最后求出 q_N。

$$q_N = \frac{(D_N - A_N q_{N-1})}{(B_N - A_N p_{N-1})}$$

因此，全部矩阵成为

$$\begin{bmatrix} 1 & p_1 & & & & \\ & 1 & p_2 & & & \\ & & 1 & p_3 & & \\ & & & \ddots & & \\ & & & & 1 & p_{N-1} \\ & & & & & 1 \end{bmatrix} \begin{bmatrix} x_{i,1} \\ x_{i,2} \\ x_{i,3} \\ \vdots \\ x_{i,N-1} \\ x_{i,N} \end{bmatrix} = \begin{bmatrix} q_1 \\ q_2 \\ q_3 \\ \vdots \\ q_{N-1} \\ q_N \end{bmatrix}$$

从而得到 $x_{i,N} = q_N$，由此可以求出 $x_{i,N}$。

第四步：找出 $x_{i,N}$，其 $x_{i,j}$ 值可以通过 $x_{i,N}$ 回代，直至计算到 $x_{i,1}$。

用高斯消元法求解矩阵，对某一组分 i 可求出它在各平衡板 j 的液相组成 $x_{i,j}$，对 m 个组分共有 Nm 个 $x_{i,j}$ 值。计算流程如图 3-19 所示。

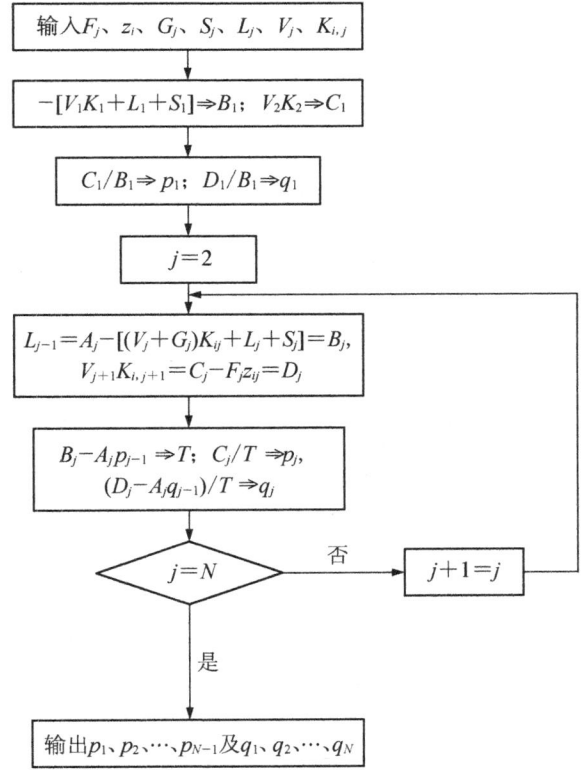

```
输入 F_j、z_i、G_j、S_j、L_j、V_j、K_{i,j}
           ↓
-[V_1K_1+L_1+S_1] ⇒ B_1；V_2K_2 ⇒ C_1
           ↓
C_1/B_1 ⇒ p_1；D_1/B_1 ⇒ q_1
           ↓
         j=2
           ↓
L_{j-1}=A_j-[(V_j+G_j)K_{ij}+L_j+S_j]=B_j,
V_{j+1}K_{i,j+1}=C_j-F_j z_{ij}=D_j
           ↓
B_j-A_j p_{j-1} ⇒ T；C_j/T ⇒ p_j,
(D_j-A_j q_{j-1})/T ⇒ q_j
           ↓
        j=N ——否→ j+1=j
           ↓ 是
输出 p_1、p_2、…、p_{N-1} 及 q_1、q_2、…、q_N
```

图 3-19 三对角矩阵中 $x_{i,j}$ 的计算流程

②S 方程的计算方法

从上面三对角矩阵求解中已得到各平衡板的液相组成 $x_{i,j}$，根据泡点方程 $\sum K_{i,j}x_{i,j}-1=0$，计算得到每块塔板的温度 T_j。

③ H 方程的计算方法

把式(3-66)代入式(3-63)，得到

$$V_{j+1}H_{j+1}+L_{j-1}h_{j-1}+F_jH_{f,j}=(V_j+G_j)H_j+[L_{j-1}+V_{j+1}+F_j-(V_j+G_j)]h_j+Q_j \quad (3-75)$$

$$V_{j+1}(H_{j+1}-h_j)-(H_j-h_j)(V_j+G_j)-L_{j-1}(h_j-h_{j-1})+F_j(H_{f,j}-h_j)-Q_j=0 \quad (3-76)$$

$$V_{j+1}=\frac{(H_j-h_j)(V_j+G_j)+L_{j-1}(h_j-h_{j-1})-F_j(H_{f,j}-h_j)+Q_j}{(H_{j+1}-h_j)} \quad (3-77)$$

对于上式中已知的变量有：$H_j=\sum y_{i,j}H_{i,j}$，$h_j=\sum x_{i,j}h_{i,j}$，就缺少一个 L_{j-1}，其他均为指定值。

下面介绍一下 L_{j-1} 的计算方法。

从塔顶开始计算，以塔顶冷凝器作为第一块板，采出量包括气相采出和液相采出。

L_1 的计算式为

$$G_1=V_1=D-S_1 \quad V_2=D+L_1 \quad L_1=RD (R\text{ 为指定操作回流比})$$

其他塔板的计算如下（如第 3 块板）：

$$V_3=V_{j+1}=V_{2+1}=\cdots \quad (3-78)$$

根据物料平衡方程得到

$$L_j=V_{j+1}+L_{j-1}+F_j-(V_j+G_j+S_j) \quad (3-79)$$

算到何时为止呢？用图 3-20 来进行说明。

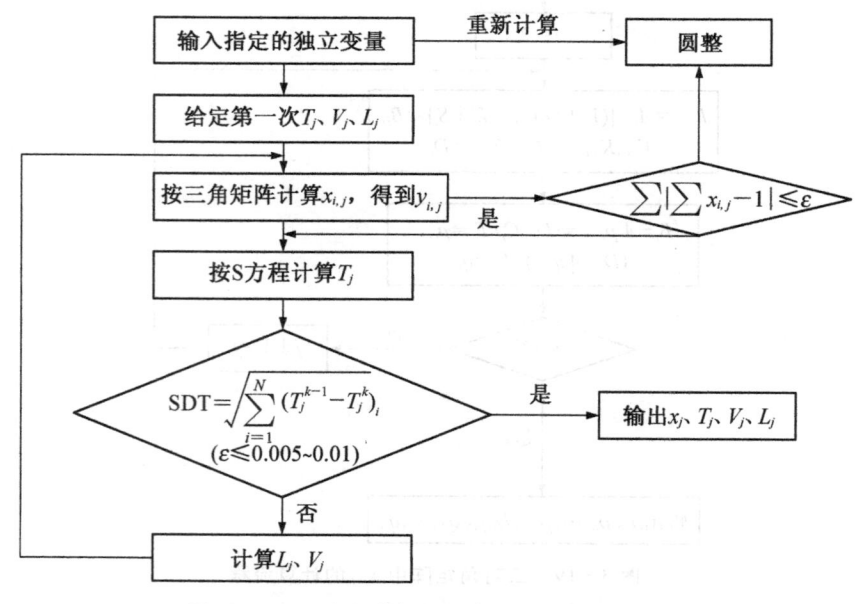

图 3-20 H 方程求解各级塔板新流量计算流程

2) 松弛法

上面讨论的精馏计算方法均属描述稳定状态工况下基本方程的求解法,松弛法是以不稳定状态下的物料平衡为基础进行精馏计算的方法之一。

图 3-21 表示塔第 j 级,u_j 表示级上的存液量。当第 j 级处于不稳定状态时,由于物料进出不平衡将导致物料积累。

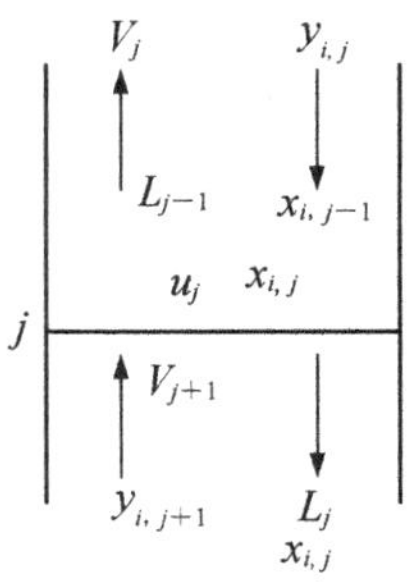

$$\text{进入物料量} - \text{出去物料量} = \text{积累量} \quad (3-80)$$

A. Rose 等人根据微分中值定理提出如下基本方程:

$$x_{i,j}^{(k+1)} = x_{i,j}^{(k)} + \mu_j (V_{j+1} y_{i,j+1} + L_{j-1} x_{i,j-1} - V_j y_{i,j} - L_j x_{i,j})^{(k)} \quad (3-81)$$

图 3-21 j 级物料示意图

式中:μ_j 称为松弛因子,其定义为

$$\mu_j = \Delta t / u_j$$

根据式(3-81)可由时间 t 用 i 组分的组成 $x_{i,j}^{(k)}$ 计算经时间 t 后该组分的新组成 $x_{i,j}^{(k+1)}$。对冷凝器、再沸器及进料板,式(3-81)写成

冷凝器

$$x_{i,1}^{(k+1)} = x_{i,1}^{(k)} + \mu_j (V_2 y_{i,2} V_1 y_{i,1} - L_1 x_{i,1})^{(k)} \quad (3-82)$$

再沸器

$$x_{i,N}^{(k+1)} = x_{i,N}^{(k)} + \mu_N (L_N x_{i,N-1} - L_N y_{i,N} - L_N x_{i,N})^{(k)} \quad (3-83)$$

进料板

$$x_{i,f}^{(k+1)} = x_{i,f}^{(k)} + \mu_f (Fz_i + V_{f+1} y_{i,f+1} + L_{f-1} x_{i,f-1} - V_f y_{i,f} - L_f x_{i,f})^{(k)} \quad (3-84)$$

罗斯(Rose)推荐 μ_j 必须取得小点,以避免不收敛,一般各级的 μ_j 可取相等值,但不同组分的 μ_j 值可选的不同,一般

$$\mu_j \approx \frac{1}{(5 \sim 10)F}$$

式中:F 为进料量。

用松弛法精馏计算的步骤如下:

① 假设 $x_{i,j}^{(0)}$、$V_j^{(0)}$ 的初值;
② 由式(3-81)从冷凝器开始往下(或由再沸器往上)逐板计算 Δt 及新的组成 $x_{i,j}^{(1)}$;
③ 圆整 $x_{i,j}^{(1)}$,做泡点计算,确定新的温度分布 $T_j^{(1)}$ 和气相组成 $y_{i,j}^{(1)}$;
④ 计算焓值 H_j、h_j;
⑤ 由 H 方程计算 $V_j^{(1)}$、$L_j^{(1)}$;
⑥ 检验以下公式是否成立。若不成立,将 $x_{i,j}^{(1)}$ 和 $V_j^{(1)}$ 作为初值再对一个 Δt 重复上述计算,直至式上式成立。式中 ε_x、ε_V 为预先给定的计算精度。

$$\left| \frac{x_{i,j}^{(1)} - x_{i,j}^{(0)}}{x_{i,j}^{(1)}} \right| \leqslant \varepsilon_x \quad (1 \leqslant j \leqslant N)$$

$$\left| \frac{V_j^{(1)} - V_j^{(0)}}{V_j^{(1)}} \right| \leqslant \varepsilon_V \quad (3 \leqslant j \leqslant N)$$

3.3　常规普通精馏塔的内部结构

原理上,两种不同结构的精馏塔——板式塔和填料塔的内部结构有区别。

在板式塔中,从底部到顶部流动的蒸气在板上被冷凝。最简单的板式塔就是多层多孔精馏塔。液体通过降液管流到下一块板上。图3-22是板式塔的示意图。蒸气速率低导致了每一块板上液相的滞流。如果蒸气速率增加,液体横向流过塔板。如果蒸气流量太小,蒸气不能从所有孔上通过,液体将从板孔泄漏。液体通过降液管时有一个最大的体积流量,它可以通过Torricelli方程计算得到。如果液体不能覆盖塔板,此时液体流量达到液体负荷下限。精馏塔在最高和最低气液负荷之间操作。在工业实践中可以采用不同的塔板。从绿色过程角度来看,为了避免过多能量的消耗,降低塔内压降是十分重要的。

填料塔可分为规整填料塔和散装填料塔。与板式塔相比,气、液两相在塔内填料表面直接接触,使两相之间有更好、更大的接触界面。散装填料是在1907年发明的拉西环的基础上开发的。拉西环的直径和高度相等。填料塔均匀的堆积床层压降比板式塔更低。从环保的角度出发,在实际精馏生产过程中,在较宽的气液负荷范围内,每米理论板数量多和有一个低的压降非常重要。如今有50多种不同类型的散装填料,它们的价格不等,操作范围和压降不同。但是散装填料一定具有非均匀性。规整填料是20世纪60年代结合苏尔采(Sulzer)发明的波纹丝网形成的。这里的波纹丝网被垂直平行装填,相邻两网片上的波纹倾角以一个特殊的方式排列。填料塔提供一个均匀的床结构,具有压降低、分离效率高的特点。

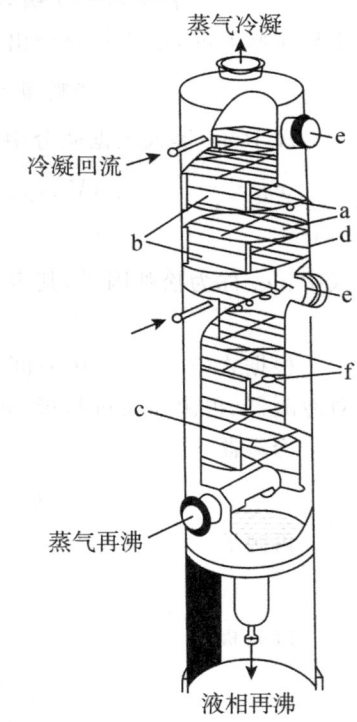

a—筛板;b—降液管;c—溢流堰;
d—入口堰;e—入口;f—板支撑体
图3-22　板式塔示意图

规整填料塔的操作范围完全不同于板式塔,两种类型的塔均有各自特殊的应用范围。在填料塔中,气体负荷可以降到一个非常低的值,而液体负荷必须维持在一定的值,以确保填料的润湿。

气、液两相不能彼此单独流动。塔内压降随着气体负荷的增加而升高。随着液体负荷的增加,塔内压降也增加。这是因为随着气体流动,填料的无效部分变小。气体负荷经常由F来表达:

$$F = u_g \sqrt{\rho g}$$

如果气流量(F因子)足以确保填料塔内液相滞留在填料上,就可得到填料塔的载点。这就是首选的填料操作点,因为蒸气通过液相而增加。液泛点给出了一个填料塔操作范围的上限。在这一点时,气体流经床层的压降增加而阻止液体往下流动,两相逆流受到破坏。

选择合适的填料和塔板是一个有挑战性的任务,并且要考虑能量、资源的消耗,以及操作弹性和过程的多功能性。塔的设计细节可参阅文献。

最新的研究开发聚焦在如何在宽泛的气液装载量范围内提高每米理论板数。通过对填料的优化,能够降低压降。例如,Mellapak-Plus 不仅压降较低,而且分离能力出色。在精馏塔内部结构的开发中充分考虑不同填料、不同特殊表面以及改变层的动力学特性,也使得在塔的某些地方液体停留时间增加。具有较高比表面积的填料可在最大的液体流量下运行,并具有良好的分离系数;而低比表面积的填料在较低的液体流量水平下运行,主要起去雾作用。

3.4 精馏塔的操作

各控制参数间关联较大,影响运行的因素较多。由于不同产品的生产任务不同,操作条件多样,外加精馏流程相对复杂、精馏塔塔型也不一样,在化工生产操作中,精馏塔的运行及控制难度是比较大的。

3.4.1 精馏塔的开、停车

(1) 原始开车

精馏塔系统安装或大修结束后,必须对其设备和管路进行检查、试压、试漏、置换及单机试车、联动试车、系统试车等工作。这些准备工作的好坏对开车是否正常有直接的影响。

原始开车的程序一般按六个阶段进行。

① 检查。按工程安装图、工艺流程图逐一核对主要设备、辅助设备、管线、阀门、仪表是否正常,处于待开车状态。

② 吹除和清扫。一般采用空气或氮气把设备、管路内的灰尘、污垢等杂物吹扫干净,以免铁锈、焊渣等堵塞设备、管路等。

③ 试压、试漏。多采用具有一定压力的水进行静液压水力学试验,以检查系统设备、管路的强度和气密性。

④ 单机试车和联动试车。

⑤ 设备的清洗和填料的处理。

⑥ 系统的置换和开车。开车前一般采用氮气置换设备、管路内空气,使系统内的含氧量达到安全规定(0.2%)以下,以免设备内通入原料后形成爆炸性混合物,造成危险。有时还需用原料气把氮气置换掉,以免系统中残存氮气而影响产品质量。

(2) 正常开车

① 准备工作。检查仪器、仪表、阀门等是否齐全、正确、灵活及处于待开车状态,做好开车前的准备。

② 预进料。先打开放空阀充氮,置换系统中的空气,以防在进料时出现事故,当压力达到规定的指标后停止。再打开进料阀,至打入指定液位高度的料液后停止。

③ 投用换热器。打开塔顶冷凝器的冷却水(或其他冷却介质),再沸器通蒸气,换热器投入使用。

④ 建立回流。在全回流情况下继续加热,直到塔温、塔压均达到规定指标,产品质量符合要求。

⑤进料与出产品。打开进料阀进料,同时从塔顶和塔釜采出产品,调节到指定的回流比。

⑥控制调节。逐步调整塔的操作条件和参数,使塔的负荷、产品质量逐步且尽快达到正常值后,转入正常操作。

精馏塔开车时应注意进料要平稳,再沸器的升温速度要缓慢,再沸器通入蒸气前务必要开启塔顶冷凝器的冷却水,以保证回流液的产生。要控制升温速度,原因是塔的上部为干板,塔板上没有液体,如果蒸气上升过快,没有气、液接触,就可能把过量的难挥发组分带到塔顶,塔顶产品质量长时间达不到要求。随着塔内压力的增大,应当开启塔顶通气口,排除塔内的空气或惰性气体,进行压力调节。待回流罐中的液面达到1/2以上,就开始打回流,并保持回流罐中的液面维持在稳定水平,避免出现液面过高而引起液体溢流,或液面过低而导致回流液供应不足等。当塔釜液面维持在其容积的1/2~2/3时,可停止进料,进行全回流操作,同时对塔顶、塔釜产品进行分析。待产品质量合格后,就可以逐渐加料,并从塔顶和塔釜采出馏出液和釜残液,调节回流量和加大蒸气量,逐步转入正常操作状态。

(3) 停车

化工生产中停车方法与停车前的状态有关。不同的状态下,停车的方法及停车后的处理方法不同。

①正常停车。生产进行一段时间后,设备需进行检查或检修而有计划地停车,叫正常停车。这种停车是逐步减少物料的加入,直到完全停止加入。待物料蒸完后,停止供汽加热,降温并卸掉系统压力;停止供水,将系统中的溶液排放干净(排到溶液贮槽)。打开系统放空阀,并对设备进行清洗。若原料气中含有易燃、易爆的气体,要用惰性气体对系统进行置换,当置换气中含氧量小于0.5%、易燃气总含量小于5%时为合格。最后用鼓风机向系统送入空气,置换气中氧含量大于20%时即为合格。停车后,对某些需要进行检修的设备,要用盲板切断设备上的物料管线,以免可燃物漏出而造成事故。

②紧急停车。生产中由于一些意想不到的特殊情况而造成的停车,称为紧急停车。如一些设备损坏、电气设备的电源发生故障、仪表失灵等,都会造成紧急停车。

发生紧急停车时,首先应停止加料,调节塔釜加热蒸气和凝液采出量,使操作处于待生产的状态。此时,应积极抢修,排除故障,待故障排除后,按开车程序恢复生产。

③全面紧急停车。当生产过程中突然停电、停水、停蒸气或发生其他重大事故时,则要全面紧急停车。

对于自动化程度较高的生产装置,为防止全面紧急停车的发生,一般工厂均有备用电源,当生产断电时,备用电源立即送电。

3.4.2 精馏塔运行调节

精馏操作中,精馏塔的塔顶温度、塔釜温度(简称釜温)、回流比、压力是影响精馏质量的主要参数。在大型装置中均已采用集散控制系统(DCS)和计算机对精馏塔的操作进行自动控制。

(1) 塔压的调节

精馏塔的正常操作中,稳定的压力是操作的基础。在正常操作中,如果加料量、釜温以及塔顶冷凝器的冷凝量等条件都维持正常、稳定,则塔压将随采出量的多少而发生变化。采出量太少的话,塔压将会升高;反之,若采出量太大,塔压降低。因此,可适当地采取调节塔顶采出量的方式来控制塔压。

操作中有时釜温、加料量及塔顶采出量都未变化,塔压却升高,可能是冷凝器的冷剂量不足、冷剂温度升高、冷剂压力下降所致,此时应尽快联系供冷单位予以调节。若冷剂一时不能恢复到正常情况,则应在允许的条件下,塔压可维持高一点或适当加大塔顶采出量,并降低釜温,以保证不超压。

一定温度有与之相应的压力。在加料量、回流量及冷剂量不变的情况下,塔顶或塔釜温度的波动引起塔压的相应波动,这是正常的现象。如果釜温突然升高,塔内上升蒸气量增加,必然导致塔压升高。这时除加大塔顶冷凝器的冷剂量和采出量外,更重要的是设法降低塔釜温度,使其回归正常温度。如果处理不及时,重组分带到塔顶,会使塔顶产品不合格。如果单纯考虑调节压力,加大冷剂量,不去恢复釜温,则易产生液泛;如果单从采出量角度来调节压力,则会破坏塔内各板上的物料组成,严重影响塔顶产品质量。若釜温突然降低,情况与上述情况恰恰相反,其处理方法也对应变化。至于塔顶温度的变化引起塔压的变化,这种可能性较小。

若是设备问题引起塔压的变化,则应适当地改变其他操作因素,严重时停车修理。

(2)塔釜温度的调节

影响塔釜温度的主要因素有釜液组成、釜压、再沸器的蒸气量和蒸气压力等。因此,在釜温波动时,除了分析再沸器的蒸气量和蒸气压力的变动外,还应考虑其他因素。例如,塔压的升高或降低也能引起釜温的变化。当塔压突然升高时,虽然釜温随之升高,但上升蒸气量却下降,使塔釜轻组分变多,此时,要分析压力变高的原因并加以排除。如果塔压突然下降,釜温随之下降,上升蒸气量却增大,釜液可能被蒸空,重组分就会被带到塔顶。

在正常操作中,有时釜温会随加料量或回流量的改变而改变。因此,在调节加料量或回流量时,要相应地调节塔釜温度和塔顶采出量,使塔釜温度和操作压力平稳。

(3)回流量的调节

回流量是直接影响产品质量和塔的分离效果的重要因素。控制回流比是生产中用来调节产品质量的主要手段。在精馏操作中,回流的形式有强制回流和位差回流两种。

一般,回流量是根据塔顶产品量按一定比例来调节的。位差回流是冷凝器按其回流比将塔顶蒸出的气体冷凝,冷凝液借冷凝器与回流入口的位差(静压头)返回塔顶。因此,回流量的波动与冷凝的效果有直接的关系。冷凝效果不好,蒸出的气体不能按其回流比冷凝,回流量将减少。另外,采出量不均也会引起压差的波动而影响回流量的波动。强制回流是借泵把回流液输送到塔顶,这样能克服压差的波动,保证回流量的平稳,但冷凝器的冷凝好坏及塔顶采出量的大小也会影响回流。

回流量增加,塔压差明显增大,塔顶产品纯度会提高;回流量减少,塔压差变小,塔顶产品纯度变差。在操作中,往往就是依据这两方面的因素来调节回流比。

(4)塔压差的调节

塔压差是判断精馏塔操作加料、出料是否均衡的重要指标之一。在加料、出料保持平衡和回流量保持稳定的情况下,塔压差基本上变化很小。

如果塔压差增大,必然会引起塔身各板温度的变化。塔压差增大的原因可能是塔板堵塞或是采出量太少导致塔内回流量太大。此时,应提高采出量来平衡操作,否则,塔压差将逐渐增大,会引起液泛。当塔压差减小时,釜温不太好控制,这可能使塔内物料太少,精馏塔处于干板操作,起不到分离作用,必然导致产品质量下降。此时,应减少塔顶产出量,加大回流量,使塔压差保持稳定。

(5)塔顶温度的调节

在精馏操作中,塔顶温度是由回流温度来控制的。影响回流温度的直接因素是塔顶蒸气组成和塔顶冷凝器的冷凝效果,间接因素则有多种。

在正常操作中,若加料量、回流量、釜温及操作压力都一定的情况下,塔顶温度处于正常状态。当操作压力提高时,塔顶温度会下降;反之,塔顶温度会上升。如遇到这种情况,必须恢复正常操作压力,方能使塔顶温度正常。另外,在操作压力正常的情况下,塔顶温度随塔釜温度的变化而变化。塔釜温度稍有下降,塔顶温度随之下降;反之亦然。遇到这种情况,且当操作压力适当,产品质量很好时,可适当调节釜温,恢复塔顶温度。

生产中,如果由于塔顶冷凝器效果不好,或冷凝、冷却条件不满足,使回流温度升高而导致塔顶温度上升,进而塔压升高且不易控制,则应尽快提高塔顶冷凝器的冷却效果,否则,会影响精馏的正常运行。

(6)塔釜液面的调节

精馏操作中,应控制一定的塔釜液面高度,这样可起到塔釜液封的作用,使被蒸发的轻组分蒸气不致从塔釜排料管跑掉;另外,使被蒸发的液体混合物在釜内有一定的液面高度和塔釜蒸发空间,并使塔釜液体在再沸器的蒸发液面与塔釜液面有一个位差高度,保证液体因静压头作用而不断循环地去再沸器内进行蒸发。

塔釜的液面一般通过塔釜排出量来控制。正常操作中,当加料量、采出量、回流比等条件一定时,釜液的排出量也应该是一定的。但是,塔釜液面随温度、压力、回流量等条件的变化而改变。如这些条件发生变化,将会引起塔釜排出物组成的改变,塔釜液面也随之改变,此时,应适当调整釜液排出量。例如,当加料量不变时,釜温下降,釜液中易挥发组分增多,促使釜液增加,如不增大釜液排出量,塔釜必然被充满,此时,应提高釜温,或增大釜液排出量来稳定塔釜液面。

3.4.3 精馏操作中不正常现象及处理方法

实际生产中,由于原料及产品性质不同,质量要求各异,因此选择的流程、塔型及精馏形式不同,随之产生的不正常现象和处理方法也就不同。精馏操作中,常出现的不正常现象和处理方法见表3-3。

表3-3 精馏操作中常出现的不正常现象和处理方法

不正常现象	可能的原因	处理方法
釜温及压力不稳	(1)蒸气压不稳 (2)疏水器不畅通 (3)加热器漏	(1)调节蒸气压至稳定 (2)检查、更换疏水器 (3)停车检修
塔压差增大	(1)负荷升高 (2)回流量不稳定 (3)液泛 (4)设备堵塞	(1)降低负荷 (2)调节回流量至其稳定 (3)查找原因,对症处理 (4)疏通设备

续　表

不正常现象	可能的原因	处理方法
釜温突然下降且无法回升至稳定值	(1)疏水器失灵 (2)再沸器中加热蒸气冷凝液未排出,蒸气无法加入 (3)再沸器有杂质堵塞管道	(1)检查疏水器 (2)冷凝液排出操作 (3)清理再沸器
	(1)循环管堵,塔釜无循环液 (2)再沸器列管堵塞 (3)排水阻气阀失灵 (4)塔板堵塞,液体不能回到塔釜	(1)疏通循环管 (2)疏通列管 (3)检修或更换排水阻气阀 (4)停车检查清洗
塔顶温度不稳定	(1)釜温不稳定 (2)回流液温度不稳定 (3)回流管线不畅通 (4)操作压力波动 (5)回流比小	(1)调节釜温至规定值 (2)检查冷剂温度和冷剂量 (3)疏通回流管 (4)调节操作压力至正常 (5)调节回流比至正常
系统压力升高	(1)冷剂温度高或循环量少 (2)塔釜采出量偏少 (3)塔釜温度突然上升 (4)设备有堵塞	(1)调节冷剂温度或循环量 (2)增大塔釜采出量 (3)调节加热蒸气量或温度 (4)停车检修
液泛	(1)塔釜温度突然上升 (2)回流比大 (3)液体下降不畅,降液管局部被污物堵塞 (4)塔釜列管漏	(1)调节进料量,降低塔釜温度 (2)增大塔顶采出量,减小回流比 (3)停车清理污物 (4)停车检修
塔釜液面不稳定	(1)塔釜排出量不稳定 (2)釜温不稳定 (3)加料组成有变化	(1)调节塔釜排出量至稳定 (2)调节釜温 (3)稳定加料组成

需要明确的是,一种异常现象发生的原因往往有多种,因此,必须了解这些原因,并在实际过程中结合其他参数进行分析判断,采取正确的措施处理。

3.5　精馏过程仿真实例

3-5　精馏过程仿真实例

▶▶▶ 参考文献 ◀◀◀

[1] 刘家祺.分离过程.北京:化学工业出版社,2002.
[2] 叶庆国.分离工程.北京:化学工业出版社,2009.
[3] 刘家祺.传质分离过程.北京:高等教育出版社,2005.

[4] King C J. Separation Processes. 2nd ed. New York: McGraw-Hill, 1980.
[5] 尹芳华,钟璟. 现代分离技术. 北京:化学工业出版社,2009.
[6] 刘芙蓉,金鑫丽,王黎. 分离过程及系统模拟. 北京:科学出版社,2001.
[7] 郁浩然. 化工分离工程. 北京:中国石化出版社,1992.
[8] Hendey E J, Seader J D. Equilibrium-Stage Separation Operation in Chemical Engineering. New York: John Wiley&Sons,1981.
[9] 邓修,吴俊生. 化工分离工程. 北京:科学出版社,2001.
[10] 裘元焘. 基本有机化工过程及设备. 北京:化学工业出版社,1981.
[11] 张一安,徐欣茹. 石油化工分离工程. 上海:华东理工大学出版社,1998.
[12] 魏刚. 化工分离过程与案例. 北京:中国石化出版社,2009.
[13] Stichlmair J, Fair J R. Distillation: Principles and practice. New York: Wiley-Verlag, 1998.
[14] Brehm A, Zanter K D. Formation of zeolite (MFI) layers on gauze wire and arranged packing segment. Chem. Eng. Technol., 2002, 25:917-920.
[15] Carland R J. Fractionation tray for catalytic distillation. US:5308451,1994.
[16] Flato J, Hoffmann U. Development and start-up of a fixed bed reaction column for manufacturing antiknock enhancer MTBE. Chem. Eng. Technol., 1992, 15:193-201.
[17] Kashani N, Siegert M, Sirch T. Ein sandwich zum destillieren-die anstaupackung. Chem. Ing. Tech., 2004, 76:929-933.
[18] Oudshoorn O L, Janissen M, van Kooten W E J, et al. A novel structured catalyst packing for catalytic distillation of ETBE. Chem. Eng. Sci., 1999, 54:1413-1418.
[19] Afonso C A M, Grespo J G. 绿色分离过程:基础与应用. 许振良,魏永明,陈桂娥,译. 上海:华东理工大学出版社,2008.

习 题

1. 多组分精馏塔的可调设计变量有几个？试按设计型和操作型指定设计变量。
2. 简述精馏过程最小回流时和全回流时的特点。
3. 逐板计算法的计算起点如何选择？怎样确定适宜的加料位置？叙述从塔釜向上逐板计算的步骤。
4. 写出在复杂精馏塔的严格计算中三对角矩阵法的计算方程及原理,并指出该方法的缺陷及改进措施。
5. 某第一脱甲烷塔的进料组成及操作条件下各组分的相平衡常数如下所示,要求甲烷塔的蒸出率为98%,乙烯的回收率为96%。试分别按清晰分割和非清晰分割方法计算馏出液和釜液的组成,并比较两种结果。

组 分	H_2	CH_4	C_2H_4	C_2H_6	C_3H_6	C_3H_8	C_4
x_{Fi}(摩尔分数)	33.8	5.8	33.2	25.7	0.5	0.3	0.70
K_i	—	1.7	0.28	0.18	0.033	0.022	0.004

6. 某精馏塔进料中,nC_4^0 含量为0.33,nC_6^0 含量为0.33,nC_8^0 含量为0.34。要求馏出液中 nC_7^0 含量不大于0.011,釜液中 nC_5^0 含量不大于0.015(以上均为摩尔分数)。进料流率为100kmol/h。
(1) 按清晰分割预算馏出液、釜液流量及组成。
(2) 若为非清晰分割,试叙述其计算方法与步骤。

7. 在一精馏塔中分离苯(B)、甲苯(T)、二甲苯(X)和异丙苯(C)四元混合物。进料量200mol/h;进料组成为:$z_B=0.2$(摩尔分数,下同),$z_T=0.1$,$z_X=0.4$。塔顶采用全凝器,饱和液体回流。相对挥发度为:

$\alpha_{BT}=2.25$，$\alpha_{TT}=1.0$，$\alpha_{XT}=0.33$，$\alpha_{CT}=0.21$。规定异丙苯在釜液中的回收率为 99.8%，甲苯在馏出液中的回收率为 99.5%。求最少理论板数和全回流操作下的组分分配。

8. 已知某多元精馏塔塔釜为热虹式再沸器，塔顶为气相出料，进料为饱和气体，$R_{min}=1.72$，$R=1.3R_{min}$，以及下表所列条件。求理论板数及进料板位置。

组 分	$f_i/(kmol/h)$	$d_i/(kmol/h)$	α_{i3}
1（轻关键组分）	30	27	4
2（重关键组分）	30	2.85	2
3	40	0.15	1
$\sum$	100	30.00	—

9. 某连续精馏塔的料液、馏出液、釜液组成及平均条件下各组分对重关键组分的平均相对挥发度如下表所示。进料饱和液体进料，塔顶为部分冷凝器，塔釜为热虹式再沸器。

（1）求最小回流比。
（2）若回流比 $R=1$，用简化法求理论板数及进料位置。

组 分	A	B(l)	C(h)	D	$\sum$
x_{Fi}（摩尔分数）	0.25	0.25	0.25	0.25	1.00
x_{di}（摩尔分数）	0.50	0.48	0.02	—	1.00
x_{wi}（摩尔分数）	0	0.02	0.48	0.50	1.00
α_{iC}	5	2.5	1	0.2	—

10. 泡点进料，回流比为 4，塔顶为全凝器，塔釜为部分汽化再沸器，采用逐板计算法计算理论板数。

组 分	α_{i3}	$f_i/(kmol/h)$	$d_i/(kmol/h)$	$w_i/(kmol/h)$
1	5	25	25	0
2（轻关键组分）	2.5	25	24	1
3（重关键组分）	1	25	1	24
4	0.2	25	0	25
$\sum$	—	100	50	50

11. 某精馏塔共有三个平衡级、一个全凝器和一个再沸器，分离含甲醇 0.60（摩尔分数，下同）、乙醇 0.20、正丙醇 0.20 的饱和液体混合物。在中间一级进料，进料量 1000kmol/h，操作压力 101.3kPa，塔顶出料量 600kmol/h，回流量 2000kmol/h，饱和液体回流。假设恒摩尔流，用泡点法计算一个迭代循环，直到得出一组新的 T_j 值。

安托尼方程（T：K，p^s：Pa）为

甲醇：$\ln p_1^s = 23.4803 - 3626.55/(T-34.29)$

乙醇：$\ln p_2^s = 23.8047 - 3803.98/(T-41.68)$

正丙醇：$\ln p_3^s = 22.4367 - 3166.38/(T-80.15)$

12. 设计一台操作型精馏塔,分离含苯 0.35(摩尔分数,下同)、甲苯 0.35 及乙苯 0.30 的混合液。该塔为一台板式塔,共有三个理论级,第二个理论级为进料级。塔的操作条件如下:以饱和蒸气进料,操作压力 0.1MPa,塔顶出料量为 0.5kmol/kmol 进料。试求塔顶和塔釜出料组成,以及各理论级的浓度和温度分布。

13. 分离苯(B)、甲苯(T)和异丙苯(C)的精馏塔,操作压力为 101.3kPa。饱和液体进料,其组成为苯 25%(摩尔分数,下同)、甲苯 35% 和异丙苯 40%。进料量 100kmol/h。塔顶采用全凝器,饱和液体回流,回流比 $L/D=2.0$。假设恒摩尔流。相对挥发度为常数 $\alpha_{BT}=2.5$,$\alpha_{TT}=1.0$,$\alpha_{CT}=0.21$。规定馏出液中甲苯的回收率为 95%,釜液中异丙烷的回收率为 96%。试求:

(1) 在适宜进料位置进料,确定总平衡级数。

(2) 若在第 5 级进料(自上而下),确定总平衡级数。

第 4 章

特殊精馏

上一章中介绍的多组分精馏过程是利用组分间相对挥发度的差异而实现分离提纯的目的。然而，在化工生产中常会遇到一些溶液，其中有需要分离的组分间相对挥发度差异极小，接近于 1，或者相对挥发度等于 1，能产生恒沸物，或者有价值的组分在混合液中浓度很低且难挥发，还有些待分离的物质是热敏性物质等。这时若采用普通精馏方法，对于恒沸物的分离提纯则是不可能的。其他情况下虽然用普通精馏是可以分离的，但是这么做不经济和不实际。如果采用特殊的方法改变它们的相对挥发度，就能用精馏方法经济合理地分离提纯，这种精馏就是特殊精馏。本章介绍的主要特殊精馏包括恒沸精馏、萃取精馏、溶盐精馏、加盐萃取精馏和反应精馏等。

在原溶液中加入另一溶剂，由于该溶剂对原溶液中的各组分作用的差异，形成非理想溶液，改变了各组分的活度系数，以增大关键组分之间的相对挥发度，达到能通过精馏方法有效分离的目的。这类特殊精馏有恒沸精馏和萃取精馏两种。如果加入的溶剂和原溶液中一个或几个组分形成新的最低恒沸物，从塔顶蒸出，这种精馏被称作恒沸精馏，所加入的溶剂称恒沸剂。若加入的溶剂并不和原溶液中的任一组分形成恒沸物，只是改变了原溶液中各组分的相对挥发度，且其沸点又较原有各组分的高，因而由釜液采出，这种精馏操作被称为萃取精馏，所加入的溶剂被称为萃取剂。

溶盐精馏是在原料液中加入第三组分——盐，使原来两种组分的相对挥发度显著提高，从而可以采用普通精馏方法实现原来相对挥发度相差很小或形成恒沸物的体系的分离。加入的盐不挥发，随液相在塔内向下流动，并从塔釜产品中排出，经回收处理后可循环使用。加盐萃取精馏是综合普通萃取精馏和溶盐精馏的优点，把盐加入溶剂而形成的新的萃取精馏方法。

反应精馏是蒸馏技术中的一个特殊领域。它是在进行反应的同时，用精馏的方法分离产物的过程。有关反应精馏的概念是 1921 年提出的。目前，它从理论到应用上都有长足的进展，但尚未建立起完整的理论体系。

恒沸精馏、萃取精馏、溶盐精馏和加盐萃取精馏等实质上都是非理想溶液的多元精馏。由于溶剂的加入，精馏塔属于具多股进料或多股出料的复杂精馏塔。计算的方法可参照上一章复杂精馏塔的相关内容。但由于物系为非理想溶液，所以对于变量迭代求解的收敛更为繁复。

4.1 恒沸精馏

恒沸精馏通常是在欲分离的溶液中加入恒沸剂，使其与溶液中的一个或者两个组分形成二元或三元恒沸物，以增大欲分离组分间的相对挥发度，从而使分离易于进行。一般此恒沸物的沸点比料液中任一组分的沸点或原有恒沸物的沸点低得多，且组成也有显著的差异，因此成为恒沸精馏塔的塔顶产品而排出，从而使原溶液得以分离。

4－1　微课：恒沸体系专业英语词汇

4.1.1　恒沸物的形成与特性

1. 恒沸现象与恒沸物

当两种液体混合时，如果溶液与拉乌尔定律偏差较大，就有可能产生恒沸现象。恒沸现象是指某一溶液在一定压力下进行汽化或冷凝时，平衡的气相组成相等，液体从出现第一个气泡开始到蒸发净为止，温度始终不变。恒沸现象的形成是由于组成溶液的分子结构不相似，在混合时与理想溶液发生偏差所致。

恒沸物是指具有恒沸现象的液体混合物。例如乙醇(1,A)和水(2,B)二元溶液，在压力 $p=0.1013\text{MPa}$ 时，当溶液组成 $x_1=0.96, x_2=0.04$ 时，产生恒沸混合物(C)，恒沸温度是78.7℃。产生恒沸物的原因是由于溶液中组分分子引力间，主要是氢键作用的差异。若产生最大正偏差，即活度系数大于1，则形成最低恒沸物；而产生最大负偏差，即活度系数小于1，则形成最高恒沸物。二元系恒沸物的 $p-x$ 图、$\gamma-x$ 图、$y-x$ 图如图 4-1 所示。三元系的气液相平衡关系常用正三棱柱表示组成，典型的相图如图 4-2 所示。

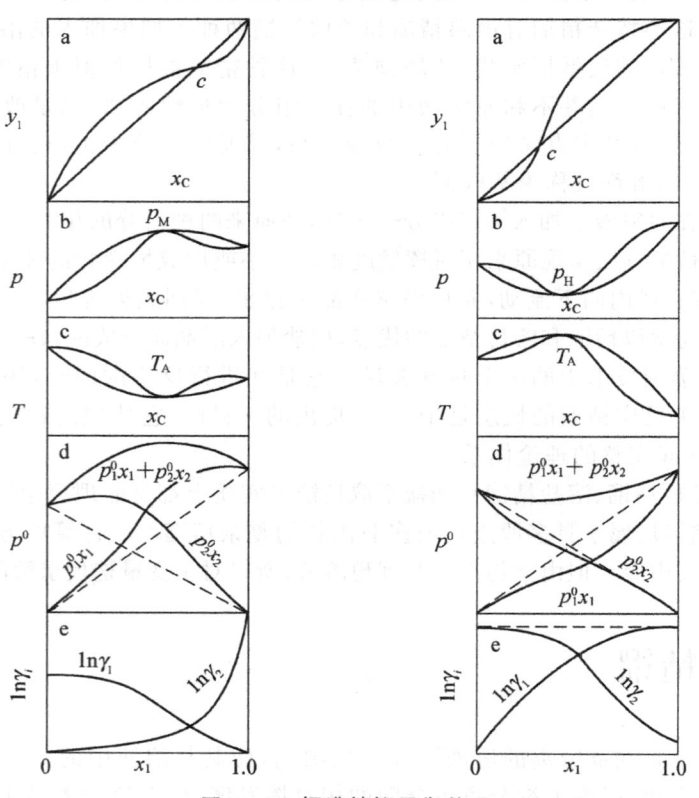

图 4-1　恒沸精馏平衡关系

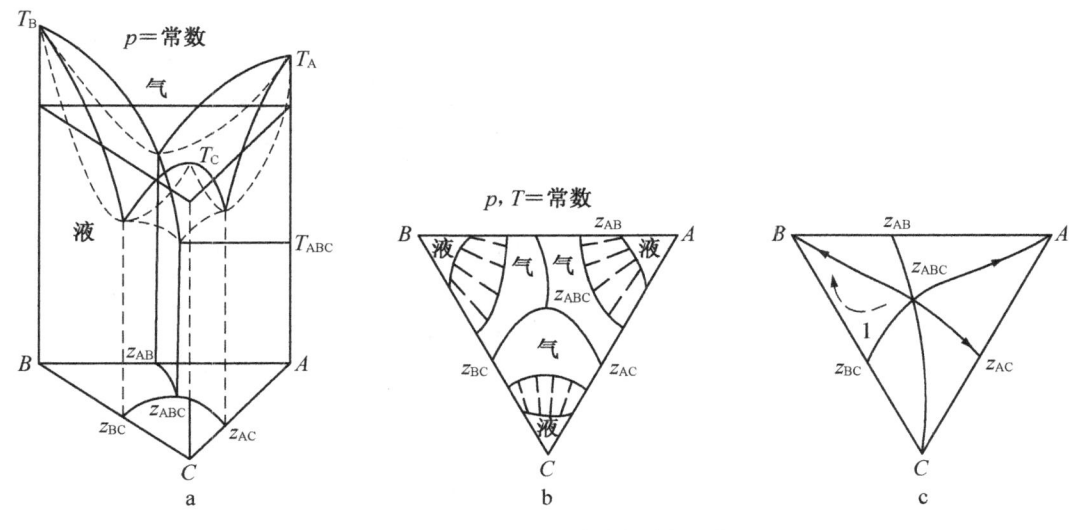

图 4-2 三元恒沸物系统的气液相平衡图

现在已知的恒沸物中,最高恒沸物较少,不到 300 种;最低恒沸物要多得多,有 3000 余种。将全部最高恒沸物分类,如表 4-1 所示,由其他组合而成的恒沸物,可以认为是最低恒沸物。

表 4-1 形成最高恒沸物的物系

编 号	组 成	举 例
1	水和强酸	水和盐酸、硝酸、溴化氢
2	水和缔合液体	水和甲酸、肼、乙二胺
3	电子给予体液体和具有活性氢的非缔合液体	丙酮和氯仿、环己烷和溴仿、醋酸丁酯和 1,2,3-三氯丙烷
4	有机酸和胺	醋酸和三乙胺、丙酸和吡啶
5	酚和胺	酚和苯胺、邻甲酚和二甲替苯胺
6	有机酸和含有氧的给予体液体	甲酸和戊酮、丁酸和环己酮
7	酚和含有氧的电子给予体液体	酚和甲基、己基甲酮、邻甲酚和草酸乙酯
8	酚和醇	酚和辛醇、邻甲酚和乙二醇

有些情况下,由于溶液与理想溶液的正偏差很大,互溶性降低,形成最低恒沸物的组分在液相中彼此不能完全互溶,液相出现两相区,此乃非均相恒沸物。所有非均相恒沸物都具有最低恒沸点,即 $\gamma>1$。苯-水、异丁醇-水、乙醇-苯-水、糠醛-水等物系均为非均相恒沸物系。还有很多在恒沸温度下液相不分层的体系,这些体系称为均相恒沸物。均相恒沸物有最高恒沸物和最低恒沸物两种。如乙醇-水、丙酮-氯仿、醋酸-醋酸丁酯-水等是典型的均相恒沸物。恒沸精馏中往往形成非均相恒沸物,这更有利于恒沸剂的回收,此时仅采用冷凝和冷却分层即可实现组分与恒沸剂的分离。值得注意的是,随着温度的变化,其液液相平衡的两相组成会发生改变,如图 4-3 所示。

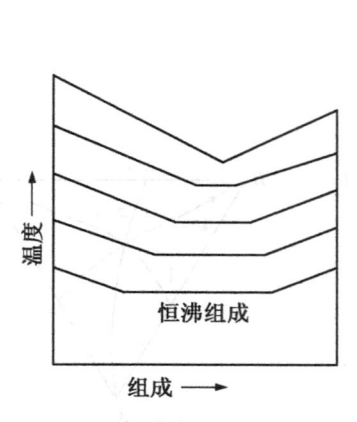

图 4-3　恒沸点随温度的变化

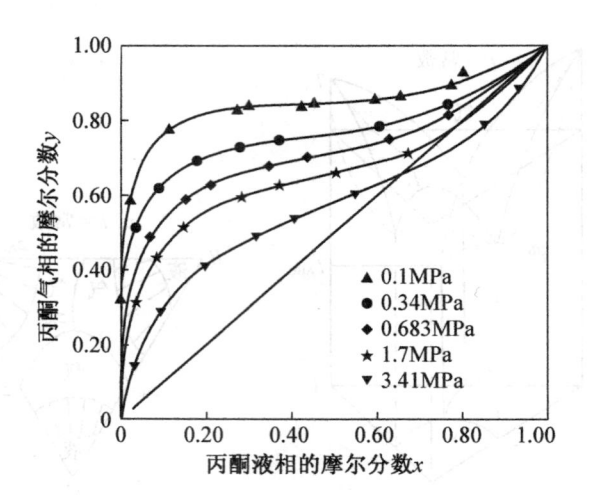

图 4-4　丙酮-水系统的气液相平衡图

2. 恒沸物组成与压力的关系

应该指出，恒沸物组成与压力有关。随着压力的改变，恒沸物的组成发生变化，甚至可能由于压力的改变，在整个浓度范围内不再出现恒沸点，以丙酮-水混合液为例可以清楚地说明这一点。图 4-4 所示为丙酮-水体系在各种压力下的气液相平衡关系。从图中可以看出，在 0.1MPa 下，丙酮与水的气液相平衡曲线与理想溶液偏差不大，无恒沸点；随着压力增加，平衡线下降，当压力为 0.34MPa 时，平衡线正好在丙酮含量为 100% 处与对角线相切，此时压力略有增加，就会使平衡线与对角线相交，产生一交点，即恒沸点，图上压力为 0.683MPa、1.7MPa、3.41MPa 时各平衡线均与 $y=x$ 线相交，形成恒沸物。只是随着压力的不断增加，平衡线与对角线的交点愈低，恒沸物中丙酮的含量不断减少。

此外，随着压力的变化，混合物系中恒沸组成的变化常与各物质的汽化潜热大小有关。其变化规律如图 4-5 所示，即物系中若 $\Delta H_1 > \Delta H_2$，增加压力会使恒沸组成中组分 1 的含量增加；降低压力，恒沸组成中组分 1 的含量降低。

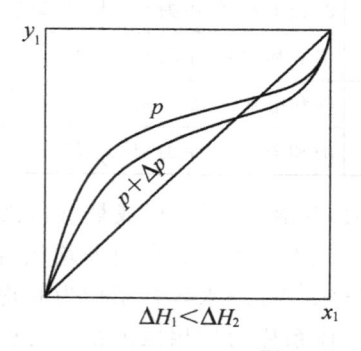

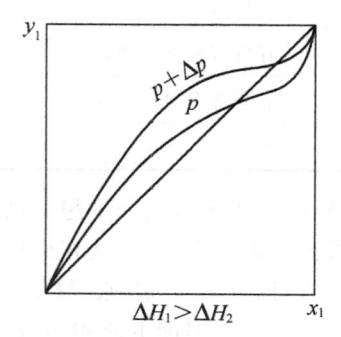

图 4-5　压力对恒沸组成的影响

根据以上特点，工业上往往采用提高或降低精馏操作压力的方式使恒沸点改变或消失，这也是分离恒沸物的一种途径。当然，此时动力消耗和设备投资费将增加。故需对技术经济指标进行综合比较后再确定分离方案。

3. 恒沸精馏的热力学解释

由于恒沸精馏常在低压下操作,而溶液为非理想溶液,据此,其二元体系的平衡常数为

$$K_1 = \frac{y_1}{x_1} = \frac{\gamma_1^L p_1^0}{p}$$

$$K_2 = \frac{1-y_1}{1-x_1} = \frac{\gamma_2^L p_2^0}{p}$$

相对挥发度为

$$\alpha_{12} = \frac{K_1}{K_2} = \frac{\gamma_1^L p_1^0}{\gamma_2^L p_2^0}$$

对非理想溶液,α_{12}将随组成而变。以最简单的马格勒斯对称方程式为例

$$\lg \gamma_1^L = A(1-x_1)^2 \quad \lg \gamma_2^L = A x_1^2$$

则

$$\frac{\gamma_1^L}{\gamma_2^L} = 10^{[A(1-x_1)^2 - A x_1^2]} = 10^{A(1-2x_1)} \tag{4-1}$$

$$\alpha_{12} = \frac{p_1^0}{p_2^0} \cdot 10^{A(1-2x_1)} \tag{4-2}$$

当 $\gamma_1^L = 1$ 时,$A = 0$,$\alpha_{12} = \frac{p_1^0}{p_2^0}$(理想溶液状况)。在非理想溶液条件下,并且 A 为正值时,α_{12} 随 x_1 而变化,其值由 $x_1 = 0$ 时的 $\alpha_{12} = \frac{p_1^0}{p_2^0} e^A$ 到 $x_1 = 1$ 时的 $\alpha_{12} = \frac{p_1^0}{p_2^0} e^{-A}$,因为 $e^A > e^{-A}$,即 x_1 在低值端的 α_{12} 值大于 x_1 在高值端的 α_{12} 值。与此相反,当 A 为负值时,则 x_1 在低值端的 α_{12} 值小于高值端的 α_{12} 值。

综上所述,在所有非理想溶液中,α_{12}(恒温下)随组成而变化。当 x_1 由 0 变化到 1 时,α_{12} 的变化可以由大到小,也可以由小到大。如果 α_{12} 在变化中通过等于 1 这一点,这一点即是恒沸点。

按照 $\alpha_{12} = \frac{\gamma_1^L}{\gamma_2^L} \cdot \frac{p_1^0}{p_2^0}$,当 $x_1 = 0$ 时,$\frac{\gamma_1^L}{\gamma_2^L} = \gamma_1^{\infty L}$;当 $x_1 = 1$ 时,$\frac{\gamma_1^L}{\gamma_2^L} = \frac{1}{\gamma_2^{\infty L}}$。因此,$\alpha_{12}$ 的变化范围为

$$\gamma_1^{\infty L} \frac{p_1^0}{p_2^0} < \alpha_{12} < \frac{1}{\gamma_2^{\infty L}} \frac{p_1^0}{p_2^0} \quad \text{或} \quad \gamma_1^{\infty L} \frac{p_1^0}{p_2^0} > \alpha_{12} > \frac{1}{\gamma_2^{\infty L}} \frac{p_1^0}{p_2^0}$$

如果 α_{12} 通过等于 1 那一点而形成恒沸物条件时,则 $\frac{p_2^0}{p_1^0}$ 比例值必须处于 $\gamma_1^{\infty L}$ 和 $\frac{1}{\gamma_2^{\infty L}}$ 之间。这也是通用的鉴定恒沸系统的条件。如果 $\gamma_1^{\infty L} < \frac{p_2^0}{p_1^0} < \frac{1}{\gamma_2^{\infty L}}$,则形成高沸点恒沸系统;反之,如果 $\gamma_1^{\infty L} > \frac{p_2^0}{p_1^0} > \frac{1}{\gamma_2^{\infty L}}$,则形成低沸点恒沸系统。

4.1.2 恒沸剂选择和恒沸精馏流程

恒沸剂的合理选择和恒沸精馏流程的合理组织是实现恒沸精馏的关键。

1. 恒沸剂的选择

恒沸精馏中,恒沸剂的选择是否适宜对整个过程的分离效果、经济性都有密切的影响。

恒沸剂最少应与一个组分形成最低恒沸物,这是进行恒沸精馏的基础。而且该恒沸物的沸点应该与被分离组分的沸点或原溶液的恒沸点有足够大的差别,一般应大于 10℃ 才易于工业应用。并希望恒沸物的组成与溶液的组成有明显的差异。例如用 NH_3 作恒沸剂分离丁烯、丁二烯溶液,在 $p=1.58MPa$ 时,丁烯的沸点为 94℃,丁二烯的沸点为 98℃,NH_3 的沸点为 41℃,NH_3 与丁烯形成的恒沸温度为 39℃,恒沸物中 NH_3 的含量为 65%,由于沸点差甚大,仅需用较少的塔板即可将丁烯和丁二烯分离。

选择恒沸剂时,如果没有积累很多的恒沸数据,选择起来是很困难的,现在已经出版了一些专著和手册,汇集了不少恒沸物的组成和沸点等,在选择恒沸剂时值得参阅。在没有查得适当资料的情况下,可以以尤厄尔(Ewell)等人的方法作为定性的考虑法则,指导初步筛选溶剂。

Ewell 等人根据形成氢键的电势强弱,把溶剂分成五类,这样分类对恒沸精馏和萃取精馏的溶剂选择非常有用。

类型 I 液体能形成三维氢键网络,都属于非正常或缔合液体,具有高的介电常数。

类型 II 由含有活性的氢原子和电子给予体原子(施主原子)(O、N、F)的分子所构成的除类型 I 以外的液体,能溶于水。

类型 III 不是由活性的氢原子,而是由电子给予体原子形成的分子所构成的液体。

类型 IV 仅含活性氢原子的液体,微溶于水。

类型 V 其他一切液体,即不能形成氢键的物质,此类基本不溶于水。

按照这种分类法,现将一些有代表性的液体列于表 4-2 中。

表 4-2 Ewell 分类法举例

类型 I	类型 II	类型 III	类型 IV	类型 V
水	醇、酸、酚	醚、酮、醛	$CHCl_3$	碳氢化合物
乙二醇	伯胺、仲胺	酯、叔胺	CH_2Cl_2	二硫化碳
甘油	肟、肼、HF	不具有 α 氢原子的硝基化合物和腈	CH_3CHCl_2	硫化物
氨基醇	具有 α 氢原子的硝基化合物和腈		CH_2ClCH_2Cl	硫醇
羟胺			$CH_2ClCHClCH_2Cl$	I、P、S 等
羟酸			$CH_2ClCHCl_2$	非金属元素
多酚				类型 IV 以外的卤代烃
酰胺				

各类液体混合形成溶液时的偏差情况见表 4-3。

表 4-3 与 Raoul 定律的偏差

分 类	偏离	氢 键	举 例
I + V	正(有时是两液相)	只是氢键破坏	乙二醇-萘
II + V	正	同上	乙醇-苯
III + IV	负	只是氢键形成	丙酮-氯仿
I + IV	正(有时是两液相)	氢键或者破坏,或者形成,类型 I 或 II 溶剂的溶解对它要产生重要的影响	水-氯化聚丙烯
II + IV	正		

续表

分类	偏离	氢键	举例
Ⅰ＋Ⅰ Ⅰ＋Ⅱ Ⅰ＋Ⅲ Ⅱ＋Ⅱ Ⅱ＋Ⅲ	通常是正，非常复杂； 有时是负，最高恒沸	氢键或者破坏，或者形成	水-乙醇、 水-1,4-二噁烷、 甲醇-丙酮
Ⅲ＋Ⅲ Ⅲ＋Ⅴ Ⅳ＋Ⅳ Ⅳ＋Ⅴ Ⅴ＋Ⅴ	是假理想体系。 如有恒沸，就是最低恒沸	没有氢键	丙酮-正己烷、 氯仿-己烷、 苯-环己烷

若混合时生成新的氢键，则呈现负偏差；若混合时氢键断裂或单位体积中氢键减少，则呈现正偏差。强烈的负偏差表示可能出现最高恒沸物；强烈的正偏差则表示可能出现最低恒沸物。

恒沸剂的选择还必须考虑以下几方面：

①形成的恒沸物中，恒沸剂含量应尽可能少，减少恒沸剂用量，节省能耗；
②具有较小的汽化潜热，以节省能耗；
③热稳定性高，不与混合物中的组分发生化学反应；
④价格低廉，易于获得，无毒或无腐蚀性，易于分离回收，可循环使用。

2. 利用不同压力分离恒沸物

这种方法不加入恒沸剂，而是单纯利用混合液的恒沸组成随压力变化的性质来实现分离。

图 4-6 表示用于分离具有最低沸点的均相恒沸物的流程。该流程由两个在不同压力下操作的精馏塔组成，它的分离原理可以结合图 4-7 进行说明。新鲜原料液（组成为 x_{F1}）进入压力为 p_1 的第一塔，从该塔塔釜可得到纯组分 A，塔顶得到压力为 p_1 时的恒沸液（组成为 x_{F2}）。将该物料送入处于压力为 p_2 的第二塔。p_2 的确定原则是在此压力下的恒沸液组成 x_p 应处于新鲜原料组成 x_{F1} 和第一塔塔顶恒沸物组成 x_{F2} 之间。这样，在第二塔塔釜可得到纯组分 B，第二塔塔顶的恒沸物（组成为 x_p）进入第一塔再分离。

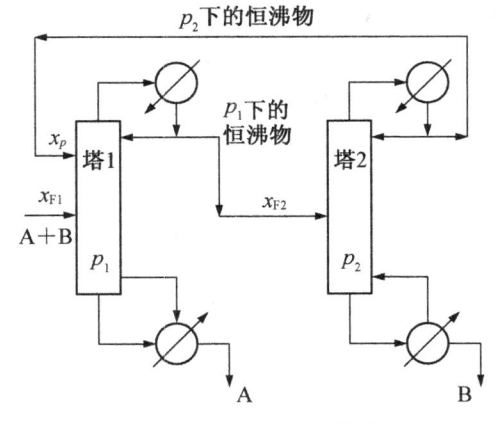

图 4-6 根据压力分离最低恒沸物流程

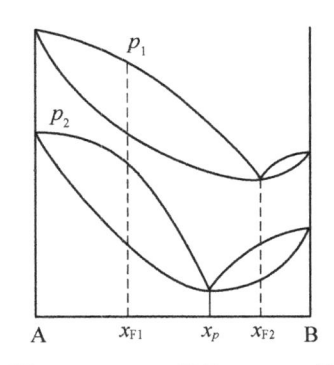

图 4-7 p_1、p_2 下的 $t-x-y$ 图

3. 自恒沸非均相恒沸流程

二元非均相恒沸物的分离可以不加恒沸剂,而塔顶冷凝、冷却到一定温度使液液分层,从而实现分离,通常可在两个塔内达到分得两个纯组分的目的。图4-8所示是正丁醇-水分离系统,原料液加到分层器中或直接加到丁醇塔中。从丁醇塔塔顶出来的接近恒沸组成的蒸气冷凝时,产生两个液相,上层为富丁醇相,下层为富水相。富丁醇的液层被送进丁醇塔。因此在丁醇塔中,液相的组成在恒沸点右侧,所以塔釜可得高纯度正丁醇。富水相引入水塔,由于富水相的组成在恒沸点左侧,故塔釜可得到水,通过这一流程可完成混合液分离。这种流程的特点是靠恒沸液本身的蒸气冷凝分相,富丁醇相回流到塔内,起到夹带剂作用,所以称它为自恒沸流程。

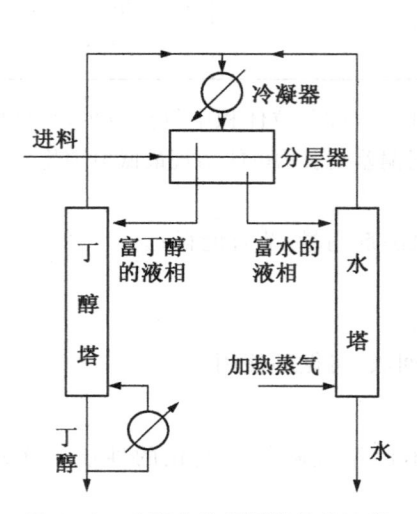

图4-8 分离非均相恒沸物的流程

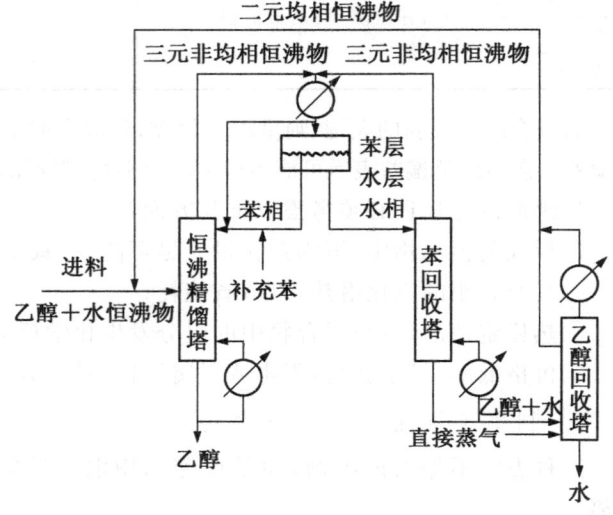

图4-9 用苯分离乙醇-水恒沸物的流程

4. 三元非均相恒沸流程

用苯作恒沸剂脱除乙醇-水恒沸物中的水以制取无水乙醇的过程属于这一类。乙醇、水和苯能形成一个沸点为64.85℃的三元恒沸物,其沸点比乙醇-水二元混合物沸点(78.7℃)低。而且其中所含水与乙醇的比高于二元恒沸物中水与乙醇的比。利用这一性质生产"无水酒精"的流程如图4-9所示。从恒沸塔釜引出的是纯乙醇产品。从塔顶引出的是三元恒沸物,经冷凝后在分层器中分为两层液体:上层富含苯,流回恒沸塔做回流;下层富含水引入苯回收塔。从苯回收塔塔顶引出的三元恒沸物,与恒沸塔塔顶气流一起进入冷凝器。从苯回收塔塔釜排出的水中尚含有少量乙醇,流入乙醇回收塔做进一步分离,从塔釜得到了纯水;塔顶得到的乙醇-水恒沸物并入主塔进料中再做分离。

5. 系统有一对二元恒沸物

以丙酮为恒沸剂分离环己烷和苯属于均相恒沸,如图4-10所示。从恒沸精馏塔塔釜直

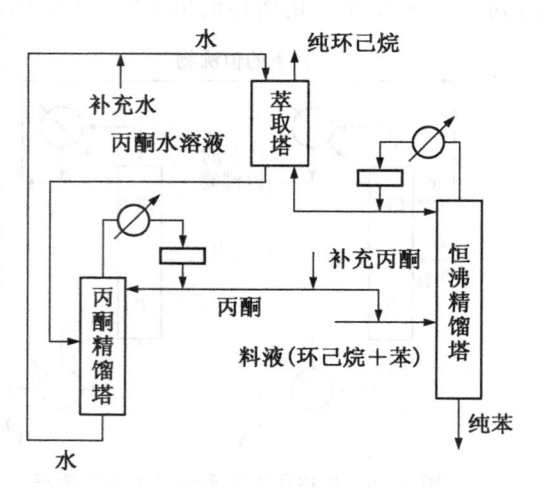

图4-10 用丙酮分离环己烷-苯的流程

接得到纯苯产品,塔顶产品则为丙酮-环己烷的均相二元恒沸物。此恒沸物在萃取塔中用水萃取,使丙酮与环己烷分离,得到环己烷产品。丙酮水溶液再在普通精馏塔中分离后循环使用。

6. 系统有两对二元恒沸物流程

此类情况下塔顶馏出恒沸物可能是均相的,也可能是部分互溶的非均相,两者流程也有所不同。以甲醇为恒沸剂分离甲苯和沸点与其相近的烷烃的流程如图 4-11 所示。恒沸精馏塔塔顶产品为均相的甲醇-烷烃恒沸物,需在萃取塔中经水洗分出烷烃,甲醇的水溶液再经普通精馏塔分离后循环使用。为保证恒沸塔塔釜产品中烷烃含量尽量低,一般甲醇的用量应稍有过量。由塔釜引出的含有少量过量甲醇的甲苯进入脱甲醇塔,由塔釜得到纯甲苯产品,塔顶得到甲醇和甲苯恒沸物,返回恒沸精馏塔作进料。

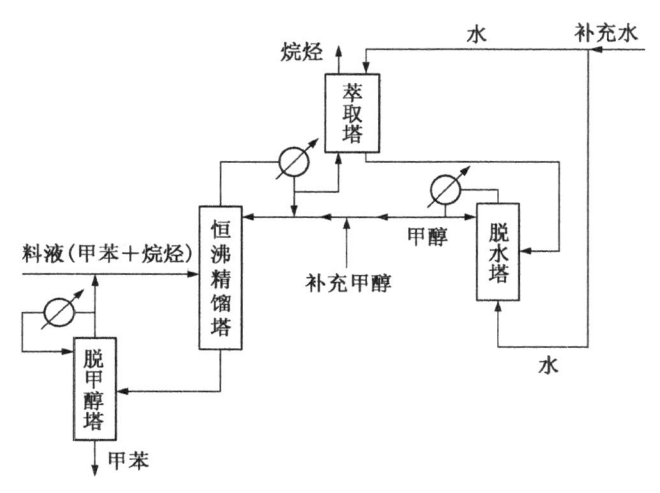

图 4-11 用甲醇分离甲苯-烷烃的流程

以硝基甲烷为恒沸剂分离甲苯-烷烃的流程如图 4-12 所示。恒沸精馏塔塔顶引出的硝基甲烷-烷烃恒沸物经冷凝后在分层器中分为两个液相。富含烷烃的上层液相一部分作为回流,其余部分则引入烷烃回收塔。烷烃回收塔釜得到纯的烷烃产品,塔顶则引出恒沸物。分层器中富含硝基甲烷的下层液相与上层液相的部分回流液合并,再与烷烃回收塔出来的恒沸物一起作为恒沸精馏塔回流回入塔中。恒沸精馏塔的塔釜排出的是含有过量恒沸剂的甲苯,其进入脱硝基甲烷塔,经由塔釜得到纯甲苯产品,塔顶的恒沸物则返回恒沸塔的进料中。

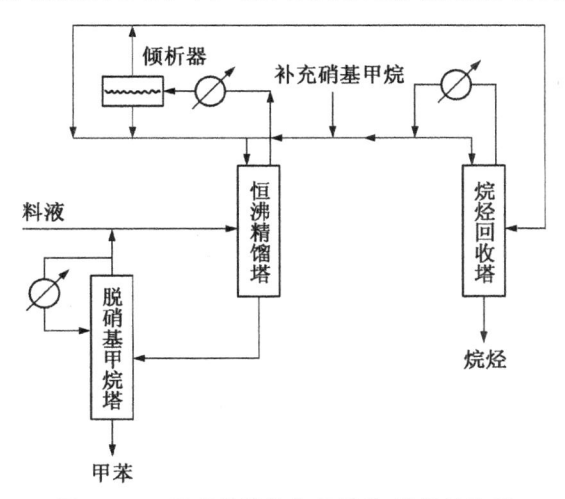

图 4-12 用硝基甲烷分离甲苯-烷烃的流程

4.1.3 恒沸精馏过程的计算

恒沸精馏的计算与一般精馏的计算原则基本相同,但恒沸精馏加入了恒沸剂,则不仅变量较多,且非理想程度也较大,计算气液相平衡时必须考虑活度系数的影响。此外,恒沸组成、温度、恒沸剂的用量、恒沸剂加入的位置也是计算时需考虑的特殊问题。而通过相平衡和物料衡算乃至于热量衡算求得理论板数仍是工艺计算的最终目的。

1. 恒沸点的预测

形成恒沸物的体系在一定温度和压力下,其组成是一定的。恒沸组成可由实验测定,在某些文献中已汇集了一些测定数据。而在缺乏实测数据时,可利用热力学关系进行计算预测。两个组分能否形成恒沸物是预测恒沸点的依据,而判别恒沸物的最基本方法是分析系统的气液相平衡数据。在恒沸精馏条件下其气液相平衡关系如下:

$$K_i = \frac{\gamma_i p_i^0}{p}$$

由于在恒沸点时,相对挥发度等于1,对于任一二元系统,表达式应为

$$\alpha_{12} = \frac{\gamma_1 p_1^0}{\gamma_2 p_2^0} = 1$$

即

$$\frac{\gamma_1}{\gamma_2} = \frac{p_2^0}{p_1^0} \tag{4-3}$$

由上式可知,恒沸物产生的条件为活度系数之比与饱和蒸气压成反比。据此,我们可以进行恒沸点的预测。

(1) 无任何恒沸点数据时的估算法

1) 仅有 $p = f(T)$ 和 $\gamma = f(x)$ 关联式

由式(4-3)可知,若已知饱和蒸气压与温度间的函数关系式 $p^0 = f(T)$,以及活度系数与组成的数学式 $\gamma = f(x)$,则可计算某系统压力 p 时的恒沸温度与组成,须用试差法求得。

设某一温度 T,计算出 p_1^0/p_2^0 值,即相当于获得 γ_2/γ_1 值,于是可计算得到 x_1、x_2 值,求出恒沸物总压 p

$$p = \gamma_1 p_1^0 x_1 + \gamma_2 p_2^0 x_2 \tag{4-4}$$

由式(4-4)计算系统压力 p,直到计算所得压力满足要求为止。

同理,可用作图法求算。通常在同一坐标纸上标绘后,找出所求温度下相应的 x_i 值。

【例题 4-1】 今有醋酸甲酯与甲醇系统,已知不同组分的摩尔分数 x_i 所对应的 γ_1 和 γ_2,其数据如下表所示(以醋酸甲酯为组分1):

x_1	γ_1	γ_2	γ_1/γ_2
0.0	2.8	1.0	2.8
0.1	2.27	1.01	2.25
0.5	1.27	1.29	0.98

x_1	γ_1	γ_2	γ_1/γ_2
0.6	1.16	1.43	0.81
0.65	1.12	1.53	0.73
0.70	1.08	1.63	0.66
0.90	1.01	2.18	0.46
1.00	1.00	2.58	0.39

各组分的蒸气压数据如下：

$t/℃$	p_1^0/kPa	p_2^0/kPa	p_2^0/p_1^0
40	400	257	0.64
45	494	326	0.66
50	588	401	0.69
54	677	495	0.73

求系统压力为 7.11×10^{-2} MPa 时的恒沸温度与组成。

解 将以上数据在同一坐标纸上标绘成两条曲线，如下图所示。欲求等压力下的恒沸组成及温度，可选某温度作垂线交于 $\dfrac{p_2^0}{p_1^0}$-t 曲线上，找至 $\dfrac{p_2^0}{p_1^0}$ 后作水平线。

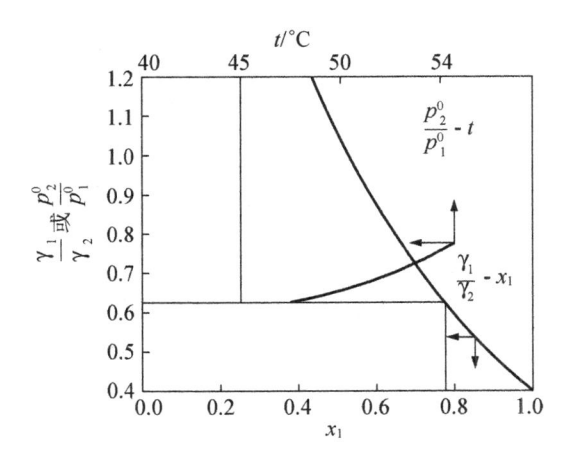

线交于 $\dfrac{\gamma_1}{\gamma_2}$-$x_1$ 曲线后作垂线，找出 x_1，当以 $p=\gamma_1 p_1^0 x_1+\gamma_2 p_2^0 x_2$ 校核，计算所得压力等于系统压力时，即为所求。由 $t=45℃$ 找到 $\dfrac{p_2^0}{p_1^0}=0.66$，即 $\dfrac{\gamma_1}{\gamma_2}=0.66$，由此得

$$x_1=0.7 \quad x_2=0.3$$
$$p_1^0=6.59\times 10^{-2}\text{ MPa} \quad p_2^0=4.35\times 10^{-2}\text{ MPa}$$
$$\gamma_1=1.08 \quad \gamma_2=1.63$$
$$p=0.7\times 1.08\times 6.59\times 10^{-2}+0.3\times 1.63\times 4.35\times 10^{-2}=7.11\times 10^{-2}\text{ MPa}$$

2）在整个 $x=0\sim 1$ 范围内只有 t-x-y 数据

在此情况下，我们可作图求解。在横坐标为 t 的图上标绘纵坐标为 $\dfrac{p_2^0}{p_1^0}$ 和 $\dfrac{\gamma_1}{\gamma_2}$ 两条线。两

线交点处的 t 读数,即为恒沸温度。在恒沸温度确定后,可由 $\frac{\gamma_1}{\gamma_2} - x_1$ 关系曲线中得出恒沸物组成 x 值。当条件为恒温时,$\frac{p_2^0}{p_1^0}$ 为恒定值,故只要由 $\frac{\gamma_1}{\gamma_2} - x_1$ 关系曲线即可得出恒沸物组成。

3) 当只有一个压力下的 $t-x-y$ 数据,求另一压力下的恒沸数据

此法假设 $\frac{\gamma_1}{\gamma_2}$ 值不随温度而变,而且 $\frac{\gamma_1}{\gamma_2} - x_1$ 关系曲线不随压力而变。因此可先假设一个温度,得出一个 $\frac{p_2^0}{p_1^0}$ 值,由 $\frac{\gamma_1}{\gamma_2} - x_1$ 曲线中读出 $\frac{\gamma_1}{\gamma_2}$ 等于此 $\frac{p_2^0}{p_1^0}$ 值时的 x 值,即为该温度下恒沸组成,如此连续试差下去,直至用下式满足所规定压力 p(即得出答案)为止。

$$p = \gamma_1 p_1^0 x_1 + \gamma_2 p_2^0 x_2$$

4) 通过各纯组分沸点值,估计出不同压力下的恒沸温度及组成

文献编制了各种系统的恒沸点估计图,由图中可通过各纯组分沸点估计出不同压力下的恒沸温度和组成。例如,甲醇-苯系统如图 4-13 所示。

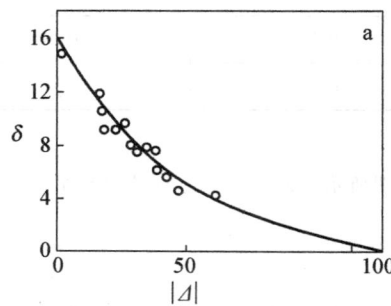

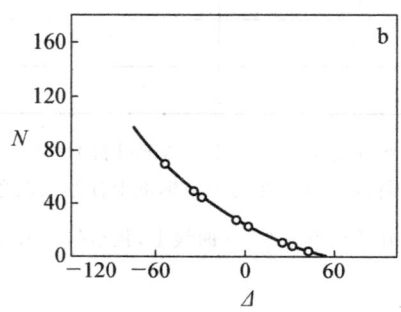

$N=$ 恒沸组分(质量分数,%);$\delta=$ 轻组分沸点-恒沸组分沸点(单位为℃);$|\Delta|=$ 轻、重组分的沸点差的绝对值(单位为℃);$\Delta=$ 组分1沸点-组分2沸点(单位为℃)

图 4-13 甲醇-苯系统

计算时,先由组分 1 和 2 的饱和蒸气压开始,然后查出组分 1 和 2 的沸点,求出 Δ,从图 4-13a 中读出 δ,然后从图 4-13b 中读出 N,如表 4-4 所示。

表 4-4 甲醇(1)-苯(2)系统

p^*/mmHg	沸点/℃ 组分1	组分2	Δ/℃	恒沸组分沸点/℃ 计算值	测定数据	恒沸组成(质量分数)/% 计算值	测定数据
200	35	43	−8	23	26	30	34
400	50	61	−11	39	42	33	36
760	65	80	−15	55	57	39	40
6000	130	162	−32	125	124	54	55
11000	153	193	−40	150	149	64	63

(2) 有一个压力或温度下的恒沸点数据,其他压力(温度)下的恒沸点数据的估算法

1) 采用马格勒斯对称方程式,并假定其端值 A 与绝对温度 T 的关系为 $A = \frac{m}{T}$(m 为常数),则

$$\lg \gamma_1 = \frac{m}{T} x_2^2$$

$$\lg\gamma_2 = \frac{m}{T}(1-x_2)^2$$

两式相减得(恒沸点条件)

$$\lg\frac{\gamma_1}{\gamma_2} = \lg\frac{p_2^0}{p_1^0} = \frac{m}{T}(2x_2-1)$$

在另一个压力下,其平衡温度为 T',则

$$\frac{(2x_2-1)_T}{(2x_2-1)_{T'}} = \frac{T\lg\left(\frac{p_2^0}{p_1^0}\right)_T}{T'\lg\left(\frac{p_2^0}{p_1^0}\right)_{T'}} \tag{4-5}$$

式中:$(2x_2-1)_T$ 和 $(p_2^0/p_1^0)_T$ 分别为 T' 温度下的组成和饱和蒸气压比。

新的 x_2 值求得后,可由上述有关式求得新的 γ_2 或 γ_1 值,然后用下式试差。

$$p = \gamma_1 p_1^0 \; (p = \gamma_2 p_2^0 \text{ 或 } p = \gamma_1 p_1^0 x_1 + \gamma_2 p_2^0 x_2)$$

试差 T',直到满足所指定的 p 值为止。此法只适用于对称系统。

2) 利用非对称系马格勒斯方程,并假设各 A 值与 $1/T^{0.25}$ 成正比,可导出恒沸温度和组成。假设

$$A_{12} = \frac{b}{T^{0.25}} \qquad A_{21} = \frac{c}{T^{0.25}}$$

在恒沸点条件下

$$\lg\gamma_1 = \lg\frac{p}{p_1^0} \qquad \lg\gamma_2 = \lg\frac{p}{p_2^0}$$

将以上各式代入马格勒斯方程

$$\lg\gamma_1 = (2A_{21}-A_{12})x_2^2 + 2(A_{12}-A_{21})x_2^3$$
$$\lg\gamma_2 = (2A_{12}-A_{21})x_1^2 + 2(A_{21}-A_{12})x_1^3$$

则得

$$T^{0.25}\lg\frac{p}{p_1^0} = (2c-b)x_2^2 + 2(b-c)x_2^3 = x_2^2[(2c-b) + 2(b-c)x_2]$$

$$T^{0.25}\lg\frac{p}{p_2^0} = (2b-c)x_1^2 + 2(c-b)x_1^3 = x_1^2[(2b-c) + 2(c-b)x_1]$$
$$= x_1^2[(2b-c) + 2(c-b)(1-x_2)]$$

令 $b' = 2c-b, c' = 2(b-c)$,代入以上两式则得

$$T^{0.25}\lg\frac{p}{p_1^0} = x_2^2(b' + c'x_2) \tag{4-6}$$

$$T^{0.25}\lg\frac{p}{p_2^0} = x_1^2(b' + c'x_2 + 0.5c') \tag{4-7}$$

将式(4-6)与式(4-7)相减,则在恒沸点条件下 T 与 x 的关系式如下:

$$T^{0.25}\lg\frac{p_1^0}{p_2^0} = b'(2x_1-1) - c'(1-3x_1+1.5x_1^2) \tag{4-8}$$

由已知的某一压力的恒沸点条件可求得 b'、c' 值,另一温度下的新的组成可由式(4-7)求得。试差 T 与 x 的关系以满足所指定的 p 值,其他方法同前。

3) 按相似原理，采用范拉方程式，可得如下不同温度下恒沸组成的关系式。

$$\left(\frac{T'}{T}\right)^n \lg \gamma_1 = \frac{A_{12} x_2^2}{\left[\left(\frac{A_{12}}{A_{21}}\right) x_1 + x_2\right]^2} \qquad (4-9)$$

$$\left(\frac{T'}{T}\right)^n \lg \gamma_2 = \frac{A_{21} x_1^2}{\left[\left(\frac{A_{21}}{A_{12}}\right) x_2 + x_1\right]^2} \qquad (4-10)$$

$$\left(\frac{T'}{T}\right)^n \lg \frac{\gamma_2}{\gamma_1} = A_{12} A_{21} \frac{A_{12} x_1^2 - A_{21} x_2^2}{(A_{12} x_1 + A_{21} x_2)^2} \qquad (4-11)$$

式中：T 为已知恒沸点组成的温度；T' 为新的温度；x 为相当于 T' 温度下的组成。

为了便于式(4-10)的求解，令 $R = A_{12} x_1 + A_{21} x_2$ 则

$$x_1 = \frac{R - A_{21}}{A_{12} - A_{21}} \qquad (4-12)$$

$$x_2 = \frac{A_{12} - R}{A_{12} - A_{21}} \qquad (4-13)$$

将以上两式代入式(4-11)，加上恒沸点条件 $\lg(\gamma_2/\gamma_1) = \lg(p_1^0/p_2^0)$，则得

$$R^2 = \frac{A_{12} A_{21}}{1 - \left[(A_{12} - A_{21})/A_{12} A_{21}\right] (T'/T)^n \lg(p_1^0/p_2^0)} \qquad (4-14)$$

假设 T'，由式(4-14)得出 R 值，由 R 值通过式(4-12)与式(4-13)得到 x_1、x_2 值。试差 T' 以满足指定的 p 的方法同前，即

$$\lg \gamma_2 = \left(\frac{T}{T'}\right)^n \frac{A_{21} A_{12}^2 x_1^2}{R^2} \qquad (4-15)$$

$$p = \gamma_2 p_2^0$$

对于含水系统（如水-醋酸乙酯、水-乙醇等），$n = 0$（即温度对 A 值无影响）；对于有机溶液系统（甲醇-苯、四氯化碳-醋酸乙酯、乙醇-醋酸乙酯等），$n = 1.0$。

【例题 4-2】 醋酸甲酯-甲醇系统，根据 54℃ 的恒沸组成算得范拉尔常数 $A_{12} = 0.447$，$A_{21} = 0.411$，求 45℃ 时的恒沸组成及总压。

解 由于是有机体系，用式(4-14)计算得

$$R^2 = \frac{0.447 \times 0.411}{1 - \frac{0.447 - 0.411}{0.447 \times 0.411} \left(\frac{273 + 45}{273 + 54}\right) \lg \frac{65.86}{43.33}} = 0.19$$

$$R = 0.4365$$

用式(4-12)计算得

$$x_1 = \frac{0.4365 - 0.411}{0.447 - 0.411} = 0.707$$

用式(4-15)计算得

$$\lg \gamma_2 = \left(\frac{42.40}{43.60}\right) \times \frac{0.411 \times (0.447)^2 (0.707)^2}{0.19} = 0.21$$

$$\gamma_2 = 1.63$$

$$p = 1.63 \times 43.33 = 70.63 \text{kPa}$$

(3) 有两个压力(或几个压力)下的恒沸点数据,估算其他压力下的恒沸点数据

恒沸物的压力与其沸点温度的关系类似纯组分的饱和蒸气压与温度的关系,即 lg$p$ 与绝对温度的倒数 $1/T(K)$ 或 $1/[t(℃)+273]$ 成直线关系,如图 4-14 所示。

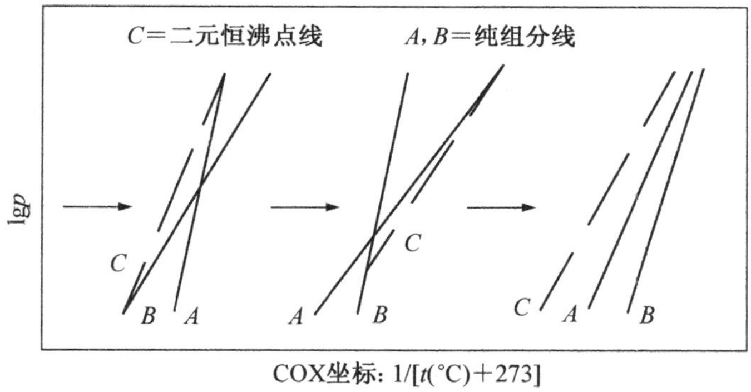

图 4-14 二元恒沸系统蒸气压示意图

当有 A、B 两纯组分和恒沸物 C 在两个压力下的沸点温度数据时,即可绘成如图中各组包括 A、B、C 的三条直线。当 C 线的 lg$p$ 值大于同一温度下的 lgp_A^0 和 lgp_B^0 的值时,即形成低沸点恒沸系统;反之,即形成高沸点恒沸系统。C 线与 A 线及 B 线的两个交点以内的线段为可能形成恒沸物的压力和温度范围;如果 C 线与 A、B 两线没有交点,则可以形成恒沸物的 p、T 范围大大加宽,直到临界压力为止。如果只知道一个压力下的恒沸点数据,则作为粗略的估计,可以用 A 线和 B 线的平均斜率作为 C 线的斜率。

如果不用上述的图解方法,也可用如下的 Antoine 公式(或其他适用于饱和蒸气压与温度的关系式)求解。

$$p'_i = A_i - B_i/(t_i + C_i) \quad (4-16)$$

式中:i 表示恒沸物,或纯组分 A 或 B;p'_i 为恒沸物压力,或 A 或 B 的饱和蒸气压;t_i 为 i 的对应沸点温度,℃;A_i、B_i 及 C_i 为 i 的常数。

2. 恒沸剂用量的确定

恒沸剂的用量应保证与被分离组分完全形成恒沸物。它可利用三角形相图按物料平衡式求取。对于由原料和恒沸剂组成的三组分体系,可用如图 4-15 所示的三角形相图表示。

若原溶液组成为 F 点,加入恒沸剂(S 点)以后,物系的总组成将沿 FS 线向着 S 点方向移动,若加入一定量恒沸剂以后,使物系的总组成移动到 M 点,则恒沸剂的用量为

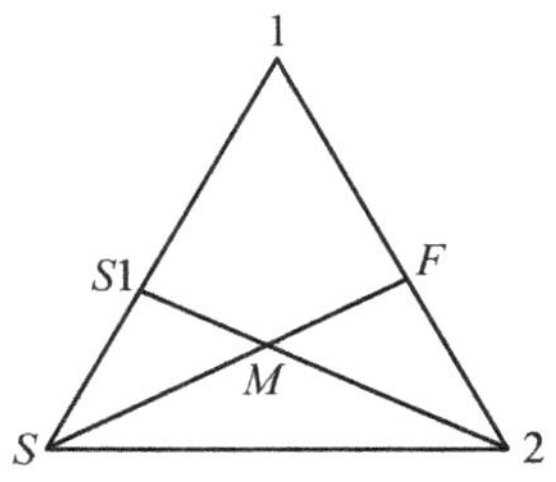

$$F + S = M$$

恒沸剂的物料衡算式为

$$S = Mx_{MS}$$
$$S = (F+S)x_{MS}$$
$$S = \frac{Fx_{MS}}{1-x_{MS}} \quad (4-17)$$

图 4-15 三角形相图

式中:x_{MS} 为恒沸剂加入后物料中恒沸剂浓度。

即

$$x_{MS}=\frac{S}{M}=\frac{S}{F+S} \qquad (4-18)$$

若对组分 1、2 做物料平衡,其计算式分别为

$$Fx_{F1}=Mx_{M1} \qquad x_{M1}=\frac{Fx_{F1}}{S+F} \qquad (4-19)$$

$$Fx_{F2}=Mx_{M2} \qquad x_{M2}=\frac{Fx_{F2}}{M} \qquad (4-20)$$

式中:x_{M1}、x_{M2} 分别表示料液中组分 1、2 的浓度。

适宜的恒沸剂用量应该是恒沸剂不混入釜液,同时与被分离的恒沸组分 1 完全形成恒沸物而蒸出。在此情况下,釜液 W 几乎是纯组分 2,馏出液 D 的组成几乎等于或接近于恒沸组成。总物料衡算为

$$M=D+W \qquad (4-21)$$

若加入的恒沸剂数量不足,不能将组分 1 完全以恒沸物的形式从塔顶蒸出,则釜液中有一定量的组分 1。若加入的恒沸剂过量,则釜液中含有一定数量的恒沸剂。显然这两种情况都是不适宜的,它可用图 4-16 说明。

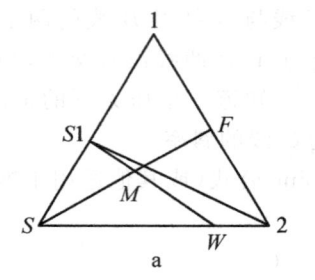

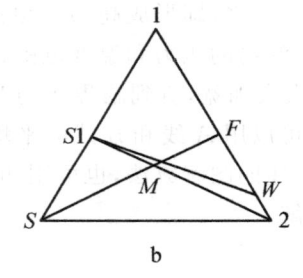

图 4-16 确定适当的恒沸剂用量

合理的恒沸剂加入量应该是使釜液组成(W 点)恰好落在三角形相图的一个顶点,即组分 2 上。因此,合适的恒沸剂用量为 S1-2 连线与 FS 线的交点 M,物料量可用杠杆定律确定。

恒沸剂量为

$$S=F\cdot\frac{\overline{MF}}{\overline{SM}} \qquad (4-22)$$

塔顶产品(恒沸物)量为

$$S1=(F+S)\cdot\frac{\overline{MW}}{\overline{S1W}} \qquad (4-23)$$

釜液量为

$$W=(F+S)\cdot\frac{\overline{S1M}}{\overline{S1W}} \qquad (4-24)$$

若以物料组成衡算之,则按物料衡算式得

$$Mx_M=S1x_{S1}+Wx_W \qquad (4-25)$$

将式(4-21)代入式(4-25),消去 W 后可得

$$S1 = M\frac{x_M - x_W}{x_{S1} - x_W} \tag{4-26}$$

消去 S1 后可得

$$W = M\frac{x_{S1} - x_M}{x_{S1} - x_W} \tag{4-27}$$

故恒沸剂的加入量不是任意选取的，而是根据恒沸组成及分离的具体要求确定的。

【例题 4-3】 现有 95%（质量分数，下同）的乙醇和水的二元溶液，拟用三氯乙烯作恒沸剂脱除乙醇中的水分，三氯乙烯与乙醇和水能形成三元最低恒沸物。三元最低恒沸物的组成为乙醇 16.1%，水 5.5%，三氯乙烯 78.4%。试求恒沸剂的用量。

解 以 100kg 料液为基准，设恒沸剂三氯乙烯的用量为 S kg，恰好与料液中的水分组成恒沸物。进料量和塔顶恒沸物的量和组成分别为 F、D、x_{Fi}、x_{di}。

对水做物料平衡

$$Dx_{d水} = Fx_{F水}$$

$$D = \frac{100 \times 0.05}{0.055} = 90.9 \text{kg}$$

恒沸剂 S 的用量为

$$S = Dx_{dS} = 90.9 \times 0.784 = 71.3 \text{kg}$$

由此可知，每 100kg 进料从塔顶将水全部带出需 71.3kg 恒沸剂。

3. 恒沸剂加入位置的确定

恒沸剂用量确定后，还需根据恒沸剂性质确定其加入位置。如果恒沸剂较原分离物体中的组分相对不易挥发，可以在靠近塔顶处加入；若恒沸剂较料液更易挥发，则恒沸剂可分段加入，部分随料液一起加入，另一部分可在进料板以下、塔釜以上某位置加入；若恒沸剂与原有两组分分别形成两个恒沸物（即从塔顶和塔釜均引出恒沸物），则恒沸剂在沿塔高的任何地方均可加入。

4. 回流比的确定

理想溶液的最小回流比可用恩德伍德公式求算，但此式必须假设相对挥发度在塔内为恒定。因此，对于恒沸精馏，若采用此式就会显得不可靠。若要准确求取，需要从塔顶和塔釜到进料板反复设定某回流比，进行逐板计算至进料板处出现恒浓区，此时回流比即为最小回流比，但此法相当麻烦。如用三角形相图求取 R_{min} 则比较简便。对于三组分体系，在存在恒浓区时，提馏段物料衡算式为

$$L'x_{i,\infty} = V'y_{i,\infty} + Wx_{i,W} \tag{4-28}$$

式中：L' 为进入提馏段的液相流量；$x_{i,\infty}$ 为恒浓区液相摩尔分数；V' 为离开提馏段的气相流量；$y_{i,\infty}$ 为恒浓区气相摩尔分数。

若釜液为纯组分 2，即 $x_{W2} = 1$，$x_{W1} = x_{WS} = 0$，则

$$L' \cdot x_{1,\infty} = V' \cdot y_{1,\infty}$$
$$L' \cdot x_{S,\infty} = V' \cdot y_{S,\infty}$$

$$\frac{V'}{L'} = \frac{y_{1,\infty}}{x_{1,\infty}} \tag{4-29}$$

$$\frac{V'}{L'} = \frac{y_{S,\infty}}{x_{S,\infty}} \tag{4-30}$$

即
$$\frac{V'}{L'}=\frac{y_{1,\infty}}{x_{1,\infty}}=\frac{y_{S,\infty}}{x_{S,\infty}} \tag{4-31}$$

在最小回流比下,1 组分相对于 S 组分的相对挥发度为 1,即
$$\alpha_{1,S,\infty}=\frac{K_{1,\infty}}{K_{S,\infty}}=\frac{y_{1,\infty}}{x_{1,\infty}} \cdot \frac{x_{S,\infty}}{y_{S,\infty}}=1 \tag{4-32}$$

于是,在三角形相图上绘出 $\alpha_{1S}=1$ 的轨迹,恒浓区处于进料板,因此恒浓区的组分比 1:2,和进料的组分比一致,在直线 FS 上。因此直线 FS 和 $\alpha_{1,S,\infty}=1$ 曲线的交点 R_0 为表示恒浓区液相组成的点,如图 4-17 所示。恒浓区气相组成可由相平衡关系求得。

$$y_{i,\infty}=\frac{\alpha_{ij}x_{i,\infty}}{\sum \alpha_{ij}x_{i,\infty}} \tag{4-33}$$

并由式(4-31)求得最小液气比 $\dfrac{L'}{V'}$,通过塔的物料衡算即可得到最小回流比的求算关系。
$$L'=L+qF$$
$$V'=V-(1-q)F$$

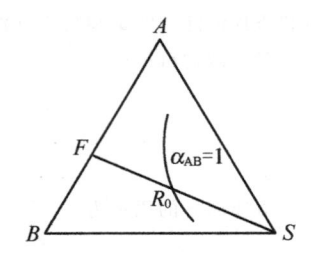

图 4-17 恒浓区的液相组成图

由上两式可导出
$$\frac{L'}{V'}=\frac{R+q\dfrac{F}{D}}{(R+1)-(1-q)\dfrac{F}{D}} \tag{4-34}$$

将式(4-31)和式(4-34)结合可求出最小回流比 R_{min}。
$$R_{min}=\frac{\left[q+(1-q)\left(\dfrac{y_1}{x_1}\right)_\infty\right]\dfrac{F}{D}-\left(\dfrac{y_1}{x_1}\right)_\infty}{\left(\dfrac{y_1}{x_1}\right)_\infty-1} \tag{4-35}$$

5. 恒沸精馏理论板数的简捷计算

对于恒沸精馏过程来说,即使原溶液为二组分溶液,由于加入恒沸剂以后也成为三组分溶液,因此,恒沸精馏应按多组分精馏来处理,且为非理想溶液体系,平衡计算中需考虑活度系数的影响。然而,若把恒沸物视为单一组分 S1,则恒沸精馏可简化为恒沸物 S1 与组分 2 的普通二组分精馏,用二组分图解法求取平衡级数。此时物料量均以 S1 为基础。S1 的摩尔分数为 S 的摩尔分数与 1 的摩尔分数之和。
$$x_{S1}=x_1+x_S$$

本计算方法的关键是如何作出恒沸物 S1 与 2 组分的相图。组分 2 的相平衡关系可表示为
$$y_2=\frac{\alpha_{22}x_2}{\alpha_{12}x_1+\alpha_{22}x_2+\alpha_{S2}x_S} \tag{4-36}$$

式中:α_{i2} 为以组分 2 为基础的相对挥发度;x_i 为组分 i 液相摩尔分数。

恒沸物气相摩尔分数为

$$y_{S1} = 1 - y_2$$

假设三组分体系中,组分 1 和组分 S 的质量比等于恒沸物中该两组分的质量比,即

$$\frac{x_1}{x_S} = C \tag{4-37}$$

$$x_1 = C x_S$$

$$x_{S1} = x_1 + x_S = (1+C)x_S$$

$$x_S = \frac{1}{1+C} x_{S1} \tag{4-38}$$

$$x_2 = 1 - (x_1 + x_S)$$

在气相可视为理想气体时,相对挥发度可表示为

$$\alpha_{12} = \frac{p_1^0 \gamma_1}{p_2^0 \gamma_2} \tag{4-39}$$

$$\alpha_{S2} = \frac{p_S^0 \gamma_S}{p_2^0 \gamma_2} \tag{4-40}$$

式中:p_i^0 为组分 i 的饱和蒸气压;γ_i 为组分 i 的液相活度系数。式(4-39)及式(4-40)中的 p_1^0、p_2^0、p_S^0 均为恒沸温度时的饱和蒸气压,而 $\frac{\gamma_1}{\gamma_2}$、$\frac{\gamma_S}{\gamma_2}$ 可按式(2-25)或式(2-26)计算,只要有 x_{S1}-y_{S1} 数据,则可按二元系作图求得理论板数 N。

相平衡关系 x_{S1}-y_{S1} 求取的计算步骤归纳如下:

①由恒沸组成确定 C。

②取 $x_{S1} = 0.1, 0.2, \cdots, 1.0$,由式(4-38)计算 x_S,由 $x_1 = C x_S$ 和 $x_2 = 1 - (x_1 + x_S)$ 计算 x_1 和 x_2。

③由式(2-25)或式(2-26)计算 $\frac{\gamma_1}{\gamma_2}$ 和 $\frac{\gamma_S}{\gamma_2}$。

④由恒沸温度求各 p_i^0。

⑤由式(4-39)式(4-40)求得 α_{12}、α_{S2}。

⑥由式(4-36)计算 y_2,由 $y_{S1} = 1 - y_2$ 求得 y_{S1}。

⑦将 x_{S1} 和 y_{S1} 列表并作图。

⑧计算二组分精馏时的回流比,然后作图求得理论板数。

6. 恒沸精馏的逐板计算

由于简捷计算做了一些理想化的假设,因此其可靠性较差。为获得可靠的结果,需用计算机按逐次逼近法技术计算。但也常常希望能通过一种比较简单的办法,求得一个近似的结果,作为严格计算的基础。这种方法比简捷法计算可靠一些,而计算过程又不太费时的近似解答,可以通过简化的逐板计算获得。它省略了通过焓衡算对塔内气液流率变化的校正,但不做相对挥发度恒定的假设。

(1) 二元非均相恒沸物的精馏

二元非均相恒沸物的分离采用图 4-8 所示的双塔联合操作流程。操作中不另加恒沸剂,原料可以由分相器加入。能如此分离,是由于在其二元气液相平衡相图中,平衡线与对角线虽也相交,但有一段代表两个液相共存的水平线,所以只要气相浓度大于 x_a(图 4-18),

则该蒸气冷凝后便分成两液层：一层为 x_a，另一层为 x_b。这样，利用冷凝、冷却分层的办法就越过了平衡线与对角线的交点。

计算二元非均相恒沸系统的精馏时，物料衡算的特点是常需把两个塔作为一个整体加以考虑。例如图 4-19 所示情况，可按最外圈范围做物料衡算，得出

$$Fx_F = W_1 x_{w1} + W_2 x_{w2} \quad (4-41)$$

$$F = W_1 + W_2 \quad (4-42)$$

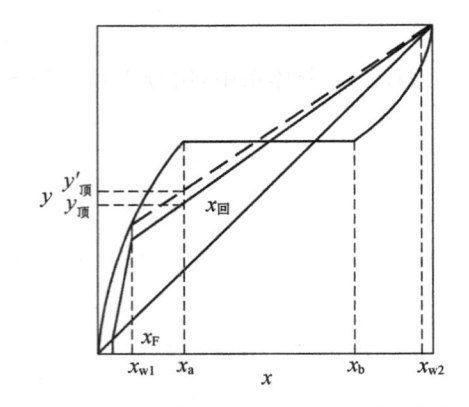

图 4-18 二元非均相恒沸物精馏过程操作线

由给定的 F、x_F、x_{w1} 及 x_{w2} 便可求出 W_1 及 W_2 之值。

若按中间一圈所示范围进行物料衡算，可得出

$$V_1 = L_1 + W_2$$

$$V_1 y_{n+1} = L_1 x_n + W_2 x_{w2}$$

故

$$y_{n+1} = \frac{L_1}{V_1} x_n + \frac{W_2}{V_1} x_{w2} \quad (4-43)$$

此式即为 I 塔的精馏段的操作线。它与对角线的交点是 $x = x_{w2}$，斜率是 $\frac{L_1}{V_1}$。

若按最内圈范围进行物料衡算，可得

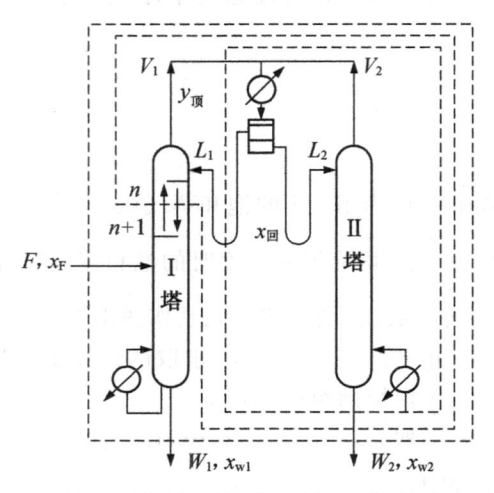

$$V_1 y_顶 = L_1 x_{回} + W_2 x_{w2} \quad 或 \quad y_顶 = (L_1/V_1) x_回 + (W_2/V_1) x_{w2} \quad (4-44)$$

图 4-19 二元非均相恒沸系统精馏过程物料衡算

比较式（4-44）及式（4-43），可以看出，精馏段操作线最上一块板的坐标为 ($y_顶, x_回$)，即应从此点开始画阶梯计算塔板数。若为单相回流，则 $x_回$ 在一定压力和温度下是恒值，与 II 塔的顶板蒸气组成无关。因此，只要 $y_顶$ 的值确定，操作线就可确定，而与 II 塔的塔顶组成无关。由图 4-19 可以看出，$y_顶$ 的数值一定要小于恒沸组成，否则操作线就与平衡线相交。I 塔的提馏段操作线与普通精馏时没有差别。

由气液相平衡关系可以看出 II 塔无需精馏段。II 塔的提馏段操作线也可仿照求 I 塔精馏段操作线的方法得到。

【例题 4-4】 原料含苯酚 1.0%（摩尔分数，下同）、水 99.0%。釜液要求苯酚含量小于 0.001%。流程如右图所示。苯酚与水是部分互溶系统，在 20℃可分为两相，上层作回流，下层酚层送入 II 塔。要求苯酚纯度为 99.99%。假定塔内为恒分子流率、饱和液体进料，并认为回流液过冷对塔内回流量的影响可以忽略，试计算：

（1）以 100kmol/h 进料为基准，I 塔及 II 塔的最小上升气量是多少？

（2）当各塔的上升气量为最小气量的 4/3 倍时，所需的理论板数是多少？

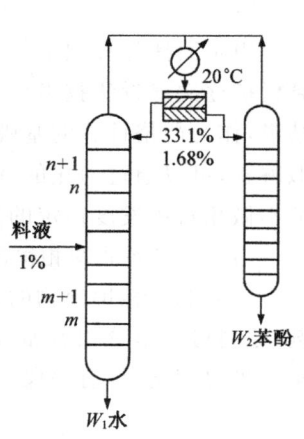

(3) 求Ⅰ塔的最少理论板数。

解 由文献查得的苯酚-水系统在 101.33kPa 下的气液相平衡数据如下：

$x_{酚}$	$y_{酚}$	$x_{酚}$	$y_{酚}$	$x_{酚}$	$y_{酚}$
0.000	0.0000	0.017	0.0182	0.50	0.065
0.001	0.0020	0.018	0.0186	0.60	0.090
0.002	0.0040	0.019	0.0191	0.70	0.150
0.004	0.0072	0.020	0.0195	0.80	0.270
0.006	0.0098	0.100	0.0290	0.85	0.370
0.008	0.0120	0.200	0.0320	0.90	0.550
0.010	0.0138	0.300	0.0380	0.95	0.770
0.015	0.0172	0.400	0.0480	1.00	1.000

查得 20℃时苯酚-水的互溶度数据为：水层含苯酚 1.68%；酚层含水 66.9%。

(1) 以 100kmol/h 进料为基准,对整个系统做酚的衡算,得

$$0.00001W_1 + 0.9999W_2 = 1.00$$
$$W_1 + W_2 = 100$$

故得

$$W_1 = 99.0 \text{kmol/h} \quad W_2 = 1.0 \text{kmol/h}$$

确定Ⅰ塔的操作线：精馏段的操作线可由第 n 块板与 $n+1$ 块板之间至Ⅱ塔塔釜一起做物料衡算,得出

$$Vy_n = Lx_{n+1} + 0.9999W_2 \tag{a}$$

提馏段操作线方程为

$$V'y_m = L'x_{m-1} - 0.00001W_1 \tag{b}$$

最小上升气量相当于最小回流比时的气量。若恒浓区在进料板,则由(a)式得出

$$0.0138V_{最小} = 0.01L_{最小} + 0.9999W_2 = 0.01(V_{最小} - W_2) + 0.9999W_2 = 0.01V_{最小} + 0.9899W_2$$

故

$$V_{最小} = \frac{0.9899W_2}{0.0038} = 260W_2 = 260 \text{kmol/h}$$

0.0138 是与进料组成 $x_F = 0.01$ 成平衡的气相组成。

若恒浓区在塔顶,因回流液组成为 0.0168,则恒浓区之气相组成应为与 $x = 0.0168$ 成平衡的 $y = 0.0181$。由(a)式得出

$$0.0181V_{最小} = 0.0168L_{最小} + 0.9999W_2 = 0.0168(V_{最小} - W_2) + 0.9999W_2 = 0.0168V_{最小} + 0.9831W_2W_2$$

故

$$V_{最小} = \frac{0.983W_2}{0.0013} = 755W_2 = 755 \text{kmol/h}$$

此值大于按恒浓区在进料板处所求得的值,因而对Ⅰ塔来说：

$$V_{最少} = 755 \text{kmol/h}$$

下面计算Ⅱ塔的最小上升蒸气量。此塔的恒浓区必在塔顶,即

$$x = 0.331 \quad y = 0.0403$$

以此值代入Ⅱ塔的操作线方程为
$$V'y_m = L'x_{m+1} - W_2 x_{w2} \tag{c}$$

$0.0403V'_{最小} = 0.331L'_{最小} - 0.9999W_2 = 0.331(V'_{最小} + W_2) - 0.9999W_2 = 0.331V'_{最小} - 0.6689W_2$

故
$$V'_{最小} = \frac{0.6689W_2}{0.2907} = 2.3W_2 = 2.3\text{kmol/h}$$

(2) 求Ⅰ塔的理论板数

精馏段
$$V = \frac{4}{3}V_{最小} = \frac{4}{3} \times 755 = 1007 \text{kmol/h}$$
$$L = 1007 - 1 = 1006 \text{kmol/h}$$

提馏段
$$V' = V = 1007 \text{kmol/h}$$
$$L' = L + F = 1006 + 100 = 1106 \text{kmol/h}$$

代入(a)式及(b)式得出

精馏段操作线方程为
$$1007y_n = 1006x_{n+1} + 0.9999$$

提馏段操作线方程为
$$1007y_m = 1106x_{m+1} - 0.00099$$

根据操作线方程及已知的平衡线,在 y-x 图由 $x = 0.0618$ 到 $x = 0.00001$ 之间绘阶梯,可得出所需的理论板数为16。

(3) 求Ⅱ塔的理论板数
$$V' = \frac{4}{3}V'_{最小} = \frac{4}{3} \times 2.3 = 3.06 \text{kmol/h}$$
$$L' = V' + W_2 = 3.06 + 1 = 4.06 \text{kmol/h}$$

代入(c)式得
$$3.06y_n = 4.06x_{m+1} - 0.9999$$

在 x-y 图上,根据此操作线,由 $x = x_{w2} = 0.9999$ 到 $x = x_{回,2} = 0.331$ 画阶梯,得出所需的理论板数为8。

(4) Ⅰ塔的最少理论板数可在 x-y 图上由 $x = x_W = 0.00001$ 到 $x = 0.0168$ 在平衡线与对角线之间画阶梯,求出最少理论板数为6。

(2) 多元非均相恒沸物的精馏

多元恒沸精馏塔的设计计算要求获得精确可靠的结果,则需用计算机按逐次逼近法计算,但通常在精确设计计算前,需要通过简便方法得到比较接近的结果,作为精确计算的基础。这种简化的逐板计算法,省略了焓变化对塔内气液流量变化的影响,即认为塔内各段分别保持恒分子汽化,恒分子回流,而塔内相对挥发度不是恒值。现以制备无水乙醇为例说明其计算过程。

【例题 4-5】 将含乙醇89%(摩尔分数,下同)的乙醇水混合液分离制取无水酒精,加入苯为恒沸剂,其流程如右图所示。设从Ⅰ塔和Ⅱ塔下降的液体与上升蒸气之物质的量之比为1.25:1,Ⅰ塔为泡点进料,$q = 1$。要求Ⅰ塔塔釜乙醇中含水量不超过0.1%,苯含量不超过0.01%,Ⅱ塔塔釜中醇含量不超过0.01%,该三元系的平衡数据见下图a,其非均相三元相图见下图b。试用逐板计算法求算Ⅰ塔和Ⅱ塔的理论板数。

第 4 章 特殊精馏

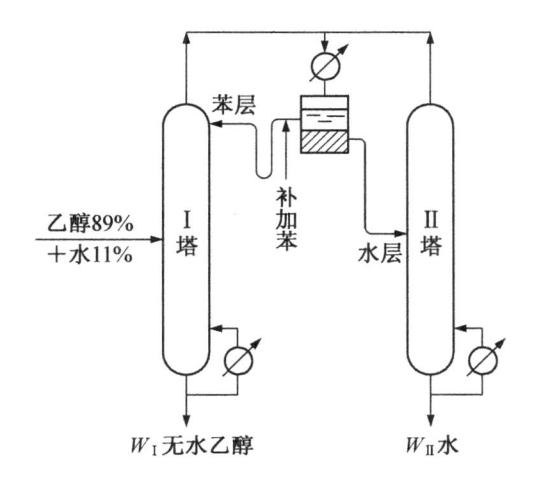

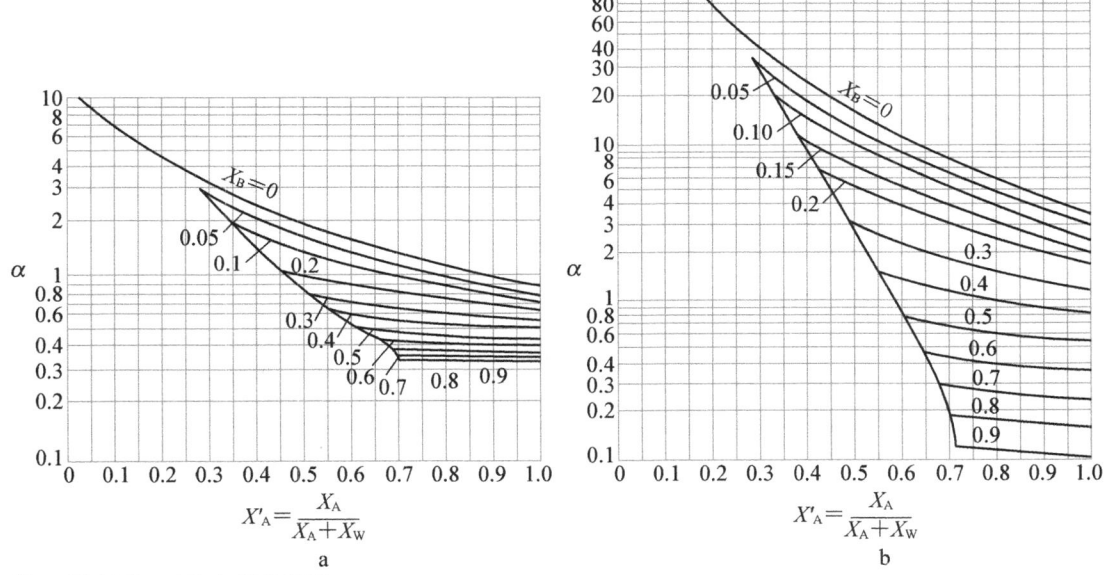

解 以 100kmol/h 加料为基准。

总物料衡算为

$$W_{\mathrm{I}} + W_{\mathrm{II}} = 100$$

按乙醇做物料衡算为

$$0.999W_{\mathrm{I}} + 0.0001W_{\mathrm{II}} = 89$$

故

$$W_{\mathrm{I}} = 89.1 \mathrm{kmol/h} \quad W_2 = 10.9 \mathrm{kmol/h}$$

求 I 塔理论板数：设 I 塔下降液流量为 L'_{I}，上升蒸气量为 V'_{I}，则

$$\frac{L'_{\mathrm{I}}}{V'_{\mathrm{I}}} = 1.25$$

$$L'_{\mathrm{I}} = V'_{\mathrm{I}} + 89.1 = 1.25V'$$

因此有

$$L'_{\mathrm{I}} = 445.5 \mathrm{kmol/h}$$

$$V'_I = 356.4 \text{kmol/h}$$

设精馏段各塔板的回流液量为 L_I,上升蒸气量为 V_I,则

$$L_I = 356.4 - 10.9 = 345.5 \text{kmol/h}$$
$$V_I = V'_I = 356.4 \text{kmol/h}$$

应用提馏段操作线方程,从塔釜开始逐板往上计算,提馏段操作线方程为

$$\frac{V'_I}{L'_I} y_m = x_{m+1} - \frac{W_I}{L'_I} x_{wI} \quad (\text{塔板序号由下往上数})$$

则

$$x_{m+1} = 0.8 y_m - 0.2 x_{wI}$$

相对挥发度值 α 从上图中查得,将计算结果列于下表:

组 分	x_W	$0.2\,x_W$	α	αx_W	$0.8\,y_W$	x_1
苯	0.0001	0.00002	3.6	0.00036	0.00032	0.000344
乙 醇	0.999	0.1998	0.89	0.89	0.7989	0.998
水	0.0009	0.000018	1.0	0.0009	0.00081	0.00099
$\sum$	1.0000	0.199838	—	0.89126	0.80003	0.999334

组 分	α	αx_1	$0.8\,y_1$	x_2	α	αx_2
苯	3.6	0.00124	0.00111	0.00113	3.6	0.00406
乙 醇	0.89	0.899	0.798	0.9978	0.89	0.996
水	1.00	0.00099	0.00089	0.00107	1.0	0.00107
$\sum$	—	0.89122	0.80000	1.00000	—	0.89313

组 分	$0.8\,y_2$	x_3	α	αx_3	$0.8\,y_3$	x_4
苯	0.00364	0.00366	3.6	0.0132	0.0177	0.01172
乙 醇	0.7954	0.9952	0.89	0.886	0.7873	0.9871
水	0.00094	0.00114	1.0	0.00114	0.00101	0.00119
$\sum$	0.79998	1.00000	—	0.89934	0.80601	1.00001

组 分	α	αx_4	$0.8\,y_4$	x_5	α	αx_5
苯	3.4	0.0398	0.0354	0.03542	3.2	0.113
乙 醇	0.87	0.869	0.764	0.9638	0.82	0.79
水	1.00	0.00119	0.00106	0.00124	1.0	0.00124
$\sum$	—	0.8999	0.80046	1.00046	—	0.90424

组 分	$0.8\,y_5$	x_6	α	αx_6	$0.8\,y_6$	x_7
苯	0.10	0.10	2.5	0.25	0.22	0.22
乙 醇	0.70	0.8998	0.73	0.657	0.579	0.7788
水	0.0011	0.00129	1.0	0.00129	0.00114	0.00132
$\sum$	0.8011	1.00109	—	0.90829	0.80014	1.00012

续　表

组　分	α	αx₇	0.8y₇	x₈	α	αx₈
苯	1.59	0.348	0.335	0.335	0.98	0.328
乙　醇	0.62	0.483	0.464	0.664	0.54	0.358
水	1.0	0.00132	0.00127	0.00145	1.0	0.00145
∑	—	0.83232	0.80027	1.00045	—	0.68745

组　分	0.8y₈	x₉	α	αx₉	0.8y₉	x₁₀
苯	0.382	0.382	0.82	0.313	0.396	0.396
乙　醇	0.417	0.617	0.55	0.317	0.402	0.602
水	0.00169	0.00187	1.0	0.00187	0.00237	0.00255
∑	0.80069	1.00087	—	0.6318	0.80037	1.00055

组　分	α	αx₁₀	0.8y₁₀	x₁₁	αx₁₁	0.8y₁₁
苯	0.76	0.301	0.398	0.398	0.302	0.40
乙　醇	0.5	0.301	0.398	0.598	0.299	0.392
水	1.0	0.00255	0.00337	0.00335	0.0066	0.0087
∑	—	0.60455	0.79937	0.99935	0.64045	0.8007

组　分	x₁₂	αx₁₂	0.8y₁₂	x₁₃	αx₁₃	0.8y₁₃
苯	0.400	0.304	0.40	0.40	0.304	0.40
乙　醇	0.592	0.296	0.393	0.593	0.297	0.392
水	0.0089	0.0089	0.00645	0	0.0066	0.0087
∑	1.0009	0.6059	0.79945	0.993	0.6076	0.8007

组　分	x₁₄	αx₁₄	0.8y₁₄	x₁₅	αx₁₅	0.8y₁₅
苯	0.40	0.304	0.399	0.399	0.303	0.398
乙　醇	0.592	0.296	0.389	0.589	0.295	0.387
水	0.0159	0.0089	0.0117	0.119	0.119	0.0156
∑	1.0079	0.6089	0.7997	1.107	0.6099	0.8006

组　分	x₁₆	αx₁₆	0.8y₁₆	x₁₇	α	αx₁₇
苯	0.398	0.296	0.395	0.395	0.76	0.301
乙　醇	0.587	0.298	0.384	0.584	0.51	0.298
水	0.027	0.027	0.0206	0.0208	1.00	0.0208
∑	1.012	0.6118	0.7996	0.9998	—	0.6198

组　分	0.8y₁₇	x₁₈	αx₁₈	0.8y₁₈	x₁₉	α
苯	0.389	0.389	0.296	0.382	0.392	0.82
乙　醇	0.385	0.585	0.298	0.384	0.584	0.55
水	0.0268	0.027	0.027	0.348	0.035	1.00
∑	0.8098	1.001	0.621	1.114	1.011	—

续表

组 分	αx_{19}	$0.8y_{19}$	x_{20}	αx_{20}	$0.8y_{20}$	x_{21}
苯	0.314	0.385	0.385	0.316	0.385	0.385
乙醇	0.304	0.373	0.537	0.298	0.363	0.563
水	0.035	0.0429	0.0431	0.043	0.0524	0.0526
Σ	0.653	0.8009	0.9651	0.657	0.8004	1.0006

组 分	α	αx_{21}	$0.8y_{21}$	x_{22}
苯	0.82	0.316	0.38	0.38
乙醇	0.53	0.298	0.358	0.558
水	1.0	0.0526	0.063	0.0632
Σ	—	0.6666	0.801	1.0012

按题意，加料板上水和乙醇之比为 $11/89=0.123$，在第 20、21、22 块板上水和乙醇之比已达到 0.075、0.0935 及 0.114，因此，将认为第 22 块板是加料板。但联系精馏段的计算情况，表明以第 21 块板为加料板更为适宜。因为在加料板以下苯的浓度小于 0.4，但在加料板以上苯的浓度就提高至 0.5 左右，由于苯浓度的提高，增加了水的挥发度，而使水容易和醇分离。

精馏段操作线方程包括 II 塔在内，如右图所示：

$$V_I y_n = L_I x_{n+1} + W_{II} x_{wII}$$

将 V_I、L_I、W_{II} 代入精馏段操作线方程，则得

$$x_{n+1} = 1.032 y_n - 0.032 x_{wII}$$

从第 21 块板开始转入精馏段，逐板计算结果列于下表。

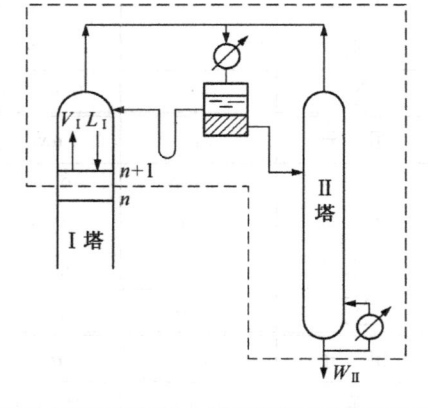

组 分	$1.032y_{21}$	$0.032x_{22}$	x_{22}	α	αx_{22}	$1.032y_{22}$	x_{23}
苯	0.49	—	0.49	0.52	0.255	0.507	0.507
乙醇	0.462	—	0.462	0.465	0.215	0.428	0.428
水	0.0815	0.032	0.0495	1.00	0.0495	0.0985	0.0665
Σ	1.0335	0.032	1.0015	—	0.5195	1.0335	1.0015

组 分	α	αx_{23}	$1.032y_{23}$	x_{24}	α	αx_{24}	$1.032y_{24}$
苯	0.475	0.241	0.493	0.493	0.55	0.271	0.495
乙醇	0.46	0.1965	0.402	0.402	0.475	0.191	0.348
水	1.0	0.0665	0.136	0.104	1.0	0.104	0.190
Σ	—	0.5040	1.031	0.999	—	0.566	1.033

续表

组 分	x_{25}	α	αx_{25}	$1.032 y_{21}$	x_{25}
苯	0.495	0.69	0.343	0.52	0.52
乙醇	0.348	0.52	0.181	0.273	0.273
水	0.158	1.0	0.158	0.239	0.207
Σ	1.001	—	0.682	1.032	1.000

精馏段计算时,注意塔顶蒸气冷凝后须能分层,即回流液体的组成必须落在分层曲线上,如下图所示。

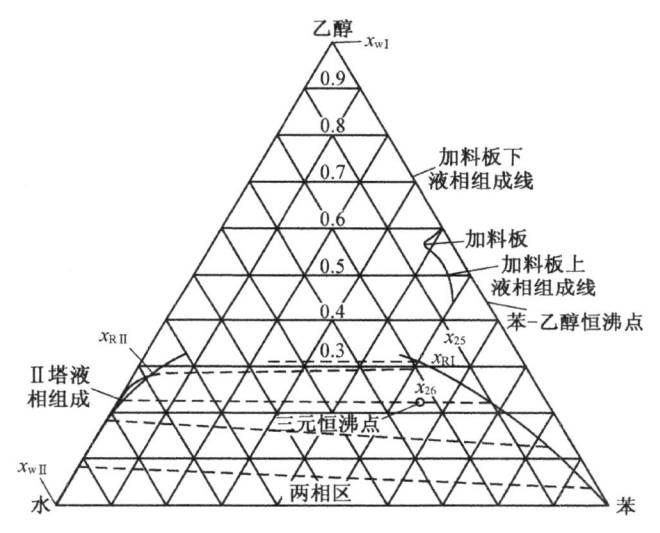

由上表可以看出,若以第 24 块板为塔顶最后一块板,回流液的组成为 x_{25},落在分层线以外。若以第 25 块板为最后一板时,回流液的组成为 x_{26},已落在分层区内。因此,把 x_{25} 与 x_{26} 的连线与分层曲线相交,所以 x_{RI} 即为近似的回流液组成,理论板数可视为 24.7 块。与回流液组成 x_{RI} 相平衡的另一相液体组成为 x_{RII},其组成见下表。

组 分	x_{RI}	x_{RII}
苯	0.51	0.053
乙醇	0.298	0.282
水	0.192	0.665

x_{RII} 为 II 塔的加料的组成。II 塔将水层中含有的苯和乙醇蒸出,因此仅需提馏段,据题意提馏段的液气比为 1.25。

由提馏段的物料平衡式 $\bar{L}_{II} = \bar{V}_{II} + W_{II}$ 得

$$\bar{L}_{II} = 54.5 \text{kmol/h} \qquad \bar{V}_{II} = 43.6 \text{kmol/h}$$

故 II 塔的操作线方程为

$$x_m = 0.8 y_{m+1} + 0.2 x_{wII}$$

逐板计算求得板数,结果列于下表。

组 分	$0.8y_m$	α_m	$0.8y_m/x_m$	x_m	$0.8y_{m-1}$	α	$0.8y_{m-1}/\alpha$
苯	0.053	150	0.00035	0.0007	0.0007	200	0.000035
乙醇	0.282	5.0	0.035	0.07	0.07	9.7	0.0072
水	0.465	1.0	0.465	0.93	0.73	1.0	0.73
Σ	0.800	—	0.50035	1.0007	0.8007	—	0.737

组 分	x_{m-1}	$0.8y_{m-2}$	α	$0.8y_{m-2}/\alpha$	x_{m-2}	$0.8y_{m-3}$	α
苯	5×10^{-6}	5×10^{-6}	200	2.5×10^{-8}	3×10^{-8}	3×10^{-8}	200
乙醇	0.0097	0.0097	10	0.00097	0.0012	0.0012	10
水	0.99	0.79	1	0.79	0.999	0.799	1
Σ	0.99971	0.79971	—	0.79097	1.00020	0.80020	—

组 分	$0.8y_{m-3}/\alpha$	x_{m-3}	$0.8y_{m-4}$	$0.8y_{m-4}/\alpha$	x_{m-4}
苯	0.5×10^{-10}	2×10^{-10}	2×10^{-10}	10^{-12}	10^{-12}
乙醇	0.00012	0.00015	0.00013	0.00013	0.000016
水	0.799	0.99985	0.79984	0.79985	0.9991
Σ	0.79912	1.00000	0.79997	0.79998	0.99912

经计算，Ⅱ塔需 5 块理论板。由塔顶蒸出的蒸气经冷凝分层，上层富乙醇相流回Ⅰ塔，下层富水相流回Ⅱ塔，Ⅱ塔塔釜得纯度为 99.9% 以上的废水。

4.2 萃取精馏

萃取精馏也是一种应用广泛的特殊精馏，它与恒沸精馏一样，是在原溶液中加入第三种组分，通常称之为溶剂或萃取剂，使原有组分挥发度的差别显著提高。萃取剂不和原溶液中任一组分形成恒沸物，且其沸点均比原溶液中任一组分的沸点高，所以它随塔釜产品一起从塔釜引出，从塔顶可以得到一个纯组分，萃取剂可以经处理后循环使用。

4.2.1 萃取精馏的基本原理

萃取精馏的基本原理是基于加入萃取剂后，改变了原溶液中关键组分间的相对挥发度，即改变了原溶液组分间的相互作用力，构成一个新的非理想溶液。一般工业生产中，精馏塔大多是在常压或压力不高的条件下操作，气相可以近似看作理想气体，因此，其相平衡常数可表达为

$$K_i = \frac{\gamma_i p_i^0}{p}$$

也就是

$$\alpha_{12}=\frac{\gamma_1 p_1^0}{\gamma_2 p_2^0}$$

对于应用萃取精馏的料液，α_{12} 大都接近或等于 1。

当加入萃取剂后，希望改变原组分间的相对挥发度，而且希望其变化大些。

$$(\alpha_{12})_S=\left(\frac{\gamma_1}{\gamma_2}\right)_S\left(\frac{p_1^0}{p_2^0}\right)_S \tag{4-45}$$

式中：$\left(\dfrac{\gamma_1}{\gamma_2}\right)_S$ 为加入溶剂后，组分 1 和 2 的活度系数比。由于 $\left(\dfrac{p_1^0}{p_2^0}\right)_S$ 随温度变化不大，即

$$\frac{p_1^0}{p_2^0}\approx\left(\frac{p_1^0}{p_2^0}\right)_S$$

于是，可以用选择度来描述萃取剂的优劣，若以 S_{12} 表示选择度，则

$$S_{12}=\left(\frac{\gamma_1}{\gamma_2}\right)_S\bigg/\left(\frac{\gamma_1}{\gamma_2}\right) \tag{4-46}$$

选择度是衡量溶剂效果的重要标志，但溶剂的加入是如何起作用的，可通过对三元系柯岗公式的应用获得。

$$\lg\left(\frac{\gamma_1}{\gamma_2}\right)_S=A'_{12}(x_2-x_1)+x_S(A'_{1S}-A'_{2S})=A'_{12}(1-x_S)(1-2x'_1)+x_S(A'_{1S}-A'_{2S})$$

式中：x_1、x_2、x_S 分别为组分 1、2、S 在液相中的浓度；$x'_1=x_1/(x_1+x_2)$，为组分 1 的脱溶剂浓度。

加入萃取剂后，组分 1、2 的相对挥发度为

$$\lg(\alpha_{12})_S=\lg\left(\frac{p_1^0}{p_2^0}\right)_S+A'_{12}(1-x_S)(1-2x'_1)+x_S(A'_{1S}-A'_{2S})$$

式中：$\lg\left(\dfrac{p_1^0}{p_2^0}\right)_S$ 为萃取剂存在时，在该三元溶液泡点温度下组成 1、2 的饱和蒸气压比值的对数值。

萃取剂不存在时，组分 1、2 的相对挥发度为

$$\lg\alpha_{12}=\lg\left(\frac{p_1^0}{p_2^0}\right)+A'_{12}(1-2x'_1)$$

若 $\left(\dfrac{p_1^0}{p_2^0}\right)_S=\dfrac{p_1^0}{p_2^0}$，则加入萃取剂以后相对挥发度的变化为

$$\lg\frac{(\alpha_{12})_S}{\alpha_{12}}=x_S[A'_{1S}-A'_{2S}-A'_{12}(1-2x'_1)] \tag{4-47}$$

为使萃取精馏有效地分离料液，必须使萃取剂的选择性较明显地偏离 1，且偏离得越大越好，即要选择性好，必须使 $[A'_{1S}-A'_{2S}-A'_{12}(1-2x'_1)]$ 偏离零。也就是说，要求萃取剂和组分 1、2 形成非理想溶液偏差要大。若萃取剂与组分 1 形成正偏差溶液，$A'_{1S}>0$；与组分 2 形成负偏差溶液，$A'_{2S}<0$，且希望 A'_{1S} 值越大越好，A'_{2S} 值越小越好。若萃取剂与组分 1 形成负偏差溶液，$A'_{1S}<0$；与组分 2 形成正偏差溶液，$A'_{2S}>0$。

此外，从式(4-47)还可见萃取剂的浓度越大，对选择性的增加越有利，一般推荐萃取剂

的浓度 x_S 为 0.6~0.8（摩尔分数）。例如醋酸甲酯和甲醇溶液,加入水作萃取剂,在不同的水的浓度下醋酸甲酯和甲醇的相平衡如图 4-20 所示。当液相中水含量达到 $x_S=0.8$ 时,$(\alpha_{12})_S=5.3$,不仅恒沸点消失,而且随水的浓度增加,相对挥发度 $(\alpha_{12})_S$ 增加很快。显然这说明选择适宜的溶剂,并一定程度上提高溶剂的浓度,能提高萃取精馏过程的分离效果。

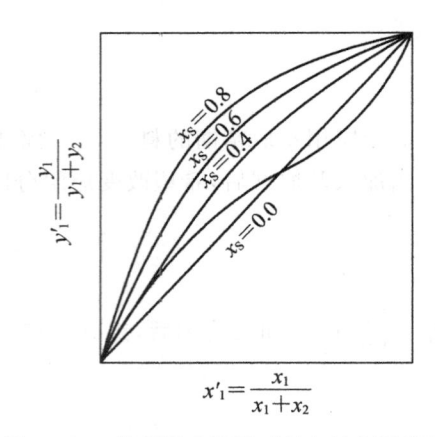

图 4-20 溶剂浓度不同时的气液相平衡图

综上所述,可以得到如下两条结论：

(1) 溶剂的作用可以归结为两个方面。

① 溶剂与原料液中两个组分间的不同作用,式中 $x_S(A'_{1S}-A'_{2S})$ 反映了这一因素的影响。

② 溶剂的稀释作用,使原来两组分间的作用减弱,式中 $x_S[A'_{12}(1-2x'_1)]$ 反映了这一因素的影响。

如果原溶液中两组分沸点差很小,比较接近理想体系,A'_{12} 很小,溶剂的稀释作用很小,所选溶剂应从它与两组分之间的不同作用着眼；如果原溶液中两组分非理想性相当强,$|A'_{12}|$ 值相当大,溶剂能起有效作用的主要因素将是稀释作用,当然,选出的溶剂能对组分 1 和 2 有合适的不同作用就更理想了。

(2) 溶剂浓度 x_S 越大,一般溶剂的效果越显著。图 4-21 说明了这一结论。由图可见,当 x_S 达一定值后,选择性的增加已相当缓慢（个别系统会下降,如图中虚线所示）。适宜的溶剂浓度 x_S 一般为 0.6~0.8。

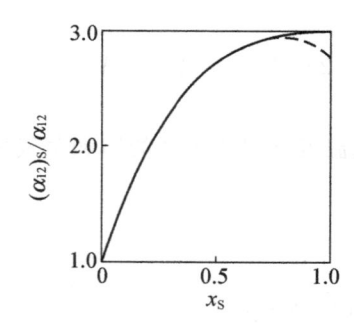

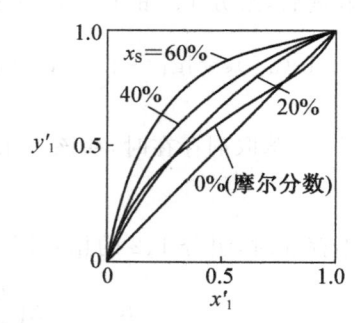

图 4-21 $(\alpha_{12})_S/\alpha_{12}$ 随 x_S 的变化

4.2.2 萃取剂的选择

4-2 萃取剂的选择

4.2.3 萃取精馏流程

萃取精馏的特点是,加入萃取剂使原来不易分离的组分易于分离,但同时也使塔的操作流程变得复杂。萃取精馏流程具有以下特点:①为了使塔内萃取剂的组成维持在某一较高的值,除进料口以外,至少还应在塔的顶部引入萃取剂(一般在萃取剂的进口以上还要设几块回收萃取剂的塔板,称为溶剂回收段)。②为了能回收萃取剂,使其循环利用,除了萃取精馏塔以外,还需有回收萃取剂的溶剂回收塔。

根据回收萃取剂的方法不同,目前工业上主要采用以下几种流程:

1. 萃取精馏和普通精馏联合流程

下面以乙二醇为萃取剂从乙醇水溶液中生产无水乙醇的流程为例加以说明。工艺流程如图4-22a所示,料液从萃取精馏塔中部加入,为保证塔内各板均有一定萃取剂浓度,萃取剂乙二醇从塔的上部加入,塔顶馏出的产品是乙醇,乙二醇和水一起由塔釜引出,这股液流进入溶剂回收塔。溶剂回收塔是一普通精馏塔,回收塔顶部出水,塔釜出乙二醇,在其中补充一些新鲜的乙二醇,再循环返回萃取精馏塔塔顶,结果乙醇和水被有效地分离。如果萃取精馏塔的加料是液相加料,为了保证在萃取段和提馏段萃取剂的浓度基本恒定不变,可在加料处补充加入部分萃取剂。

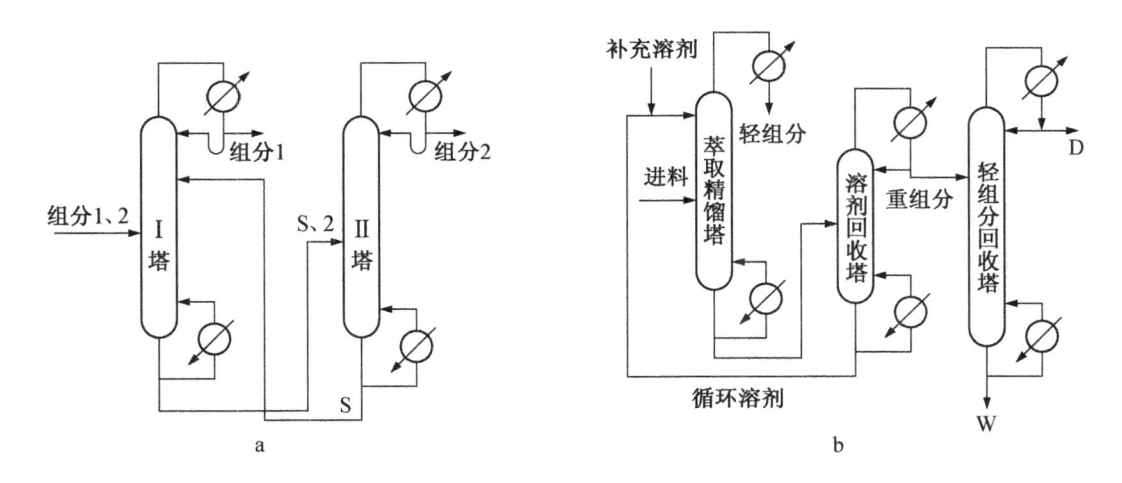

图 4-22 萃取精馏基本流程

其他体系的流程大体上也是如此,但是某些情况下需对图4-22a的流程做一些变动。例如,有些体系的萃取剂沸点太高,如果想在塔釜得到只含有萃取剂和原溶液中重组分而不含轻组分的混合物,则不仅要求萃取精馏塔理论板数很多,而且要求塔釜加热蒸气的温度很高,压力很大,这些要求在工业上有时很难满足。解决的办法就是在流程中加一个轻组分回收塔,如图4-22b所示。图中萃取精馏塔釜部馏出液含有轻组分、重组分和萃取剂的混合物进入溶剂回收塔。回收塔减压操作,这样可以降低塔釜温度及蒸气压力。从塔釜馏出的萃取剂循环使用,塔顶馏出的是含有轻、重组分的二元混合液,再引入轻组分回收塔,塔顶馏出轻、重组分的混合液引回萃取精馏塔作为进料,塔釜得重组分产品。

2. 萃取精馏-液液萃取-精馏联合流程

以多元醇为萃取剂,对芳烃-烷烃的混合物进行萃取精馏为例,若分离的体系为芳烃-烷烃的混合物,用一可溶于水的多元醇为萃取剂进行萃取精馏,其流程如图 4-23 所示。当萃取精馏塔塔釜出来醇和一种烃时,在水萃取剂中用萃取法分离出烃,而醇与水的混合液在溶剂回收塔内分离,这种流程有时会比图 4-22a 的流程简单,并可节约能耗。

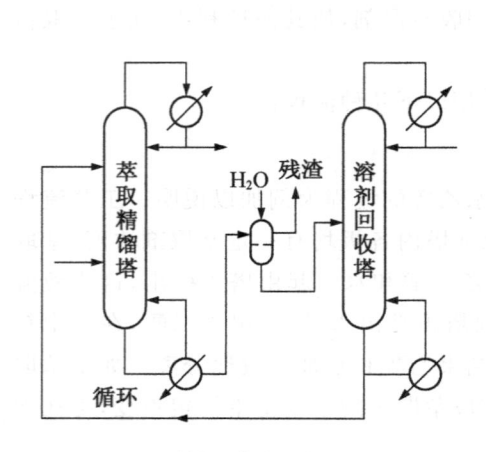

图 4-23 精馏-萃取-精馏联合流程

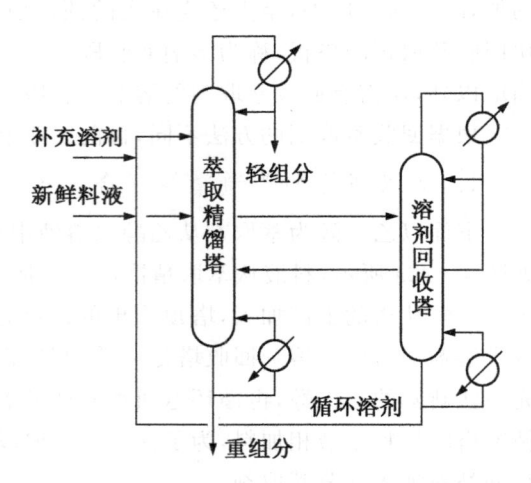

图 4-24 中间采出的萃取精馏流程

3. 萃取精馏塔具侧线采出的流程

有的系统在某一部分浓度范围内,加入溶剂可提高其相对挥发度,而在另一部分浓度范围内,加入溶剂反而降低了相对挥发度。此时,可采用在萃取精馏塔的某个中间部位采出萃取剂的办法,其流程如图 4-24 所示。从萃取精馏塔中间引出的物料送入溶剂回收塔,回收塔蒸出的馏出液又送回萃取精馏塔的中部。回收塔的釜液是循环溶剂。但这样的流程在控制上比较复杂。

4.2.4 萃取精馏的计算

萃取精馏的计算主要是为了确定萃取剂的用量以及塔的理论板数。而萃取精馏体系是很强的非理想体系,这使萃取精馏的计算变得非常复杂。目前萃取精馏的计算方法可分为两种,即严格的逐板计算法和简化的二元法(简捷法)。这两种方法各有特点:逐板计算法繁复,它涉及非理想体系的气液相平衡和液相活度系数的计算,以及体系的物料衡算和焓衡算,计算工作量较大,常常运用计算机才能完成;简化的二元法假设塔内溶剂浓度为恒定值,只考虑溶剂对被分离的两组分的相对挥发度的影响,而进行物料衡算和焓衡算时也不考虑它们的存在,仍按两组分溶液精馏方法来处理,对于一般的工程设计,这种方法计算简便,又有一定的准确性。

1. 萃取剂用量及塔内溶剂浓度的分布

由于塔中溶剂用量大,又基本上不挥发,为简化计算,这里用了一个最基本的假定,即认为精馏段中溶剂浓度 x_S 为常数,提馏段溶剂浓度 $\bar{x}_S$ 也为常数。再进一步假定塔内恒摩尔流,则当进料为饱和蒸气时,这两个浓度相等。这里恒摩尔流的假定,当然意味着在精馏段和提馏段中,从同一段各板溢流的总液相量在各段中分别为常数,但在萃取精馏塔中还包含着从各板溢流的溶剂量也相等,这实际是各段中溶剂浓度是常数假定的必然结果。在下面分析中还忽略了塔顶产品中溶剂的量,即 $x_{DS}=0$,以及认为进料溶剂是纯的。

对精馏段至塔顶系统进行物料衡算(图 4-25)。

总物料衡算
$$V+S=L+D \tag{4-48}$$

溶剂衡算
$$Vy_S+S=Lx_S \tag{4-49}$$

结合式(4-48)和式(4-49)得
$$y_S=\frac{Lx_S-S}{L+D-S} \tag{4-50}$$

将非溶剂部分虚拟为一个组分 n,则
$$y_n=K_n x_n$$

即
$$1-y_S=K_n(1-x_S) \tag{4-51}$$

溶剂平衡关系为
$$y_S=K_S x_S$$

现定义溶剂对非溶剂的相对挥发度为
$$\alpha_{Sn}=\frac{K_S}{K_n}=\frac{\dfrac{y_S}{x_S}}{\dfrac{1-y_S}{1-x_S}} \tag{4-52}$$

由此得
$$y_S=\frac{\alpha_{Sn} x_S}{(\alpha_{Sn}-1)x_S+1} \tag{4-53}$$

由式(4-50)和式(4-53)得
$$x_S=\frac{S}{(1-\alpha_{Sn})L-\dfrac{D\alpha_{Sn}}{1-x_S}} \tag{4-54}$$

将 $L=RD+S$ 代入上式,并整理得
$$S=\frac{RDx_S(1-\alpha_{Sn})-D\alpha_{Sn}\dfrac{x_S}{(1-x_S)}}{1-(1-\alpha_{Sn})x_S} \tag{4-55}$$

对于提馏段,同理可得
$$\overline{x}_S=\frac{S}{(1-\alpha_{Sn})\overline{L}+\dfrac{\alpha_{Sn}W}{1-\overline{x}_S}} \tag{4-56}$$

如果非溶剂部分仅包含组分 1 和 2,或简化为 1 和 2,则溶剂对非溶剂的相对挥发度为

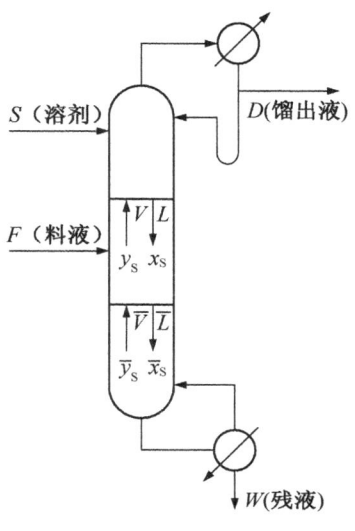

图 4-25 萃取精馏塔物料衡算

$$\alpha_{Sn}=\frac{\dfrac{y_S}{1-y_S}}{\dfrac{x_S}{1-x_S}}=\frac{\dfrac{y_S}{y_1+y_2}}{\dfrac{x_S}{x_1+x_2}}=\frac{x_1+x_2}{x_S}\times\frac{1}{\alpha_{12}\dfrac{x_1}{x_S}+\dfrac{x_2}{x_S}}=\frac{x_1+x_2}{\alpha_{1S}x_1+\alpha_{2S}x_2} \qquad (4-57)$$

一般 α_{1S} 和 α_{2S} 相当大,所以 α_{Sn} 很小,若近似为零,则式(4-54)和式(4-56)可简化为

$$x_S=\frac{S}{L} \qquad (4-58)$$

$$\bar{x}_S=\frac{S}{\bar{L}} \qquad (4-59)$$

如果用式(4-54)和式(4-56)计算,则 α_{Sn} 需分别取精馏段和提馏段的顶与底的平均值,即

$$\alpha_{Sn}=\sqrt{(\alpha_{Sn})_\text{顶}(\alpha_{Sn})_\text{底}}$$

一般在塔顶 $x_2\approx 0$,由式(4-57)得

$$(\alpha_{Sn})_\text{顶}=\frac{1}{\alpha_{1S}} \qquad (4-60a)$$

$$(\alpha_{Sn})_\text{底}=\frac{1}{\alpha_{2S}} \qquad (4-60b)$$

根据式(4-54)和式(4-56),可从溶剂进料量算得塔的精馏段和提馏段中溶剂的近似值。反之,若选定 x_S,则可由式(4-56)计算所需的溶剂进料量。

2. 萃取精馏塔内气液相流率分布

萃取精馏塔内存在大量萃取剂,因而会影响塔内气、液两相的流量,其分布情况与一般精馏塔有所不同,最简单的是假定恒分子流。

精馏段的流量如下:
气相
$$V=(R+1)D \qquad (4-61)$$
液相
$$L=RD+S \qquad (4-62)$$
提馏段的流量如下:
液相
$$\bar{L}=L+qF \qquad (4-63)$$
气相
$$\bar{V}=\bar{L}-W=RD+qF-W+S \qquad (4-64)$$

式中:D、W 表示萃取精馏塔内塔顶和塔釜包括萃取剂在内的实际流量。

实际上,由于各组分分子汽化潜热的差异,以及萃取剂沿塔高向下流动时温度逐渐升高,就会冷凝一定的蒸气以补偿萃取剂温度升高时所吸收的热量,这样就造成了液相流量的不断增大。当萃取剂的入塔温度低于塔内温度时,其影响更为显著。考虑到这一影响,则精馏段任意第 n 块板的液相流量 L_n 为

$$L_n=RD+S+SM_{rS}c_S(t_n-t_S)/\Delta H_r \qquad (4-65)$$

相应的气相流量 V_{n+1} 为

$$V_{n+1}=L_n+D-S=(R+1)D+SM_{rS}c_S(t_n-t_S)/\Delta H_r \qquad (4-66)$$

提馏段的气、液相流量则分别为

$$\bar{L}_m = RD + S + qF + SM_{rS}C_S(t_m - t_S)/\Delta H_r \tag{4-67}$$

$$\bar{V}_{m+1} = RD + qF - w' + SM_{rS}C_S(t_m - t_S)/\Delta H_r \tag{4-68}$$

式中：M_{rS} 为萃取剂相对分子质量；C_S 为萃取剂的平均比热容，单位为 J/(mol·K)；ΔH_r 为被分离组分在萃取剂中的溶解热，当忽略混合热时即等于组分的汽化潜热，单位为 kJ/kmol 气体混合物；t_S 为萃取剂进料温度，单位为℃；t_n、t_m 为分别表示精馏段 n 板和提馏段 m 板的温度，单位为℃；w' 为塔釜除萃取剂以外的物料流量。

3. 简捷法求算理论板数——简化的二元法

由于萃取精馏过程中加入大量溶剂，且其浓度大、沸点高、挥发度小，特别是当被分离的各组分化学性质颇相近时，则萃取剂的浓度和液体的热焓沿塔高的变化较小。这时萃取剂的影响只是改变欲分离混合物组分的相对挥发度，计算时采用适当的相对挥发度数据后，可不考虑溶剂存在的其他影响，三元精馏计算可作为简化的二元计算。并进一步假定恒摩尔流及采用只与溶剂浓度有关的而与原溶液组分间的相对含量无关的平均相对挥发度 $(\alpha_{12})_S$，则普通精馏的简捷计算法可以应用。当然，由这一简化而引起的误差，随原溶液的非理想性的不同而异。对烃类溶液这种接近理想溶液的系统来说，这一假设带来的误差是相当少的。

【例题 4-6】 以水为溶剂对醋酸甲酯(1)-甲醇(2)溶液进行萃取精馏分离。料液的浓度 $x_{F1} = 0.649$（摩尔分数，下同），呈露点状态进塔。要求塔顶馏出液中醋酸甲酯的浓度 $x_{d1} = 0.95$，其回收率为 98%，塔板上水的浓度 $x_S = 0.8$，操作回流比为最小回流比的 1.5 倍。试计算溶剂与料液之比和所需的理论板数。

解 ① 以 100 kmol/h 进料为基准，进行物料衡算，得

$$D' x'_{d1} = 0.98 F x_{F1} = 0.98 \times 100 \times 0.649 = 63.6 \text{ kmol/h}$$

已知 $x'_{d1} = 0.95$，故

$$D' = \frac{63.6}{0.95} = 66.9 \text{ kmol/h}$$

令 W' 为脱溶剂的塔釜产品量，则

$$W' x'_{w1} = 64.9 - 63.6 = 1.3 \text{ kmol/h}$$

通常萃取精馏塔中，为防止溶剂由塔顶带出，在溶剂进料口以上设有溶剂回收段。因此，塔顶产品中溶剂含量可以忽略，所以得

$$D = D' \quad x'_{d1} = x_{d1} = 0.95$$

$$W' = F - D = 100 - 66.9 = 33.1 \text{ kmol/h}$$

于是得

$$x'_{w1} = \frac{1.3}{33.1} = 0.0393 \quad x'_{w2} = 0.9607$$

② 计算平均相对挥发度 $(\alpha_{12})_S$

由文献中查得本系统有关二元端值常数为：

$$A_{12} = 0.447 \quad A_{21} = 0.411 \quad A_{2S} = 0.36 \quad A_{S2} = 0.22 \quad A_{1S} = 1.30 \quad A_{S1} = 0.82$$

由于此三元系中三对二元系的端值常数相当接近，均近似为对称系统，因此两组分间的活度系数之比可按式(2-26)计算。

$$A'_{12} = \frac{1}{2}(A_{12} + A_{21}) = 0.429 \quad A'_{1S} = 1.06 \quad A'_{2S} = 0.29$$

当 $x'_1 = 0$ 时，$x_1 = 0$，$x_2 = 0.2$，$x_S = 0.8$，则

$$\lg\left(\frac{\gamma_1}{\gamma_2}\right)_S = 0.429(0.2 - 0) + 0.8(1.06 - 0.29) = 0.70$$

$$\left(\frac{\gamma_1}{\gamma_2}\right)_S = 5.012$$

组分 1 和 2 在恒沸点 54℃时的蒸气压分别为 $p_1^0 = 90.24\text{kPa}$ 和 $p_2^0 = 65.98\text{kPa}$，因此

$$(\alpha_{12})_S = \left(\frac{\gamma_1}{\gamma_2}\right)_S \cdot \frac{p_1^0}{p_2^0} = 5.012 \times \frac{90.24}{65.98} = 6.85$$

当 $x_1' = 1$ 时，$x_1 = 0.2$，$x_2 = 0$，$x_S = 0.8$，则

$$\lg\left(\frac{\gamma_1}{\gamma_2}\right)_S = 0.429(0 - 0.2) + 0.8(1.06 - 0.29) = 0.530$$

$$\left(\frac{\gamma_1}{\gamma_2}\right)_S = 3.39$$

$$(\alpha_{12})_S = \left(\frac{\gamma_1}{\gamma_2}\right)_S \cdot \frac{p_1^0}{p_2^0} = 3.39 \times \frac{90.24}{65.98} = 4.64$$

故得

$$\bar{\alpha} = \sqrt{4.64 \times 6.85} = 5.16$$

③计算最小回流比 $R_{\min}$

按两组分精馏的最小回流比公式算得

$$R_m = \frac{1}{5.16 - 1}\left(\frac{5.16 \times 0.95}{0.649} - \frac{1 - 0.96}{1 - 0.649}\right) - 1 = 0.781$$

取 $R = 1.5$，则 $R_{\min} = 1.172$

④计算全回流时 $N_{\min}$（包括塔釜）

$$N_{\min} = \frac{\lg\left[\left(\frac{x_{d1}'}{x_{d2}'}\right)\left(\frac{x_{w2}'}{x_{w1}'}\right)\right]}{\lg(\alpha_{12})_S} = \frac{\lg\left[\frac{0.95}{0.05} \times \frac{0.9607}{0.0393}\right]}{\lg 5.16} = 3.74$$

⑤计算实际回流比下的 N（包括塔釜）

$$\frac{R - R_{\min}}{R + 1} = \frac{1.172 - 0.781}{1.172 + 1} = 0.180$$

查吉利兰图得

$$\frac{N - N_{\min}}{N + 2} = 0.466$$

$$N = 8.7 \text{块（包括塔釜）}$$

⑤计算萃取剂量对进料量的比值 S/F

精馏段顶

$$(\alpha_{Sn})_{顶} = \left(\frac{x_1 + x_2}{\alpha_{1S} x_1 + \alpha_{2S} x_2}\right)_{顶}$$

式中的 α_{1S} 和 α_{2S} 可以按下列两式计算：

$$\lg \alpha_{1S} = \lg(p_1^0/p_S^0) + A_{1S}'(x_S - x_1) + x_2(A_{12}' - A_{2S}')$$

$$\lg \alpha_{2S} = \lg(p_2^0/p_S^0) + A_{2S}'(x_S - x_2) + x_1(A_{21}' - A_{1S}')$$

算得 $\alpha_{1S} = 25.1$，$\alpha_{2S} = 5.4$，代入上式得

$$(\alpha_{Sn})_{顶} = \frac{0.95 \times (1 - 0.8) + 0.05 \times (1 - 0.8)}{25.1 \times 0.19 + 5.4 \times 0.01} = 0.0415$$

塔釜处可估计 $x_S = 0.8$，$x_1 = 0.0393 \times 0.2 = 0.00786$，$x_2 = 0.9607 \times 0.2 = 0.1921$

用同样方法可算得

$$\alpha_{1S} = 41.49 \qquad \alpha_{2S} = 6.2$$

代入上式得

$$(\alpha_{Sn})_{釜} = \frac{0.0393 \times 0.2 + 0.9607 \times 0.2}{41.48 \times 0.00786 + 6.2 \times 01921} = 0.1318$$

$$(\alpha_{Sn})_{平均} = \sqrt{0.0415 \times 0.1318} = 0.074$$

则

$$S = \frac{1.172 \times 66.9 \times 0.8(1-0.074) - 66.9 \times 0.074 \times \frac{0.8}{1-0.8}}{1-(1-0.074) \times 0.8} = 216.5 \text{kmol/h}$$

因此

$$S/F = 216.5/100 = 2.165$$

⑦萃取精馏塔再生段(回收段)的计算

在萃取精馏塔的溶剂加入板上增添几块板,以回收溶剂的蒸气。在回收段中以用分凝器得来的纯轻组分作回流。在这一段中可按二组分溶液计算普通精馏塔所需理论板数。但由于溶剂在回收段中浓度较小,即$(1-x_S) \to 1$,因此可利用下列关系式

$$\left(\frac{R}{R+1}\alpha\right)^{n-1}\left(\frac{1}{x_{Sn}} - \frac{\alpha-1}{\alpha - \frac{R+1}{R}}\right) = \frac{1}{\alpha x_{Sd}} \quad (4-69)$$

式中:x_{Sd}和x_{Sn}为塔顶产物及自塔顶下面第n块板液相内溶剂的相对摩尔分数;R为回流比;α为被分离组分对溶剂的相对挥发度,即$1/\alpha_{Sn}$。

上式重列后可得回收段所需的理论板数。

$$n = \frac{-\lg\left[\frac{x_{Sd}}{\alpha_{Sn}}\left(\frac{1}{x_{Sn}} - \frac{1-\alpha_{Sn}}{1-\frac{R+1}{R\alpha_{Sn}}}\right)\right]}{\lg\left(\frac{R}{R+1} \cdot \frac{1}{\alpha_{Sn}}\right)} + 1 \quad (4-70)$$

令V为吸收段顶板上升的总蒸气量,又$R+1=2.2$,$\alpha_{S2} = \frac{1}{\alpha_2} = \frac{1}{5.4} = 0.185$,故可得下表。

组 分	$y_i = \frac{(R+1)D' \cdot x'_{di}}{V}$	α_{i2}	$\frac{y}{\alpha}$
1	$\frac{63.6 \times 2.2}{V} = \frac{140}{V}$	4.65	$\frac{29.5}{V}$
2	$\frac{3.35 \times 2.2}{V} = \frac{7.37}{V}$	1	$\frac{7.37}{V}$
S	$\frac{V-(140-7.37)}{V} = \frac{V-147.37}{V}$	0.185	$\frac{5.4V-796}{V}$
	$\sum \frac{y_i}{\alpha_{i2}} = \frac{5.4V-759.13}{V}$		

由 $x_i = \dfrac{\dfrac{y_i}{\alpha_{i2}}}{\sum \dfrac{y_i}{\alpha_{i2}}}$ 得

$$x_S = \frac{5.4V-796}{5.4V-759.13} = 0.8$$

故由 $V=175\text{kmol/h}$ 得

$$y_\text{S}=\frac{175-147.37}{175}=0.158$$

此组成可近似地作为上一级液体中的水含量,即 x_Sn。今如欲降低塔顶产品中的水含量至 $x_\text{Sd}=0.035$,则回收段所需板数为

$$n=\frac{-\lg\left[\dfrac{0.035}{0.0415}\left(\dfrac{1}{0.158}-\dfrac{1-0.0415}{1-\dfrac{2.2}{1.2\times0.0415}}\right)\right]}{\lg\dfrac{1.2}{2.2\times0.415}}+1=0.48$$

⑧ 修正物料平衡

$$\text{塔顶带出的水量}=66.95\times\frac{0.035}{1-0.035}=2.43\text{kmol/h}$$

故得

$$\text{萃取精馏塔应加入的水量}=S+2.43=216.5+2.43=218.93\text{kmol/h}$$

4. 严格计算法

精馏操作若要进行严格计算,则可应用的方法有逐板计算法、矩阵法(matrix method)和松弛法(relaxation method)。

由于萃取精馏时溶液的非理想性大,应用 Bonner 改进的 Lewis-Matyeson 法、Lyster 等改进的 Thiele-Geddes 法及矩阵法时,其收敛都不太稳定,因此,往往可采取松弛法计算(对恒沸精馏的严格计算也同样适用)。

松弛法的简介如下。

Rose 的松弛法将精馏操作看作是一种由非稳定态逐步变成稳定态的过程。它用非稳定态的物料衡算方程,对一个塔从开始的非稳定态逐步趋向稳定态这一过程中所有板上的组成及产物的组成发生变化的情况进行计算。

计算时,各板的起始组成可以采用进料组成,也可选择其他便于计算的组成。选好起始组成后,用物料衡算方程对每一块板进行计算,每一时间间隔算一次,每一次计算得到的结果与上一次得到的组成都稍有不同。重复这种计算将给出一组又一组的板上组成,当计算结果不再变化时,表示板上的组成达到了稳定态。迭代次数代表了计算过程的时间。

松弛法所用的物料衡算方程与一般的操作线方程不同,它在由开始的非稳定态向稳定态变化的过程中,对某一时间间隔内每块塔板上的物料变化进行衡算。为了简化计算过程,假定塔内为恒摩尔流、每块板为理论板,并假定无侧线采出和热量交换,则在不稳定态时,每个时间间隔内必有累积现象发生,且有

$$\text{累积量}=\text{进入量}-\text{支出量} \qquad (4-71)$$

对第 j 块板上的组分 i 进行物料衡算,如图 4-26 所示。在 $\Delta\tau$ 时间内进行物料衡算,则有

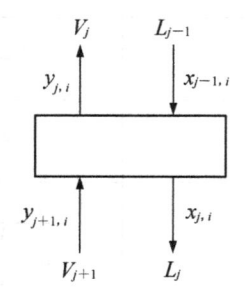

图 4-26　j 板上的物料衡算

$$\text{组分}\,i\,\text{进入}\,j\,\text{板的量}=\int_\tau^{\tau+\Delta\tau}L_{j-1}x_{j-1,i}\mathrm{d}\tau+\int_\tau^{\tau+\Delta\tau}V_{j+1}y_{j+1,i}\mathrm{d}\tau \qquad (4-72)$$

$$\text{组分}\,i\,\text{离开}\,j\,\text{板的量}=\int_\tau^{\tau+\Delta\tau}V_j y_{j,i}\mathrm{d}\tau+\int_\tau^{\tau+\Delta\tau}L_j x_{j,i}\mathrm{d}\tau \qquad (4-73)$$

$$\text{组分}\,i\,\text{在}\,j\,\text{板上累积的量}=E_j x_{j,i}\big|_{\tau+\Delta\tau}-E_j x_{j,i}\big|_\tau \qquad (4-74)$$

式中:E_j 为 j 板上的存液量。与存液量比较,气相存量很小,故忽略不计。

根据积分中值定律，式(4-72)和式(4-73)可写成

$$\text{组分 } i \text{ 进入 } j \text{ 板的量} = (L_{j-1}x_{j-1,i})_{av}\Delta\tau + (V_{j+1}y_{j+1,i})_{av}\Delta\tau \tag{4-75}$$

$$\text{组分 } i \text{ 离开 } j \text{ 板的量} = (V_jy_{j,i})_{av}\Delta\tau + (L_jx_{j,i})_{av}\Delta\tau \tag{4-76}$$

根据拉格朗日中值定理，式(4-74)可写成

$$\text{组分 } i \text{ 的累积量} = \Delta\tau \frac{d(E_jx_{j,i})}{d\tau}\bigg|_{\tau+\Delta\tau} = \Delta\tau\left[E_j\frac{dx_{j,i}}{d\tau}\bigg|_{\tau+\Delta\tau} + x_{j,i}\frac{dE_j}{d\tau}\bigg|_{\tau+\Delta\tau}\right] \tag{4-77}$$

将式(4-75)~式(4-77)代入式(4-71)得

$$(L_{j-1}x_{j-1,i})_{av} + (V_{j+1}y_{j+1,i})_{av} - (V_jy_{j,i})_{av} - (L_jx_{j,i})_{av} = E_j\frac{dx_{j,i}}{d\tau}\bigg|_{\tau+\Delta\tau} + x_{j,i}\frac{dE_j}{d\tau}\bigg|_{\tau+\Delta\tau} \tag{4-78}$$

$\Delta\tau \to 0$ 时，$\frac{dE}{d\tau} = 0$，式(4-78)变为

$$L_{j-1}x_{j-1,i} + V_{j+1}y_{j+1,i} - V_jy_{j,i} - L_jx_{j,i} = E_j\left(\frac{dx_{j,i}}{d\tau}\right) \tag{4-79}$$

当 $\tau = \tau$ 时，全塔各板上的 L、V、x、y 均为已知，即可由式(4-79)算出在 τ 时各板上组分 i 随时间变化率 $\frac{dx_{j,i}}{d\tau}$。

然后，由拉格朗日定理求 j 板上组分 i 在 $\tau + \Delta\tau$ 时的组成。

$$(x_{j,i})_{\tau+\Delta\tau} = (x_{j,i})_\tau + \Delta\tau \frac{dx_{j,i}}{d\tau}\bigg|_{\tau+\Delta\tau}$$

Rose 等假定 $x_{j,i}$ 随 τ 的变化为线性关系，即

$$\frac{dx_{j,i}}{d\tau}\bigg|_{\tau+\Delta\tau} = \frac{dx_{j,i}}{d\tau}\bigg|_\tau$$

上式可写成

$$(x_{j,i})_{\tau+\Delta\tau} = (x_{j,i})_\tau + \Delta\tau\left(\frac{dx_{j,i}}{d\tau}\right)_\tau \tag{4-80}$$

若以反复计算的次数 k 代表时间 τ，$k+1$ 代表 $\tau+\Delta\tau$，则由式(4-79)与(4-80)得

$$(x_{j,i})_{k+1} = (x_{j,i})_k + \frac{\Delta\tau}{E_j}[L_{j-1}x_{j-1,i} + V_{j+1}y_{j+1,i} - V_jy_{j,i} - L_jx_{j,i}]_k \tag{4-81}$$

此式即松弛法的基本方程。其中，$\frac{\Delta\tau}{E_j}$ 称为松弛系数，其值可预先选定。

Rose 指出，为避免迭代过程中塔板组成发生不合理的变化，使过程不收敛，松弛系数必须较小，一般取

$$\frac{\Delta\tau}{E_j} \approx \frac{1}{(5\sim 10)F} \tag{4-82}$$

式中：F 为进料量。若各板的存液量相等，各板的松弛系数也可取等值，但对不同组分有时可用不同的松弛系数值。

对于冷凝器、再沸器和进料板，式(4-81)可分别表示成：

冷凝器

$$(x_{1,i})_{k+1} = (x_{1,i})_k + \frac{\Delta\tau}{E_1}(V_2y_2 - V_1y_{1,i} - L_1x_{1,i})_k \tag{4-83a}$$

再沸器

$$(x_{N,i})_{k+1}=(x_{N,i})_k+\frac{\Delta\tau}{E_N}(L_{N-1}x_{N-1,i}-V_Ny_{N,i}-L_Nx_{N,i})_k \quad (4-83b)$$

进料板

$$(x_{f,i})_{k+1}=(x_{f,i})_k+\frac{\Delta\tau}{E_f}(FZ_i+V_{f+1}y_{f+1,i}+L_{f-1}x_{f-1,i}-V_fy_{f,i}-L_fx_{f,i})_k \quad (4-83c)$$

松弛法的计算程序如下：计算由一组初始值开始，用选定的松弛系数由式(4-83)反复计算，直至得到$(x_{j,i})_{k+1}$与$(x_{j,i})_k$之差符合要求为止。最方便的计算是按恒流动将进料组成作为各板上液相组成的初始值，这些值也作为时间为零时的组成值。

① 用基本方程计算在第一个时间间隔结尾时，第一块板（从上往下数）上的液相组成$(x_{1,i})_1$。

② 用同样方法计算在第一个时间间隔结尾时，第二块板上的液相组成$(x_{2,i})_1$。

③ 依次按顺序计算在第一个时间间隔结尾时，其他各板的液相组成$(x_{3,i})_1$，$(x_{4,i})_1$，……，直至最后一块板$(x_{N,i})_1$。

重复以上步骤，求得第二、第三个时间间隔结尾时各板上的组成，直至$(x_{j,i})_{k+1}$与$(x_{j,i})_k$之差符合要求，表示计算已达稳定态的解。

按同样的方法再计算其他各组分的稳定组成。最后即可得各组分沿各板的组成变化。

为避免由于板上存液量的变动造成的较大误差，所取时间间隔应尽量短。而为避免计算的不稳定性，V和L应分别取存液量E的1/5和1/10。

松弛法的优点是它适用于各种复杂的精馏过程，不仅对初值选定没有严格要求，而且某一组分的量发生变化时，对计算也没有太大影响，所以收敛很稳定。但是，必须使用电子计算机计算，即使如此，其收敛速度也太慢。因此，只有其他方法无法解决时才用松弛法。

5. 萃取精馏的操作注意事项

萃取精馏和普通精馏虽然都是利用液体的部分汽化、蒸气的部分冷凝产生的富集作用，从而将物料加以分离的过程，但是由于萃取精馏中加入大量的萃取剂，因此与一般精馏相比，萃取精馏操作应注意：

① 因塔的萃取剂浓度较大，一般$x_S=0.6\sim0.8$，因此塔内下降液体量远大于上升蒸气量，造成气液两相接触不佳，塔板效率低（仅为普通精馏塔效率的一半左右）。因此，设计时应特别注意板上液体流动的水力学问题，以免效率过低。

② 由于组分间相对挥发度是借助萃取剂的量来调节的，$(\alpha_{12})_S$随萃取剂在液相中的浓度x_S的增加而增大，因此要严格控制回流比，不能任意调节。加大回流比反而降低塔内萃取剂的浓度，使分离困难。故当塔顶产品不合格时，可通过加大萃取剂用量或减少进料量和出料量以保持恒定的回流量的方法来改善分离效果。

③ 通常萃取剂用量较大，塔内液体的显热在全塔的热负荷中占较大比例，所以在加入萃取剂时，温度微小的变化往往引起较大的内回流比变化，直接影响上升蒸气量，从而波及全塔。因此，要严格控制塔内温度，应该以萃取剂恒定浓度与萃取剂温度作为主要被调参数，以保持塔的稳定，当操作条件接近液相分层区时，更要特别注意。

④ 在决定塔径和设计塔板结构时，除了按照蒸气量（包括溶剂蒸气在内）计算外，还应当注意流体中有大量的萃取剂。

⑤在萃取精馏塔内,液相中萃取剂浓度一般为 $x_S>0.6$,此时,塔中组分1、2的浓度变化范围仅在 $x_1+x_2<0.4$ 以内,因此,塔内温度会有些变化,由塔顶向下温度会升高,但变化不显著。在回流段内,由于萃取剂含量迅速下降,仅经过几块板即可使 x_S 由 0.6～0.8 变为 0,这样会引起温度的陡降。塔釜处,由于基本上是萃取剂,因此,塔釜温度也会急剧上升。即塔两头温度变化大,要注意塔顶、塔釜温度。

4.2.5 萃取精馏与恒沸精馏的比较

恒沸精馏和萃取精馏都是在原溶液中加入溶剂,改变原溶液的相对挥发度,使原来不容易用精馏方法分离的溶液可以用精馏方法分离。但是,这两种精馏各有其特点。

① 为了要符合生成恒沸物的条件,因此,可作为恒沸剂的数目远不如萃取剂多。通常恒沸精馏中的恒沸剂是由塔顶蒸出,而萃取精馏中的萃取剂则从塔釜排出,因此,恒沸精馏消耗的能量比萃取精馏多。当然,若原溶液中轻组分含量较少,则恒沸精馏的热量消耗也可能不大于萃取精馏。

② 恒沸精馏因受组成的限制,操作条件比较苛刻。在连续操作时,萃取精馏可以在较大范围内变化,其过程参数比较灵活。但是,恒沸精馏可用于间歇精馏操作,而萃取精馏则不宜用于间歇操作。

③ 在同样压力操作下,恒沸精馏的操作温度较低,故比起萃取精馏来,更宜于分离热敏性物料。

④ 恒沸精馏与萃取精馏各有其自己的使用范围。通常恒沸精馏用于脱除相对含量较少的组分,如醇、酯、苯的脱水。萃取精馏常用来分离物性相似且相对含量又较大的物系,常用于较大的连续生产装置。

4.3 加盐萃取精馏

普通萃取精馏的主要缺点是溶剂用量大,通常溶剂与料液的比均在 5～10 倍以上。溶剂的用量大会使精馏时能量消耗大,溶剂损耗也大,从而增加了操作成本。此外,溶剂用量大还会使萃取精馏塔内液体的负荷高,液相停留时间短,塔板效率低(一般为 20%～40%)。这就增加了所需的实际塔板数,从而抵消了由于加入溶剂提高相对挥发度而使理论板数减少的效果。加盐萃取精馏是综合普通萃取精馏和溶盐精馏的优点,把盐加入溶剂而形成的新的萃取精馏方法。

4-3 加盐萃取精馏

4.4 反应精馏

反应精馏是蒸馏技术中的一个特殊领域。它是化学反应与蒸馏相偶合的化工过程。目前,反应精馏已经成为提高分离效率而将反应与精馏相结合的一种分离操作和为了提高反应转化率而借助于精馏分离手段的一种反应过程。

由于同一设备中精馏与化学反应同时进行,反应精馏比单独的反应过程或精馏过程更为复杂,因此从20世纪30年代中期到60年代,大量研究工作是针对某些特定体系的工艺进行的,60年代末开始研究反应精馏的一般规律,但尚未建立起完整的理论体系。

4.4.1 反应精馏的应用

4-4 反应精馏的应用

反应与精馏结合的过程可分为两种类型:一种是利用精馏促进反应,如酯化反应过程中利用精馏不断移除反应产物来促进醇和酸生成酯,以提高酯化反应的转化率;另一种是通过化学反应来促进精馏分离,如利用活性金属与芳香烃异构体之间发生选择性反应这一特性来实现间二甲苯和对二甲苯的分离等。

4.4.2 反应精馏过程

1. 反应精馏流程

根据反应的类型、物料平衡性质以及所用催化剂形态的不同,反应精馏流程可分为以下几种类型:

(1) 均相催化反应

对于均相催化反应,催化剂可与反应物一起作为进料加入塔内,没有明确的反应段。反应精馏流程如图4-27所示。

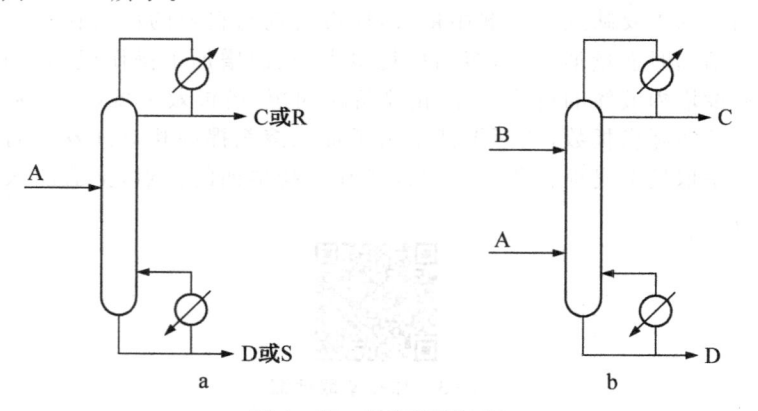

图4-27 反应精馏流程

①反应类型为 $A \Leftrightarrow C$:若产物比反应物更易挥发,则进料位置应在塔下部,甚至在塔釜,产物C为馏出液,塔釜出料很少;若反应物挥发性大于产物,则应在塔上部甚至塔顶进料,并在接近全回流条件下操作,塔釜引出产物C(图4-27a)。

②反应类型为 $A \Leftrightarrow C + D$:产物C是易挥发组分,产物D是难挥发组分。此时精馏的目

的不仅要分离产物与反应物,而且还要分离不同的产物。反应物 A 根据挥发性的大小从塔中的某个位置进料,而产物 C 和 D 则分别从塔顶和塔釜引出(图 4-27a)。

③反应类型为 A→R→S：R 为目的产物,R 比 A 易挥发,S 为难挥发组分。如图 4-27a 所示,由于 R 很快从塔顶馏出,因此 A 的转化速度不仅得到提高,而且还有效地避免了 R 进一步转化为 S,提高了目的产物的转化率。

④反应类型为 A+B⇌C+D：若各组分挥发性的排列顺序为 C>A>B>D 时,则流程如图 4-27b 所示。反应物中易挥发组分 A 从塔下部进入,而难挥发组分 B 从塔上部加入,它们在两进料口间逆流接触并进行反应,产物 C 和 D 分别从塔顶和塔釜引出。由于反应物分别在接近塔的两端加入,反应区域较大,反应物在塔内的停留时间较长,因此反应收率高。如酯化反应多采用这种流程。

(2) 多相催化反应

对于多相催化反应,需把催化剂装填在反应精馏塔内的某一位置而形成反应段。通常,反应段应放在塔内反应物浓度最大的区域,位置根据具体情况而定。

在异戊烯醚脱醚制取异戊烯的反应精馏塔中(图 4-28a),因反应为可逆,希望异戊烯生成后尽快离开反应区,使反应区内异戊烯浓度尽量低,以促进反应朝生成异戊烯的方向不断进行。异戊烯的沸点在物料中是最低的,且不易与醚及醇分开,因此需要较长的精馏段;而沸点最高的醇很容易与其他物质分开,提馏段可以很短甚至取消,所以催化剂就应装填于塔的下部。

苯烷基化制异丙苯的反应精馏情况与上述反应正好相反,催化剂应装填于塔的上部(图 4-28b)。

在生产甲基叔丁基醚(MTBE)的反应精馏中,既希望沸点最高的 MTBE 迅速离开反应区,又需要移走多于化学计量的过量甲醇以防止生成副产物二甲醚。考虑到 MTBE 和甲醇与系统中其他组成的分离都不太容易,因此反应段就应该设在塔的中部,保证有足够的精馏段和提馏段来分离过量甲醇和产物 MTEB(图 4-28c)。

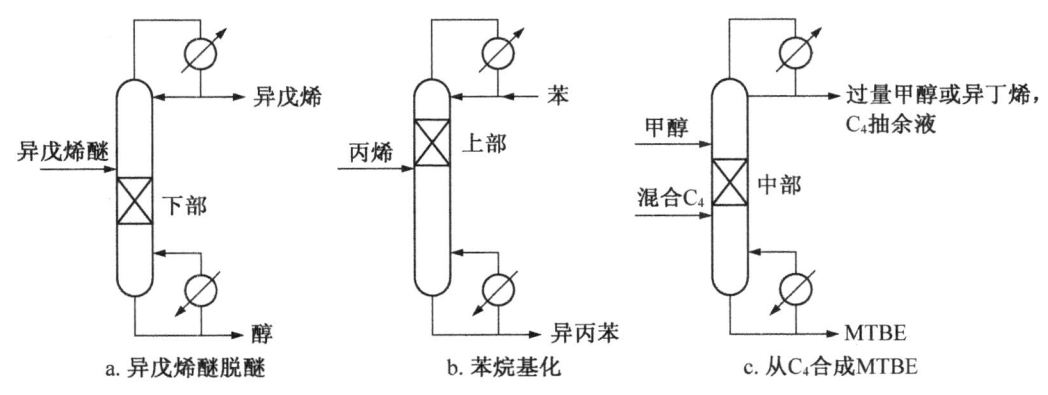

图 4-28 多相催化反应精馏流程

2. 反应精馏基础理论

反应精馏中,催化剂参与的反应精馏最重要,这不仅是因为催化剂的存在可加快反应速率,还因为催化剂可制作成类似于整砌填料的形式置于塔中,起到气液传质的界面作用。下面就催化反应精馏的基础理论予以介绍。

(1) 反应段的传质与流体力学特性

我国著名学者许锡恩及其同事对工业催化蒸馏塔中的催化剂床层(催化剂装入一排玻璃布袋中,再用波纹丝网的相束)的传质进行了实验研究,得出反应段的气、液传质系数为

$$k_G = 1.970 \times 10^{-2} \left(\frac{D_G}{dpRT}\right) Re_G^{0.94} c_G^{0.5} S \tag{4-84}$$

$$k_L = 2.483 \left(\frac{D_L}{dp}\right) Re_L^{0.1} c_L^{0.5} S \tag{4-85}$$

气液系数比表面积的关联式为

$$\alpha/\alpha_t = 0.053 Re_L^{0.24} \tag{4-86}$$

此外,他们还将催化剂袋内液-固之间的传质进行了关联。实验结果证明,由于气、液逆向流动,从而因剪切降低了液体在塔内的实际流速,所以液、固传质系数随气速的增加而减小。

清华大学化工系对 MTBE 催化蒸馏中的催化剂包内反应组分的径向有效扩散系数 D_e 进行了实验测定,结果如表 4-5 所示。

表 4-5 催化剂包内径向有效扩散系数 D_e

温度/℃	60	70	80
$D_e/(cm^2/s)$	0.0145	0.0136	0.0113

由表 4-5 可见,随着温度升高,包内径向有效扩散系数下降。这是因为催化剂包内的传质主要靠液体的直接对流。对于放热反应,反应热引起部分液体汽化,使包内颗粒间存在着气相,从而阻碍了液体的对流传质。因此,虽然因温度升高,反应速率加快,但由于汽化量增大,使 D_e 值有所下降。

另外,许锡恩等对上述催化剂包所装填的催化剂床层进行了流体力学特性研究。实验条件为空气流速 3.0m/s;水流速 5～25m³/(m²·h);填充高度 600mm;催化剂包直径 70～200mm,高度 150mm,空隙率 0.7。实验结果显示,单位高度床层的压降为

$$\frac{\Delta p d}{z} = a\mu^b \tag{4-87}$$

对于填充层,即 $L=0$ 时,$a=171.2, b=1.790$。

对于泛点以下的湿填充床层,即 $L>0$ 时,得到的压降关系为

$$\frac{\Delta p u}{z} = a\mu^b L^c \tag{4-88}$$

式中:$a=50539; b=0.330; c=0.048; u$ 为气体表观(空格)速率。

持液量的关系式为

$$h_d = a\mu^b L^c \tag{4-89}$$

式中:$a=0.0336; b=0.0109; c=0.429$。用此式所得的计算值与实验值的误差在 10% 以内。

随着液体喷淋密度 L 及气速 u 的增加,塔内气、液的接触状态先后出现膜状流动态、鼓泡态和乳化态三种。

（2）反应混合物的热力学性质

在催化蒸馏中，气液相热力学性质比普遍蒸馏要复杂得多。由于反应的存在，用常规测试方法难以测得准确的气液相平衡数据。目前在催化蒸馏的模拟计算中仍用 UNFAC 法估算相平衡数据。另外，由于反应的影响，组分间未反应时的恒沸物可能消失，还可能产生反应恒沸物（包括理想体系）。如 MTBE 生产过程中，有两个非反应恒沸物（甲醇+MTBE、甲醇+异丁烯）消失了，一个非反应恒沸物（甲醇+正丁烷）依然存在，且生成了一个四元反应恒沸物。反应恒沸物可解释为，在某一温度下，汽化率或冷凝率与各组分反应速率的共同作用使得汽化或冷凝不改变相组成。反应恒沸时组分在各相中的摩尔分数并不一定相等，所以用摩尔分数为坐标绘出的反应相图中，反应恒沸时，泡、露点线或面不一定相切。因而难以在图中确定反应恒沸点。为使问题得以简化，巴尔博萨（Barbosa）等用新的转化组成变量 X_i、Y_i 来代替摩尔分数，X_i、Y_i 的定义为

$$X_i = \frac{x_i/\nu_i - x_k/\nu_k}{\nu_k - \nu_T x_k}$$

$$Y_i = \frac{Y_i/\nu_i - y_k/\nu_k}{\nu_k - \nu_T y_k}$$

式中：x、y 为摩尔分数；X、Y 为转换组成变量；ν 为化学反应计量系数。

转换组成变量具有归一性，在反应达到化学平衡前后其值不变，且形成反应恒沸物的充要条件是 $X_i = Y_i$。因此，当以转换组成变量为坐标来标绘反应相图时，能方便地确定恒沸点，如图 4-29 所示。当以摩尔分数为坐标来绘制反应蒸馏残余曲线图时，由于维数多，在图中较难确定恒沸及蒸馏边界（图 4-30）；以转换组成变量为坐标绘制的残余曲线图则便于观察（图 4-31）。另外，还可把反应混合物的吉布斯自由焓、化学势等热力学量表示为转换组成变量的非限定函数，这样可把反应体系类似的形式方便地用无反应系统的处理方法来处理有反应的问题。

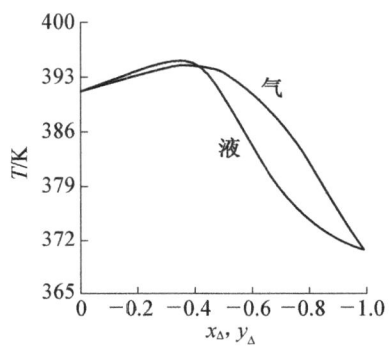

图 4-29 以转换组成变量为坐标标绘的三元系反应相图

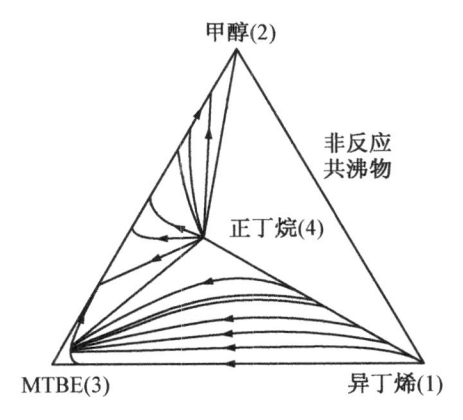

图 4-30 以摩尔分数为坐标标绘的 MTBE 残余曲线图

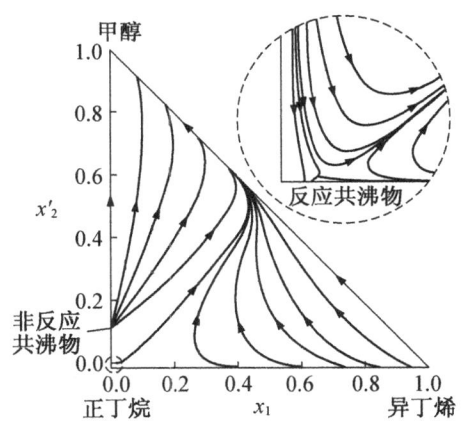

图 4-31 以转换组成变量为坐标标绘的 MTBE 残余曲线图

（3）反应动力学及催化剂效率

在催化蒸馏塔的模拟和设计计算中，要用到反应本征动力学方程或催化蒸馏条件下的宏观动力学方程。表 4-6 列出了近年来的部分研究情况。许多人对离子交换树脂为催化剂液相合成 MTEB 的动力学进行了研究，但大部分是在没有完全消除内扩散的条件下进行的。近期的研究证实，在 Amberlyst-15（简称 A-15）上液相合成 MTEB 动力学测定中，只有当甲醇浓度较高、催化剂粒径小于 0.1mm 时，才能消除内扩散的影响。

表 4-6 本征动力学、催化蒸馏条件下宏观动力学的研究

产品	原料	催化剂	温度/℃	压力/MPa	反应装置	动力学方程式	活化能/(kJ/mol)
MTBE	甲醇/异丁烯	A-15	50～90	2.1	搅拌反应器	$r=f(T,K,a)$	92.4
				1.5		$r=k+c_{TB}k-c_E$	89.2
ETBE	乙醇/异丁烯	K2631	40～90	1.6	搅拌反应器	$r=f(T,K,a)$	79.3
TAME	甲醇/异戊烯	SPC118	50～70	1.6	微反应器	$r=f(T,K,a)$	89.5
乙醚	乙醇/环氧乙烷	NKC-01	90～110	0.24	搅拌反应器	$r=kc_A$	77.65

注：r—反应速率；T—温度；a—活度；k—常数；c—浓度；K—化学平衡常数

催化蒸馏过程中催化剂装填方式、操作条件对催化剂的效率都有影响。催化剂装入袋内，属反应放热时，催化剂效率因子随温度升高而降低，说明反应速率和传质速率随温度的变化是不同的。在低温下，催化剂袋在一定范围内扩大，不会对反应产生不利影响，相反，有效因子却增大，而在较高的温度下催化剂袋内加宽对反应不利。

（4）数学模型

表 4-7 以年代顺序列出了催化蒸馏过程模拟数学模型及解法的有关情况。主要模型有物理-化学平衡级模型（PCE）（假设各级气液与反应同时平衡）、物理平衡级模型（PE）（各级达气液相平衡，考虑了反应速率及相间传质传热速率的影响）。各种模型均考虑了液相的非理想性。模型的求解主要采用同时校正法（SC）和切断法（TM）。校正法把所有的方程同时求解，需要较大的计算机内存，但能快速收敛。切断法把全部方程分为几个子系统，按先后顺序求解。

表 4-7 数学模型

模型	活度系数	逸度系数	解法	模型	活度系数	逸度系数	解法
PE	NRTL	维里方程 TM	Runge-Kutta	RB	UNIQUAC	SRK SC	LIMEX
PB	UNIQUAC	维里方程 SC	Newton-Raphson	PE	WILSON	SC	SPEEDUP
PCE	UNIQUAC	RK TM	Newton+Broyden				

在模型的选择上，平衡级模型需要引入级效率或等板高度的概念，而级效率的确定是经验性的，致使平衡级模拟的可靠性受到影响。对于全速率模型，由于方程数目多，非线性强，同时考虑三相间的传质传热，虽然可提高精度，但会使求解困难，因此在一定条件下对催化精馏的物理模型的合理简化是必要的。

3. 影响反应精馏的条件

4-5 影响反应精馏的条件

4. 反应精馏过程的特点和发展方向

4-6 反应精馏过程的特点和发展方向

【例题 4-7】 生产醋酸乙酯（R）的反应蒸馏塔有 13 块理论板数，并配有全凝器和部分再沸器，反应蒸馏在 101.325kPa 下进行，醋酸（A）的饱和液体以 90kmol/h 进入塔顶以下第 2 块板。组成为乙醇（B）90%（摩尔分数，下同）和水（S）10%（接近于恒沸组分）的饱和液体以 100kmol/h 的流量进入塔顶以下的第 9 块板，因此醋酸和乙醇达到酯化所需化学计量比。其他已知条件为回流比是 10，蒸馏速率为 90kmol/h，希望全部转化为醋酸乙酯，均相反应动力学数据参考 Zarraraz 等人的文献。反应速率为

$$r = K_1 c_A c_B - K_2 c_R c_S$$

$$K_1 = 29000\exp[-14300/(RT)]$$

$$K_2 = -7380\exp[-14300/(RT)]$$

式中：T 为绝对温度。

因为正、逆反应的活化能相同，化学平衡常数与温度无关，等于 $K_2/K_1 = 3.93$，假定每级理论板均达到化学平衡，因此每级都应有很大的滞液量。由 UNIQUAC 方程推算所得的二元相互作用参数见下表。

二组分	二元作用参数	
	$U_{ij}/R(K)$	$U_{ij}/R(K)$
醋酸-乙醇	268.5	-255.62
醋酸-水	398.51	255.84
醋酸-醋酸乙酯	-112.33	219.41
乙醇-水	-126.91	467.04
乙醇-醋酸乙酯	-173.91	500.68
水-醋酸乙酯	-36.81	638.60

用 Chem CAD 计算机辅助过程模拟程序的 SCDS 模型（同时校正法）计算，设全凝器作为第一级，假定塔顶、塔釜的初始温度分别为 73℃和 92.5℃。校核每块板上可能形成的二液相，算出塔顶馏出液和塔釜产品的组成，并绘出液相组成和反应速率分布图。

解 经 17 次迭代计算，结果收敛，算出塔顶馏出液及塔釜组成如下表所示。塔顶、塔釜产品中都出现四个组分，该过程醋酸乙酯的总转化率只有 62.1%，其中塔顶产品中醋酸乙酯占 53%，塔釜中水占 59.2%。

组 分	产品流量/(kmol/h)	
	塔 顶	塔 釜
醋酸乙酯	49.52	6.39
乙 醇	31.02	3.07
水	6.73	59.18
醋 酸	2.73	31.36
Σ	90.00	100.00

从下图 a 看到,塔顶段醋酸乙酯/水、乙醇/水之间的相对挥发度不大于 1.25,使分离变得困难。下图 b 为液相组成分布,虽然酯化反应在 2 块进料板之间进行,但该段塔板上组成变化缓慢。下图 c 所示的反应速率分布非常特殊,进料板(第 3 块板)以上,逆反应占控制地位,从该进料板向下到第 2 进料板入口(第 10 块板),正反应占控制地位,且主要发生在上进料板;第 11~13 块板以逆反应占主导地位,而第 14 块板和第 15 块板(再沸器)正反应占主导地位,正反应进行程度最大的是第 3 块板和第 15 块板。

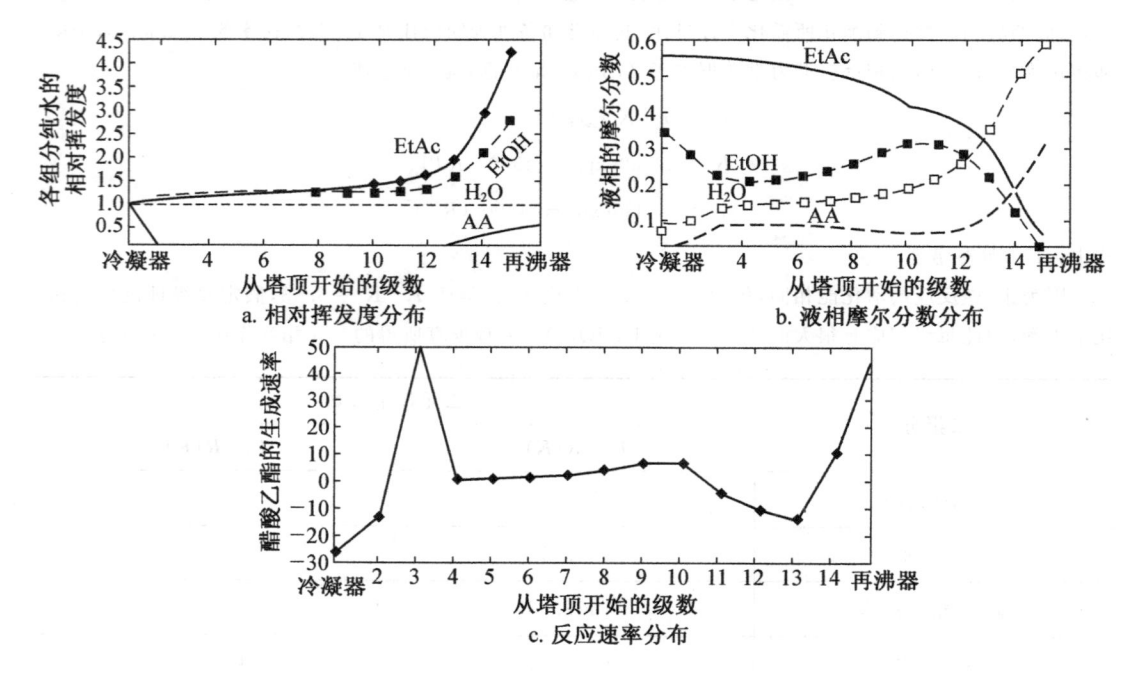

a. 相对挥发度分布

b. 液相摩尔分数分布

c. 反应速率分布

▶▶▶ 参考文献 ◀◀◀

[1] 刘家祺. 分离过程. 北京:化学工业出版社,2002.
[2] 刘家祺. 传质分离过程. 北京:高等教育出版社,2005.
[3] Tomas P, Johann S. Thermodynamic Fundamentals of Reactive Distillation. Chem. Eng. Technol. ,1999.
[4] 尹芳华,钟璟. 现代分离技术. 北京:化学工业出版社,2009.
[5] 刘芙蓉,金鑫丽,王黎. 分离过程及系统模拟. 北京:科学出版社,2001.
[6] Rehfinger A, Hoffmann U. Kinetics of Methyl Tertiary Butyl Ether Liquid-phase Synthesis

Catalyzed by Ion-exchange Resin. 1. Intrinsic Rate Expression in Liquid-phase Activities. Chem. Eng. Sci. ,1990.

[7] 陈欢林. 新型分离技术基础. 北京：化学工业出版社，2005.
[8] 叶庆国. 分离工程. 北京：化学工业出版社，2009.
[9] 武汉大学. 化学工程基础. 北京：高等教育出版社，2001.
[10] 蒋维均. 新型传质分离技术. 北京：化学工业出版社，1992.
[11] Stanley M W. Phase Equilibria in Engineering. Oxford：Butter Worth Scientific，1985.

习 题

1. 特殊精馏的种类有哪些？并解释与普通精馏的区别。
2. 什么是恒沸精馏？如何用三角形相图求解恒沸剂用量？
3. 萃取精馏的实质是什么？如何提高其选择性？
4. 叙述加盐萃取精馏是如何开发出来的。
5. 什么是盐效应？盐效应对气液相平衡有影响吗？
6. 什么时候、采用萃取剂中间采出的流程？对于萃取精馏，当塔顶产品不合格时，能否采用加大回流比的方法使塔顶产品合格？如何提高其选择性？
7. 沸点相近和相对挥发度相近是否为同一概念？
8. 已知 A、B 两组分在压力 $p=760\text{mmHg}$ 下所形成的均相恒沸物的组成为 $x_A=0.65$（摩尔分数），在恒沸温度下，纯 A 组分的饱和蒸气压为 507mmHg，纯 B 组分的饱和蒸气压为 137mmHg。求：
   (1) 在恒沸组成条件下的活度系数。
   (2) 该恒沸物是最低温度恒沸物还是最高温度恒沸物？为什么？
9. 某两组分构成二元系。活度系数方程为 $\ln\gamma_1=Ax_2^2$，$\ln\gamma_2=Ax_1^2$。端值常数与温度的关系为 $A=(1.7884-4.2510^{-2})T(T:\text{K})$。饱和蒸气压方程为 $\ln p_1^0=16.0826-\dfrac{4050}{T}$；$\ln p_2^0=16.3526-\dfrac{4050}{T}$。假设气相是理想气体，试问：
   (1) 99.75kPa 时，系统是否形成恒沸物？
   (2) 99.75kPa 时，恒沸温度是多少？
10. 已知乙醇(1)和水(2)系统，当 $x_1=0.74$（摩尔分数，下同）时，沸点为 60℃，此时 $p_1^0=48.00\text{kPa}$，$p_2^0=27.17\text{kPa}$，系统端值常数 $A_{12}=0.6848$，$A_{21}=0.3781$。试证明：
   (1) 60℃ 时该系统为恒沸系统。
   (2) 该恒沸物属于最高恒沸物还是最低恒沸物。
11. 已知乙腈(1)-水(2)在 101.33kPa 时恒沸，恒沸温度为 76℃，该系统端值常数及饱和蒸气压值如下，求该系统的恒沸组成。

$$A_{12}=0.665 \quad A_{21}=0.855 \quad p_1^0=86.13\text{kPa} \quad p_2^0=41.47\text{kPa}$$

12. 乙醇(1)-正己烷(2)体系在 101.33kPa、58℃ 时形成恒沸物，在此条件下，两组分的饱和蒸气压分别为 $p_1^0=2.67\text{kPa}$，$p_2^0=4.38\text{kPa}$。Wilson 参数为 $\Lambda_{12}=0.041$，$\Lambda_{21}=0.281$。试计算该物系的恒沸组成。
13. 要求在常压塔分离环己烷(1)(沸点 80.8℃)和苯(2)(沸点 80.2℃)，它们的恒沸组成为苯 0.502（摩尔分数，下同），恒沸点 77.4℃。现以丙酮为恒沸剂进行恒沸精馏，丙酮与环己烷形成恒沸物，恒沸组成为环己烷 0.60，若希望得到几乎纯净的苯，试计算：
   (1) 所需恒沸剂用量。
   (2) 塔顶和塔釜馏出物量(以 100kmol/h 进料计)。
14. 四氢呋喃(1)-水(2)混合液在 $x_1=0.854$（摩尔分数，下同）时形成恒沸物，恒沸温度为 63.4℃；当以呋喃(S)为恒沸剂时，则其与水成为非均相恒沸物，恒沸温度为 30.5℃，恒沸组成为 $x_2=0.0438$。要求该溶

液分离得 $x_1=0.999$(塔顶)及 $x_1<0.001$(塔釜),试以简捷计算方法求所需理论板数。

已知:$A_{12}=0.42,A_{21}=1.068,A_{2S}=1.95,A_{S2}=2.59,A_{S1}=0,A_{1S}=0$。30.5℃各饱和蒸气压:$p_1^0=27.359$kPa,$p_2^0=4.833$kPa,$p_3^0=100.418$kPa。

15. 醋酸甲酯(1)-甲醇(2)-水(3)三元体系各相应二元体系的端值常数如下:$A_{12}=0.447$,$A_{21}=0.441$,$A_{23}=0.36$,$A_{32}=0.22$,$A_{31}=0.82$,$A_{13}=1.30$。在 60℃时醋酸甲酯的饱和蒸气压 $p_1^0=1.118$atm,甲醇的饱和蒸气压 $p_2^0=0.829$atm。试用三元 Margules 方程来推算在 60℃时,$x_1=0.1$(摩尔分数,下同),$x_2=0.1$,$x_3=0.8$ 的三元体系中醋酸甲酯对甲醇的相对挥发度 α_{12}。

16. 乙酸甲酯(1)和甲醇(2)混合物在 45℃时为恒沸物,以水(S)为溶剂进行萃取精馏,已知其组成为:$X'_1=0.7$(摩尔分数,下同),$X_S=0.8$,$A_{12}=0.447$,$A_{21}=0.411$,$A_{1S}=1.3$,$A_{S1}=0.82$,$A_{2S}=0.36$,$A_{S2}=0.22$
试求其选择度,并说明塔顶馏出液为何物?

17. 拟以水为溶剂对醋酸甲酯(1)-甲醇(2)溶液进行萃取精馏分离,已知料液的 $x_{F1}=0.65$(摩尔分数,下同),此三元系中各组分的端值常数为 $A_{12}=1.0293,A_{21}=0.09464,A_{2S}=0.8289,A_{S2}=0.5066,A_{S1}=1.8881,A_{1S}=2.9934$。试问:

(1) 当全塔萃取剂浓度为 $x_S=0.6$ 时,水能作为该体系的萃取剂吗?

(2) 当全塔萃取剂浓度为 $x_S=0.8$ 时,其萃取效果可提高多少?

18. 甲醇(1)-丙酮(2)在 55.7℃时为恒沸物,其恒沸组分为 $x'_1=0.198$(摩尔分数,下同),水与苯均可作为萃取剂进行萃取精馏,以分离甲醇和丙酮,试通过计算确定水(3)与苯(4)的选择度,并举例说明哪种选择剂更佳,及塔顶馏出液各为何物质?

$$x_S=0.8$$
$$A_{12}=0.2798,A_{21}=0.2634,A_{13}=0.3794,A_{31}=0.2211,A_{23}=0.9709,$$
$$A_{32}=0.5576,A_{14}=0.8923,A_{41}=0.7494,A_{24}=0.2012,A_{42}=0.1533$$

19. 某甲苯-甲基环己烷混合物的配比为 0.5/0.5(摩尔分数,下同),现以苯酚为萃取剂进行精馏,要求甲苯的纯度为 99%,回收率为 95%。若规定采用全凝器,在泡点温度下回流及进料溶剂量/进料量(S/F)为 3.3,并规定循环溶剂中甲苯含量为 0.009,塔顶馏出液中苯酚含量不大于 0.002,提馏段的液气比为1.8,以 100kmol/h 进料为基准。气液相平衡关系见下图:

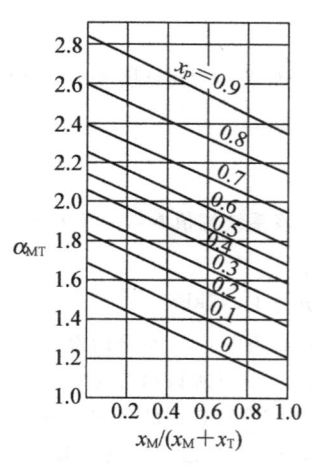

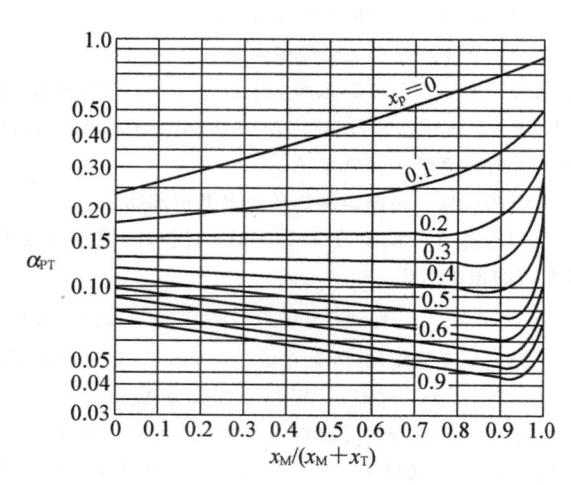

P—苯酚;M—甲基环己烷;T—甲苯

试逐板计算该塔所需的理论板数。

20. 用乙二醇作为萃取剂,萃取精馏乙醇和水的混合物,要求塔顶产品中乙醇组成为 0.995(摩尔分数,下同),乙醇回收率为 99%。已知进料为饱和蒸气,组成为乙醇 0.88,萃取剂浓度为 0.9。试以简捷计算法求取该塔理论板数。

第 5 章

多组分吸收和解吸

5-1 微课:吸收塔效率专业英语词汇　　5-2 微课:吸收和解吸设备专业英语词汇

5.1 吸收分离概述

吸收过程是化工生产中重要的传质单元操作,广泛用于分离气体混合物。吸收过程的基本原理是利用气体混合物中的各个组分在某一液体吸收剂中的溶解度不同,使容易溶解的组分和较难溶解的组分分离,从而达到气体混合物分离的目的。因此,吸收是气相组分由气相转入液相的传质过程,此过程涉及相际热力学关系及相际传质速率,如果伴有化学反应,还必须考虑化学动力学问题。

5.1.1 吸收过程的分类及应用

1. 物理吸收与化学吸收

吸收操作可以分为物理吸收与化学吸收。

(1) 物理吸收

物理吸收是溶质与液体溶剂之间不发生显著的化学反应,可当作是单纯的气体溶解于液相中的物理过程。例如,裂解气中冷油吸收工艺过程中的乙烯和乙烷等组分溶于吸收剂以实现裂解气的分离,水洗法脱除 CO_2 等过程。气体化合物中,能够溶解于溶剂中的组分称为溶质或吸收质;不能溶解的气体称为惰性气体;所用的溶剂又称为吸收剂;吸收所得的溶液称为吸收液;吸收之后排出的气体称为尾气,尾气中除惰性气体外,还含有少量残留的溶质。

物理吸收过程应主要考虑在操作温度下,溶质在吸收剂中的溶解度,吸收速率主要取决于气相或液相与界面上溶质的浓度差,以及溶质从气相向液相传递的扩散速率。

(2) 化学吸收

化学吸收是指在吸收过程中发生明显化学反应的吸收。例如石油裂解气预处理时,利用氢氧化钠溶液作为吸收剂脱除酸性气体中的 H_2S 和 CO_2 时会发生下列化学反应。

$$H_2S+2NaOH \longrightarrow Na_2S+2H_2O$$

$$CO_2+2NaOH \longrightarrow Na_2CO_3+H_2O$$

因此,这种吸收过程属于化学吸收过程。对于化学吸收过程来讲,不仅要考虑气体溶于吸收剂的速度问题,而且要考虑化学反应速率问题。

2. 单组分吸收与多组分吸收

按被吸收组分的多少分,吸收过程又可分为单组分吸收和多组分吸收。

(1) 单组分吸收

在气体吸收过程中,若气体混合物中只有一个组分在吸收剂中有显著的溶解度,其他组分的溶解度很小,甚至可以忽略时,则这类吸收称为单组分吸收。例如用水洗法脱除合成氨原料气中的 CO_2,虽然原料气中其他组分在水中也有一定的溶解度,但与 CO_2 相比就小得多,因此这一过程可视为单组分吸收过程。

(2) 多组分吸收

当气体混合物中各组分在吸收剂中的溶解度不同,但多个组分在吸收剂中有显著的溶解度,这种吸收称为多组分吸收。例如裂解气中冷油吸收的脱甲烷塔,不仅吸收剂中的乙烯、乙烷、丙烯和丙烷有着显著溶解度,而且甲烷在其中的溶解度也不可忽略,这样的吸收可视为多组分吸收过程。

本章主要介绍多组分的物理吸收过程。

3. 吸收在工业生产中的应用

在化工生产中,气体吸收操作广泛应用于直接生产化工产品、分离气体混合物、原料气的精制及从废气中回收有用组分或除去有害物质等。

(1) 制取产品和中间体

可利用气体吸收制取产品。例如,用水吸收氯化氢制取工业盐酸;水吸收 NO_2 生产 $50\%\sim60\%$ 的硝酸;用氨水吸收 CO_2 生产碳酸氢铵;用水吸收甲醛蒸气制甲醛溶液;用水吸收异丙醇催化脱氢生产丙酮;用水吸收丙烯胺氧化反应气体中的丙烯腈作为中间产品等。

(2) 分离气体混合物

气体吸收常被用于混合气体的分离,用以得到 的产物或回收其中的一些组分。例如石油裂解气油吸收,将 C_2 以上的组分与氢、甲烷分开;用水吸收乙醇氧化脱氢制取乙醛;用醋酸亚铜氨液从 C_4 馏分中提取丁二烯;用 N-甲基吡咯烷酮作溶剂,将天然气部分氧化所得裂化气中的乙炔分离出来;乙烯直接氧化法生产中,用吸收法分离反应气体中环氧乙烷等。

(3) 从气体中回收有用组分

可从混合气中获得某种组分。例如,用硫酸从煤气中回收氨生成硫铵;用洗油从煤气中回收粗苯;从烟道气中回收高纯度的 CO_2 等。

(4) 气体净化

气体净化大致可分为两类。

①原料气的净化。其主要目的是清除后续工序反应时所不允许的杂质。例如用乙醇胺液洗除石油裂解气或天然气中的硫化氢;乙烯直接氧化制备环氧乙烷生产过程中原料气的脱硫、脱卤化物;合成甲醇中的脱硫、脱二氧化碳;二氯乙烷生产中用水除去卤化氢;合成氨原料气脱二氧化碳和脱硫化氢等。

②尾气、废气的净化。例如,燃煤锅炉烟道气、冶炼废气等脱 SO_2;硝酸尾气脱 NO_x;磷酸生产中除去气态氟化物;某些有机氯化反应的尾气脱 HCl 及 SO_2 等。

(5) 生化工程

生化技术在化工合成及"三废"治理中应用广泛,作用原理都离不开氧在其中的溶解。例如柠檬酸的生产,通常采用深层发酵法,即在带有通气和搅拌的发酵罐中使菌体在液体内生长的发酵工艺。因为是好气性菌,因此发酵中必须给予大量的空气以维持生物的正常吸收和代谢;在废水处理中采用曝气法以及污泥氧化法等,均要应用空气中的氧在水中的溶解(吸收)这一基本过程。

5.1.2 吸收过程的基本原理

利用吸收的方法来分离气体混合物的基本原理是,应用气体混合物在吸收剂中的溶解度不同,从而将易溶组分和难溶组分分离。

1. 吸收的气液相平衡原理

由热力学可知,气液两相的平衡条件是在两相的压力和温度相同情况下各组分在两相中的化学势相等。

$$K_i = \frac{y_i}{x_i} = \frac{f_i^L \gamma_i^L}{p \varphi_i} \qquad (5-1)$$

对于理想气体混合物,φ_i 值可由图 5-1 查得。

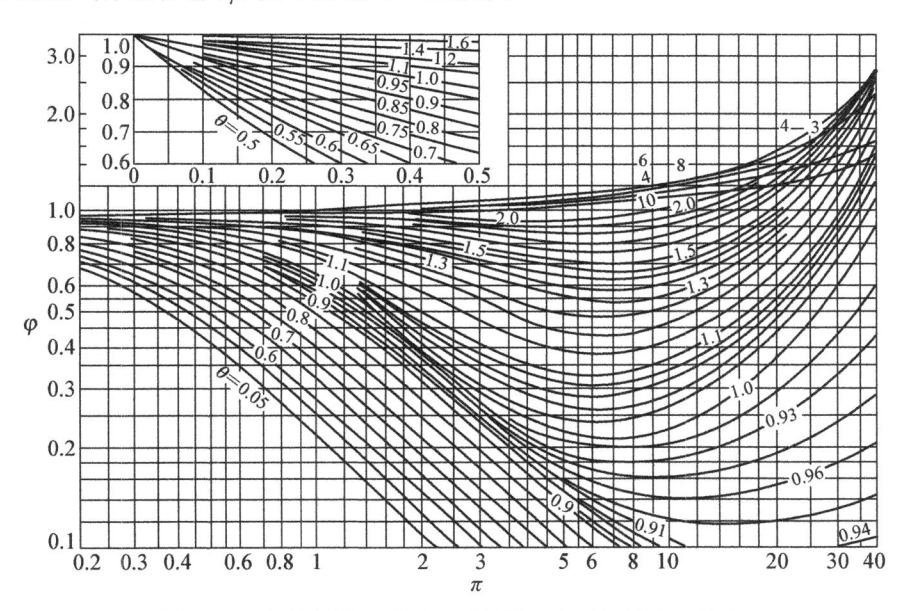

图 5-1 气体的逸度系数与对比温度和对比压力的关系

当系统的温度较大地超过气相组分的临界温度时,气液两相的平衡,即气相组分在液相中的溶解度,成为吸收和解吸等单元操作的相平衡关键。吸收溶剂常采用稀溶液,其平衡关系大多服从亨利定律。

当气液吸收过程中溶解的温度高于气体的临界温度时,气体不再被冷凝,而只是溶解于液相。组分溶解的气液相平衡关系式将服从下列方程:

$$\ln \frac{f_i}{x_i} = \ln H_i - \frac{A}{RT}(1-x_0^2) \qquad (5-2)$$

式中:x_0 是溶液中吸收剂的摩尔分数($x_0 = 1 - x_i$);H_i 是亨利系数,单位为 kPa;A 是常数,是压力和温度的函数。

该式适合于任何浓度的电解质溶液和 x_i 值很小的非电解质溶液。对于理想溶液，$A=0$，式(5-2)可简化为式(5-3)。

$$f_i^V = H_i x_i \quad (5-3)$$

在低压下，可用平衡分压 p_i 代替 f_i^V，变成亨利定律的表达式

$$p_i = H_i x_i \quad (5-4)$$

若以浓度 c_i 代替 x_i，则

$$p_i = H'_i c_i \quad (5-5)$$

显然，$H_i = H'_i c_M$，c_M 为溶液的总物质的量浓度。H 只和温度有关，随温度的升高而增大，其与溶液的总压和组成无关。某些气体在水溶液中的 H_i 值可见表 5-1。

表 5-1 各种气体在水溶液中的 $H(\times 10^2)$

单位：kPa

气体	温度/℃							
	0	5	10	15	20	25	30	35
H_2	58700	61600	64500	67000	69300	71600	73900	75200
N_2	53600	60500	67700	74800	81500	87600	93600	99800
Air	42400	49500	55600	61500	67200	73000	78200	83400
CO	35600	40000	44800	49600	54300	58700	62800	66800
O_2	25700	29400	33200	37000	40500	44400	48100	51300
CH_4	22700	26300	30100	34100	38000	41800	45500	49300
NO	17100	19500	22000	24500	26800	29100	31400	33600
C_2H_6	12700	15700	19200	22900	26700	30700	34700	38800
C_2H_4	5590	6620	7790	9070	10300	11600	12800	—
N_2O	986	1190	1430	1680	2000	2280	2590	3010
CO_2	737	890	1060	1240	1440	1650	1880	2120
C_2H_2	733	853	974	1090	1230	1250	1480	—
Cl_2	272	334	396	461	536	605	670	738
H_2S	270	319	370	428	490	552	617	685
Br_2	21.6	27.9	37.1	47.2	60.2	74.7	92	111

气体	温度/℃							
	40	45	50	60	70	80	90	100
H_2	76100	77000	77500	77500	77100	76500	76100	75500
N_2	106000	111000	11500	121000	126000	128000	128000	127000
Air	88100	92300	85900	102000	106000	109000	110000	109000
CO	70500	73900	77000	83400	85600	85700	85700	85700
O_2	55600	57100	59600	63800	67200	69500	70800	71000
CH_4	52700	55700	58600	63500	67500	69100	70200	71000
NO	35800	37800	39500	42400	44300	45300	45700	46000

续 表

气 体	温度/℃							
	40	45	50	60	70	80	90	100
C_2H_6	4300	47000	50500	57200	63200	67000	69500	70200
C_2H_4	—	—	—	—	—	—	—	—
N_2O	—	—	—	—	—	—	—	—
CO_2	2360	2600	2870	3450				
C_2H_2	—	—	—	—	—	—	—	—
Cl_2	800	858	903	975	994	973	963	
H_2S	755	835	896	1040	1210	1370	1450	1490
Br_2	135	160	194	255	325	410	—	—

H_i 和温度的关系式如下：

$$\ln H_i = -\frac{\varphi_i}{RT} + c_i \tag{5-6}$$

式中：φ_i、c_i 是常数，与物系有关。亨利定律仅适用于理想溶液。事实上，所有的稀溶液都近似于理想溶液，都可应用亨利定律获得相应的平衡数据，以判断传质过程的方向、极限以及计算传质推动力的大小。

显然，对于难溶气体，亨利定律有足够的正确性；对于易溶气体，该定律仅适用于较低的浓度范围，在较高浓度范围时，其溶解度的值将比亨利定律计算值低一些。

【例题 5-1】 计算乙烷在温度为 293K，压力为 20×10^2 kPa 时，与其同系物组成理想溶液时的相平衡常数 K_i 值。已知临界温度 $t_C=305.1$K，临界压力 $p_C=49\times 10^2$ kPa，饱和蒸气压 $p_i^0=39\times 10^2$ kPa(293K)，密度 $\rho=350$ kg/m³ (39×10^2 kPa)。

解 计算对比温度

$$\theta = \frac{293}{305.1} = 0.96$$

对比压力

$$\pi = \frac{20\times 10^2}{49\times 10^2} = 0.41$$

根据 θ 和 π 值，由图 5-1 可查出逸度系数 $\varphi_i = 0.82$，并算得系统压力下气态乙烷逸度：

$$f_i = p\varphi_i = 20\times 10^2 \times 0.82 = 16.4\times 10^2 \text{kPa}$$

同理，在 293K、39×10^2 kPa 下，$\theta \approx 0.96$

$$\pi = \frac{39\times 10^2}{49\times 10^2} = 0.79$$

由图 5-1 查得逸度系数为

$$\varphi_i = 0.67$$

此时，饱和蒸气压的逸度为

$$f_i^V = p_i^0 \varphi_i = 39\times 10^2 \times 0.67 = 26.1\times 10^2 \text{kPa}$$

温度为 T、饱和蒸气压为 p_i^0 的纯液体组分的逸度 f_i^L 应等于饱和蒸气的逸度 f_i^V。而当压力为 p 时，液相逸度 f_i^L 可近似按下式计算

$$\ln \frac{f_i^L}{f_i^V} = \frac{V_i}{RT}(p - p_i^0)$$

式中：V_i 为在一定的 p 和 T 时，组分 i 的液体摩尔体积。

$$\ln \frac{f_i^L}{26.1 \times 10^2} = \frac{0.0857(20-39) \times 10^2}{8.314(293)} = -0.067$$

$$f_i^L = 24.4 \times 10^2 \text{kPa}$$

对于理想溶液，$\gamma_i = 1$，则相平衡常数为

$$K_i = \frac{y_i}{x_i} = \frac{f_i^L \gamma_i}{f_i^V} = \frac{24.4 \times 10^2}{16.4 \times 10^2} = 1.49$$

如果系统处于临界温度以下，即系统为完全理想体系时将服从拉乌尔定律，$p_i = p_i^0 x_i$，此时相平衡常数为

$$K_i = \frac{p_i^0}{p} = \frac{39 \times 10^2}{20 \times 10^2} = 1.95$$

这种情况下的相平衡常数值增加了近 30%。

当系统压力较大时，上述计算会有较大的偏差。考虑到在指定的压力下液体体积的变化通常也不大，此时可以用下式来进行气相逸度 f_i^V 的计算。

$$f_i^V \ln \frac{f_i^V}{x_i} = \ln H_i + \frac{\overline{V}_i (p - p_0)}{RT} \tag{5-7}$$

式中：p_0 为纯溶剂的蒸气压；$\overline{V}_i$ 为组分的偏摩尔体积，即在无限大混合物体积中加入 1mol 组分时所引起的体积变化量，当混合气体服从道尔顿分压定律时，保持体积的加和性，即 $\overline{V}_i = V_i$，就是 1mol 气体在温度 T 和压力 p 时所占有的体积。

2. 吸收过程的传质理论

物质可以通过几种不同的机理自发地进行传递，它们包括：① 分子扩散，限于由分子热运动引起的相互彼此碰撞；② 对流，在外力（如压力差、密度差等）的作用下发生主体流动；③ 湍流混合，其中宏观的流体微团式漩涡在惯性力的作用下产生移动。

由上述三种情况所产生的物质传递的共同效应将决定传质过程。传质领域的研究十分广泛，20 世纪以来，出现了诸多的传质模型，就其适用性及应用的广泛程度而言，当以双膜论、渗透论及表面更新论三者较为成熟。吸收过程的传质可以用上述理论加以解释，且从某种意义上来说，渗透论与双膜论都将是表面更新论的特例。

5.1.3 吸收过程流程

作为吸收装置的工艺流程基本上可以分为两大类。一类是吸收剂不需再生的流程；另一类为吸收剂必须解吸再生，而且吸收剂都循环使用的流程。根据不同的使用场合，吸收工艺流程大致有如下四种。

1. 单一吸收塔工艺流程

当吸收剂与被吸收组分一起作为产品或者废液送出，以及吸收剂使用之后不需要解吸时，则该过程中有吸收塔而没有解吸塔。例如用水吸收氯化氢得到盐酸，用水吸收乙醛、环氧丙烷等属于这类。单塔一次吸收流程见图 5-2。

2. 多个吸收塔组成的吸收工艺流程

当惰性气体中允许含易溶组分极少，或易溶组分溶解度很低、溶解速度很慢时，则采用

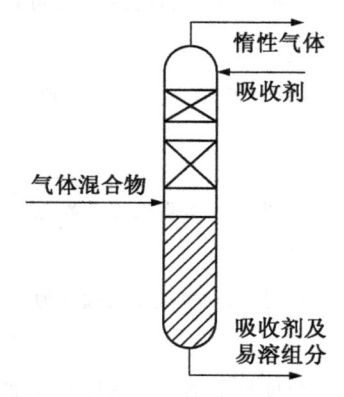

图 5-2 单塔吸收流程

多塔串联的工艺流程(图5-3和图5-4)。

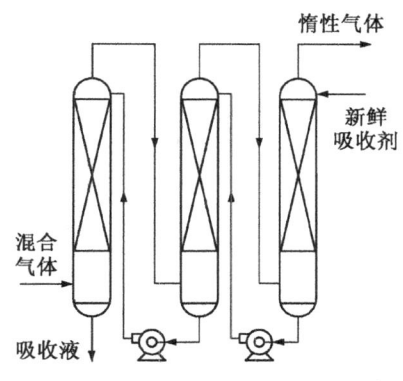

图5-3 多塔逆流串联吸收流程①

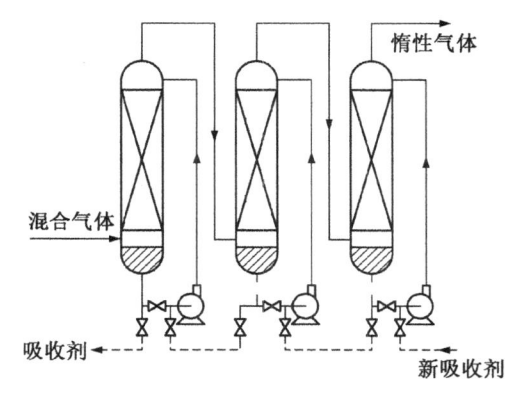

图5-4 多塔逆流串联吸收流程②

在混合气体中含有较多易溶组分,吸收剂用量较大的情况下,常采用流程①的吸收方法。在这样的情况下,吸收剂从每个吸收塔顶喷入,在与混合气体接触过程中大量溶解易溶组分。吸收液中被吸收的易溶组分浓度迅速增加,在塔釜,吸收液中易溶组分的浓度接近与进料气体平衡。一塔进料的混合气体与将要排出的含有较高的易溶组分浓度的吸收液相接触,以保证整个吸收过程取得较好的效果。当混合气体数量较大,而气体易溶组分含量较少时,在塔的工艺设计中为了保证一定的液气比,往往采用较大量的吸收液。在这种情况下,为了使吸收剂充分发挥吸收作用,常采用流程②的吸收方法。混合气仍按一、二、三塔的顺序依次通过,而新吸收剂先进入三塔进行循环吸收。当吸收了一定数量易溶组分后排入二塔,三塔再进新吸收剂。吸收液在二塔循环一定时间,易溶组分达到一定浓度后排入一塔,在一塔循环到一定浓度后吸收液向外排出。正常操作时各塔釜吸收液分别打入该塔塔顶进行循环,一塔吸收液达到规定浓度排出后,二塔吸收液转入一塔,三塔吸收液转入二塔,而三塔则有新的吸收剂补充进入。例如在从粗煤气(高温干馏)中回收氨及粗苯的吸收过程中,气体连续通过三个塔进行回收,在制取37%甲醛水溶液时,其流程与图5-4所示相似。

3. 吸收剂再循环工艺流程

在一般的吸收操作中,带吸收剂循环或不带吸收剂再循环的两种方式都是常见的。它们主要是从移去吸收热和控制喷淋密度的观点出发。当吸收剂的喷淋密度较小,填料表面不能被吸收剂全部润湿,因而气、液两相接触面积减少,使吸收操作不能正常进行;或者在吸收塔中需要排除的热量很大,必须将吸收液从塔中抽出至塔外冷却器进行冷却时,就需要采用部分吸收剂再循环的操作,如图5-5所示。这类工艺在制取98%浓硫酸、37%甲醛水溶液等过程中采用。

图5-5 吸收剂再循环的吸收过程

4. 吸收蒸出塔流程

利用吸收-解吸法将气体混合物分为易溶气体和惰性气体两部分的方法,只适用于惰性气体在吸收剂中溶解度很小,可忽略不计的情况。当吸收尾气中某些组分在吸收剂中也有一定的溶解度,采用一般的方法来进行分离时,这些组分必然也要被吸收剂部分吸收,这样就很难达到预期的分离要求。

在用油吸收方法分离裂解气时,为了确保乙烯有较高的溶解度,甲烷也必然会有一定的溶解度,因此,为了将乙烯与甲烷、氢气分开,工业上采用吸收蒸出塔(图5-6)。该塔实际上是由上部吸收段与相当于精馏塔提馏段的下部蒸出段所组成。气体混合物由塔中部进入,与塔顶进入的吸收剂逆流接触,气体中的易溶组分被吸收下来;吸收液进入蒸出段后,与再沸器蒸发上来的温度较高的蒸气接触,将溶解度较小的组分(甲烷)蒸出,使吸收液中易溶组分的纯度提高。塔釜的吸收液小部分进入再沸器加热,以获得蒸出段所需热量,其余大部分进入解吸塔。解吸后的溶剂经冷却后再循环使用。

5. 吸收-解吸联合工艺流程

气体混合物通过吸收方法将其分离为惰性气体和易溶气体两部分时,一般均采用吸收-解吸联合分离法(图5-7)。

在吸收塔内,混合气体中的易溶组分被吸收,而惰性气体则从吸收塔顶排出,吸收塔釜含有易溶组分的吸收液被送往解吸塔。在解吸塔釜部设有加热器,通过加热器提供热量使易溶组分蒸出,并从解吸塔顶部排出,解吸塔塔釜的吸收剂经冷却后再送往吸收塔循环使用。

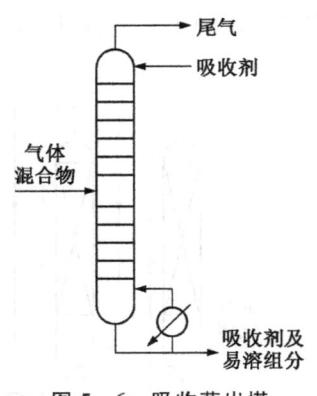

图5-6 吸收蒸出塔

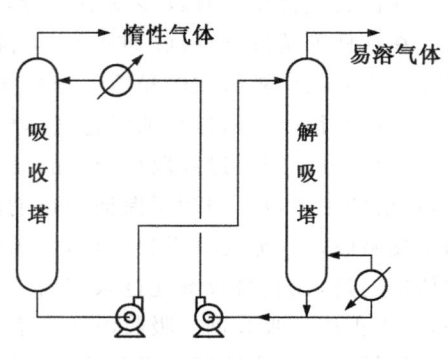

图5-7 吸收-解吸分离法流程

5.1.4 多组分吸收过程的特点

化工生产中最为常见的吸收是多组分吸收。多组分吸收的基本原理和单组分吸收相同,但多组分吸收的计算以及吸收与解吸的组合方案既不同于单组分吸收,又不同于多组分精馏,有它自己的特点。这些特点有:

① 与只有一股进料的普通精馏塔不同,最简单的吸收塔也有塔顶(吸收剂)、塔釜(混合气)两股进料,吸收塔基本上是一个复杂塔。

② 在吸收操作中,物系的沸点范围宽。在操作条件下,有的组分已接近,甚至超过临界点,因而吸收操作中的物系不能按理想溶液处理。

③ 吸收过程一般为单相传质过程。因此,由进塔到出塔的气相(由下到上)流率逐渐减小,而液相(由上到下)流率不断增大,尤其是多组分吸收中,吸收量大,流率的变化也大,不能按恒摩尔流处理。

④ 吸收操作中,吸收的量沿塔高分布不均,因而溶解热分布不均,使得吸收塔温度分布情况比较复杂。

5.2 多组分吸收过程的计算

在多组分吸收中,各溶质组分的沸点范围很宽,有的组分在操作条件下已接近或超过其临界状态,不再遵循拉乌尔定律。同时,在吸收过程中,由于溶质组分被吸收,气液两相的流率沿塔高都在不断地变化。因此,在塔内就不是恒摩尔流的状况,而气相中各组分沿塔高溶解量的分布是不均衡的,导致沿塔高溶解热的大小以及吸收温度的变化是不规则的。也就是说,多组分吸收的吸收量往往比较大,由气体溶解热引起的温度变化已不能忽略,塔内气液两相的流率也不能看成是一成不变的。这样的话,如果用单组分吸收计算中采用的那些旨在简化计算的假设来处理多组分吸收,就可能会产生较大的误差。因此,要获得精确的结果,必须采用逐板计算法。但是,逐板计算法很烦琐,在计算机问世之前,靠人工手算费时过多,往往是不现实的,因此为了寻求既节省时间又能获得基本满意的结果,人们在这方面做了不少工作,推荐了一些简捷计算法,如图解法、吸收因子法等。这些方法即使在计算机已广泛应用的今天,也还没有失去它的实用价值,其可为严格计算提供有依据的初值等。

下面介绍多组分吸收中较常用的计算方法,着重介绍吸收因子法,根据此方法可对吸收过程进行简捷计算,也可进行严格地逐板计算。

5.2.1 吸收塔的简捷计算法

吸收因子法主要是应用物料平衡的概念来确定吸收塔的理论板数。图 5-8 是具有 N 块理论板的吸收塔示意图。图中的 $1,2,3,\cdots,N$ 代表吸收塔理论板序号,排列顺序由塔顶开始。n 表示任意一块理论板,在吸收塔内任意两层塔板间的物料关系可以用以下物料衡算式来表达。

$$l_n - l_{n-1} = v_{n+1} - v_n \quad (5-8)$$

式中:v 为气相流股中组分 i 的流率;l 为液相流股中组分 i 的流率。

任一组分 i 的相平衡关系可表示为

$$y_i = K_i x_i \quad (5-9)$$

由摩尔分数定义

$$y_i = \frac{v_i}{V} \quad x_i = \frac{l_i}{L}$$

代入式(5-9)可得

$$l_i = \frac{L}{K_i V} v_i \quad (5-10a)$$

令 $A_i = \dfrac{L}{K_i V}$,则

$$l_i = A_i v_i \quad (5-10b)$$

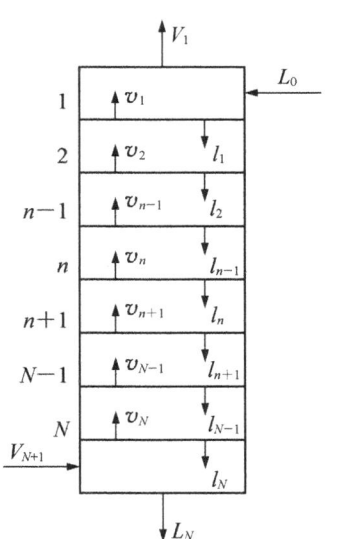

图 5-8 吸收塔示意图

A 定义为吸收因子或吸收因数,它是综合考虑了塔内气、液两相流率和平衡关系的一个数群。L/V 值大,相平衡常数小,有利于组分的吸收。

1. 物料衡算

将吸收因子代入物料衡算式(5-8),并消去 l_n 和 l_{n-1} 得

$$v_n = \frac{v_{n+1} + A_{n-1} v_{n-1}}{A_n + 1} \quad (5-11)$$

当 $n=1$ 时,由式(5-11)得

$$v_1 = \frac{v_2 + A_0 v_0}{A_1 + 1} \tag{5-12}$$

由式(5-10b)可知,$v_0 = \frac{l_0}{A_0}$,代入式(5-12)得

$$v_1 = \frac{v_2 + l_0}{A_1 + 1}$$

式中:l_0 为吸收剂组分的摩尔流量。

当 $n=2$ 时,由式(5-11)可得

$$v_2 = \frac{(A_1 + 1)v_3 + A_1 l_0}{A_1 A_2 + A_2 + 1} \tag{5-13}$$

当 $n=3$ 时,用同样方法可导得

$$v_3 = \frac{(A_1 A_2 + A_2 + 1)v_4 + A_1 A_2 l_0}{A_1 A_2 A_3 + A_2 A_3 + A_3 + 1} \tag{5-14}$$

逐板往下直到 N 板,得

$$v_N = \frac{(A_1 A_2 \cdots A_{N-1} + A_2 A_3 \cdots A_{N-1} + \cdots + A_{N-1} + 1)v_{N+1} + A_1 A_2 A_3 \cdots A_{N-1} l_0}{A_1 A_2 A_3 \cdots A_N + A_2 A_3 \cdots A_N + \cdots + A_N + 1} \tag{5-15}$$

为了消去 v_N,做全塔物料衡算

$$l_N - l_0 = v_{N+1} - v_1 \tag{5-16}$$

并由式(5-10b)得

$$v_N = \frac{v_{N+1} - v_1 + l_0}{A_N} \tag{5-17}$$

由式(5-15)和(5-17)消去 v_N 得

$$\frac{v_{N+1} - v_1}{v_{N+1}} = \frac{A_1 A_2 \cdots A_N + A_2 A_3 \cdots A_N + \cdots + A_N}{A_1 A_2 \cdots A_N + A_2 A_3 \cdots A_N + \cdots + A_N + 1}$$
$$- \frac{l_0}{v_{N+1}} \left(\frac{A_2 A_3 \cdots A_N + A_3 A_4 \cdots A_N + \cdots + A_N + 1}{A_1 A_2 A_3 \cdots A_N + A_2 A_3 \cdots A_N + \cdots + A_N + 1} \right) \tag{5-18}$$

式(5-18)的左侧为组分 i 的吸收率,右侧包含该组分在吸收剂和原料气中的摩尔量及其在各平衡级上的吸收因子。因此,该式关联了吸收率、吸收因子和理论板数,称为哈顿-富兰克林(Horton-Franklin)方程。

应当指出,该公式在推导中未做任何假设,是普遍适用的,但严格按照上式求解吸收率、吸收因子和理论板数之间的关系还是很困难的,因为各板上的相平衡常数是温度、压力和组成的函数,而这些条件在计算前是未知的,因此,必须对吸收因子的确定进行简化处理。根据计算中吸收因子的取值方法不同,就产生了不同的计算方法。

2. 平均吸收因子法

该法假定各板上的吸收因子相同,即采用全塔平均的吸收因子来代替各板上的吸收因子。至于平均值的求法,不同作者提出了不同的方法:有的采用塔顶和塔釜条件下吸收因子的平均值;有的用塔顶吸收剂流率和进料气流率来求液气比,并且根据塔的平均温度作为计算相平衡常数的温度来计算吸收因子。平均吸收因子法只有在塔内液气比变化不大时,即溶解量甚小,而液、气相流率可当作定值的情况下才不至于引起很大误差,因此,对贫气的

吸收计算较准确。这样，当吸收因子取塔内的平均值时，式(5-18)可进一步简化为

$$\frac{v_{N+1}-v_1}{v_{N+1}} = \frac{A^N+A^{N-1}+A^{N-2}+\cdots+A}{A^N+A^{N-1}+A^{N-2}+\cdots A+1} - \frac{l_0}{Av_{N+1}}\left(\frac{A^N+A^{N-1}+A^{N-2}+\cdots+A}{A^N+A^{N-1}+A^{N-2}+\cdots+A+1}\right)$$

$$= \left(1-\frac{l_0}{Av_{N+1}}\right)\left(\frac{A^N+A^{N-1}+A^{N-2}+\cdots+A}{A^N+A^{N-1}+A^{N-2}+\cdots+A+1}\right) \quad (5-19)$$

因为 $l_0 = Av_0$，上式可以写为

$$\frac{v_{N+1}-v_1}{v_{N+1}} = \left(1-\frac{v_0}{v_{N+1}}\right)\left(\frac{A^{N+1}-A}{A^{N+1}-1}\right)$$

即

$$\frac{v_{N+1}-v_1}{v_{N+1}-v_0} = \frac{A^{N+1}-A}{A^{N+1}-1} \quad (5-20)$$

式中：v_{N+1} 为原料气中组分的摩尔流量；v_0 为与吸收剂平衡的塔顶气相组分的摩尔流量，$v_0 = l_0/A$，l_0 为吸收剂中组分的摩尔流量；v_1 为离开吸收塔的尾气中组分的摩尔流量；A 为组分的平均吸收因子；N 为全塔平衡级数。

对于某一组分，在吸收塔中被吸收的量为 $v_{N+1}-v_1$，可能被吸收的最大量为 $v_{N+1}-v_0$。将某组分的相对吸收率定义为该组分在吸收塔中被吸收的量和可能被吸收的最大量之比，即

$$\varphi_i = \frac{v_{N+1}-v_1}{v_{N+1}-v_0} = \frac{A_i^{N+1}-A_i}{A_i^{N+1}-1} \quad (5-21)$$

式中：φ_i 为吸收率。

由式(5-20)和(5-21)可得

$$N = \frac{\lg((A-\varphi)/(1-\varphi))}{\lg A} - 1 \quad (5-22)$$

式(5-22)关联了组分的吸收率、吸收因子和平衡级数。在 N、A 和 φ 之中，只要给出其中的两个参数，即可由式(5-22)求出第三个。为了便于计算，已经将式(5-22)作成 N-A-φ 的关系图，即吸收因子图(图5-9)。同样地，只要给定其中的两个参数，由图5-9即可方便地确定第三个参数。

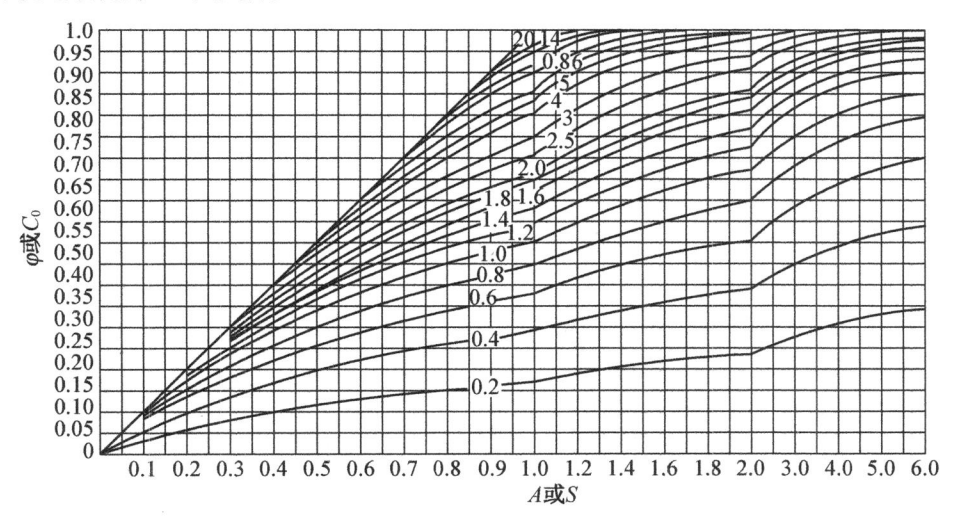

A—吸收因子；S—解吸因子；φ—吸收率；C_0—蒸出率；N—理论板数

图5-9 吸收因子(或解吸因子)图

在应用平均吸收因子法进行计算时,必须注意在公式推导中引进了以下几点假设:
①溶液是理想溶液或接近理想溶液,在此状态下吸收液中溶质浓度不受任何限制;
②全塔温度变化不大,可以近似取一平均的 K_i 值,视为常数;
③气相、液相的流率变化不大,均可取平均值,视为常数。

在此假设基础上,相平衡常数可取全塔平均温度和压力下的与浓度变化无关的常数,即 $K_{i均}$,而液气比的平均值常有以下几种计算方法:

(1) $$\left(\frac{L}{V}\right)_{均} = \frac{L_0}{V_{N+1}} \quad (5-23)$$

假设溶到吸收剂中的溶质量可以略去不计,把 L_0 和 V_{N+1} 看作常数。

(2) 在考虑溶质被吸收后流量有变化,则可按如下两种方法计算平均值。

① $$L_{均} = 吸收剂量 + 1/2 吸收量 \quad (5-24)$$

$$V_{均} = 进气量 - 1/2 吸收量 \quad (5-25)$$

$$\left(\frac{L}{V}\right)_{均} = \frac{L_{均}}{V_{均}} \quad (5-26)$$

分别求得塔内液相流量变化的平均值和气相流量变化的平均值,然后得其平均液气比。

② 先求出塔顶和塔釜的 L/V 比值,然后取其对数平均值。

$$\left(\frac{L}{V}\right)_{均} = \frac{\left(\frac{L}{V}\right)_N - \left(\frac{L}{V}\right)_1}{\ln \frac{\left(\frac{L}{V}\right)_N}{\left(\frac{L}{V}\right)_1}} \quad (5-27)$$

当然,平均吸收因子法只能在接近上述假设的条件下应用,否则会造成较大误差。

3. 平均吸收因子法的应用

吸收因子法不仅可以应用于设计计算,而且可以应用于现有设备的校核计算,还可以用来分析吸收塔的操作。在此着重讨论如何将此法应用于设计计算。

在设计一多组分吸收塔时,下列条件通常是已知的或选定的:
① 入塔原料气的流量 V_{N+1}(m^3/h 或 $kmol/h$);
② 入塔原料气组成 y_{N+1};
③ 操作温度 T(℃)和压力 p(kPa);
④ 吸收剂的种类和组成;
⑤ 对原料气中某一组分的分离要求 $\varphi_{关}$。

设计计算的任务要通过计算确定:
① 完成分离任务所需的理论板数 N;
② 完成分离任务所需的吸收剂的量 L_0;
③ 塔顶尾气的量 V_1 和组成 y_1;
④ 塔釜吸收液的量 L_N 和组成 x_N。

设计计算过程简述如下,并以实例来说明平均吸收因子法的应用。

(1) 关键组分及其吸收率的选定

在多组分吸收过程中,设计吸收塔时,只能确定一个最主要的回收组分(对分离提出要求的组分),这个组分就叫关键组分。在吸收过程中,只要指定关键组分的分离要求,即关键组分的吸收率 $\varphi_{关}$,其他组分的吸收率也就随之确定。例如,中冷油吸收法脱甲烷塔的主要作用是尽可能多地回收乙烯,因此乙烯为该吸收过程中的关键组分,一般要求乙烯的吸收率达到 0.98~0.99。当关键组分乙烯的吸收率确定以后,其他组分的吸收率也可通过计算相应地确定下来。

(2) 最小液气比 $(L/V)_{min}$ 和操作液气比 (L/V) 的确定

与精馏计算相似,对于一定的分离任务,液气比 (L/V) 不能小于某最小值,即最小液气比 $(L/V)_{min}$。在此液气比操作时,理论上需要无穷多的板数才能达到要求的吸收率。由式(5-21)可知,在 $A_i<1$ 的情况下,$\varphi_i=A_i$ 时,$N\to\infty$,也就是说在吸收因子图(图 5-9)上,$\varphi_i=A_i$ 线就是 $N\to\infty$ 线,对应于 $\varphi_i=A_i$ 线的液气比 (L/V) 值就是最小液气比 $(L/V)_{min}$。应用图 5-9 求对应于关键组分的最小液气比十分方便,以纵轴上的 $\varphi_{关}$ 引水平线与 $N\to\infty$ 线相交,交点的横坐标便代表关键组分最小吸收因子 $\varphi_{关}(=A_{关min})$。实际计算可直接取 $A_{关min}=\varphi_{关}$,算出 $(L/V)_{min}$ 值。

$$\left(\frac{L}{V}\right)_{min} = K_{关} A_{关min}$$

考虑到操作费用及设备投资各方面的因素,实际的操作液气比一般取最小液气比的 1.2~2.0 倍,即

$$\left(\frac{L}{V}\right) = (1.2 \sim 2.0)\left(\frac{L}{V}\right)_{min} \tag{5-28}$$

(3) 理论板数 N 的确定

在选定操作压力和温度后,即可计算出在操作液气比下关键组分的吸收因子 $A_{关}$。

$$A_{关} = \frac{L}{VK_{关}}$$

式中:$K_{关}$ 为关键组分相平衡常数,可取在塔的操作压力和全塔平均温度时的数值。

应用图 5-9,在横轴上的 $A_{关}$ 向上引垂线,与引自纵轴上 $\varphi_{关}$ 的水平线相交,在交点位置便可读出所需要的理论板数 N 的数值。

(4) 其他组分吸收率 φ_i 的确定

根据关键组分分离要求确定了该塔的操作液气比和理论板数以后,其他组分的吸收因子 A_i 亦被相应地确定。

$$A_i = \frac{L}{VK_i}$$

式中:K_i 是在相同操作条件下求取的。当 A_i 确定后,可在图 5-9 的横坐标上将各 A_i 值向上引垂线与理论板数线相交,交点的纵轴坐标便是 i 组分的吸收率 φ_i。

求取原料气中各组分的吸收率后,经物料衡算就可确定尾气量 V_1 和组成 y_1,吸收液量 L_N 及 x_N,以及吸收剂的用量 L_0。具体计算见例题 5-2。

【例题 5-2】 某厂裂解气分离车间采用中压油吸收分离工艺。脱甲烷塔进料流率 100kmol/h,进料组成如下:

组 分	H_2	CH_4	$C_2^=$	C_2^0	$C_3^=$	C_3^0	C_4
摩尔分数/%	15.0	30.0	28.0	5.0	19.0	1.0	2.0

该塔操作压力 3.6MPa(绝),吸收剂入塔温度 −36℃,原料气入塔温度 −10℃,乙烯回收率 98%,试求:
(1) 完成分离要求所需的操作液气比(取操作液气比为最小液气比的 1.5 倍);
(2) 该塔所需理论板数;
(3) 各组分的吸收率及出塔尾气的组成;
(4) 采用 C_3 馏分为吸收剂,计算吸收剂的用量。

解 吸收塔平均温度取进料温度和吸收剂温度的平均值。

$$t=(-10-36)/2=-23℃$$

由 p-T-K 列线图查得 3.6MPa、−23℃时各组分的 K_i 值如下:

组 分	H_2^*	C_1^0	$C_2^=$	C_2^0	$C_3^=$	C_3^0	C_4^{**}
K_i	—	3.2	0.65	0.47	0.12	0.10	0.046

* H_2 视作惰性气体,不考虑它在吸收剂中的溶解度;** 以异丁烷代表混合 C_4。

(1) 操作液气比 $\left(\dfrac{L}{V}\right)$

以乙烯为关键组分

最小液气比　　　　$\left(\dfrac{L}{V}\right)_{\min}=A_{关m}\cdot K_{关}=0.98\times 0.65=0.637$

操作液气比　　　　$\dfrac{L}{V}=1.5\left(\dfrac{L}{V}\right)_{\min}=1.5\times 0.637=0.955$

(2) 理论板数 N

关键组分乙烯的吸收因子　　$A_{C_2^=}=\dfrac{L}{VK_{C_2^=}}=0.955/0.65=1.47$

理论板数 N 由 $A_{C_2^=}=1.47$ 及 $\varphi_{C_2^=}=0.98$ 在吸收因子图中查得 $N=8$(图 5-9)。

(3) 各组分的吸收率、尾气量及组成
① 各组分的吸收率
由各组分的 K_i 值以及 $L/V=0.955$ 求得 A_i,再由 A_i 及 $N=8$ 求得各组分的吸收率 φ_i,结果如下:

组 分	H_2	C_1^0	$C_2^=$	C_2^0	$C_3^=$	C_3^0	C_4
K_i	—	3.2	0.65	0.47	0.12	0.10	0.048
$A_i=\dfrac{L}{VK_i}$	—	0.298	1.47	2.03	7.96	9.55	19.9
φ_i	—	0.298	0.98	≈1.0	≈1.0	≈1.0	≈1.0

② 尾气量及组成
由上可知,C_2^0、C_3、C_4 的 $\varphi_i\approx 1.0$,说明这几个组分几乎全部被吸收,不进入塔顶尾气中,尾气主要由 H_2、C_1^0、$C_2^=$ 组成,它们的数量及组成如下:

组 分	进料气中 i 组分的流量 $v_{N+1,i}$ /(kmol/h)	i 组分的吸收率 φ_i	i 组分被吸收的流量 $v_{N+1,i}\varphi_i$ /(kmol/h)	尾气中 i 组分的流量 $v_{1,i}=v_{N+1,i}-v_{N+1,i}\varphi_i$ /(kmol/h)	尾气组成 $y_{1,i}=\dfrac{v_{1,i}}{\sum v_{1,i}}$
H_2	15.0	≈0	≈0	15.0	0.4100
C_1^0	30.0	0.298	8.94	21.06	0.5750
$C_2^=$	28.0	0.98	27.45	0.55	0.0150
$\sum$	73.0	—	36.39	36.61	1.0000

(4) 吸收剂加入量 L_0

塔平均液气比 $\qquad L/V=0.955$

入塔气量 $\qquad V_{N+1}=100\text{kmol/h}$

塔顶尾气量 $\qquad V_1=36.61\text{kmol/h}$

平均气量 $\qquad V=(V_{N+1}+V_1)/2=(100+36.61)/2=68.305\text{kmol/h}$

$$L=(L_N+L_0)/2$$

$$L_N=L_0+(V_{N+1}-V_1)=L_0+(100-36.61)=L_0+63.39$$

$$(L_0+63.39+L_0)/2=65.2$$

$$L_0+31.69=65.2$$

吸收剂量 $\qquad L_0=65.2-31.69=33.51\text{kmol/h}$

塔釜吸收量 $\qquad L_N=33.51+63.39=96.90\text{kmol/h}$

4. 有效吸收因子法

所谓有效吸收因子法,就是以某一不变的 A_e 值代替式(5-15)中所有的 $A_1,A_2,\cdots,A_N$,而使最终计算出来的吸收率比用平均吸收因子计算所得更接近实际,这一 A_e 值即称为有效吸收因子。埃德密斯特(Edmister)假设在一吸收塔中,吸收过程主要是塔顶一块和塔釜一块理论板完成,因此计算有效吸收因子时就着眼于这两块板。这种方法所得结果颇令人满意,已得到较为广泛的应用。

有效吸收因子 A_e 可以通过式(5-15)推导而得

$$\frac{v_{N+1}-v_1}{v_{N+1}}=\frac{1}{v_{N+1}}v_{N+1}-\left(\frac{(A_1A_2\cdots A_{N-1}+A_1A_2\cdots A_{N-2}+\cdots+A_1+1)l_0+v_{N+1}}{A_1A_2\cdots A_N+A_1A_2\cdots A_{N-1}+\cdots+A_1}\right)$$

$$=\frac{(A_1A_2\cdots A_N+A_1A_2\cdots A_{N-1}+\cdots+A_1)v_{N+1}}{(A_1A_2\cdots A_N+A_1A_2\cdots A_{N-1}+\cdots+A_1+1)v_{N+1}}$$

$$-\frac{(A_1A_2\cdots A_{N-1}+A_1A_2\cdots A_{N-2}+\cdots+A_1+1)l_0}{(A_1A_2\cdots A_N+A_1A_2\cdots A_{N-1}+\cdots+A_1+1)v_{N+1}}$$

$$=\frac{A_1A_2\cdots A_N+A_1A_2\cdots A_{N-1}+\cdots+A_1}{A_1A_2\cdots A_N+A_1A_2\cdots A_{N-1}+\cdots+A_1+1}$$

$$-\frac{l_0}{v_{N+1}}\left(\frac{A_1A_2\cdots A_{N-1}+A_1A_2\cdots A_{N-2}+\cdots+A_1+1}{A_1A_2\cdots A_N+A_1A_2\cdots A_{N-1}+\cdots+A_1+1}\right) \qquad (5-29)$$

当吸收塔只有两块理论板时,式(5-29)成为

$$\frac{v_3-v_1}{v_3}=\frac{A_1A_2+A_1}{A_1A_2+A_1+1}-\frac{l_0}{v_3}\left(\frac{A_1+1}{A_1A_2+A_1+1}\right) \qquad (5-30)$$

如以有效吸收因子 A_e 取代 A_1、A_2,则式(5-30)成为

$$\frac{v_3-v_1}{v_3}=\frac{A_e^2+A_e}{A_e^2+A_e+1}-\frac{l_0}{v_3}\left(\frac{A_e+1}{A_e^2+A_e+1}\right) \qquad (5-31)$$

对比式(5-30)和(5-31),两者等号左边相等,右边第二项由于吸收剂可以假设为不挥发并不含被吸收组分,故影响甚微,不予考虑,则得

$$\frac{A_e^2+A_e}{A_e^2+A_e+1}=\frac{A_1A_2+A_1}{A_1A_2+A_1+1}$$

即
$$\frac{A_e^3 - A_e}{A_e^3 - 1} = \frac{A_1(A_2 + 1)}{A_1(A_2 + 1) + 1} \tag{5-32}$$

由式(5-32)整理化简,得到 A_e 的二次方程式

$$A_e^2 + A_e - A_2(A_1 + 1) = 0$$

解得

$$A_e = \sqrt{A_2(A_1 + 1) + 0.25} - 0.5 \tag{5-33a}$$

对于具有 N 块理论板的吸收塔,基于 Edmister 假设,只需用塔釜的 A_N 代替上式中的 A_2,不需再做其他校正,即

$$A_e = \sqrt{A_N(A_1 + 1) + 0.25} - 0.5 \tag{5-33b}$$

采用有效吸收因子法计算的依据与马多克斯等人对逐板计算结果研究得出的结论基本吻合,即对于一个只有两块板的吸收塔而言,总吸收量的100%将在塔顶、塔釜两块板上完成;而对于具有三块板的吸收塔,他们认为塔顶、塔釜两块板约完成总吸收量的88%;当具有四块以上理论板时,塔顶、塔釜两块板约完成总吸收量的80%。因此,用有效吸收因子计算所得结果与逐板计算法比较接近。

为了计算有效吸收因子 A_e,就必须知道离开塔顶板、塔釜板的气、液流率(V_1、L_1、V_N、L_N)和操作温度,这就需要预先估算吸收过程的总吸收量,并且在下面两个假定下估计各板流量和温度。

(1) 各板的吸收率相同,则任意相邻两板的气相流率比值(参阅图5-8)为

$$\frac{v_n}{v_{n+1}} = \left(\frac{v_2}{v_{N+1}}\right)^{1/N} \tag{5-34}$$

同理,$(n+1)$ 板与进料气的气相流率比值为

$$\frac{V_{n+1}}{V_{N+1}} = \left(\frac{V_1}{V_{N+1}}\right)^{\frac{N-n}{N}} \tag{5-35}$$

将上式中的 V_{n+1} 代入式(5-34)得

$$V_n = V_{N+1} \left(\frac{V_1}{V_{N+1}}\right)^{\frac{N+1-n}{N}} \tag{5-36}$$

由塔顶至 n 板间做总量和组分的物料衡算,分别得

$$L_n = L_0 + V_{n+1} - V_1 \tag{5-37}$$

$$l_n = l_0 + v_{n+1} - v_1 \tag{5-38}$$

(2) 塔内的温度变化与吸收量成正比

$$\frac{t_N - t_n}{t_N - t_0} = \frac{V_{N+1} - V_{n+1}}{V_{n+1} - V_1} \tag{5-39}$$

已知进料气流率、组成和温度,进塔吸收剂流率、组成和温度,关键组分的吸收率,以及塔的操作压力,按有效吸收因子法来计算塔顶出口气体、吸收液数量和组成。步骤如下:

① 用平均吸收因子法初算,从而获得塔顶、塔釜气液相物料的初值。

②热量衡算以确定塔顶、塔釜物料的温度。一般先初估塔顶温度 t_1,然后由全塔焓平衡式(5-40)及焓和温度的关系式确定塔釜温度 t_N。

$$L_0 h_0 + V_{N+1} H_{N+1} = L_N h_N + V_1 H_1 + Q \qquad (5-40)$$

式中：H、h 分别为气相和液相的焓；Q 为从吸收塔引出的热量。

③ 用有效因子法核算 v_1、l_N 和 t_N。由 $L_1 V_1$ 和 $L_N V_N$ 分别计算 $(L/V)_1$ 和 $(L/V)_N$,并求出 A_1 和 A_N,从而由式(5-33b)求出 A_e。由式(5-31)算出 v_1,并用热量衡算核算 t_N,如果与前一步结果不符,则应改设 t_1,重复②、③步骤,直到相符为止。

【例题 5-3】 拟进行吸收的多组分气体混合物的组成如下：

组 分	甲烷	乙烷	丙烷	正丁烷
摩尔分数/%	70	15	10	5

进料气在 24℃、202.6kPa 压力下,在绝热的板式塔中用轻烃油吸收,烃油含 1% 正丁烷,99% 不挥发性烃油,进塔的温度和压力与进料气相同。所用烃油与进料气之比为 3.5。进料气中的丙烷至少有 70% 被吸收。甲烷在烃油中的溶解度可以忽略,而其他的组分均形成理想溶液。估算所需理论板数和出口气相的组成。

解 首先列出各组分有关物性数据。

组 分	0~30℃ 的平均比热容/[kJ/(mol·℃)] 气体	0~30℃ 的平均比热容/[kJ/(mol·℃)] 液体	0℃ 的汽化热/(kJ/mol)	$K=y/x$ 24℃	$K=y/x$ 27℃	$K=y/x$ 30℃
甲—烷	35.71	—	—	—	—	—
乙 烷	53.56	133.2	9121	13.00	13.50	14.20
丙 烷	73.80	128.2	16560	4.10	4.35	4.60
正丁烷	91.68	144.0	22380	1.19	1.30	1.40
烃 油	—	376.6	—	—	—	—

因为烃油是 1% 正丁烷 99% 不挥发性烃油所以一些物性数据特别是与气态相关的均查不到不存在。

计算基准:1kmol/h 进料气,基准温度为 0℃,取 0℃ 时的气态甲烷和其他组分在 0℃ 时的液态焓值为零。

初步估计总吸收量为 0.15kmol/h,而平均温度假设为 27℃,则塔顶液气比 $L/V=3.5/(1-0.15)=4.12$,塔釜液气比 $L/V=(3.5+0.15)/1.0=3.65$,其平均液气比为 3.90。理论板数由给定的丙烷吸收率来确定。

对于丙烷,27℃ 的相平衡常数 $K=4.35$,吸收因子为

$$A = \frac{L}{VK} = \frac{3.90}{4.35} = 0.903$$

由式(5-21)可知,当吸收率为 0.7,$l_0=0$ 时,则

$$\varphi = \frac{A^{N+1} - A}{A^{N+1} - 1} = \frac{0.903^{N+1} - 0.903}{0.903^{N+1} - 1} = 0.7$$

解得 $N=2.83$,应选用塔板数为 $N=3$。再将其代入式(5-21)中计算,则丙烷的吸收率为

$$\varphi = \frac{A^{N+1} - A}{A^{N-1} - 1} = \frac{0.903^{3+1} - 0.903}{0.903^{3+1} - 1} = 0.71$$

出口气中丙烷的数量可按式(5-21)计算

$$\varphi = \frac{v_{N+1} - v_1}{v_{N+1} - v_0} = \frac{0.10 - v_1}{0.10 - 0} = 0.71$$

$$v_1 = 0.029 \text{kmol/h}$$

对于乙烷,27℃的相平衡常数 $K=13.5$,吸收因子为

$$A = \frac{L}{VK} = \frac{3.93}{13.5} = 0.291$$

由图 5-9 或式(5-21)可得乙烷吸收率为

$$\varphi = \frac{v_{N+1} - v_1}{v_{N+1} - v_0} = \frac{0.15 - v_1}{0.15 - 0} = 0.291$$

出口气中乙烷量为

$$v_1 = 0.1064 \text{kmol/h}$$

对于正丁烷,27℃的相平衡常数 $K=1.3$,吸收因子为

$$A = \frac{L}{VK} = \frac{3.93}{1.3} = 3.02$$

由式(5-20)得

$$\frac{v_{N+1} - v_1}{v_{N+1}} = \left(1 - \frac{v_0}{v_{N+1}}\right)\left(\frac{A^{N+1} - A}{A^{N+1} - 1}\right) = \frac{0.05 - v_1}{0.05} = \left(1 - \frac{3.5 \times 0.01}{3.02 \times 0.05}\right)\left(\frac{3.02^{3+1} - 3.02}{3.02^{3+1} - 1}\right)$$

$$v_1 = 0.0125 \text{kmol/h}$$

由此得 $\sum v_1 = 0.8479 \text{kmol/h}$,则总吸收量为 $1 - 0.8479 = 0.1521 \text{kmol/h}$,与估计的总吸收量相符。

设塔顶温度 $t_1 = 25℃$(由于总吸收量不大,故设此温度高于吸收剂温度1℃),然后按式(5-40)进行热量衡算,初步得如下结果:

组 分	$v_1/(\text{kmol/h})$	焓/(kJ/kmol)	$H_1 v_1$
甲 烷	0.7000	$35.71\times(25-0)=892.8$	$892.8\times 0.7=625$
乙 烷	0.1064	$53.36\times(25-0)+9121=10455$	1112
丙 烷	0.0240	$73.80\times(25-0)+16560=18405$	533.7
正丁烷	0.0125	$91.68\times(25-0)+22380=24672$	308.4
$\sum$	$0.8479(V_1)$	54424.8	2579.1

组 分	$l_3/(\text{kmol/h})$	焓/(kJ/kmol)	$h_3 l_3$
乙 烷	$0.15-0.1064=0.0436$	$133.2\,t_3$	$0.0436\times(133.2\,t_3)=5.808\,t_3$
丙 烷	$0.10-0.029=0.071$	$126.2\,t_3$	$0.102\,t_3$
正丁烷	$0.035+0.05-0.0125=0.0725$	$144.0\,t_3$	$10.44\,t_3$
烃 油	$3.50-0.035=3.465$	$376.6\,t_3$	$1304.92\,t_3$
$\sum$	$3.652(L_3)$	$780.0\,t_3$	$1330.3\,t_3$

$$H_{n+1}V_{n+1} + h_0 L_0 = H_1 V_1 + h_3 L_3$$

$$5267.3 + 3295.5 = 2579.1 + 1330.3\,t_3$$

$$t_3 = 26.8℃$$

已估计顶板温度 $t_1=25℃$，解出底板温度 $t_3=26.8℃$，将此二值作为下面计算的依据。

当 $n=2$ 时，由式(5-36)得

$$V_N = V_{N+1}\left(\frac{V_1}{V_{N+1}}\right)^{\frac{N+1-n}{N}} = V_2$$

$$V_2 = 1.0 \times \left(\frac{0.8479}{1.0}\right)^{\frac{3+1-2}{3}} = 0.8958 \text{kmol/h}$$

由物料衡算式(5-37)得

$$L_n = L_0 + V_{n+1} - V_1 = L_1 = 3.5 + 0.8958 - 0.8479 = 3.5479 \text{kmol/h}$$

$$\frac{L_1}{V_1} = \frac{3.5479}{0.8479} = 4.184$$

当 $n=3$ 时

$$V_3 = 1.0 \times \left(\frac{0.8479}{1.0}\right)^{\frac{3+1-3}{3}} = 0.9465 \text{kmol/h}$$

$$\frac{L_3}{V_3} = \frac{3.652}{0.9465} = 3.858$$

对于正丁烷，25℃时，$K=1.2$，则

$$A_1 = \frac{4.184}{1.2} = 3.49$$

26.8℃时，$K=1.29$，则

$$A_3 = \frac{3.858}{1.29} = 2.99$$

由式(5-33b)得

$$A_e = \sqrt{A_N(A_1+1)+0.25} - 0.5 = \sqrt{2.99 \times (3.49+1) + 0.25} - 0.5 = 3.20$$

由式(5-20)得

$$\frac{v_{N+1} - v_1}{v_{N+1}} = \left(1 - \frac{v_0}{v_{N+1}}\right)\left(\frac{A_e^{N+1} - A_e}{A_e^{N+1} - 1}\right) = \left(1 - \frac{0.01}{0.05}\right)\left(\frac{3.2^{3+1} - 3.2}{3.2^{3+1} - 1}\right) = 0.783$$

同理可求得其他组分的 v_1 值以及离塔气体和液体的焓，计算结果如下表所示。

组　分	v_1/(kmol/h)	$H_1 v_1$ (25℃)	l_3/(kmol/h)	$h_3 l_3$
甲　烷	0.7	625	0	—
乙　烷	0.1068	1116.6	0.0432	$5.754 t_3$
丙　烷	0.0277	509.8	0.0723	$9.052 t_3$
正丁烷	0.0109	268.9	0.0741	$10.671 t_3$
轻　烃	—	—	3.465	$1304.919 t_3$
$\sum$	0.8454	2520.3	3.6546	$1330.396 t_3$

由全塔热量衡算得

$$5267.3 + 32952.5 = 2520.3 + 1330.4 t_3$$

$$t_3 = 26.8℃$$

然后校核所设顶板温度，直到求出的顶板温度与前面所假设的温度一致为止。

5.2.2 吸收塔的逐板计算法

1. 引入吸收因子的逐板计算法

上一节中采用的吸收因子法由于进行了各种假设,因此仅适用于贫气的吸收,而且不能获得塔内各板断面的温度和流率分布情况。对于富气的吸收及获得塔内各断面的温度和流率的分布,可以由逐板计算法解决。

(1) 物料衡算式的建立

多组分吸收逐板计算法就其基本原理来说是和多组分精馏相似的。考虑到吸收过程确定温度分布的特点,其计算过程与精馏计算过程却是不同的。在多组分吸收计算中,对应于给定的温度分布,只有一组气、液相流率稳定不变,并且能够使所有板上的组成之和都分别等于1。因此,多组分吸收的计算,总是先根据温度分布的初值,按照一定的关系式反复求得稳定的气、液相流率分布;然后根据这个流率分布做各板的热量衡算,以确定新的温度分布;再根据新的温度分布求出稳定的流率分布。如此交替进行,直至温度和气、液相流率分布都稳定不变为止。

为了计算各组分的气、液相流率分布,可以由式(5-18)得出

$$v_1 = \frac{v_{N+1} + \Omega l_0}{\omega + \Omega} \qquad (5-41)$$

式中

$$\Omega = 1 + A_N + A_N A_{N-1} + \cdots + A_N A_{N-1} \cdots A_3 A_2 \quad \omega = A_1 A_2 A_3 \cdots A_{n-1} A_N$$

然后可以直接利用式(5-41)和式(5-10b)。对于从上而下的板序而言,将定值 v_{N+1} 和已知的 l_0 代入式(5-41)即可求出 v_1,然后由式(5-10b),用 v_1 值求出 l_1,再将 l_1 代替式中的 l_0 代入式(5-41),并且采用相应的 ω、Ω 值即可解出 v_2,如此继续直至求得 v_N。除了采用自上而下的板序外,有时也采用图5-10所示的自下而上的板序。这时同样可以导出与式(5-41)完全相似的方程式。

$$v_N = \frac{v_0 + \Omega l_{N+1}}{\Omega + \omega} \qquad (5-42)$$

式中

$$\Omega = A_1 A_2 \cdots A_{N-1} + A_1 A_2 \cdots A_{N-2} + \cdots + A_1 + 1$$

而计算过程也是类似的。但是舍入误差对逐板而下和逐板而上两种计算程序的影响却不同。哈代(Hardy)所进行的计算表明,当吸收剂中不含溶质或者组分的吸收因子小时,宜采用逐板而下的程序;而吸收因子较大时,采用逐板而上的程序能使舍入误差降到最低。

如果直接确定各组分的液相流率,则宜采用与解吸因子关联的基本方程式来计算。下面将依次讨论计算的基本方程式和计算步骤。如图5-10所示的吸收塔,对各板做组分物料衡算和相平衡计算,并且逐板关联,则得出基本方程式。对任意板 n 做组分的物料衡算,得

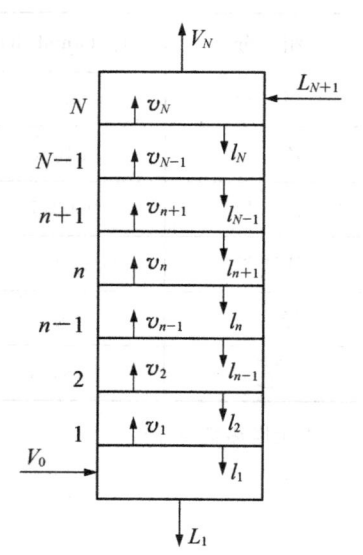

图 5-10 逐板计算示意图

第 5 章　多组分吸收和解吸

$$l_{n+1} = v_n + l_n - v_{n-1} \tag{5-43}$$

相平衡关系为

$$y = Kx$$

或

$$\frac{v}{V} = K\frac{l}{L}$$

令解吸因子

$$S = \frac{KV}{L} = \frac{1}{A} \tag{5-44}$$

故

$$v = Sl \tag{5-45}$$

当 $n=1$ 时，由式(5-43)得

$$l_2 = v_1 + l_1 - v_0 = (S_1 + 1)l_1 - v_0 \tag{5-46}$$

当 $n=2$ 时

$$l_3 = v_2 + l_2 - v_1 = (S_2 + 1)l_2 - S_1 l_1$$

将式(5-46)中的 l_2 值代入上式得

$$l_3 = (S_1 S_2 + S_1 + 1)l_1 - (S_2 + 1)v_0 \tag{5-47}$$

依此类推得

$$\begin{aligned}l_{N+1} = {} & (S_1 \cdots S_N + S_2 \cdots S_N + \cdots + S_{N-1} S_N + S_N + 1)l_1 \\ & - (S_2 \cdots S_N + S_3 \cdots S_N + \cdots + S_{N-1} S_N + S_N + 1)v_0\end{aligned} \tag{5-48}$$

令

$$\varphi = S_2 \cdots S_N + S_3 \cdots S_N + \cdots + S_{N-1} S_N + S_N + 1$$

则

$$l_1 = \frac{\varphi v_0 + l_{N+1}}{S_1 \cdots S_N + \varphi} \tag{5-49}$$

上式关联了各组分在进料气、吸收剂、吸收液中的流率与塔板数、解吸因子的关系。

(2) 计算方法

已知进料气和吸收剂的流率、组成与温度，理论板数和塔的压力后，确定尾气和吸收液的流率、组成与温度以及气、液相流率分布的步骤如下：

① 初始数据可以用平均吸收因子法计算的结果粗略地给定，也可以用有效吸收因子法给出各板的温度和气液相流率初值，以求出各板上各组分相应的解吸因子。

② 根据式(5-49)的原则按塔理论板数展开以算出 l_0。例如，对于有三块理论板的吸收塔，则

$$l_1 = \frac{(S_2 S_3 + S_3 + 1)v_0 + l_4}{S_1 S_2 S_3 + S_2 S_3 + S_3 + 1}$$

$$l_2 = \frac{(S_3 + 1)v_1 + l_4}{S_2 S_3 + S_3 + 1}$$

$$l_3 = \frac{v_2 + l_4}{S_3 + 1}$$

③ 按 $v_n = S_n l_n$ 求出 v_n。如前所述，对于一个给定的温度分布，只有一组气、液分布能使

各个理论板上的组成之和分别都等于1。如果计算出的流率分布与初值不同,则用计算值代替初值,并在温度分布不变的条件下重复上述计算,直至流率分布不变为止。

④热量衡算确定新的温度分布时,尾气和吸收液的温度都不知道,因而如前所述,需先假设其中一股物流的温度,然后逐板做热量衡算以校核所设温度。通常,由于气相焓远小于液相焓,因此,尾气温度的误差对吸收液计算温度影响不大,故以假设顶板温度最为方便。由全塔热量衡算确定第一板的温度,由第一板的热量衡算确定第二板的温度,如此继续以确定各板的温度。如果计算的顶板温度与所设的顶板温度一致,则可用来计算气、液相流率分布和组成。否则改设顶板温度并重复上述计算。

⑤以新的温度分布开始下一循环计算,直至气、液相流率分布和温度分布都稳定为止。

【例题 5-4】 具有四块理论板的吸收塔在 0.414MPa 压力下操作,进塔湿气含 28.5%甲烷(摩尔分数,下同)、15.8%乙烷、24.0%丙烷、16.9%正丁烷和 14.8%正戊烷;吸收剂贫油中含 2%正丁烷和 5%正戊烷,其余为不挥发性烃油。湿气与贫油的进塔温度均为 32.2℃。液气比为 1.104。试用逐板计算法确定产品的流率、组成以及各组分的吸收率。

解 湿气和贫油的流率与组成及由近似计算法(略)所得的温度与流率分布如下:

组 分	给定值			近似法结果			
	v_0/(kmol/h)	x_{N+1}(摩尔分数)	l_{N+1}/(kmol/h)	板 序	$t/℃$	V/(kmol/h)	L/(kmol/h)
甲 烷	28.5	0	0	V_0	32.2	100	—
乙 烷	15.8	0	0	1	57.2	86.2	155.2
丙 烷	24.0	0	0	2	49.4	74.3	141.4
正丁烷	16.9	0.02	2.21	3	42.8	64.05	129.5
正戊烷	14.8	0.05	5.52	4	37.2	55.22	119.2
烃 油	—	0.93	102.27	L_{N+1}	32.2	—	110.4
∑	100	1.00	110.40	—	—	—	—

假定此吸收过程采用绝热操作,忽略各板间的压降,而且各组分均形成理想溶液。从 $p-T-K$ 图中查出有关的相平衡常数,并计算出相应的解吸因子。

组 分	相平衡常数(0.414MPa)				解吸因子			
	57.2℃	48.4℃	42.8℃	37.2℃	S_1	S_2	S_3	S_4
甲 烷	43.0	41.50	40.00	38.50	23.8900	21.81	19.78	17.83
乙 烷	10.4	9.60	8.70	8.05	5.7770	5.046	4.303	3.729
丙 烷	4.0	3.55	3.12	2.81	2.2220	1.866	1.543	1.302
正丁烷	1.4	1.20	1.00	0.865	0.7770	0.6307	0.4946	0.4007
正戊烷	0.5	0.42	0.34	0.29	0.2777	0.1682	0.1682	0.1343
烃 油	0.036	0.0265	0.0196	0.0155	0.0200	0.01393	0.00969	0.00718

计算各塔板上的 φ 值,结果如下:

组 分	S_4+1	$S_3S_4+S_4+1$	$S_2S_3S_4+S_3S_4+S_4+1$	$S_1S_2S_3S_4+S_2S_3S_4+S_3S_4+S_4+1$
甲烷	18.83	371.5	8063	191800
乙烷	4.729	20.78	101.7	569.6
丙烷	2.302	4.311	8.060	16.39
正丁烷	1.401	1.599	1.724	1.821
正戊烷	1.134	1.157	1.162	1.163
烃油	1.007	1.007	1.007	1.007

根据式(5-49)的原则,按塔的理论板数展开以计算 l_n。其中气相各组分的流率是按 $v_n=S_n l_n$ 所确定。逐板计算第一次迭代的第一次试算的结果如下:

组 分	l_{N+1}/(kmol/h)	v_0/(kmol/h)	$(S_2S_3S_4+S_3S_4+\cdots+1)v_0+l_{N+1}$	l_1/(kmol/h)	x_1	v_1/(kmol/h)
甲烷	0	28.5	229800	1.2	0.0078	28.62
乙烷	0	15.8	1607	2.82	0.0183	16.30
丙烷	0	24.0	193.7	11.8	0.0764	26.22
正丁烷	2.21	16.9	31.35	17.22	0.1114	13.39
正戊烷	5.52	14.8	22.72	19.54	01264	5.426
烃油	102.67	0	102.67	101.96	0.6597	2.039
∑	110.40	100	231757.44	154.54	1.0000	92.00

组 分	$(S_3S_4+S_4+1)v_1+l_{N+1}$	l_2/(kmol/h)	x_2	v_2/(kmol/h)	$(S_4+1)v_2+l_{N+1}$	l_3/(kmol/h)
甲烷	10630	1.32	0.0090	28.77	541.7	1.46
乙烷	338.7	3.33	0.0227	16.80	79.45	3.82
丙烷	113.0	14.02	0.0957	26.16	60.22	13.97
正丁烷	23.62	13.70	0.0953	8.64	14.31	8.95
正戊烷	11.80	10.15	0.0693	2.241	8.061	6.97
烃油	104.72	104.00	0.7098	1.449	104.13	103.41	—
∑	146.52	1.0000	84.06	1.741	138.58	807.15	35.17

组 分	x_3	v_3/(kmol/h)	v_3+l_{N+1}	l_4/(kmol/h)	x_4	v_4/(kmol/h)	y_4
甲烷	0.0105	28.84	28.84	1.53	0.0120	27.32	0.4887
乙烷	0.0276	16.45	16.45	3.48	0.0272	12.97	0.2320
丙烷	0.1008	21.56	21.56	9.37	0.0732	12.19	0.2180
正丁烷	0.0646	4.426	6.64	4.74	0.0370	1.898	0.0339
正戊烷	0.0503	1.172	6.69	5.90	0.0461	0.798	0.0142
烃油	0.7462	1.002	103.67	102.95	0.8045	0.739	0.0132
∑	1.0000	73.45	183.85	127.96	1.0000	55.91	1.0000

上表所列的 x_n 值是根据 $\dfrac{l_n}{\sum l_n}$ 计算的,当然 $\sum x_n = 1$。但是如果 $\sum x_n \neq 1$,是由下式计算:

$$\sum x_n = \sum \dfrac{l_n}{L_n}$$

其中,分母 L_n 是开始试算时假设的从 n 板溢流的液相流率,则 $\sum x_n \neq 1$。其结果如下:

板 序	假设的 L 值 /(kmol/h)	计算值 $\sum L$ /(kmol/h)	计算值 $\sum x$	板 序	假设的 L 值 /(kmol/h)	计算值 $\sum L$ /(kmol/h)	计算值 $\sum x$
1	155.2	154.5	0.996	3	129.5	138.6	1.070
2	141.4	146.5	1.036	4	119.2	128.0	1.073

若 $\sum x \neq 1$,或者假设的 L 值和计算的 L 值不一致,说明了假设的流率分布不是所设温度对应的流率分布。在缺乏适当的收敛方法时,可以采用直接迭代法。将试算所得 $\sum l$ 与 $\sum v$ 值作为第一次迭代、第二次试算的假定的流率分布(以给定的温度分布进行的一组试算称为一次迭代)。如此反复,直至流率分布稳定为止。

一旦某次试算后流率分布已成定值,就必须校核假设的温度是否正确,因为所有 $\sum x$ 与 $\sum y$ 都等于 1。根据计算的物流组成来确定露点和泡点,将会重复假设的温度分布而无法校验。因此,只有做热量衡算才能确定各板的温度。

在本例中,第一次迭代的热量衡算从假设顶板温度 $t_4 = 37.2$℃ 开始,计算以 $V_0 = 100$ kmol 为基准,两股进料的 V_0 和 L_{N+1} 与尾气 V_4 的焓值,计算如下:

$$V_0 H_0 = \sum v_0 (H_i)_{32.2} = 2941600 \text{kJ}$$

$$L_{N+1} h_{N+1} = \sum l_{N+1} (h_i)_{32.2} = 3776500 \text{kJ}$$

$$V_4 H_4 = \sum v_4 (H_i)_{37.2} = 1283800 \text{kJ}$$

$$L_1 h_1 = V_0 H_0 + L_{N+1} h_{n+1} - V_4 H_4 = 5434300 \text{kJ}$$

相当于此焓值的底板温度可通过试差确定为 55.8℃。在此温度下,离开第一板的气相焓由 $\sum L_1 h_1 = V_0 H_0 + L_{N+1} h_{n+1} - V_4 H_4 = 5434300$ kJ 确定,得

$$V_1 H_1 = 2793300 \text{kJ}$$

做第一板的热量衡算,得

$$L_2 h_2 = V_1 H_4 + L_1 h_1 - V_0 H_0 = 5286000 \text{kJ}$$

试差求得

$$t_2 = 56.1 \text{℃}$$

在此温度下

$$V_2 H_2 = 2446000 \text{kJ}$$

做第二板的热量衡算,得

$$L_3 h_3 = V_2 H_2 + L_2 h_2 - V_1 H_1 = 2446000 + 5286000 - 2793300 = 4938700 \text{kJ}$$

相应于此焓值的温度为

$$t_3 = 51.4 \text{℃}$$

做第三块板的热量衡算,得

$$L_4 h_4 = 4514500 \text{kJ}$$

相应的温度为

$$t_4 = 45℃$$

因为原假设 $t_4=37.2℃$ 与计算的 t_4 值不符,必须重算温度分布。因此改设 t_4 为 44.4℃,重做全塔热量衡算,并将第二次迭代的温度分布假定为 $t_1=55.6℃$, $t_2=56℃$, $t_3=51.1℃$, $t_4=44.4℃$。下表为第一次迭代、第四次试算的流率分布和这个温度分布用来进行的第二次迭代计算。

假定值		第一次迭代				第二次迭代			第三次迭代	
		试算1	试算2	试算3	试算4	试算1	试算2	试算3	试算1	试算2
L_1/(kmol/h)	155.2	154.5	153.3	152.8	152.7	151.2	151.2	151.3	152.3	152.6
L_2/(kmol/h)	141.4	146.5	146.7	146.4	146.4	141.6	140.3	140.0	140.9	141.3
L_3/(kmol/h)	129.5	138.6	140.1	140.2	140.1	137.1	136.0	135.8	135.1	135.1
L_4/(kmol/h)	119.2	128.0	130.5	131.1	131.2	130.5	129.9	129.7	128.8	128.7
V_1/(kmol/h)	86.2	92.0	93.3	93.61	93.66	90.4	89.1	88.7	88.6	88.8
V_2/(kmol/h)	74.3	84.1	86.8	87.35	87.40	85.9	84.9	84.5	82.9	82.6
V_3/(kmol/h)	64.0	73.4	77.1	78.3	78.56	79.3	78.8	78.4	76.6	76.1
V_4/(kmol/h)	55.2	55.9	57.0	57.57	57.71	59.2	59.2	59.1	58.1	57.8
t_1/℃	57.2	→				55.6	→		54.4	54.4
t_2/℃	49.4	→				56.1	→		51.7	52.2
t_3/℃	42.8	→				51.1	→		47.8	47.8
t_4/℃	37.8	→				44.4	→		43.3	42.8

x_4	第一次迭代				第二次迭代			第三次迭代	
	试算1	试算2	试算3	试算4	试算1	试算2	试算3	试算1	试算2
甲 烷	0.0078	0.0073	0.0071	0.0071	0.0072	0.0074	0.0075	0.0076	0.0076
乙 烷	0.0183	0.0171	0.0167	0.0166	0.0168	0.0171	0.0173	0.0177	0.0179
丙 烷	0.0764	0.0720	0.0704	0.0699	0.0679	0.0683	0.0688	0.0713	0.0720
正丁烷	0.1114	0.1112	0.1108	0.1107	0.1073	0.1070	0.1070	0.1085	0.1088
正戊烷	0.1264	0.1275	0.1278	0.1279	0.1278	0.1275	0.1273	0.1269	0.1268
烃 油	0.6597	0.6649	0.6672	0.6678	0.6730	0.6727	0.6721	0.6681	0.6669

y_4	第一次迭代				第二次迭代			第三次迭代	
	试算1	试算2	试算3	试算4	试算1	试算2	试算3	试算1	试算2
甲 烷	0.4887	0.4798	0.4764	0.4749	0.4625	0.4625	0.4631	0.4706	0.4725
乙 烷	0.2320	0.2310	0.2302	0.2299	0.2239	0.2228	0.2229	0.2253	0.2260
丙 烷	0.2180	0.2273	0.2302	0.2312	0.2317	0.2307	0.2300	0.2263	0.2251
正丁烷	0.0339	0.0362	0.0376	0.0382	0.0486	0.0497	0.0495	0.0445	0.0434
正戊烷	0.0142	0.0135	0.0135	0.0136	0.0171	0.0176	0.0177	0.0170	0.0168
烃 油	0.0132	0.0122	0.0121	0.0122	0.0162	0.0167	0.0168	0.0163	

第三次迭代的温度基本上与第二次迭代的温度一致,因此不再做第四次迭代了。各次迭代的试算次数随着假设的温度分布接近正确的温度分布而减少,这是由于当其温度分布变动较小时,在该次迭代的首次试算中,最初假设的流率分布就比较接近正确的温度分布所对应的流率分布。

第四次迭代的温度分布终于不变了,这次迭代所得的流率分布与组成将会同时满足全部物料衡算与热量衡算的要求,同样,所有的 $\sum x_n$ 与 $\sum y_n$ 必然等于1。

通过例题5-4的计算,我们对如何进行吸收塔的逐板计算法已有一定的概念。同时通过对其结果的分析,我们了解到在多组分吸收过程中,随着溶质的溶解,塔中的气、液相流率和温度分布都是从下而上沿塔不断降低。而各组分在各块塔板上的吸收率却是不同的,其中易溶组分在塔釜几块板上首先被大量吸收,难溶组分一般只在靠近塔顶的几块板才被吸收,而在其余各板上的流率几乎没有显著变化。只有关键组分及邻近的组分才被吸收。分析气相中各组分的浓度变化情况可以看出:沿塔釜而上,易溶组分在塔釜第一、二块板上浓度就显著下降;而一些中间组分则可能由于易溶组分被大量吸收,出现浓度增高情况,直至这些组分也有相当溶解量时才又下降,因此这些中间组分可能在塔内出现浓度的最大值;至于难溶组分,则可能由于其在吸收过程中溶解很少,而出现气相中浓度不断升高的情况。了解吸收塔内各组分的流率、浓度和温度的变化规律,将有助于加强对吸收塔的控制并采取相应的措施来提高操作效率。

2. 流量平衡法

流量平衡法提出以物料平衡、相平衡和焓平衡关系进行逐板计算,物料平衡线以流量平衡表达,以塔顶出口吸收尾气中各组分摩尔流率为迭代变量,可用于计算非理想物系。

按绝热过程考虑,j 平衡级上,物料平衡式为

$$L_j + V_j = L_{j+1} + V_{j-1} \tag{5-50}$$

组分物料平衡式为

$$L_j x_{j-1} + V_j y_{j,i} = L_{j+1} x_{j+1,i} + V_{j-1} y_{j-1,i} \tag{5-51}$$

相平衡式为

$$h_L L_j + h_{V,j} V_j = h_{L,j+1} L_{j+1} + h_{V,j-1} V_{j-1} \tag{5-52}$$

全塔物料平衡和焓平衡方程为

$$L_1 + V_N = L_{N+1} + V_0 \tag{5-53}$$

$$L_1 x_{j,i} + V_N y_{N,i} = L_{N+1} x_{N+1} + V_0 y_{0,i} \tag{5-54}$$

$$h_{L,1} L_1 + h_{V,N} V_N = h_{L,N+1} + h_{V,0} V_0 \tag{5-55}$$

各组分摩尔流率根据式(5-51)及(5-54)写为

$$l_{j,i} + v_{j,i} = l_{j+1,i} + v_{j-1,i} \tag{5-56}$$

$$l_{1,i} + v_{N,i} = l_{N+1,i} + v_{0,i} \tag{5-57}$$

由此可知,计算步骤为:

①给出离开吸收塔顶的尾气中的摩尔流率 $v_{N,i}$ 的初值;

②由相平衡计算尾气的露点及摩尔焓;

③由式(5-53)及式(5-57)计算 L_1 和 $l_{1,i}$;

④由式(5-55)计算 $h_{L,1}$,由此得第一级平衡温度 T_1;

⑤由平衡温度计算与液体相平衡的气相组成；
$$\sum y_{j,i} = 1$$
⑥因此可求得 V_j 和 $v_{j,i}$，并计算 $v_{N,i}$；

⑦由物料平衡，求得 $j+1$ 平衡级上流下的液相摩尔流率 L_{j+1} 和相应的各组分的摩尔分数 $x_{j+1,i}$。同样，根据焓平衡，由温度迭代方法求得 $j+1$ 平衡级温度 T_{j+1} 和液相焓 $h_{L,j+1}$，如此不断进行迭代计算。

⑧每一平衡的判据为
$$\left| \frac{l_{N+1,i} - l_{N+1,ical}}{l_{N+1,i}} \right| \leqslant \varepsilon$$

如满足，即可继续计算，否则要调整迭代变量。

5.3 吸收过程操作条件及因素分析

如前所述，吸收塔的吸收过程主要发生在塔顶、塔釜各自的第一、二块板上。因此，吸收过程的强化无需在理论板数的多少上多考虑，主要应在吸收的操作条件及吸收剂的选择上多做分析，多注意它们的影响。

5.3.1 吸收过程的必要条件和限度

1. 吸收过程的必要条件

根据相平衡概念，可以判断当气、液相接触时，溶质究竟是由气相溶于液相（即溶质被吸收），还是溶质由液相转入气相（即溶质被解吸）。分别以 p_i^* 和 y_i^* 表示与液相组成 x_i 平衡时气相中 i 组分的分压和摩尔分数。当气液相处于平衡态时必须满足

$$p_i = p_i^* = H_i x_i \tag{5-58}$$
$$y_i = y_i^* = K_i x_i \tag{5-59}$$

式中：p_i 和 y_i 分别代表气相中组分 i 的实际分压和摩尔分数。

当 $p_i > p_i^*$，$y_i > y_i^*$ 时，溶质将由气相转入液相，从而被吸收；当 $p_i < p_i^*$，$y_i < y_i^*$ 时，溶质将由液相转入气相而被解吸出来。这即为吸收及解吸作用发生的必要条件。

2. 吸收过程进行的限度

在图 5-11 中所示的吸收塔，设进料气体混合物中易溶组分的组成为 $y_{N+1,i}$，出塔吸收液中 i 组分含量为 $x_{N,i}$。显然

$$x_{N+1,i}^* = y_{N+1,i}/K_i \geqslant x_{N,i}$$

同样，设从塔顶加入的吸收剂中 i 组分含量为 $x_{0,i}$，离开塔顶气相中 i 组分的含量为 $y_{1,i}$，显然

$$y_{1,i} \geqslant K_i x_{0,i} = y_{0,i}^*$$

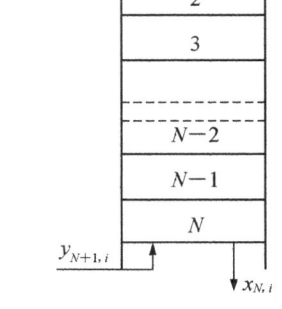

图 5-11 吸收过程进行的极限

这就为我们进行设计时明确地规定了离开吸收塔的气液相组分浓度的限度,从而避免了在设计时提出一些不合理的、实际上是无法实现的要求。

吸收终了,气体的组成 $y_{1,i}$ 与吸收剂中 i 组分含量 $x_{0,i}$ 有密切的关系。而 $x_{0,i}$ 是解吸过程分离后吸收剂中 i 组分的含量。因此,在设计吸收塔时不能孤立地只考虑吸收过程,还要将它与解吸过程联系在一起进行考虑。当吸收过程的分离要求很高时,例如以 C_2 馏分生产作为聚合的原料乙烯时,要求乙烯中乙炔的含量低于或等于 10×10^{-6},如果采用丙酮吸收的方法来脱乙炔,那么,对于解吸后丙酮中乙炔的含量要求也很苛刻,否则就无法获得规定质量的乙烯产品。在实际设计时往往是按照规定的分离要求先确定吸收塔气体的组成,根据已经选定的出塔气体组成再参考气液相平衡数据来确定吸收剂在解吸后易溶组分的含量。

5.3.2 吸收过程的操作因素

吸收塔的操作压力、操作温度和液气比是影响吸收操作的主要因素。下面我们将结合吸收因子关系来讨论它们的影响情况。

1. 操作压力的影响

提高吸收塔的操作压力 p 将使气相中溶质的分压 p_i 增加,由亨利定律可以看出溶质的溶解度将增大,这对于吸收是有利的。从气液相平衡常数 K_i 的影响来看,随着压力的提高,各组分的 K_i 值将减小,当液气比一定时,A_i 值则增大。在吸收塔理论板数为一定值时,吸收因子 A_i 增大,则吸收率 φ_i 随之增大。当根据分离要求已确定吸收率 φ_i 的情况下,往往增大 A_i 会相应地减少所需的理论板数 N。

以上分析表明,满足压力 p 对吸收操作本身是有利的,但也应注意到,随着压力的提高,进塔原料气体压缩所消耗的功率也随之增加,并且吸收塔的壁厚也相应增加,这些是不利的方面。

2. 操作温度的影响

降低吸收塔的操作温度,各组分的亨利常数也降低,则气体溶解度增大,同时 K_i 值也减少,吸收因子增大。显然,降低温度和提高压力具有相同的作用。吸收虽然适于在低温下操作,一般不宜在低于室温的条件下操作,但是应避免采用冷冻操作以减少动力消耗。当然,有时为避免采用过高的压力,必须在低压下操作,例如 C_3 馏分吸收裂解气中的乙烯以及丙酮吸收乙炔等。

3. 液气比的影响

液气比 (L/V) 是和吸收剂的用量有联系的,设计或生产时一般是保持一定的生产能力 V,液气比的增加意味着吸收剂的用量增加。液气比对吸收操作的影响犹如回流比对精馏操作的影响。增大液气比 (L/V) 将使各组分的吸收因子 A_i 增加。因此,增大液气比起着和增加操作压力或降低操作温度相同的作用。但要注意,随着液气比的增大,相应地会增大吸收剂的用量,这将会导致回收吸收剂的费用随之增加。因此,一般取液气比为最小液气比的 1.2~2.0 倍。

4. 吸收因子和板数的影响

吸收因子 A_i 实际上是综合了温度、压力、液气比三个因素的影响,从图 5-9 可以看出

吸收因子 A_i 和吸收率 φ_i 以及理论板数 N 之间的关系具有以下特点：

①吸收因子 A_i 不得小于所规定的吸收率 φ_i，当 $A_i=\varphi_i$ 时，需要理论板数 N 为无穷多。

②随着吸收因子 A_i 的增大，各组分的吸收率 φ_i 将增高，但是从图 5-9 可以看出吸收因子 A_i 超过某一数值（与板数有关）以后，当吸收因子 A_i 继续增大时，对吸收率 φ_i 的提高的影响就不明显了。一般来说，当吸收因子 A_i 超过 2.0 以后，其影响就显著减弱。

③随着板数 N 的增大，各组分的吸收率 φ_i 显然也将增加。但是应当指出，当板数较少时，增加一块理论板对于提高吸收率的影响是很明显的；当理论板数超过 10 块以后，再增加板数对吸收率的提高就很有限。当吸收因子为 1.1~1.5，增加理论板数对于提高吸收率最为显著。

5.3.3 吸收剂的选择

在解吸过程和重复使用吸收剂的循环过程中，吸收剂在理论上是不消耗的。因此，原则上能溶解被吸收组分的任何物质均可作为吸收剂使用。但实际上在选择吸收剂时必须考虑到一系列要求。

①吸收剂对于需要从气体中提取的组分应具有足够大的吸收能力。如使用吸收能力低的吸收剂则会导致循环液量增加，从而使解吸和输送溶液的费用增加。一般说来，在吸收温度下溶液上方之组分分压小的吸收剂有较高的吸收能力。

②吸收剂在解吸时应易于再生。为此在解吸温度下吸收液上方的组分压力应该较大。否则在解吸时就要消耗大量的蒸气或在再生后的吸收剂中仍含有大量的未被除掉的组分。这样会使以后的吸收条件恶化，从而影响其对提取组分的吸收效能。

③在许多情况下吸收剂应具有选择性，即它能有效地吸收欲分离的组分而不吸收或很少吸收气体混合物中的其他组分。

④在吸收和解吸的温度下，吸收剂本身的蒸气压应该是不大的，否则会随吸收塔出口的气体或者同解吸器分离出的组分一起跑掉，从而造成损失。

⑤吸收剂在吸收过程中应该稳定，也就是说不发生变化（分解、氧化、树脂化等），否则它将失去原有的能力。

⑥吸收剂应价廉易得。

⑦吸收剂应对设备无腐蚀作用。

⑧吸收剂的传质系数应足够大。

一般说来，任何一种吸收剂都不能同时满足上面列举的全部要求，因此也就不可能筛选出一种对各类气体都适用的吸收剂，而只能根据过程的具体条件针对各种情况来挑选。这些条件包括需要净化的程度，气体的组成、性质、温度和压力，被提取组分在气体中的浓度等。

此外值得一提的是，吸收塔出口气体通常都为溶剂蒸气所饱和，因而所带走的溶剂量会很可观，一般选用价格低的溶剂会比选用溶解度大、价格高的溶剂划算。

5.4 吸收塔的热量平衡

5-3 吸收塔的热量平衡

5.5 多组分吸收液的解吸

解吸的原理和吸收是相同的,都基本上是气、液相间的单相传质过程,但它们的传质方向相反,因此实际上解吸是吸收的逆过程。解吸是使溶解于液体中的气体组分从液体中蒸出的过程。工业上常用这种方法使吸收剂得以再生。以回收被吸收的组分为目的时,也必须采用解吸操作。

5.5.1 解吸的方法

解吸过程得以顺利进行的必要条件是溶液中的溶质 i 组分平衡蒸气压 p_i^* 或平衡气相组成 y_i^* 大于与该溶液相接触的气相中的 i 组分分压 p_i 或组成 y_i。只要满足这种条件,溶质才能从液相转入气相,即进行解吸过程。

为了使溶液中溶质的平衡蒸气压 p_i^* 大于气相中 i 组分的分压 p_i,通常可以采用以下四种方法来实现:

1. 减压闪蒸解吸

将原来处于较高压力的吸收液进行减压,显然总压降低后,气相中溶质 i 的分压 p_i 也必然相应降低,从而实现 $p_i^* > p_i$ 的条件,使解吸过程得以进行。

2. 加热升温解吸

将吸收液加热升温以提高溶质的平衡分压 p_i^*,减少溶质的溶解度。

3. 解吸剂作用下解吸

由于通常情况下减压是有限制的,上述减压闪蒸解吸操作往往不可能充分进行。因此,对溶质溶解度较大的组分,需要采用解吸剂作用下的解吸来提高组分的解吸程度。常用的解吸剂是惰性气体、水蒸气、溶剂蒸气等。

通常将吸收液送入解吸塔顶,在解吸塔釜部通入解吸剂,由于解吸剂中一般不含易溶组分,因此解吸剂与吸收液接触后因吸收液中溶质 i 的平衡蒸气压远大于以惰性气体为主的混合气体中 i 组分的分压,i 组分解吸出来。

4. 精馏

这种解吸方法是在解吸塔下设有再沸器,液体从塔顶或中部进入在塔内向下流动过程中与上升的蒸气接触,液相中溶质组分的浓度自上而下逐渐降低,最后液体流入再沸器中受热而沸腾,部分汽化而形成的蒸气自下而上与含被解吸组分的液体相向而遇,进行热量交换和质量交换。这种解吸过程实质是精馏过程。

具体采用什么方法需要根据吸收液的特点以及整个工艺流程的安排而定。图 5-12 表示丙酮脱乙炔的工艺流程,该吸收过程采用了上述减压闪蒸解吸、加热升温解吸和精馏三种方法。

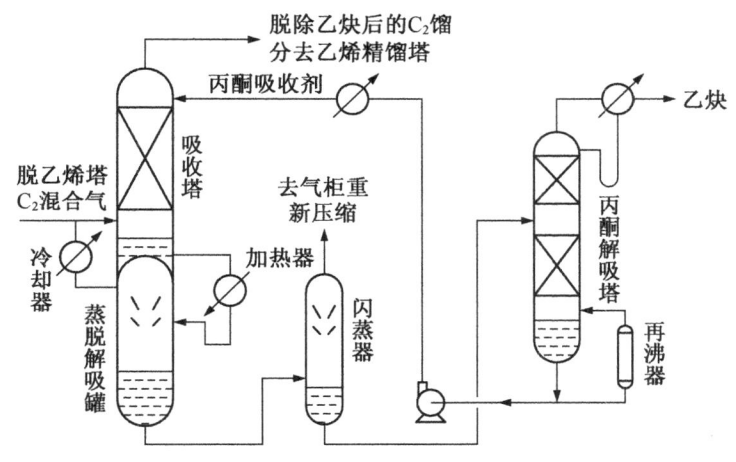

图 5-12 丙酮脱乙炔流程图

以丙酮吸收塔釜排出的吸收液中除了含有乙炔以外还含有数量相当大(远大于乙炔)的乙烯和乙烷。为了回收这部分乙烯和乙烷,先将吸收液加热到 20~30℃,在不降压的情况下使被溶解的乙烯和乙烷初步蒸脱出来。蒸出来的 C_2 馏分可以与脱乙烷塔来的气体合并为丙酮吸收塔的进料气体。

从蒸脱罐出来的丙酮吸收液中仍含有相当多的 $C_2^=$ 和 C_2^0,将此吸收液送入闪蒸罐进行减压闪蒸,压力由 2.0MPa,降至 0.2~0.3MPa,使大部分的 $C_2^=$ 和 C_2^0 解吸出来,这部分气体与裂解气混合后经压缩被重新送回中压油吸收塔进行分离。

从闪蒸罐出来的丙酮吸收液中含有各组分中溶解度最大的乙炔和残存的少量乙烯和乙烷,将这部分吸收液送入丙酮解吸塔,该塔实际上是个精馏塔,在塔中通过精馏使丙酮与乙炔、乙烯、乙烷进行分离。塔顶乙炔气体经回收其中夹带的丙酮后送去进一步加工成为燃料;塔釜丙酮经分析乙炔含量少于 5×10^{-6} 后送回丙酮吸收塔循环使用。塔釜用水蒸气加热产生解吸所需的蒸气。丙酮吸收和解吸系统各设备操作条件列于表 5-2。

表 5-2 丙酮吸收、解吸系统操作条件

设备名称	压力/MPa	温度/℃	控制指标
丙酮吸收塔	2.0±0.1	进料-20℃、塔顶-20℃	塔顶 $C_2^=<5 \times 10^{-6}$
蒸脱罐	2.0±0.1	塔釜 20~30℃	—
闪蒸罐	0.2~0.3	塔釜 20~30℃	—
丙酮吸收塔	常压	塔顶-10℃、塔釜 62±2℃	塔釜 $C_2^=<5 \times 10^{-6}$

注:此表数据由北京化工研究院提供

5.5.2 解吸过程的计算

解吸和吸收的原理是相同的。吸收计算采用的吸收因子法、逐板法等都可以用于解吸过程的计算,但是表征过程特性的参数应针对解吸来定义。吸收过程中,用吸收率表示组分从气相中回收的程度;在解吸过程中则用蒸出率表示组分从液相蒸出的程度。吸收过程中,气相组分被吸收的难易和操作条件的关系通过吸收因子来表示;解吸过程中,液相组分被解吸的难易和操作条件的关系则用解吸因子来表示。下面介绍适用于解吸剂解吸的计算方法。

对于连续逆流接触的解吸塔,可用类似于式(5-19)的推导方法导出(解吸塔理论板的板数由下而上计数)。

$$\frac{l_{N+1} - l_1}{l_{N+1}} = \frac{S_N S_{N-1} \cdots S_1 + S_N S_{N-1} \cdots S_2 + \cdots + S_N}{S_N S_{N-1} \cdots S_1 + S_N S_{N-1} \cdots S_2 + \cdots + S_N + 1}$$
$$- \frac{v_0}{l_{N+1}} \left(\frac{S_N S_{N-1} \cdots S_2 + S_N S_{N-1} \cdots S_3 + \cdots + S_N + 1}{S_N S_{N-1} \cdots S_1 + S_N S_{N-1} \cdots S_2 + \cdots + S_N + 1} \right) \quad (5-60)$$

式中:l_{N+1}、l_1 分别为进塔液和出塔液中的组分流率;v_0 为进塔气体中的组分流率;S_N 为第 N 块板上组分的解吸因子,$S_N = \dfrac{K_N V_N}{L_N}$。

在解吸剂用量较大、塔内气液比变化不大的情况下,若不考虑过程的温度变化,视相平衡常数为定值,则各板解吸因子可取全塔范围内的平均值。其平均值的取法与吸收因子的平均值的取法相同。这时,式(5-60)简化为

$$\frac{l_{N+1} - l_1}{l_{N+1}} = \left(1 - \frac{v_0}{Sl_{N+1}}\right)\left(\frac{S^{N+1} - S}{S^{N+1} - 1}\right) \quad (5-61)$$

或

$$\frac{l_{N+1} - l_1}{l_{N+1} - l_0} = \frac{S^{N+1} - S}{S^{N+1} - 1} = C_0 \quad (5-62)$$

式中:$l_0 = v_0/S$;C_0 为相对蒸出率。

式(5-62)左端表明,相对蒸出率 C_0 等于解吸出来的组分量对在气体入口端达到相平衡时可以从溶液中解吸的该组分的最大量之比。

显然,对于惰性气体解吸时,因为入塔气体中不含被解吸组分,因此 $l_0 = 0$,则相对蒸出率即为蒸出率。

表示 $C_0 - S - N$ 关系的曲线图叫解吸因子图。它同吸收因子图是完全一样的,使用方法也相同。但要注意的是,两者的塔板编号顺序是相反的。为了提高计算的准确度,式(5-62)中的解吸因子 S 可以用有效解吸因子 S_e 来代替。

$$C_0 = \frac{L_{N+1} - L_1}{L_{N+1} - L_0} = \frac{S_e^{N+1} - S_e}{S_e^{N+1} - 1} \quad (5-63)$$

$$S_e = \sqrt{S_N(S_1 + 1) + 0.25} - 0.5 \quad (5-64)$$

利用解吸因子图或式(5-62)计算解吸过程的方法叫作平均解吸因子法;利用式(5-63)计算解吸过程的方法叫作有效解吸因子法。这些算法的步骤分别类似于相应的吸收计算法。

5.6　吸收蒸出塔

5-4　吸收蒸出塔

5.7　工业吸收装置实操要点

填料吸收塔的操作主要有原始开车、正常开车、短期停车、长期停车、紧急停车等。填料吸收塔的原始开车与精馏塔的原始开车有相似之处,故不重复介绍。

5.7.1　填料吸收塔的开、停车

1. 正常开车
①准备工作。检查仪器、仪表、阀门等是否齐全、正确、灵活,做好开车前的准备。
②送液。启动吸收剂泵,调节塔顶喷淋量至生产要求。
③调节液位。调节填料吸收塔的排液阀,使塔釜液面保持在规定的高度。
④送气。启动风机,向填料吸收塔送入原料气。

2. 停车
(1) 短期停车
①通知前后工序或岗位人员。
②停止送气。逐渐关闭鼓风机调节阀,停止送入原料气,同时关闭系统的出口阀。
③停止送液。关闭吸收剂泵的出口阀,停泵后关闭进口阀。
④关闭其他设备的进、出口阀门。
(2) 长期停车
①按短期停车操作步骤停车,然后开启系统放空阀,卸掉系统压力。
②将系统中的溶液排放到溶液贮槽,用清水清洗设备。
③若原料气中含有易燃、易爆的气体,要用惰性气体对系统进行置换,当置换气中含氧量小于0.5%、易燃气总含量小于5%时为合格。
④用鼓风机向系统送入空气,置换气中氧含量大于20%即为合格。

5.7.2　吸收操作的调节

吸收的目的虽然各不相同,但对吸收过程来讲,都希望吸收尽可能完全,即希望有较高的吸收率。

吸收率的高低不但与吸收塔的结构、尺寸有关,而且与吸收时的操作条件有关。正常条件下,吸收塔的操作应维持在一定的工艺条件范围内。然而,由于各种原因,日常操作有时会偏离工艺条件范围,因此,必须加以调节。在吸收塔已确定的前提下,影响吸收操作的因素有气、液流量,吸收温度,吸收压力及液位等。

(1)流量的调节

①进气量的调节。进气量反映了吸收塔的操作负荷。由于进气量是由上一工序决定的,因此一般情况下不能变动。若吸收塔前设有缓冲气柜,可允许在短时间内做幅度不大的调节,这时可在进气管线上安装调节阀,通过开大或关小调节阀来调节进气量。正常操作情况下应稳定进气量。

②吸收剂流量的调节。吸收剂流量越大,单位塔截面积的液体喷淋量越大,气、液的接触面越大,吸收效率越高。因此,在出塔气中溶质含量超标的情况下,可通过适度增大吸收剂流量来调节。但吸收剂流量也不能够过大,若过大,一是增加了操作费用,二是当塔釜溶液作为产品时,产品浓度就会降低。

(2)温度与压力的调节

①吸收温度的调节。吸收温度对吸收率的影响很大。温度越低,气体在吸收剂中的溶解度越大,越有利于吸收。

由于吸收过程要释放热量,为了降低吸收温度,对于热效应较大的吸收过程,通常在塔内设置中间冷却器,从吸收塔中部取出吸收过程放出的热量。若吸收剂循环使用,则吸收剂在吸收完毕出塔后,通过冷却器冷却降温,再次入塔吸收。

低温虽有利于吸收,但应适度,因温度过低,势必消耗冷剂流量,增加操作费用。此外,吸收剂黏度随温度的降低而增大,输送消耗的能量也大,且易在塔内流动不畅,造成操作困难。因此,吸收温度的设定应统筹各方面因素。

②吸收压力的调节。提高操作压力,可提高混合气体中被吸收组分的分压,增大吸收的推动力,有利于气体的吸收,但加压吸收需要耐压设备及压缩机,增大操作费用。因此,应全面考虑是否采用加压操作。

生产中,吸收的压力大小由压缩机的能力和吸收前各设备的压降所决定。多数情况下,吸收压力是不可调的,生产中应注意维持塔压。

(3)塔釜液位的调节

塔釜液位要维持在一定高度上。液位过低,部分气体可进入液体出口管,造成事故或环境污染。液位过高,超过气体入口管,使气体入口阻力增大。通常采用调节液体出口阀开度来控制塔釜液位。

5.7.3 吸收操作不正常现象及处理方法

填料吸收塔系统在运行过程中,由于工艺条件发生变化、操作不慎或设备发生故障等原因而出现不正常现象。一经发现,应迅速处理,以免造成事故。常见的不正常现象及处理方法见表 5-3。

表 5-3 吸收操作中常见异常现象及处理方法

异常现象	原因	处理方法
尾气夹带液体量大	(1)原料气量过大 (2)吸收剂量过大 (3)吸收剂黏度大 (4)填料堵塞	(1)减少进塔原料气量 (2)减少吸收剂喷淋量 (3)过滤或更换吸收剂 (4)停车检查,清洗或更换填料
尾气中溶质含量超标	(1)进塔原料气溶质含量高 (2)吸收剂用量不够 (3)吸收温度过高或过低 (4)吸收剂喷淋效果差 (5)填料堵塞	(1)向上一工序要求降低原料气溶质含量 (2)加大吸收剂用量 (3)调节吸收剂入塔温度 (4)清理、更换喷淋装置 (5)停车检查,清洗或更换填料
塔内压差太大	(1)进塔原料气量大 (2)吸收剂量大 (3)吸收剂脏、黏度大 (4)填料堵塞	(1)减少进塔原料气量 (2)减少吸收剂喷淋量 (3)过滤或更换吸收剂 (4)停车检查,清洗或更换填料
吸收剂用量突然下降	(1)溶液槽液位低、泵抽空 (2)吸收剂泵坏 (3)吸收剂压力低或中断	(1)补充溶液 (2)启动备用泵或停车检修 (3)使用备用吸收剂源或停车检修
塔釜液面波动	(1)原料气压力波动 (2)吸收剂用量波动 (3)液面调解器出故障	(1)稳定原料气压力 (2)稳定吸收剂用量 (3)修理或更换

5.8 气体吸收过程的仿真操作

5-5 气体吸收过程的仿真操作

参考文献

[1] Seader J D, Ernest J H. *Separation Process Principles*. 北京:化学工业出版社,2002.
[2] 刘家祺. 分离过程. 北京:化学工业出版社,2002.
[3] 刘芙蓉,金鑫丽,王黎. 分离过程及系统模拟. 北京:科学出版社,2001.
[4] 化学工学协会. 化学工学便览改订. 4版. 东京:丸善株式会社,1978.
[5] 恩田格三郎. 别册化学工业. 东京:化学工业社,1981.
[6] Sherwood T K, Pigford R L. Absorbtion and Extraction. New York:McGraw-Hill,1952.
[7] Sherwood T K, et al. Mass Transfer. New York:McGraw-Hill,1975.
[8] Smith B D. Design of Eguilibrium Stage Processes. New York:McGraw-Hill,1963.
[9] Sawiatowski H, Smith W. Mass Transfer Process Calculations. New York:John Wiley&Sons,1963.

[10] King C J. Separation Processes. 2nd Ed. New York：McGraw-Hill,1980.

[11] Ernest J H, Seader J D. Eguilibrium-Stage Separation Operations in Chemical Engineering. New York：John Willy&Sons,1981.

[12] 天津大学.基本有机化工分离工程.北京：化学工业出版社,1981.

[13] 裘元燕.基本有机化工过程及设备.北京：化学工业出版社,1981.

[14] 许其佑.有机化工分离工程.上海：华东化工学院出版社,1990.

[15] 郁浩然.化工分离工程.北京：中国石化出版社,1992.

▶▶▶ 习　题 ◀◀◀

1. 精馏有两个关键组分，而吸收只有一个关键组分，为什么？

2. 当吸收效果不好时，能否用增加塔板数来提高吸收效率，为什么？并说明用简捷法计算吸收过程的理论板数的步骤。

3. 请解释对于一般多组分吸收塔，为什么不易挥发的组分主要在塔釜几块板上吸收，而易挥发的组分主要在塔顶的几块板上吸收？

4. 吸收过程中液体物流的热容量与气体物流的热容量的相对大小对吸收塔内温度分布有何影响？

5. 具有三块理论板数的吸收塔，在1.013MPa压力下操作，原料气组成如下：

组　分	CH_4	C_2H_6	C_3H_8	$n-C_4H_{10}$	$n-C_5H_{12}$	$\sum$
$y_{0,i}$（摩尔分数）	0.285	0.158	0.240	0.169	0.148	1.0000

以不挥发性烃油为吸收剂，原料气和吸收剂入塔温度均为32℃，液气比为1∶1，原料处理量为1000kmol/h。试用逐板法确定各组分的吸收率及产品的流率和组成。

6. 用具有三个平衡级的吸收塔来处理下表所列组成的原料气，塔的平均操作温度为32℃，塔压为2.13MPa，原料气的处理量为100kmol/h，以正己烷为吸收剂，用量为20kmol/h。试以有效吸收因子法确定其中各组分的流量。

组　分	CH_4	C_2H_6	C_3H_8	$n-C_4H_{10}$	$n-C_5H_{12}$	$\sum$
$V_{n+1}/(kmol/h)$	70	15	10	4	1	100

7. 分离苯(B)、甲苯(T)和异丙苯(C)的精馏塔，塔顶采用全凝器。分析釜液组成为：$x_B=0.1$（摩尔分数），$x_T=0.3$，$x_C=0.6$。蒸发比$V'/W=1.0$。假设为恒摩尔流。相对挥发度$\alpha_{BT}=2.5$，$\alpha_{TT}=1.0$，$\alpha_{CT}=0.21$。求再沸器以上一板的上升蒸气组成。

8. 某原料气组成如下：

组　分	CH_4	C_2H_6	C_3H_8	$i-C_4H_{10}$	$n-C_4H_{10}$	$i-C_5H_{12}$	$n-C_5H_{12}$	$n-C_6H_{14}$
y_0（摩尔分数）	0.765	0.045	0.035	0.025	0.045	0.015	0.025	0.045

先拟用不挥发的烃类液体为吸收剂在板式塔吸收塔中进行吸收，平均吸收温度为38℃，压力为1.013Mpa，如果要求将$i-C_4H_{10}$回收90%。试求：

(1) 为完成此吸收任务所需的最小液气比；

(2) 操作液气比为最小液气比的1.1倍时，为完成此吸收任务所需理论板数；

(3) 各组分的吸收率和离塔尾气的组成；

(4) 塔釜的吸收液量。

9. 拟进行吸收的某厂裂解气的组成及在吸收塔内操作压力为1Mpa，操作温度为308K下的相平衡常数如下：

组 分	甲 烷	乙 烷	丙 烷	异丁烷
y_{N+1}(摩尔分数)	36.5	26.5	24.5	12.5
K_i	19	3.6	1.2	0.53

试求：

(1) 操作液气比为最小液气比的 1.3 倍时，异丁烷组分被吸收 94% 所需的理论板数；

(2) 丙烷的吸收率；

(3) 设计上述吸收操作流程。

10. 某厂裂解气组成如下：13.2%（摩尔分数，下同）氢、37.18%甲烷、30.2%乙烯、9.7%乙烷、8.4%丙烯、1.32%异丁烷，所用的吸收剂中不含所吸收组分。要求乙烯的回收率达到 99%。该吸收塔处理的气体量为 100kmol/h。操作条件下各组分的相平衡常数如下：

组 分	H_2	CH_4	C_2H_4	C_2H_6	C_3H_6	$i-C_4H_{10}$
K_i	∞	3.1	0.72	0.52	0.15	0.058

操作液气比为最小液气比的 1.5 倍，试求：

(1) 最小液气比；

(2) 所需理论板数；

(3) 各组分的吸收因子、吸收率；

(4) 塔顶尾气的组成及数量；

(5) 塔顶应加入的吸收剂量。

11. 以 C_4 为吸收剂，吸收裂解气中乙烯等组分所得吸收液的量和组成表示如下：

组 分	H_2	CH_4	C_2H_4	C_2H_6	C_3H_6	$i-C_4H_{10}$	$\sum$
摩尔分数	0.0113	0.1210	0.2860	0.0922	0.0961	0.3934	1.0000

拟在解吸塔中以 4.052MPa 压力和平均温度 25℃ 进行解吸，以除去氢气、甲烷，现要求甲烷的解吸率为 0.995，操作液气比取 0.38（平均），试计算：

(1) 解吸塔所需理论板数；

(2) 吸收液中各组分解吸率；

(3) 经解吸后液体量和组成，该条件下氢气的解吸率取 1。

第 6 章

萃取技术

  利用溶质在互不相溶的两相间分配系数的不同而使溶质得到纯化或浓缩的方法称为萃取。传统的有机溶剂萃取是石化和冶金工业常用的分离提取技术,也可用于在生物质中有机酸、氨基酸、抗生素、维生素、激素和生物碱等生物小分子的分离和纯化。在传统有机溶剂萃取技术的基础上,20世纪60年代末以来相继出现了萃取和反萃取同时进行的液膜萃取,以及可应用于生物大分子(如多肽、蛋白质、核酸等)分离纯化的反胶团萃取等溶剂萃取法。70年代以来,双水相萃取技术迅速发展,为蛋白质,特别是胞内蛋白质的提取纯化提供了有效的手段。此后,利用超临界流体为萃取剂的超临界流体萃取法的出现,使萃取技术更趋于全面,适用于各种物质的分离纯化。

  萃取是一种初步分离纯化技术。萃取法根据参与溶质分配的两相物态、性质的不同而分为多种,如液固萃取、液液萃取、有机溶剂萃取、双水相萃取和超临界流体萃取等。每种方法均各具特点,适用于不同种类物质的分离纯化。本章从萃取分离的基本概念和理论入手,分别介绍各种萃取技术的原理、特点和应用。

6.1 液液萃取

6-1 微课:液液萃取专业英语词汇

  液液萃取作为分离和提取物质的重要单元操作之一,在石油、化工、湿法冶金、原子能、医药、生物、新材料和环保领域中得到了越来越广泛的应用。

  近20年来,液液萃取与超临界流体技术、胶体化学、表面化学、膜分离、离子交换等技术相结合,产生了一系列新的萃取分离技术,如超临界流体萃取、反胶团萃取、双水相萃取等,从而使液液萃取技术不断地发展。

6.1.1 液液萃取的基本概念和理论

1. 概念

对于液体混合物的分离,除采用蒸馏的方法外,还可以仿照吸收的方法,即在液体混合物(原料液)中加入一个与其基本不相混溶的液体作为溶剂,造成第二相,利用原料液中各组分在两个液相之间的不同分配关系来分离液体混合物,这就是液液萃取,亦称溶剂萃取,简称萃取或抽提。选用的溶剂称为萃取剂,以 S 表示;原料液中易溶于 S 的组分称为溶质,以 A 表示;难溶于 S 的组分称为原溶剂,以 B 表示。

萃取操作的基本过程如图 6-1 所示。将一定量溶剂加入原料液中,然后加以搅拌,使原料液与溶剂充分混合,溶质通过相界由原料液向萃取剂中扩散,因此萃取操作与精馏、吸收等过程一样,也属于两相间的传质过程。搅拌停止后,两液相因密度差而分为两层:一层以溶剂 S 为主,并溶有较多的溶质,称为萃取相,以 E 表示;另一层以原溶剂 B 为主,且含有未被萃取完的溶质,称为萃余相,以 R 表示。若 S 和 B 为部分互溶,则萃取相中还含有 B,萃余相中亦含有 S。

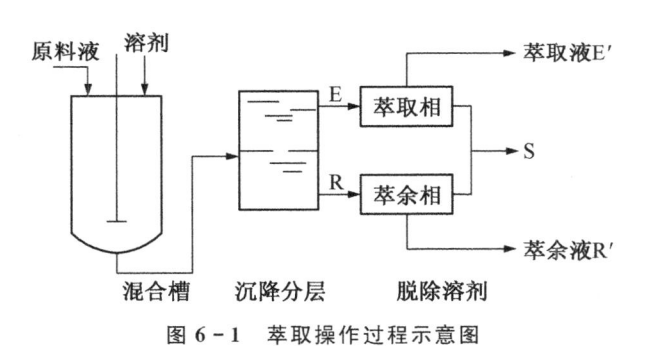

图 6-1 萃取操作过程示意图

由上可知,萃取操作并未将原料液完全分离,而只是将原来的液体混合物代之为具有不同溶质组成的新的混合液萃取相 E 和萃余相 R。为了得到产品 A,并回收溶剂以供循环使用,尚需对这两相分别进行分离。通常采用蒸馏或蒸发的方法,有时也可采用结晶或其他化学方法。脱除溶剂后的萃取相和萃余相分别称为萃取液和萃余液,以 E′和 R′表示。

2. 三角形相图

萃取过程的传质是在两液相之间进行的,其极限即为相际平衡。故讨论萃取操作必须先了解混合物的相平衡关系。

(1) 溶液组成表示法

萃取过程至少涉及三个组分,一般用三角相图表示三组分混合物的组成。常用的是直角三角形相图,如图 6-2 所示。

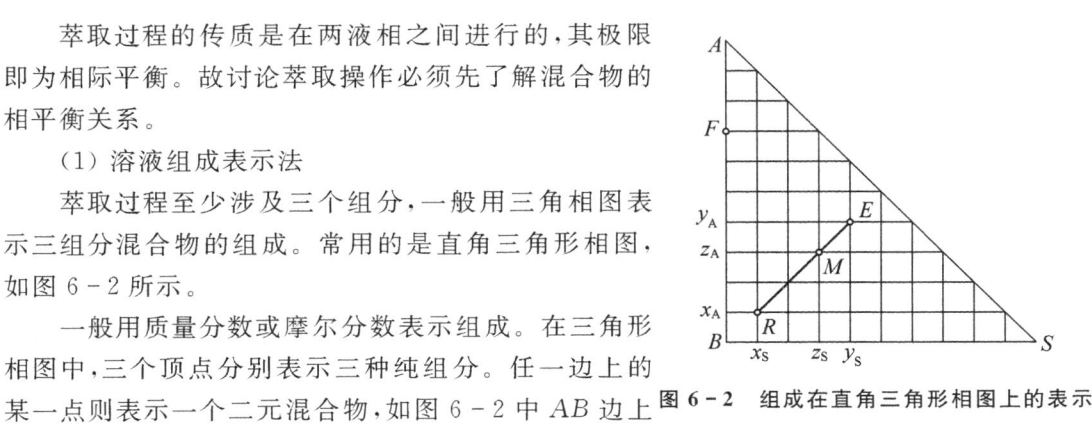

一般用质量分数或摩尔分数表示组成。在三角形相图中,三个顶点分别表示三种纯组分。任一边上的某一点则表示一个二元混合物,如图 6-2 中 AB 边上

图 6-2 组成在直角三角形相图上的表示

的 F 点表示 A、B 二元混合物,其中 A 占 70%,B 占 30%。三角形内的某一点则代表一个三元混合物。图 6-2 中 M 点代表一个三元混合物,其中横坐标代表溶剂 S 的含量,纵坐标为溶质 A 的含量,由此得到含 S 30%,含 A 30%,而 B 的组成可用 $z_A+z_B+z_S=1$ 关系式求得(其中 z_A、z_B、z_S 分别代表三种组分的质量分数)。

(2) 物料衡算及杠杆定律

设组成为 x_A、x_B、x_S 的溶液 R kg 及组成为 y_A、y_B、y_S 的溶液 E kg,两溶液混合后得到组成为 z_A、z_B、z_S 的溶液 M kg,如图 6-2 所示。

可根据物料衡算得到下式:

$$M = R + E$$
$$Mz_A = Rx_A + Ey_A \quad (6-1)$$
$$Mz_S = Rx_S + Ey_S$$

由此导出

$$\frac{E}{R} = \frac{z_A - x_A}{y_A - z_A} = \frac{z_S - x_S}{y_S - z_S} \quad (6-2)$$

式(6-2)表明,混合液组成的 M 点的位置必在 R 点与 E 点的连线上,且线段 RM 与线段 ME 长之比与混合前两溶液的质量比成反比,即

$$\frac{E}{R} = \frac{\overline{RM}}{\overline{EM}} \quad (6-3)$$

式(6-3)为物料衡算的简捷图示方法,称为杠杆定律。由此可较方便地在图 6-2 上定出 M 点的位置,从而确定混合液的组成。

其中,M 点表示溶液 R 与溶液 E 混合之后的数量与组成,称之为 R、E 两溶液的和点;反之,当从混合物 M 中移去一定量组成为 E 的液体,余下液体在图 6-2 上的表示即为 R 点,故称 R 点为溶液 E 的差点。

(3) 溶解度曲线和联结线

根据各组分的互溶性,可将三元物系分为三种情况:

① 溶质 A 可溶解于 B 和 S 中,但 B 与 S 完全不互溶;
② 溶质 A 可溶解于 B 和 S 中,B 与 S 部分互溶,形成一对液相;
③ 组分 A、B 可完全互溶,但 B 和 S 会形成一对以上液相。

其中第一种情况属于理想的情况,第三种情况是应避免的。生产实践中广泛遇到的是第二种情况。以下讨论均属于第二种情况。

一定温度下,B 和 S 部分互溶,形成一对液相,称为共轭液相。这两相的组成如图 6-3 中的 L、J 点所示。取一 B、S 二元体系,表示总体组成的点位于 L、J 两点之间,如 C 点。逐渐加入组分 A,成为三元物系。此时体系中的 B 和 S 的量之比为常数,组成点沿线段 AC 变化。到一定时候,加入 A 的量恰好使混合液中的两相变为均一相,相应的组成点为 C'。改变初始时 B、S 二元物系的组成,重复试验,得到一系列点 C'、D'、F'等,将这些点连起来,成为一条曲线,即为在实验温度下该三元物系的溶解度曲线。

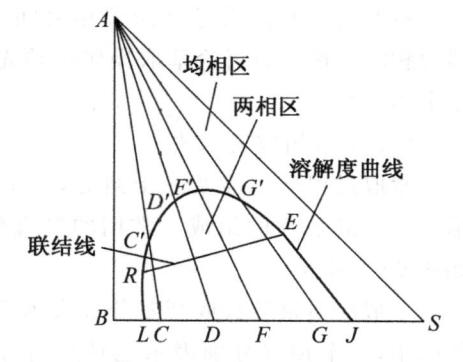

图 6-3 溶解度曲线和联结线

溶解度曲线将三角形内部分为两个区域：曲线以内的区域为两相区，曲线以外的区域为单相区。萃取操作只能在两相区进行。若平衡时表示三元物系总体组成的点位于两相区内，该物系就分成两个共轭液相。代表共轭相组成的两点位于溶解度曲线上，联结此两点的直线称为联结线，又称为平衡线。图 6-3 中的 RE 线就是一条联结线。

(4) 辅助曲线和临界混合点

一定温度下，三元物系的溶解度曲线和联结线是根据实验数据来描绘的，使用时若要求与已知相成平衡的另一相的数据，常借助辅助曲线（也称共轭曲线）求得。只要有若干组联结线数据即可作出辅助曲线。如图 6-4 所示，通过已知点 R_1、R_2 等分别作底边 BS 的平行线，再通过相应联结线另一端的点 E_1、E_2 等分别作直角边 AB 的平行线，各线分别相交于点 J、K 等，联结这些交点所得的曲线即为辅助曲线。辅助曲线与溶解度曲线的交点 P，表明通过该点的联结线为无限短，相当于这一系列的临界状态，故称点 P 为临界溶点。由于联结线通常都具有一定的斜率，因而临界混溶点一般不在溶解度曲线的顶点。溶解混溶点由实验测得。

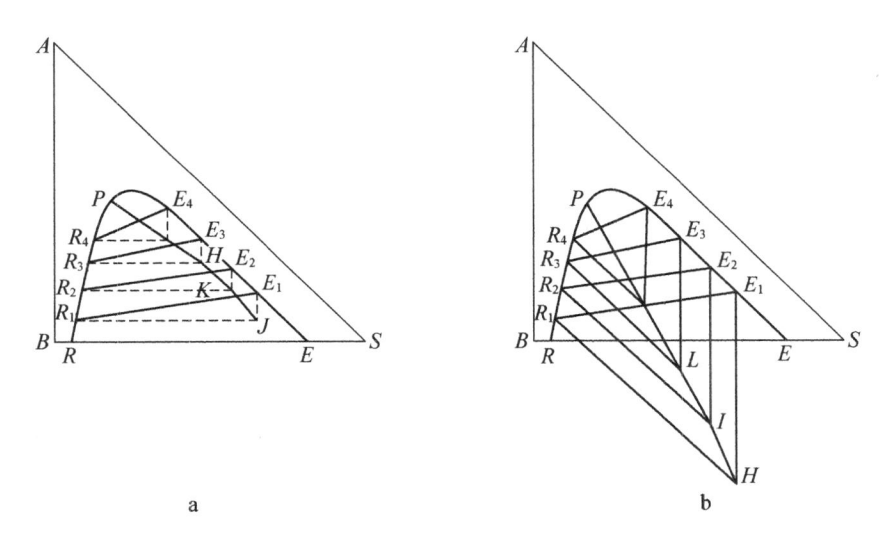

图 6-4 辅助曲线和临界混溶点

(5) 分配因数和选择性因数

在一定温度下，当三元混合液的两液相达到平衡时，溶质在 E 相和 R 相中的组成之比称为分配因数，以 k_A 表示，即

$$k_A = y_A / x_A \tag{6-4}$$

同样，对于组分 B 也可以写出

$$k_B = y_B / x_B \tag{6-5}$$

式中：y_A 和 y_B 分别为组分 A、B 在萃取相 E 中的质量分数；x_A 和 x_B 分别为组分 A、B 在萃余相 R 中的质量分数。

分配因数表达了某一组分在两个平衡液相中的分配关系。k_A 值愈大，萃取分离的效果愈好。k_A 值与联结线的斜率有关。不同物系具有不同的分配因数值。同一物系，k_A 值随温度而变。恒温下的 k_A 值可近似视作常数。

选择性是指萃取剂 S 对原料液两个组分溶解能力的差异。若 S 对溶质 A 的溶解能力比对稀释剂 B 的溶解能力大得多，即萃取相中 y_A 比 y_B 大得多，萃余相中的 x_B 比 x_A 大得多，

那么这种萃取剂的选择性就好。萃取剂的选择性好坏也可用选择性因数来衡量，即

$$\beta = (y_A/y_B)/(x_A/x_B) = k_A/k_B \tag{6-6}$$

β 值与分配因数有关，凡是影响 k_A 的因素也同样影响 β 值。选择性因数类似于蒸馏中的相对挥发度。一般情况下，B 在萃余相中浓度总是比在萃取相中的高，即 $x_B/y_B>1$，因此萃取操作中 β 值均大于 1。β 值越大越有利于组分的分离。若 $\beta=1$ 时，则有 $y_B/y_A=x_B/x_A$ 或 $k_A=k_B$，萃取相和萃余相在脱溶剂 S 后将具有相同的组成，并且等于原料液组成，故无分离能力，说明所选择的溶剂是不适宜的。萃取剂的选择性高，对于一定的分离任务，可以减少萃取剂的用量，降低回收溶剂的能量消耗，并且可获得高纯度产品。若 $\beta<1$，萃取还是可以进行的，但将非常困难，说明溶剂选择不当。

(6) 分配曲线

相平衡关系也可以在 x-y 直角坐标中表示。在 x-y 直角坐标中，用 x_A 表示萃余相的组成，y_A 表示萃取相的组成，于是，三角形相图中的一条平衡线在直角坐标中就成为一个点，把这些点联结起来，就成为一条曲线，称为分配曲线，如图 6-5 所示。临界混溶点的位置则位于 $x=y$ 直线上。

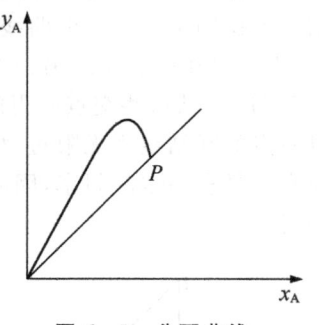

图 6-5 分配曲线

【例题 6-1】 物料衡算与杠杆定律

A、B、S 三元物系的相平衡关系如右图所示，现将 40kg 的 S 与 40kg 的 B 相混合，试求：

(1) 该混合物是否分成两相？两相的组成及数量各为多少？

(2) 在混合物中至少加入多少 A，才能使混合物变为均相？

解 (1) 将 40kg 的 S 与 40kg 的 B 相混合，则其组成在相图上表示为 M_1 点，此点位于两相区内，故混合物分为两相 R 和 E。由相图可得，R 点含 B 90%，含 S 10%；E 点含 B 20%，含 S 80%。根据式(6-1)或杠杆定律得

$$\frac{E}{R} = \frac{\overline{RM}}{\overline{EM}} = 4/3 = 1.333$$

$$R+E=80\text{kg}$$

解得：$R=34.3\text{kg}$，$E=45.7\text{kg}$

(2) 在原混合物 M_1 中逐渐加入组分 A，其组成沿直线 AM_1 变化，而溶解度曲线是单相区和两相区的分界线，因此，从点 M 可求出组分 A 的最小加入量。由上图可知，混合物 M 含 S 为 26%，根据杠杆定律，故

$$\frac{A}{M_1} = \frac{\overline{MM_1}}{\overline{AM}} = \frac{0.5-0.26}{0.26-0} = 0.923$$

$$A=0.923M_1=0.923\times80=73.846\text{kg}$$

由上可见，杠杆定律的实质就是物料衡算。

6.1.2 萃取过程与萃取剂

6-2 萃取过程与萃取剂

6.1.3 液液萃取过程的计算

液液萃取的操作流程由下列三部分组成:

①将萃取的液体混合物与萃取剂充分混合,在两液相密切接触的情况下,使溶质从被处理的液体混合物中溶入溶剂中。

②萃取结束后,借助分离器将过程中形成的萃取相和萃余相分开。

③萃取相经溶剂回收器回收溶剂,使之循环使用。必要时,也可将萃余相进行萃取剂回收。

其中液液两相接触传质过程的方式可分为分级式接触和连续式接触两类。现主要讨论分级式接触萃取过程的计算。

在分级式接触萃取过程计算中,无论是单级萃取操作还是多级萃取操作,均假设各级为理论级(又称理想级),即离开每级的 E 相和 R 相互为平衡。萃取操作中的理论级概念和蒸馏中的理论板相当。一个实际级的分离能力达不到一个理论级,两者之差用级效率校正。目前,关于级效率的资料还不够多,一般需结合具体设备形式通过实验测定得到。

1. 单级萃取

单级萃取的过程比较简单。将一定量的萃取剂加到料液中,充分混合一段时间后,体系分成两相,将之分离,分别得到萃取相和萃余相。

单级萃取操作可以间歇进行,也可以连续进行。间歇操作时,各股物料的量以批量为准,以 kg 为单位。连续操作时,各股物料的量以质量流量为基准,以 kg/s 为单位。一般来说,料液量 F、组成 w_F 和物系的平衡数据是已知的,且规定了萃余相的溶质浓度 w_R,要求的是溶剂的用量、萃取相的量和组成,以及萃余相的量,这些可通过物料衡算进行计算。萃取计算中常用图解法。

如图 6-6 所示,先根据料液组成和所要求达到的萃余相的组成确定 F 和 R 点,通过 R 点作平衡线(利用辅助线),得与之平衡的萃取相组成点 E,连接 F 和 S,与平衡线交于 M 点,最后连接 S 与 R、S 与 E,分别延长交 AB 边于 R' 和 E',R' 和 E' 分别为萃余液、萃取液组成,E 点为萃取相组成,M 点为和点组成。

根据物料衡算得

$$F + S = E + R = M \quad (6-7)$$

由杠杆法则可求得各流股的量

$$S = F\frac{\overline{MF}}{\overline{MS}} \quad (6-8)$$

$$E = M\frac{\overline{MR}}{\overline{ER}} \quad (6-9)$$

$$E' = F\frac{\overline{FR'}}{\overline{R'E'}} \quad (6-10)$$

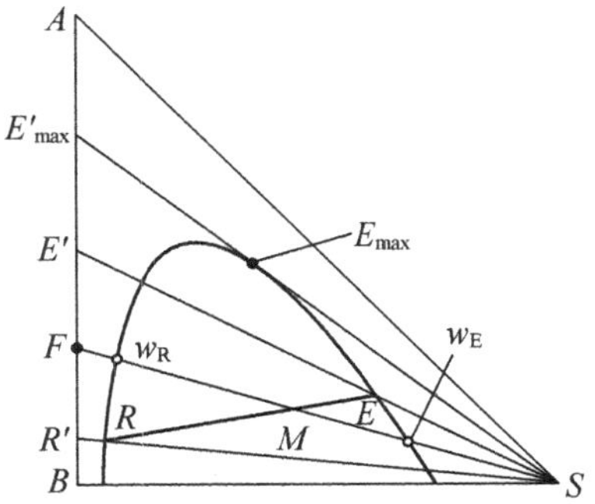

图 6-6 单级萃取的三角形相图图解法

也可结合溶质的物料衡算进行计算

$$Ew_E + Rw_R = E'w_{E'} + R'w_{R'} = Mw_M \quad (6-11)$$

故有

$$E = \frac{M(w_M - w_R)}{w_E - w_R} \quad (6-12)$$

$$E' = \frac{M(w_M - w_{R'})}{w_{E'} - w_{R'}} \tag{6-13}$$

在生产中,由于溶剂循环使用,其中会含有少量的 A 和 B。在这种情况下,计算的原则和方法仍然适用,只要使在三角形相图中表示溶剂组成的 S' 点位置略向三角形内移动一点即可。

【例题 6-2】 25℃时,以三氯乙烷为萃取剂,从丙酮-水溶液中萃取丙酮。若原料液总量为 100kg,其中丙酮的质量分数为 45%,萃取后所得萃余相中丙酮的质量分数为 10%。试用图解法求以下各项:
(1) 所需三氯乙烷的量以及加入萃取剂后得到的三元混合液中水和丙酮的质量分数;
(2) 所得萃取相 E 的量及其含丙酮的质量分数;
(3) 若将萃取相 E 中的萃取剂 S 全部回收,求所得萃取液 E' 的量及其含丙酮的质量分数。

25℃时,丙酮-水-三氯乙烷系统的连接线数据如下表所示,表中组成均为质量分数。

水 相			三氯乙烷相		
三氯乙烷(S)	水(B)	丙酮(A)	三氯乙烷(S)	水(B)	丙酮(A)
0.44	99.56	0	99.89	0.11	0
0.52	93.58	5.96	90.93	0.32	8.75
0.60	89.40	10.0	84.40	0.60	15.00
0.68	85.35	13.97	78.32	0.90	20.78
0.79	80.16	19.05	71.01	1.33	27.66
1.04	71.33	27.63	58.21	2.40	39.39
1.60	62.67	35.73	47.53	4.26	48.21
3.75	50.20	46.05	33.70	8.90	57.40

解 依据题给的数据绘出溶解度曲线和辅助曲线,如右图所示:
(1) 求三氯乙烷的量及混合液 M 的组成

根据原料液的组成在右图的 AB 边上标绘出 F 点,连接 S、F。再依据萃余相中丙酮的质量分数为 10%,在溶解度曲线上标出 R 点(R 点与 R' 点可视为重合)。由 R 点利用辅助曲线作出 E 点。连接 E、R 两点的直线与 SF 交于 M 点,M 点即为混合液的组成。

由式(6-8)得

$$S = F\frac{\overline{MF}}{\overline{MS}} = 100 \times \frac{15.2}{6.85} = 222\text{kg}$$

从右图中读取混合液中水含量为 84%,丙酮的含量为 15%。
(2) 求萃取相 E 的量及其中丙酮的含量

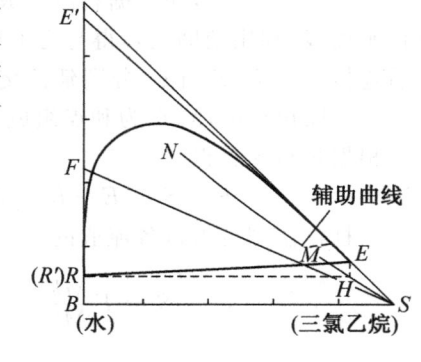

$$M = F + S = 100 + 222 = 322\text{kg}$$

$$E = M\frac{\overline{MR}}{\overline{ER}}222 \times \frac{13.6}{16.9} = 178.6\text{kg}$$

(3) 求萃取液 E' 的量及其中丙酮的含量

连接点 S、E 并延长,与 AB 边交于 E' 点,从上图中可读出萃取液 E' 中丙酮的含量。

$$E' = F\frac{\overline{FR'}}{\overline{R'E'}} = 100 \times \frac{7}{17} = 41.2\text{kg}$$

$$R' = F - E' = 100 - 41.2 = 58.8\text{kg}$$

在实际生产中,由于萃取剂一般是循环使用的,其中会含有少量的组分 A 与 B,萃取液

E′和萃余液 R′中也会有少量的萃取剂 S。此时图解计算的原则仍然适用，但 S、E′、R′的位置均在三角形相图中的均相区。

2. 多级错流萃取

单级萃取能达到的分离程度是有限的。若要求的分离程度较高，可以采用多级错流萃取。其流程如图 6-7 每一级都加入新鲜溶剂，前级的萃余相作为后级的进料液。这种操作方式的传质推动力大，只要级数足够多，最终可得到溶质组成很低的萃余相。

在设计中，通常已知 F、X_F 及各级萃取剂的用量 S，并规定最终萃余相的组成 w_{R_n}，要求计算理论级数。常用的计算方法是图解法。

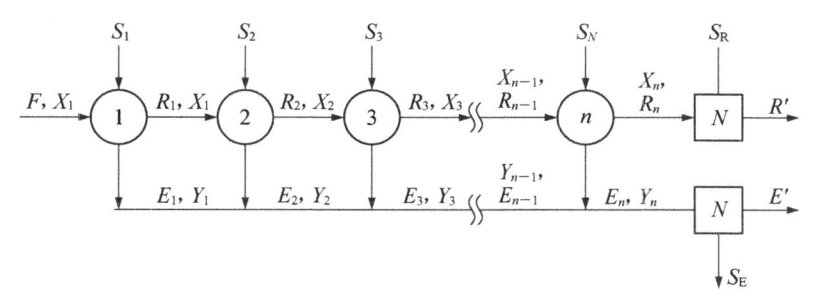

图 6-7 多级错流萃取流程示意图

图 6-8 表示三角形相图上的图解法。它实际上是单级萃取图解的多次重复，对每一级，由已知的萃取剂用量，可以根据杠杆规则确定点 M，再借助辅助曲线用试差法作过 M 点的联结线，从而求出平衡的 R 相和 E 相。将 R 相作为下一级的料液，可开始下一级的作图，直至最终一级的萃余相组成达到 w_{R_n} 为止。联结线的条数即为所需的理论级数。总溶剂用量为各级溶剂用量之和；各级溶剂用量可以相等，也可以不等。但对一定分离任务而言，当各级溶剂用量相等时，所需的溶剂用量为最少。若萃取剂 S 与稀释剂 B 互不相溶，则用直角坐标图进行计算更为方便。设每一级加入的溶剂量相等，则各级萃取相中 S 的量和萃余相中 B 的量均为常数。萃取相只含 A、S 两种组分，萃余相只含 A、B 两种组分，此时可用质量比 Y(A 的质量/S 的质量)和 X(A 的质量/B 的质量)分别表示两相的浓度，在 Y-X 坐标图上作出分配曲线(图 6-9)。

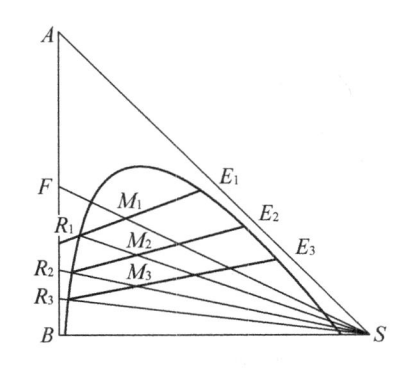

图 6-8 多级错流萃取的三角形相图图解法

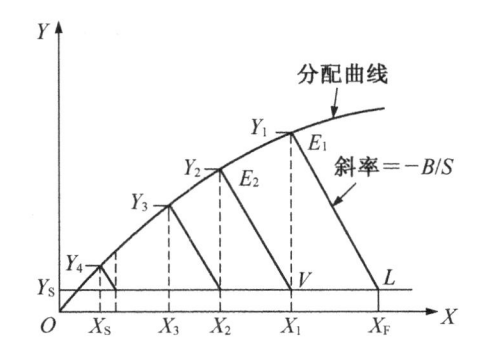

图 6-9 多级错流萃取的 Y-X 坐标图解法

对第一级做组分 A 的衡算

$$BX_F + SY_S = BX_1 + SY_1$$

整理得

$$Y_1 = -\frac{B}{X}X_1 + \left(\frac{B}{S}X_F + Y_S\right) \tag{6-14}$$

同理,对第 n 级有

$$Y_n = -\frac{B}{S}S_n + \left(\frac{B}{S}X_{n-1} + Y_S\right) \tag{6-15}$$

上式为离开任一级的两组成间的关系,称为操作线方程。其斜率 $-B/S$ 为常数,且过点 (X_{n-1}, Y_S),又由理论及假设可知,Y_n 与 X_n 成平衡,故 (Y_n, X_n) 点必位于分配曲线上。由此可以得到图解步骤如下:

①在直角坐标上作出分配曲线;
②据 X_F 和 Y_S 定出 L 点,从 L 点出发作斜率为 $-B/S$ 的直线(即操作线),交分配曲线于 E_1,该点坐标即为 (X_1, Y_1);
③过 E_1 作垂直线,与 $Y=Y_S$ 水平线交于 V 点,过 V 点作斜率为 $-B/S$ 的直线,交分配曲线于 E_2;
④依此类推,直至萃余相组成 X_n 等于或低于指定值为止。操作线的数目即为理论级数。

若溶剂中不含溶质,则 $Y_S=0$,L、V 等点均在 X 轴上。若各级溶剂用量不等,则各操作线不平行,可逐级根据溶剂量作操作线方程,其余作法相同。

3. 多级逆流萃取

多级错流萃取的缺点是溶剂耗用量大,且各级萃取相浓度不等,给分离带来困难。多级逆流萃取可以克服这两个缺点。多级逆流接触萃取操作一般是连续的,其分离效率高,溶剂用量较少,故在工业中得到广泛的应用(图 6-10)。

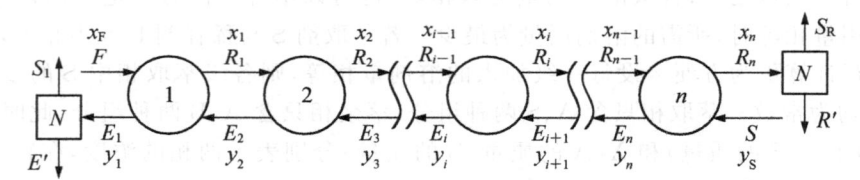

图 6-10 多级逆流萃取流程示意图

在多级逆流萃取操作中,原料液的流量 F 和组成 w_F,以及最终萃余相中的组成 w_{R_n} 均由工艺条件规定,萃取剂的用量 S 和组成 w_S 由经济权衡而选定,要求计算萃取所需的理论级数和离开任一级各股物料流的量和组成。其三角形相图图解法见图 6-11。

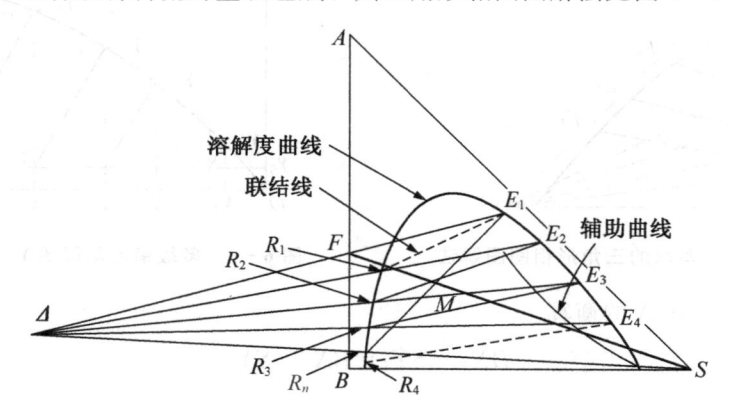

图 6-11 多级逆流萃取三角形相图图解法

在第一级与第 n 级之间做总物料衡算
$$F + S = R_n + E_1 \tag{6-16}$$
对第一级做总物料衡算
$$F + E_2 = R_1 + E_1 \quad F - E_1 = R_1 - E_2 \tag{6-17}$$
对第二级做物料衡算
$$R_1 + E_3 = R_2 + E_2 \quad R_1 - E_2 = R_2 - E_3 \tag{6-18}$$
依此类推，对第 n 级做总物料衡算
$$R_{n-1} + S = R_n + E_n \quad R_{n-1} - E_n = R_n - S \tag{6-19}$$
由上式可以得出
$$F - E_1 = R_1 - E_2 = \cdots = R_i - E_{i+1} = \cdots = R_{n-1} - E_n = \Delta \tag{6-20}$$

式(6-20)表明离开任意级萃余相 R_i 与进入该级的萃取相 E_{i+1} 流量之差为常数，用 Δ 表示。Δ 可视为通过每一级的"净流量"。Δ 是虚拟量，其组成也可在三角形相图上用点 Δ 表示。Δ 点为各操作线的共有点，称为操作点。显然，Δ 点分别为 F 与 E_1、R_1 与 E_2、R_2 与 E_3、$\cdots$、R_{n-1} 与 E_n、R_n 与 S 诸流股的差点，故可延长任意两操作线，其交点即为 Δ 点。通常由 FE_1 与 SR_n 的延长线交点来确定 Δ 点位置。三角形相图图解法步骤如下：

①根据工艺要求选择合适的萃取剂，确定适宜的操作条件。根据操作条件下的平衡数据在三角形坐标图上绘出溶解度曲线和辅助曲线。

②根据原料和萃取剂的组成在图 6-11 上确定 F 和 S 两点位置（图中是采用纯溶剂），再由溶剂比 q_{mS}/q_m 在 FS 连线上确定 M 点的位置。

③由规定的最终萃余相组成 w_{R_n} 在相图上确定 R_n 点，联结 R_n、M，并延长 R_nM 与溶解度曲线交于 E_1 点，此点即为离开第一级的萃取相组成点。

④联结 F 与 E_1、R_n 与 S，将它们分别延长并交于一点，即 Δ 点。

⑤作过 E_1 的平衡线，得与之平衡的 R_1 点。

⑥联结 Δ 与 R_1，延长交溶解度曲线于 E_2。

⑦作过 E_2 的平衡线，得 R_2 点。

⑧重复第⑤、⑥步骤，直至萃余相组成等于或低于 w_{R_n} 为止。由此得理论级数。

根据杠杆规则，可以计算最终萃取相及萃余相的流量。

Δ 点的位置与联结线斜率，料液的流量 F 和组成 w_F，萃取剂的用量 S 及的组成 w_S，最终萃余相的组成 w_{R_n} 等因素有关。

同时，还可通过二元图解方法求解，步骤如下（图 6-12）：

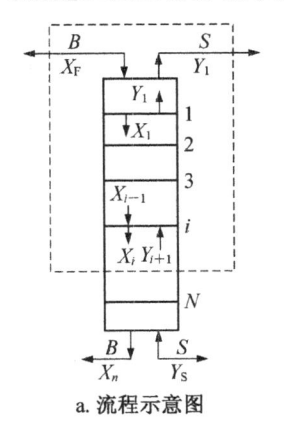

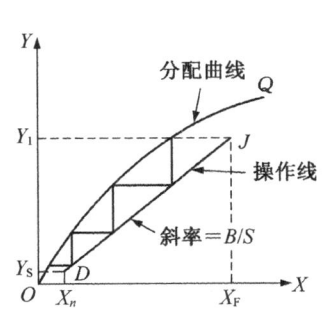

a. 流程示意图   b. 在直角坐标中图解计算

图 6-12 多级逆流萃取的 Y-X 图解法

与吸收操作有最小液气比一样，多级萃取操作也有一个最小溶剂比和最小溶剂用量 $(S/F)_{min}$。$(S/F)_{min}$ 是溶剂用量的最低极限值，操作时如果所用的萃取剂量小于 $(S/F)_{min}$，则无论用多少个理论级也达不到规定的萃取要求。实际所用的萃取剂用量必须大于最小溶剂用量。溶剂用量少，所需理论级数多，设备费用大；反之，溶剂用量大，所需理论级数少，萃取设备费用低。但溶剂回收设备体积大，回收溶剂所消耗的热量多，所需操作费用高。因此，需要根据萃取和溶剂回收两部分的设备费和操作费进行经济核算，以确定适宜的萃取剂用量。

由三角形相图看出，S/F 值愈小，操作线的斜率和联结线的斜率愈接近，所需的理论级数愈多，当萃取剂的用量减小至 $(S/F)_{min}$ 时，将会出现某一操作线和联结线相重合的情况，此时所需的理论级数为无穷多。$(S/F)_{min}$ 的值可由杠杆规则求得。

当 B 和 S 完全不互溶时，多级逆流萃取的计算与解吸的计算十分相似，在第一级和第 i 级之间对溶质 A 做衡算，得

$$BX_F + SY_{i+1} = SY_1 + BX_i \tag{6-21}$$

$$Y_{i+1} = \frac{B}{S}X_i + \left(Y_1 - \frac{B}{S}X_F\right) \tag{6-22}$$

这就是多级逆流萃取的操作线方程。操作线是一条直线，斜率为 B/S，两端点为 (X_F, Y_1) 和 (X_n, Y_S)，若 $Y_S = 0$，则下端点为 $(X_n, 0)$。由此得图解法的步骤为：

① 在 $Y-X$ 图上作出分配曲线图。

② 作操作线，由于 X_F、Y_S 为已知，Y_1 或 X_n 根据分离要求规定其中之一，另一组成可由总物料衡算萃取，故可作出 $J(X_F, Y_1)$ 和 $D(X_n, Y_S)$ 两点，连接两点得操作线。

③ 自 J 点起在平衡线和操作线间画阶梯，阶梯数即为理论级数。

若分配曲线为通过原点的直线，则萃取因子 $A = KS/B$ 为常数（K 为分配曲线的斜率）。可仿照解吸过程的计算，用下式求出理论级数。

$$N = \frac{1}{\ln A}\left[\left(1 - \frac{1}{A}\right)\frac{X_F - \frac{Y_S}{K}}{X_n - \frac{Y_S}{K}} + \frac{1}{A}\right] \tag{6-23}$$

4. 微分逆流萃取

逆流萃取也可以在微分接触式设备内进行。原料液和溶剂在塔内逆向流动，同时进行传质，两相的组成沿塔高方向连续变化，在塔顶和塔釜完成两相的分离。

塔式萃取设备计算的目的是确定塔径和塔高两个基本尺寸。塔径取决于两液相的流量和适宜的操作速率；而塔高的计算有两种方法，即理论级当量高度法和传质单元法。

(1) 理论级当量高度法

理论级当量高度是指相当于一个理论级萃取效果的塔段高度，用 HETS 表示。这样，塔高就等于理论级数与 HETS 的乘积。

HETS 是衡量传质效率的指标，其值与设备形式、物系性质和操作条件有关，一般由实验测定，也可参考文献中的关联式。

(2) 传质单元法

塔高也可以用传质单元高度和传质单元数的乘积来计算。传质单元数反映萃取的分离要求，可用图解积分等方法计算。传质单元高度反映传质的难易程度，由实验测定或用关联式计算。

5. 回流萃取

在逆流萃取中,最终萃取相中溶质的最高组成是与进料组成相平衡的组成。若要得到更高组成的萃取相,可将最终萃取相脱除溶剂后的萃取液部分返回塔内作为回流。这称为回流萃取,其流程如图 6-13 所示。

原料液 F 从塔中部加入。萃取剂若为轻相,则从塔釜加入,否则从塔顶加入。加料口以上部分称增浓段,以下部分称提浓段。只要塔顶回流液量足够大,且理论级数足够多,就可以得到预定纯度的产品。

回流萃取通常需要较多理论级数,在三角形相图上因线条太多,计算不方便,且难以得到精确的结果。一般是在脱溶剂基坐标图上进行计算。

以 X^0 或 Y^0 为横坐标,以 N^0 为纵坐标,将平衡关系绘在图上,得到如图 6-14 所示的曲线,其中上溶解度曲线代表萃取相组成,下溶解度曲线代表萃余相组成。

在回流萃取操作中,原料液的流量 F^0、组成 X_F^0,最终萃余相的组成 X_n^0 均为工艺要求。回流量 R^0 与产品量 D^0 之比称为回流比。回流比和萃取剂的用量 S^0、组成 Y_S^0 均由设计者选择。计算的目标仍是理论级数。

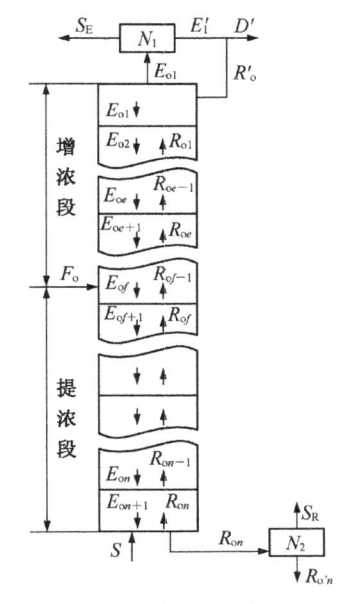

图 6-13 回流萃取流程示意图

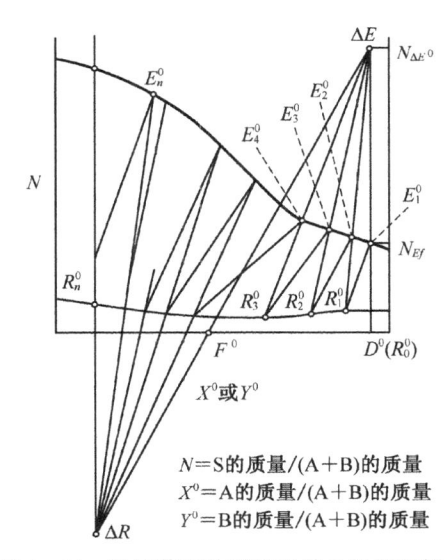

图 6-14 回流萃取的脱溶剂基坐标图图解法

在第一级底部与塔顶(不包括溶剂回收器)间做组分(A+B)的衡算,得

$$E_2^0 + R_0^0 = E_1^0 + R_1^0 \text{ 或 } E_2^0 - R_1^0 = E_1^0 - R_0^0 \tag{6-24}$$

在第二级底部与塔顶间做同样的衡算,得

$$E_3^0 + R_0^0 = E_1^0 + R_2^0 \text{ 或 } E_3^0 - R_2^0 = E_1^0 - R_0^0 \tag{6-25}$$

依此类推得

$$E_{i+1}^0 - R_i^0 = E_i^0 - R_{i-1}^0 = \cdots = E_1^0 - R_0^0 = \Delta E \tag{6-26}$$

式(6-26)为增浓段操作线方程,ΔE 为增浓段操作点。

围绕塔顶分离器做组分(A+B)的衡算,得

$$E_1^0 = S_0 + D_0 + R_0^0 \tag{6-27}$$

用纯溶剂时，$S_0=0$，上式简化为
$$E_1^0 = +D_0 + R_0^0 \qquad (6-28)$$

定义回流比 $r=R_0^0/D_0$，将式(6-28)与式(6-26)中 $E_1^0-R_0^0=\Delta E$ 联立，解得
$$\Delta E = D_0 \qquad (6-29)$$
$$r = R_0^0/\Delta E \qquad (6-30)$$

由杠杆法则知
$$r = \frac{\overline{E_1^0 \Delta E}}{\overline{R_0^0 E_1^0}} \qquad (6-31)$$

由此可以确定 ΔE。因此，$R_0^0 E_1^0$ 线垂直于横轴，故上式中线段长度也可用相应流股的 S 组成差表示，即
$$r = \frac{\overline{E_1^0 \Delta E}}{\overline{R_0^0 E_1^0}} = \frac{N_{\Delta E}-N_{E_1^0}}{N_{E_1^0}} \qquad (6-32)$$

用同样的方法在提浓段任一级底部与塔釜(不包括溶剂回收器)间做衡算，得
$$R_f^0 - E_{f+1}^0 = \cdots = R_{n-1}^0 - E_n^0 = R_n^0 - E_{n+1}^0 = R_n^0 - S^0 = \Delta R \qquad (6-33)$$
此即提浓段操作线方程，ΔR 为提浓段操作点。

图解法的关键是确定两个操作点的位置。

由于回流中只含(A+B)，故点 D_0 在横轴上。而溶质 A 在 E_1^0 与 R_0^0 中的组成相同。故 $R_0^0 E_1^0$ 线为过点 D^0 的垂直线。再结合式(6-32)，即可确定 ΔE 点。

由式(6-33)可知，R_n^0、S 与 ΔR 共线。用纯溶剂萃取时，S 点在无穷远处，即 R_n^0 与 S 的连线也是垂直线。

做全塔(不包括两个溶剂回收器)的(A+B)衡算得
$$E_1^0 + R_n^0 = F^0 + S^0 + R_0^0$$
$$F^0 = E_1^0 - R_0^0 + R_n^0 - S^0 = \Delta E + \Delta R \qquad (6-34)$$
即 ΔE、ΔR 与 F^0 三点共线。可将 ΔE 与 F^0 相连并延长，与过 R_n^0 的垂直线相交，即得 ΔE 点。

综上所述，图解法步骤如下：

① 在脱溶剂基坐标图上作平衡曲线。
② 根据分离任务确定 F^0、R_n^0、D^0 点。
③ 作过点 D^0 的垂直直线，根据回流比确定 ΔE 点。
④ 连 ΔE 与 F^0，与过 R_n^0 的直线垂直相交于 ΔE 点。
⑤ 过点 D^0 的垂直线与上溶解度曲线交点即为 E_1^0，从 E_1^0 出发作平衡线，在下溶解度曲线上得与之平衡的 R_1^0 点。
⑥ 联结 ΔE、R_1^0，与上溶解度曲线交于 E_2^0，再重复上述③～⑤步骤求 R_2^0 点。
⑦ 重复以上步骤，直至 R_i^0 过 F^0 点。此后改用 ΔR 点，仍用上法作图，直至最终萃余相组成等于或小于 R_n^0。由此得到理论级数。

由图 6-14 可以看出，ΔE 的位置越高，回流比就越大，所需理论级数越少。全回流时，ΔE 在无穷远处，此时所需的理论级数为最少理论级数。回流比越小，理论级数越多。当某平衡线与操作线重合时，理论级数为无穷多，此时对应的回流比为最小回流比。在实践中，

往往规定过 F° 的平衡线的延长线与 R_0°、E_1° 连线的交点 $\Delta E_{\min}$ 对应的回流比为最小回流比。

6.1.4 液液萃取设备

萃取操作是两液相间的传质,由于两相间密度差和黏度均较小,故两相的混合和分离均比气液两相传质困难得多,设备特性也与气液传质设备有较大的差异。目前工业上采用的萃取设备已超过 30 种,下面介绍几种典型设备。

1. 混合澄清槽

混合澄清槽是最早使用,且目前仍广泛用于工业生产的一种分级接触式萃取设备。它由混合槽和澄清槽两部分组成,如图 6-15 所示。混合槽中通常安装搅拌装置,目的是使两相充分混合,以利于传质。然后混合液在澄清槽中进行分离,对易于澄清的混合液,可以利用两相密度差进行重力沉降分离。

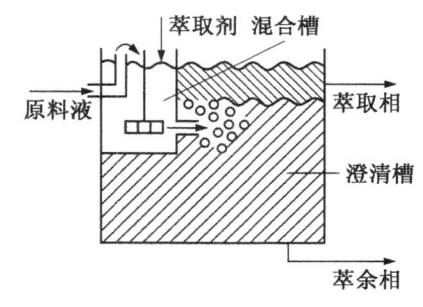

图 6-15 混合澄清槽

一般用机械搅拌的方法来实现两相间的充分混合,也有用喷射方法进行混合的。澄清槽的作用是将已接近平衡的两相分离。一般采用重力沉降的方法,由于两相间的密度差不会很大,分离时间往往较长。当两相密度差较小时,可采用离心式澄清槽,加速分离。混合澄清槽的传质效率高,可达 80% 以上,操作方便灵活,结构简单,但占地面积大,能耗高,每级之间均需安装搅拌装置,还需用泵输送液体,设备投资和操作费用均较高。近年来已逐渐转用塔式萃取设备。

2. 填料萃取塔

填料萃取塔是典型的微分接触式萃取设备,其结构与填料吸收塔大致相同,如图 6-16 所示。操作时,连续相充满于整个塔中,分散相以液滴状通过连续相。填料材质应能被连续相润湿而不被分散相润湿,以利于液滴的生成和稳定。诸填料中,陶瓷易被水润湿,塑料和石墨易被有机相润湿,金属材料则需由实验测定。填料直径应小于塔径的 1/10~1/8,但大于临界直径。

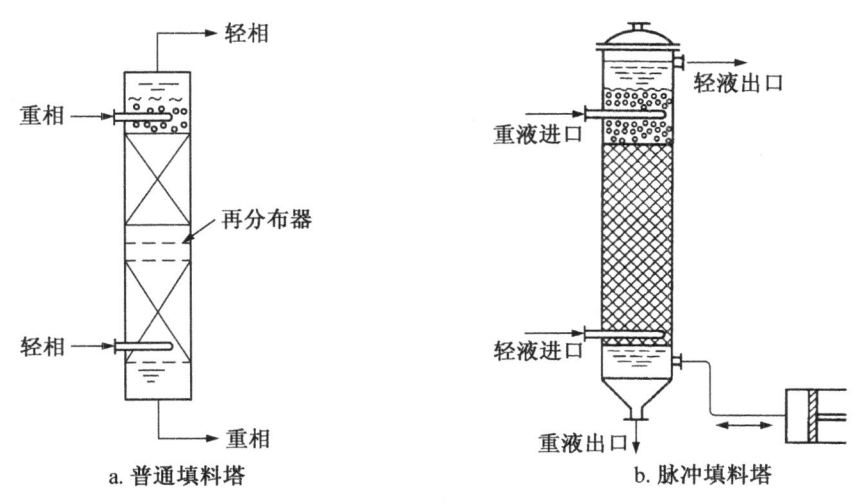

a. 普通填料塔　　　　b. 脉冲填料塔

图 6-16 填料萃取塔

在普通填料塔内,两相靠密度差逆向流动,相对速率较小,界面湍动程度较低,从而限制了传质速率进一步的提高。为增加湍动程度,向填料提供外加的脉冲能量,就成了脉冲填料塔,如图6-16b所示。一般用往复泵或压缩空气提供脉冲。

3. 筛板塔

筛板塔也是常用的液液传质设备之一,筛孔直径比气液传质的筛板孔径小,一般为3~9mm,孔距为孔径的3~4倍,板间距为150~600mm。其结构如图6-17所示。

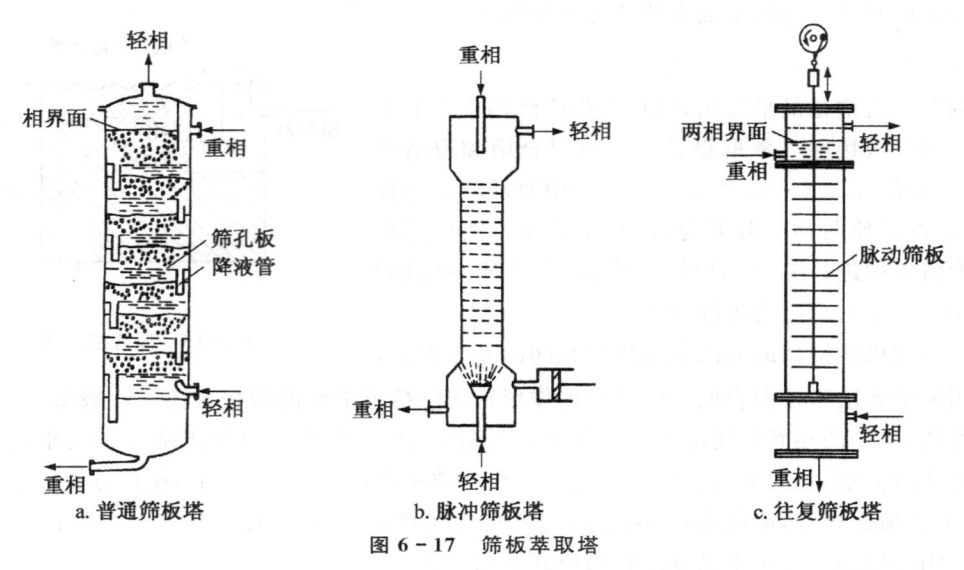

图6-17 筛板萃取塔

脉冲筛板塔的原理与脉冲填料塔相同,产生脉冲的方法也有利用往复泵、隔膜泵、压缩空气等,脉冲振幅范围为9~50mm,频率为30~200次/min,与气液系统中用的筛板塔不同之处在于它没有溢流管,操作时轻、重液相均穿过筛板面做逆流流动,分散相在筛板之间不分层,在塔的顶端和底部有较大的空间,以利于相间分离。往复筛板塔的原理与脉冲筛板塔相同,将筛板固定在中心轴上,由塔顶的传动机构带动做上下往复运动,振幅一般为3~5mm,频率可达1000次/min,在不发生液泛的前提下,频率愈高,塔效率愈高。往复筛板塔的传质效率高,流动阻力小,生产能力大,故在生产上应用日益广泛。

4. 转盘萃取塔

转盘萃取塔的基本结构如图6-18所示。在塔体内壁面按一定间距装若干个环形挡板(称固定环),固定环把塔内空间分隔成若干个分割开的空间,在中心轴上按同样间距装若干个转盘,每个转盘处于分割空间的中间,转盘的直径小于固定环的内径。操作时,转盘做高速旋转,对液体产生强烈的搅拌作用,增加了相际接触和液体湍动,固定环则可抑制返混。

转盘塔结构简单,生产能力大,传质效率高,操作弹性大,故在工业中应用较广泛。近年来,在普通转盘塔的基础上,又开发了偏心转盘塔。偏心转盘塔的转轴偏心安置,塔内不对称地设垂直挡板,分成混合区和澄清区。混合区内用水平挡板分割成许多小室,每个小室内的转盘起混合搅拌作用。

a. 普通转盘塔　　　b. 偏心转盘塔　　　c.

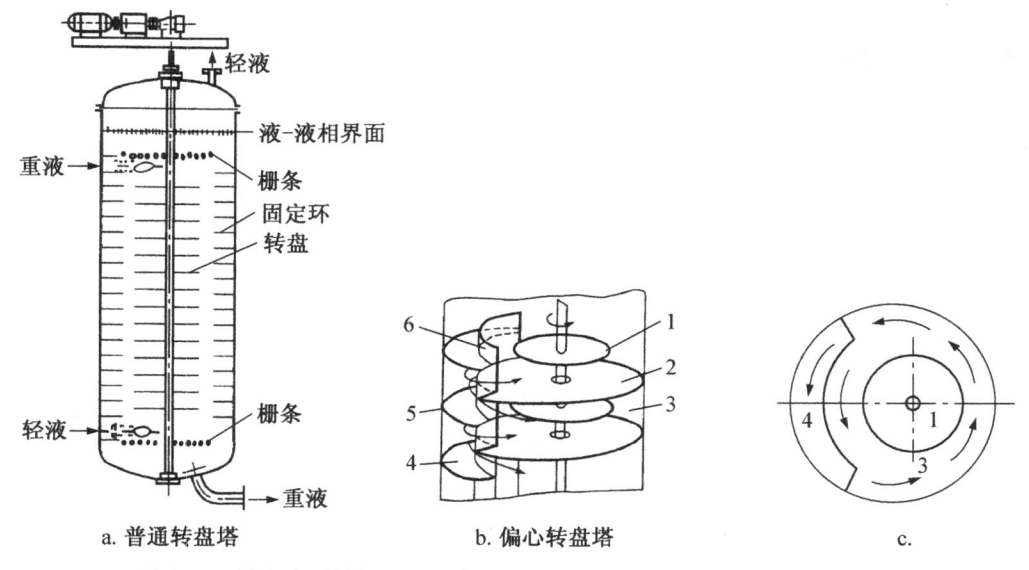

1—转盘；2—横向水平挡板；3—混合区；4—澄清区；5—环形分割板；6—垂直挡板

图 6-18　转盘萃取塔

5. 离心萃取器

离心萃取器是利用离心力使两相快速混合和分层的设备。它有多种形式，图 6-19 是其中的一种，称为 POD 离心萃取器，属于卧式微分接触设备。它的外壳内有一螺旋形转子，转速高达 2000～5000r/min，轻相由外圈引入，重相由中心引入。在离心力作用下，重相由中心向外流，轻相由外圈向中部流，两相成逆向流动，最终重相由螺旋最外层流出，轻相从中部流出。这种设备适于处理两相密度差很小或易乳化的体系。

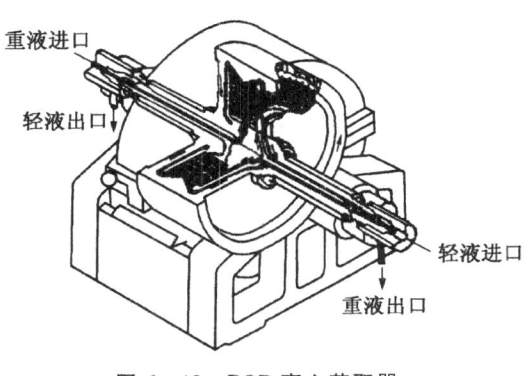

图 6-19　POD 离心萃取器

6.2　双水相萃取

双水相萃取系统由两种或几种高聚物与无机盐水溶液组成，利用高聚物之间或聚合物与盐之间的不相溶性，当聚合物或无机盐浓度达到一定值时，就会形成不互溶的两个水相，两相中水所占比例为 85%～95%，被萃取物在两个水相间分配。双水相系统中两相密度和折射率差别较小，相界面张力小，两相易分散，活性生物物质或细胞不易失活，可在常温、常压下进行，易于连续操作，具有处理量大等优点，备受工业界的关注。

6-3　双水相萃取

6.3 反胶团萃取

反胶团萃取是利用表面活性剂在非极性的有机相中聚集形成反胶团,在有机相内形成分散的亲水微环境,而将其中的物质萃取到有机相的分离技术。

反胶团萃取技术是为满足分离亲水憎油大分子的需要而出现的,如从酿造行业废水中回收氨基酸、蛋白质、酵母等生物大分子,为废弃物资源化的清洁生产工艺。一般情况下,亲水憎油大分子溶于水而增大了在有机相中的溶解度。因此,萃取过程中所用的溶剂必须既能溶解被分离物质,又能与水分层。

6-4 反胶团萃取

6.4 超临界流体萃取

超临界流体萃取是一种新型的萃取分离技术。它利用超临界流体,即处于温度高于临界温度、压力高于临界压力的热力学状态的流体作为萃取剂,从液体或固体中萃取出特定成分,以达到分离的目的。

超临界流体萃取的特点有:萃取剂在常压和室温下为气体,萃取后易与萃余相和萃取组分分离;可在较低温度下操作,特别适合于天然物质的分离;可通过调节压力、温度和引入夹带剂等调整超临界流体的溶解能力,并可通过逐渐改变温度和压力把萃取组分引入希望的产品中。

近年来,对超临界流体萃取的基础和应用研究已达到了很深的程度。人们对超临界流体萃取体系的热力学和其他性质已有较深入的了解。迄今,已有丙烷脱沥青、啤酒花萃取、咖啡脱咖啡因等大规模的超临界流体萃取工业过程,超临界流体在医药、天然产物、特种化学品加工、环境保护及聚合物加工等方面的应用也正在逐渐成熟。

6-5 超临界流体萃取

▶▶▶ 参考文献 ◀◀◀

[1] 刘家祺. 分离过程. 北京:化学工业出版社,2002.
[2] Verrall M S. Downstream Processing of Natural Products. New York: John Wiley & Sons,1996.
[3] 刘芙蓉,金鑫丽,王黎. 分离过程及系统模拟. 北京:科学出版社,2001.
[4] 郁浩然. 化工分离工程. 北京:中国石化出版社,1992.
[5] 贾绍义,柴诚敬. 化工传质与分离工程. 北京:化学工业出版社,2007.
[6] Abbout N L, Hatton T A. Liquid-Liquid Extraction for Protein Separation. Chem Eng Prog,1998.

[7] Haynes C A, Carson J, Blanch H W, et al. Electrostatic Potentials and Protein Partitioning in Aqueous Two-phase Systems. AICHE,1991.

[8] 邓修,吴俊生.化工分离工程.北京:科学出版社,2001.

[9] 陈欢林.新型分离技术基础.北京:化学工业出版社,2005.

[10] 周立雪,周波.传质与分离技术.北京:化学工业出版社,2002.

[11] 袁惠新.分离过程与设备.北京:化学工业出版社,2008.

[12] 尹芳华,钟璟.现代分离技术.北京:化学工业出版社,2009.

[13] 顾觉奋.分离纯化工艺原理.北京:中国医药科技出版社,1994.

[14] 王锡玉,王建中.化工基础.北京:化学工业出版社,2000.

[15] 刘家祺.传质分离过程.北京:高等教育出版社,2005.

▶▶▶ 习 题 ◀◀◀

1. 简述超临界流体和超临界流体萃取的特点。

2. 简述反胶团萃取蛋白质过程的主要影响因素。

3. 简述双水相形成的原因及影响分配的主要因素。

4. 以丙酮为萃取剂,在塔径 46mm、有效高度 1.09m 的喷射塔内对稀水溶液中的醋酸进行萃取分离。当萃取剂中不含酸,流率为 $0.0014 m^2/(s \cdot m^2)$ 时,可使水相酸浓度由 $19 kmol/m^3$ 降到 $0.82 kmol/m^3$,此时萃取液醋酸浓度增为 $0.38 kmol/m^3$。试计算此条件下萃取相的总传质系数及传质单元高度。(平衡关系满足 $y=0.548x$)

5. 在多级错流萃取装置中,以水为溶剂从乙醛的质量分数为 0.06 的乙醛-甲苯混合溶液中提取乙醛。已知原料液的处理量为 600kg/h,要求最终萃余相中乙醛的质量分数不大于 0.0005。每级中水的用量均为 125kg/h。在操作条件下,水和甲苯可视为完全不互溶,以乙醛质量比表示的平衡关系为 $y=2.2x$。试用解析法求所需的理论级数。

6. 用纯萃取剂 S 在多级连续逆流萃取塔中处理 1500kg/h 的原料。原料含量为 $x_A=0.35, x_B=0.65$; 萃取剂 S 和稀释剂 B 完全不互溶,平衡关系为 $y=1.2x$; 最终萃余相中 $x_A=0.30, x_B=0.05$。试求:

(1) 萃取剂用量;

(2) 萃余相 R 与萃取相 E 的流量;

(3) 理论级数。

7. Nernst 分配定律可表述为在一定温度和压力下,溶质在一相中的浓度可由它在另一相中的浓度所决定,试用相律说明此问题。

8. 拟以醋酸丁酯为萃取剂、转盘塔为萃取塔从澄清发酵液中连续萃取分离红霉素。已知在 pH 为 7.5 和 10.0 的水溶液中,红霉素在醋酸丁酯中的分配系数分别为 0.5 和 20。萃取操作中,料液(pH=10.0)和萃取剂的空塔流速分别为 0.1cm/s 和 0.2cm/s, $K_x a=0.1 s^{-1}$, $E_x=1\times 10^{-3} m^2/s$, $E_y=5\times 10^{-3} m^2/s$。为使萃取收率达 99%,求所需塔高。

第 7 章

结 晶

晶体是具有整齐规则的几何外形、固定熔点和各向异性的固态物质,组成晶体的单位(原子、分子或离子)具有规律、周期性的排列。同样是从液相或气相中形成,但晶体不同于沉淀,后者是无定形粒子,其内部的组成单位是无规则排列的。通常只有同类分子或离子才能排列成晶体,因此晶体的形成和生长过程具有高度的选择性。与沉淀相比,晶体往往具有较高的纯度。结晶包括溶液结晶、熔融结晶和升华结晶等,从熔融体中析出晶体的过程可用于单晶制备,从气体中析出晶体的过程可用于真空镀膜,而化工生产中常遇到的则是从溶液中析出晶体。

要获得晶体,就要进行结晶操作。结晶是一个溶质从溶剂中析出形成新相的过程,能够实现溶质与杂质的分离,是制备纯物质的有效方法。与蒸馏等单元操作相比,结晶操作过程的能耗较低(一般来讲,结晶热仅为汽化热的 1/7~1/3),并且结晶操作可用于高熔点混合物、恒沸物以及热敏性物质等难分离物系的分离。早在 5000 多年前,人们已懂得利用晒制海水的方法来获取食盐。目前结晶已经广泛用于化学工业,发展成为一种从不纯料液中获得纯净固体产品的经济而有效的方法。通过结晶得到的晶体产品不仅具有一定的纯度,而且外形整齐美观,便于包装、运输、贮存和应用。在一些生化和医药领域,晶体的形状和尺寸甚至成为评价一些产品质量的重要指标。

7.1 结晶过程概述

7.1.1 结晶的基本概念

晶体是化学组成均一、具有规则形状的固体。晶体结构是原子、离子或分子等质点在空间按一定规律排列的结果。如果结晶时没有其他晶体或物质干扰,晶体应形成有规则的多面体,称为结晶多面体。结晶多面体的面称为晶面,棱边称为晶棱。

晶体具有以下重要性质:

① 自范性。晶体具有自发地生长成为结晶多面体的可能性,这种性质称为晶体的自范性。在理想条件下,晶体在长大时保持几何相似性,如图 7-1 所示。图中每个

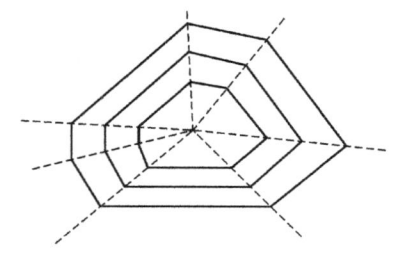

图 7-1 晶体的成长

多边形代表晶体在不同时间的外形,显然这些多边形是相似的,而且联结多边形顶点的虚线相交于某一中心点,此中心点即为结晶中心点,也即原始晶核的所在位置。

②各向异性。晶体的几何特性和物理性质常随方向的不同而不同,这种性质称为晶体的各向异性。例如,所谓任一晶面的生长速率指的是该晶面沿其法向方向离结晶中心移动的速度。除晶形为正方体外,一般晶体各晶面的生长速率是不一样的。影响或改变晶面生长速率的因素有溶剂的种类、溶液的pH、过饱和度、温度、搅拌速度、磁场强度及杂质等。

③均匀性。晶体中每一宏观质点的物理性质和化学组成都相同,这种性质称为晶体的均匀性。这一特性保证了晶体产品具有很高的纯度。

此外,晶体还具有几何形状和物理效应的对称性,具有最小内能,以及在熔融过程中熔点保持不变等特性。

晶体是质点按照点阵的数学方式排列而成的。构成空间点阵的质点称为结构单元,组成空间点阵结构的基本单位称为晶胞。晶体是由许多晶胞并排密集堆砌而成的。无论晶体是大是小,无论其外形是否残缺,其内部的晶胞和晶胞在空间重复再现的方式都是一样的。

晶体的分类是按其对称性考查的,晶体的对称要素有以下几种:

①对称面。假如有一个平面能通过晶体的中心,将晶体分成两半,成为对称镜象,这个平面就称为对称面。

②对称轴。假如有一条直线通过晶体的中心,使晶体绕直线旋转一定的角度,晶体的新位置能与旧位置完全重合,则这条直线就称为对称轴。

③对称中心。假如晶体中有一点,通过这点的任一直线都能被晶体的两个相对面截成两段相等的线段,这点就称为对称中心。

考虑某一晶胞,选取三个坐标轴作为晶轴,分别记为 x、y、z 轴,三条晶轴的长度分别记为 a、b、c。三个坐标面即为晶轴面,晶轴的交角称为晶轴角,其中 y 轴与 z 轴间的晶轴角记为 α,z 轴与 x 轴间的晶轴角记为 β,x 轴与 y 轴间的晶轴角记为 γ。根据 a、b、c、α、β、γ 这六个参数的组合,可将晶体分为以下七类(图 7-2):

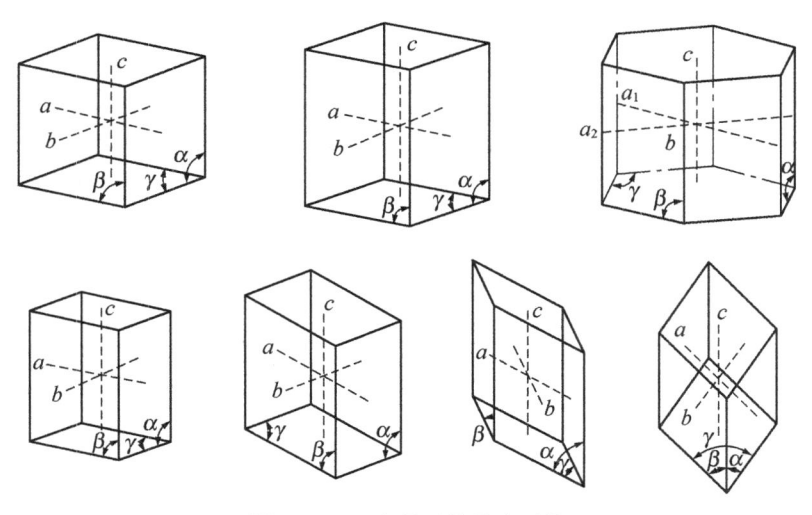

图 7-2 七个晶系的晶胞形状

①立方晶系:$a=b=c$,$\alpha=\beta=\gamma=90°$。
②四方晶系:$a=b\neq c$,$\alpha=\beta=\gamma=90°$。

③六方晶系：$a=b\neq c, \alpha=\beta=90°, \gamma=120°$。
④正交晶系：$a\neq b\neq c, \alpha=\beta=\gamma=90°$。
⑤单斜晶系：$a\neq b\neq c, \alpha=\gamma=90°\neq\beta$。
⑥三斜晶系：$a\neq b\neq c, \alpha\neq\beta\neq\gamma\neq 90°$。
⑦三方晶系：$a=b=c, \alpha=\beta=\gamma\neq 90°$。

晶系是指在一定的环境中结晶的外部形态。不同的物质所属晶系可能不同。对于同一物质，当所处的物理环境（如温度、压力等）改变时，晶系也可能发生变化。例如，硝酸铵在$-18℃$和$125℃$之间有五种晶系变化。

$$\text{熔融液} \xrightarrow{169.9℃} \text{立方晶系} \xrightarrow{125.2℃} \text{斜棱晶系} \xrightarrow{84.2℃} \text{长方晶体 I} \xrightarrow{32.3℃} \text{长方晶体 II} \xrightarrow{-18℃} \text{不等边长方体}$$

晶体的粒度可以用长度来量度。对于一定形状的晶体粒子，可选择某长度为特征尺寸 L，该尺寸对应于体积形状因子 k_v 和面积形状因子 k_a，于是晶体的体积和表面积可分别写成

$$V_c = k_v L^3 \tag{7-1}$$

$$A_c = k_a L^2 \tag{7-2}$$

对于常见固体几何形状，此特征尺寸接近于筛析确定的晶体粒度。例如，对立方晶体，选择边长为特征尺寸，则 $V_c=L^3, A_c=6L^2$，即 $k_v=1, k_a=6$；对于圆球体，选择直径 D 为特征尺寸，则 $V_c=(1/6)\pi D^3, A_c=\pi D^2$，即 $k_v=(1/6)\pi, k_a=\pi$。从以上两例看出，k_a/k_v 均等于 6。这一关系对等尺寸的晶体都成立；而对非等尺寸的晶体，则接近此数值。

晶体的粒度分布是产品的一个重要指标，它是指不同粒度的晶体质量（或粒子数目）与粒度的分布关系。将晶体样品经过筛析，由筛析数据描绘筛下（或筛上）累积质量分数与筛孔尺寸的关系曲线，并可引申为累积粒子数及粒数密度与粒度的关系曲线，以此表示晶体粒度分布。

7.1.2 结晶过程

溶质从溶液中结晶的推动力是一种浓度差，称为溶液的过饱和度。结晶过程经历两个步骤：首先要产生微观的晶粒作为结晶的核心，这些核心称为晶核，产生晶核的过程称为成核。然后是晶核长大，成为宏观的晶体，该过程称为晶体生长。在结晶器中由溶液结晶出来的晶体与余留下来的溶液构成的混合物，称为晶浆，通常需要用搅拌器或其他方法将晶浆中的晶体悬浮在液相中，以促进结晶的进行，因此晶浆亦称悬浮体。晶浆去除了悬浮于其中的晶体后所余留的溶液称为母液。

熔融结晶是根据待分离物质之间的凝固点不同而实现物质结晶分离的过程，推动力是过冷度。熔融结晶有不同的操作模式：一种是在冷却表面上沉析出结晶层固体；另一种是在熔融体中析出处于悬浮状态的晶体粒子。熔融结晶主要应用于有机物的分离提纯。

7.2 溶液结晶基础

7.2.1 溶解度

固体与其溶液之间的固液相平衡关系通常可用固体在溶剂中的溶解度表示。物质的溶

解度与它的化学性质、溶剂的性质及温度有关,压力的影响可以忽略。因此,溶解度数据常用溶解度-温度的关系表示。

溶解度的单位常采用 100 份质量的溶剂中溶解多少份质量的无水物溶质表示。由于按无水物表示溶解度,因此即使对于具有几种水合物的溶质也不致引起混乱,并且使用脱溶质的溶剂为基准,使计算简化。文献中还有其他单位,如摩尔/升溶液、摩尔/千克溶剂等。

1. 溶解度曲线

溶解度数据通常用溶解度对温度所标绘的曲线表示,称为溶解度曲线。不同物质的溶解度随温度的变化而不同。有些物质的溶解度随温度的升高而迅速增大;有的随温度升高以中等速度增加;有的则随温度升高只有微小的变化。这些物质在溶解过程中需要吸收热量,具有正溶解度特性。还有一些物质,其溶解度随温度升高而下降,它们在溶解过程中放出热量,具有逆溶解度特性。许多物质的溶解度曲线是连续的,但另有若干形成水合物晶体的物质,其溶解度曲线上有断折点,又称变态点。例如,在温度低于 32.4℃ 时,从硫酸钠水溶液中结晶出来的固体是 $Na_2SO_4 \cdot 10H_2O$,而在这个温度以上结晶出来的固体是无水 Na_2SO_4,这两种固相的溶解度曲线在 32.4℃ 处相交。一种物质可以有几个这样的变态点。几种无机物在水中的溶解度如图 7-3 所示。

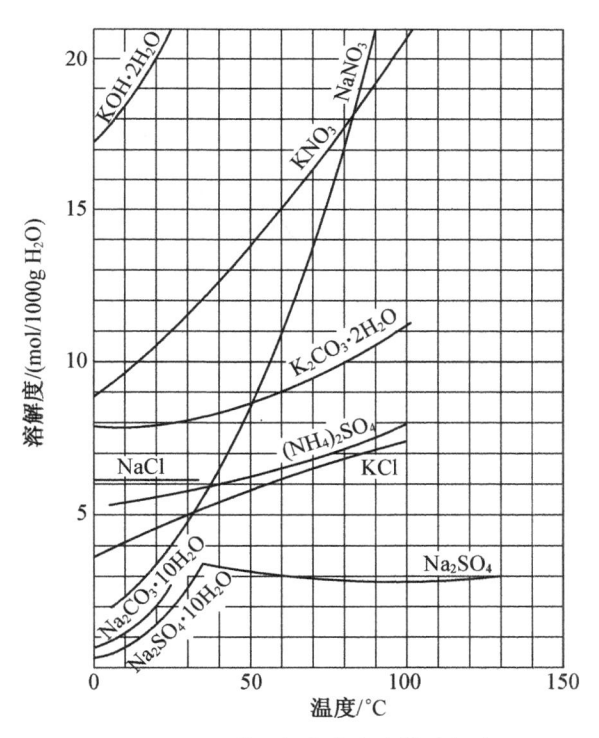

图 7-3 几种无机物在水中的溶解度

不同的溶解度特征对于结晶工艺的选择起决定性的作用。例如,对于溶解度对温度变化敏感的物质,选择变温结晶方法分离;对于溶解度随温度变化缓慢的物质,选择蒸发结晶工艺。

2. 溶解度关系

溶质在固相和溶液中成固液相平衡的条件是化学势相等。经热力学推导,得到

$$f_{i液相} = f_{i固相} \tag{7-3}$$

溶液中溶质的逸度用活度系数表示，则

$$f_{2固相} = \gamma_2 x_2 f_2^{\ominus} \tag{7-4}$$

式中：$f_{2固相}$ 为固相中溶质的逸度，Pa；γ_2 为溶质的活度系数；x_2 为溶质在溶液中的摩尔分数；$f_2^{\ominus}$ 为标准态逸度，Pa。

$$x_2 = \frac{f_{2固相}}{f_2^{\ominus} \gamma_2} \tag{7-5}$$

式（7-5）是任何溶质在任何溶剂中溶解度的通式。从该式可以看出，溶解度依赖于活度系数和逸度比。固液相平衡中通常定义标准态逸度为纯溶质在低于其熔点的过冷液体状态下的逸度。若假设该固体和过冷液体蒸气压都很小，则式（7-5）可进一步简化，用蒸气压代替逸度。若再假设溶质和溶剂在化学结构上是相似的，则 $\gamma=1$，上式可写成

$$x_2 = \frac{p_{2固体溶质}^{\ominus}}{p_{2过冷液体溶质}^{\ominus}} \tag{7-6}$$

式（7-6）是理想物系的溶解度表达式。蒸气压的物理意义如图 7-4 所示。该式提供了两个信息：①溶质的理想溶解度不依赖于所选的溶剂，仅与溶质的性质有关；②物质结构的差别导致纯组分相图的差别，因而改变了理想溶解度。

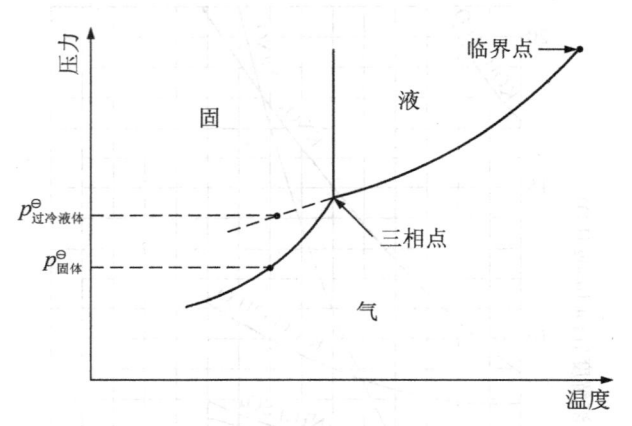

图 7-4 纯组分相图

逸度之比的通式是

$$\ln \frac{f_{2固体溶质}}{f_{2过冷液体溶质}} = \frac{\Delta H_{tp}}{R}\left(\frac{1}{T_{tp}} - \frac{1}{T}\right) - \frac{\Delta C_p}{R}\left(\ln \frac{T_{tp}}{T} - \frac{T_{tp}}{T} + 1\right) - \frac{\Delta V}{RT}(p - p_{tp}) \tag{7-7}$$

式中：ΔH_{tp} 为液态溶质在三相点的摩尔相焓变；ΔC_p 为液相和固相的质量定压热容差；T_{tp} 为三相点温度；ΔV 为体积的变化。

将式（7-7）代入式（7-5），得到溶解度方程

$$x_2 = \frac{1}{\gamma_2} \exp\left[\frac{\Delta H_{tp}}{R}\left(\frac{1}{T_{tp}} - \frac{1}{T}\right) - \frac{\Delta C_p}{R}\left(\ln \frac{T_{tp}}{T} - \frac{T_{tp}}{T} + 1\right) - \frac{\Delta V}{RT}(p - p_{tp})\right] \tag{7-8}$$

式（7-8）是普遍化的溶解度方程。在大多数情况下，压力对溶解度的影响可以忽略，故等号右侧最后一项可以舍去。另外，热容项通常也可舍去，这样便得到

$$x_2 = \frac{1}{\gamma_2} \exp\left[\frac{\Delta H_{tp}}{R}\left(\frac{1}{T_{tp}} - \frac{1}{T}\right)\right] \tag{7-9}$$

在多数情况下,物质的三相点温度数据是未知的,由于物质的熔点接近于三相点,故分别用熔融焓 ΔH_m 和熔点温度 T_m 代替三相点相变焓和三相点温度。

$$x_2 = \frac{1}{\gamma_2}\exp\left[\frac{\Delta H_m}{R}\left(\frac{1}{T_m}-\frac{1}{T}\right)\right] \quad (7-10)$$

对于理想溶液 $\gamma_2 = 1$,方程可简化为

$$x_2 = \exp\left[\frac{\Delta H_m}{R}\left(\frac{1}{T_m}-\frac{1}{T}\right)\right] \quad (7-11)$$

式(7-11)可用于计算理想溶解度。计算结果证明了物质化学结构的相似与否会引起溶解度的差异。某些同分异构体由于化学结构不同,物理性质变化,其理想溶解度数值相差甚远。式(7-11)也表明,理想溶液的溶解度随温度升高而增大,其增长速率近似与熔融热成正比。对于熔点相近的物质,熔融热越小,则溶解度越小;对于熔融热相近的物质,熔点越低,则溶解度越大。式(7-11)可用于比较各种溶质的相对溶解度,不考虑所选溶剂或溶质与溶剂的相互作用。若探讨溶剂的作用,必须计算活度系数。

3. 经验关系

研究者曾经提出不少关联式,用于估算溶解度。下面两种经验式较为常用:

$$\ln x = \frac{a}{T} + b \quad (7-12)$$

$$\lg x = A + (B/T) + C\lg T \quad (7-13)$$

式中:x 为溶质的摩尔分数;T 为溶液温度,K;a、b 或 A、B、C 分别为用实验溶解度数据回归的经验常数。式(7-12)表示 $\ln x$ 与 $1/T$ 呈直线关系,同种物质的不同水合物之间的变态点,由直线的交点很容易确定。

4. 晶体粒度关系

如果分散于溶液中的溶质离子足够小,则溶质浓度可大大超过正常情况下的溶解度,溶解度与粒度的关系用下式表示:

$$\ln\left[\frac{c(r)}{c^*}\right] = \frac{2M_r\sigma}{\nu RT\rho_s r} \quad (7-14)$$

式中:$c(r)$ 为颗粒半径为 r 的溶质的溶解度,单位为 kg(溶质)/kg(溶剂);c^* 为正常平衡溶解度,单位为 kg(溶质)/kg(溶剂);ρ_s 为固体密度,单位为 kg/m³;M_r 为溶液中溶质的相对分子质量;σ 为与溶液接触的结晶表面的界面张力,单位为 J/m²;ν 为每分子电解质形成的离子数,对于非电解质,$\nu = 1$。

对于大多数无机盐水溶液,当晶体粒度小于 1μm 时,溶解度急剧增大。例如,25℃的硫酸钡:$M_r = 0.233$,$\nu = 2$,$\rho_s = 4500$kg/m³,$\sigma = 0.13$J/m²,$R = 8.3$J/(mol·K),对于粒度为 1μm 的晶体($r = 5\times 10^{-7}$m),$c/c^* = 1.005$,即比正常溶解度增加 0.5%;粒度为 0.1μm 时,$c/c^* = 1.06$,即增加 6%;粒度减至 0.01mm 时,$c/c^* = 1.72$,即增加 72%。对于可溶性有机物蔗糖($M_r = 0.342$kg/mol,$\nu = 1$,$\rho_s = 1.590$kg/m³,$\sigma = 0.01$J/m²),粒度对溶解度的影响更大,1μm 时增加 4%,0.01μm 时增加 3000%。由于上述计算中界面张力值是估计的,故其结果只是近似值。

工业上的溶液极少为纯物质溶液,除温度外,结晶母液的 pH 值、可溶性杂质等可能改变溶解度数值。因此引用手册数据时要慎重,必要时应对实际物系进行测定。

如果在溶液中存在有两种溶质,则用 x 轴和 y 轴分别表示两溶质的浓度,其溶解度用等温线表示。若有三个溶质,可采用三维图形描述溶解度。

7.2.2 结晶机理和动力学

7-1 结晶机理和动力学

7.2.3 结晶的粒数衡算和粒度分布

在工业结晶过程中,用粒数密度的概念和粒数衡算方法将产品的粒度分布与结晶器操作参数及结构参数联系起来,成为工业结晶理论发展的一个里程碑。应用粒数衡算研究晶体粒度分布问题的目标为:①得到特定物系在特定操作条件下的晶体成核和生长速率等结晶动力学方面的知识,用于设计结晶器;②指导结晶器操作,调整参数衡算和粒度分布。

1. 晶体粒度分布的计算

(1) 粒数密度

设 ΔN 表示单位体积晶浆中在粒度范围 ΔL(从 L_1 至 L_2)内的晶体粒子的数目,则晶体的粒数密度 n 定义为

$$n = \lim_{\Delta L \to 0} \frac{\Delta N}{\Delta L} = \frac{dN}{dL} \tag{7-15}$$

n 值取决于 dL 间隔处的 L 值,即 n 是 L 的函数,单位为个/(μm·L 晶浆),即每升晶浆中粒度为 L 处的 1μm 粒度范围中的晶粒个数。ΔN 也是 L 的函数。两个函数关系如图 7-5 所示。

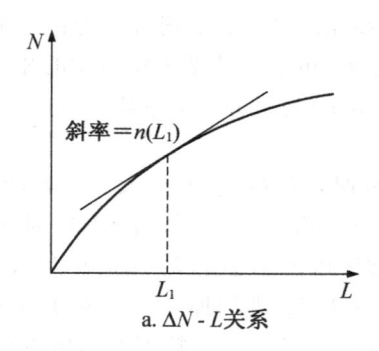

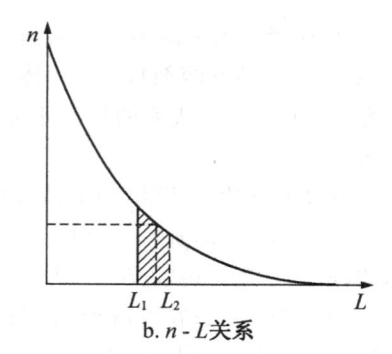

a. ΔN-L 关系　　　b. n-L 关系

图 7-5 分布曲线

在 L_1 到 L_2 范围内的晶体粒子数由下式得出:

$$\Delta N = \int_{L_1}^{L_2} n \, dL \tag{7-16}$$

该积分用图 7-5b 中阴影部分表示。若 $\Delta L_1 \to 0$, $L_2 \to \infty$, 则式(7-16)所表示的 ΔN 变成单位体积晶浆中晶粒的总数, 即 N_T。这也说明了图 7-5a 和 b 的内在联系。

(2) 粒数衡算方程

推导粒数衡算方程的一种有效方法是假想一种连续的结晶器的模型, 称之为混合悬浮-混合卸料(MSMPR)结晶器(图 7-6)。其特点是在结晶器内任何位置上的晶体悬浮密度及粒度分布都是均一的, 且等于排出产品性质。选择这种结晶器进行分析是因为它与工业上广泛采用的强制内循环结晶器相近, 其理论分析有较好的实用意义, 此外, 经合理的假设后, 理论分析可得到简化。

设结晶器中悬浮液体积为 V, 悬浮液中粒度为 L_1 和 L_2 的粒数密度分别为 n_1 和 n_2, 相应的晶体生长速率分别为 G_1 和 G_2, 做经过时间增量 Δt 后从 L_1 至 L_2 粒度范围的粒子数的衡算。衡算原则是, 进料带入的该粒度范围内粒子数和在结晶器中因生长进入该粒度段的粒子数之和, 减去出料带出的和因生长而超出该粒度的粒子数, 等于该粒度范围的粒子在结晶器中的累积数。

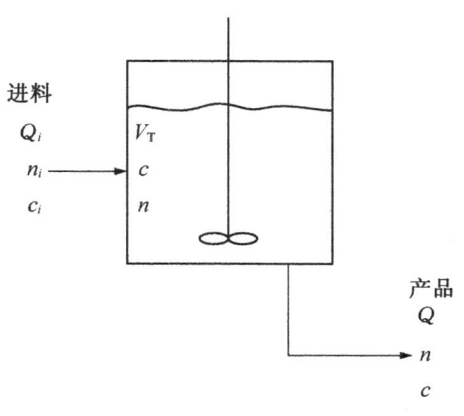

图 7-6 MSMPR 结晶器示意图

$$(Q_i \overline{n_i} \Delta L \Delta t + V n_1 G_1 \Delta t) - (Q \overline{n} \Delta L \Delta t + V n_2 G_2 \Delta t) = V \Delta n \Delta L \qquad (7-17)$$

式中: Q_i 为进入结晶器的溶液体积流率; Q 为引出结晶器的产品悬浮液体积流率; $\overline{n}$ 为 L_1 至 L_2 粒度范围中的平均粒数密度。

当 ΔL 和 Δt 趋近于 0 时, 可导出偏微分粒数衡算方程

$$\frac{\partial(nG)}{\partial L} + \frac{Qn}{V} - \frac{Q_i n_i}{V} = -\frac{\partial n}{\partial t} \qquad (7-18)$$

该式为非稳态粒数衡算方程。注意: 此式以晶浆体积为基准, 有别于以清液体积为基准。

当结晶器的进料为清液, 不含晶种($n_i = 0$)时, 上式简化为

$$\frac{\partial(nG)}{\partial L} + \frac{Qn}{V} = -\frac{\partial n}{\partial t} \qquad (7-19)$$

对于 MSMPR 结晶器, 晶体在器内停留时间与液相的停留时间相同, 故晶体的生长时间 $\tau = V/Q$, 上式又可简化为

$$\frac{\partial(nG)}{\partial L} + \frac{n}{\tau} = -\frac{\partial n}{\partial t} \qquad (7-20)$$

上式能得到描述粒数密度分布的方程。

2. 结晶的粒度分布

(1) 与粒度无关的晶体生长的粒度分布

若结晶器处于稳态, $\partial n/\partial t = 0$, 则式(7-20)可简化为

$$\frac{\partial(nG)}{\partial L} + \frac{n}{\tau} = 0 \tag{7-21}$$

若物系的晶体生长遵循 ΔL 定律,即 $dG/dL = 0$,则

$$\frac{dn}{dL} + \frac{n}{G\tau} = 0 \tag{7-22}$$

令 n^0 代表粒度为零的晶体的粒数密度,即晶核的粒数密度,积分得

$$\int_{n^0}^{n} \frac{dn}{n} = -\int_{0}^{L} \frac{dL}{G\tau} \tag{7-23}$$

或

$$n = n^0 \exp\left(-\frac{L}{G\tau}\right) \tag{7-23a}$$

写成对数形式为

$$\ln n = \ln n^0 - \frac{L}{G\tau} \tag{7-23b}$$

该式为 MSMPR 结晶器在稳态下的粒数密度分布函数。

如果某实验满足推导式(7-23)的假定条件,则以 $\ln n$ 对 L 作图得一直线,此线截距为 $\ln n^0$,斜率为 $-L/G\tau$。因此,若已知晶体产品粒数密度分布 $n(L)$ 及平均停留时间 τ,则可计算出晶体的线性生长速率 G 及晶核的粒数密度 n^0。

由式(7-23)所表达的粒数密度分布关系式可以看出,结晶产品的粒度分布取决于三个参数:生长速率、晶核粒数密度和停留时间。

n^0 与成核速率 B 之间存在着一个重要的关系式

$$\lim_{L \to 0} \frac{dN}{dt} = \lim_{L \to 0}\left(\frac{dL}{dt} \cdot \frac{dN}{dL}\right) \tag{7-24}$$

等号左边即为 dN^0/dt 或 B,右边第一项为 G,第二项为 n^0,故得

$$B = n^0 G \tag{7-25}$$

【例题 7-1】 根据 MSMPR 结晶器中尿素结晶实验的晶体样品计算其粒数密度、成核速率和生长速率。已知晶浆密度 $\rho = 450\text{g/L}$,晶体密度 $\rho_c = 1.335\text{g/cm}^3$,停留时间 $\tau = 3.38\text{h}$,形状因子 $k_v = 1.0$,产品粒度实测数据如下:

筛网数/目	质量分数/%	筛网数/目	质量分数/%
14~20	4.4	48~65	15.5
20~28	14.4	65~100	7.4
28~35	24.2	>100	2.5
35~48	31.6		

解 ①将实测数据整理成 $\ln n$-L 数据

以第一组产品粒度的计算为例,已知:14目=1.168mm;20目=0.833mm;平均开孔直径1.00mm。由此可得

$$\Delta L_{20} = 1.168 - 0.833 = 0.335\text{mm}$$

$$\Delta N_{20} = \frac{(450\text{g/L})(0.04)}{(1.335/1000)\text{g/mm}^3} \cdot \frac{1}{1.0(1.0)^3} = 14831.46 \text{ 个/L}$$

则

$$n_{20} = \frac{\Delta N_{20}}{\Delta L_{20}} = 44273 \text{ 个/(mm·L)}$$

$$\ln n_{20} = 10.698$$

对每个筛分增量重复计算,结果如下:

筛网数/目	质量分数/%	k_v	$\ln n$	L/mm
100	7.4	1.0	18.099	0.178
65	15.5	1.0	17.452	0.251
48	31.6	1.0	16.778	0.356
35	24.2	1.0	15.131	0.503
28	14.4	1.0	13.224	0.711
20	4.4	1.0	10.698	1.000

注:L 为平均值

② 求成核速率和生长速率

如右图所示,标绘 $\ln n$-L 数据,得一直线。从图上可看出,直线的截距是 19.781,斜率是 -9.127。由此可知:

生长速率为

$$G = 0.0324 \text{mm/h}$$

成核速率为

$$B = Gn^0 = (0.0324)e^{19.781} = 12.63 \times 10^6 \text{个/(L·h)}$$

(2) 与粒度相关的晶体生长的粒度分布

与粒度相关的晶体生长速率用以下经验式表示,将此式代入粒度衡算式(7-21),得到

$$G = G^0 (1 + \gamma L)^b \quad (7-26)$$

式中:G^0 为晶核生长速率;b、γ 为参数,是物系及操作状态的函数,b 一般都小于 1。

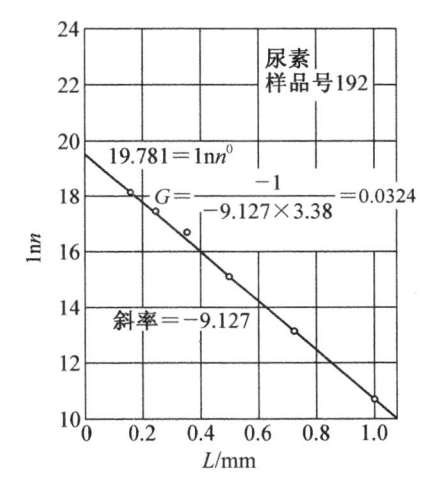

$$n = n^0 (1 + \gamma L)^{-b} \exp\left[\frac{1 - (1 + \gamma L)^{1-b}}{G^0 \tau \gamma (1-b)}\right] \quad (7-27)$$

当 $b = 0$ 时,该式化简为式(7-23a),为与粒度无关的晶体生长粒数密度分布式。

为简便起见,定义 $\gamma = 1/(G^0 \tau)$,仍能可靠地描述很多与粒度相关的生长过程,而模型中的待定参数 γ 与 G^0 只有一个是独立的,使模型的应用简单化。式(7-27)可改写成

$$\ln n = \ln n^0 + \frac{1}{1-b} - b \ln(1 + \gamma L) - \frac{(1 + \gamma L)^{1-b}}{1-b} \quad (7-28)$$

此式表达了在 MSMPR 结晶器稳态操作时,与粒度相关晶体生长的粒数密度分布。式中的参数 n^0、G^0 和 b 值由 $\ln n$-L 数据对式(7-28)拟合得到。

当生长速率随粒度的增大而增大时,b 值是正值。以 K_2SO_4 和 $Na_2SO_4 \cdot 10H_2O$ 的晶体生长为例将式(7-28)绘于图 7-7 上,与粒度无关的晶体生长($b=0$)相比较,随粒度增大而加快的晶体生长速率导致产生更多较大的粒度晶粒,这通常是所希望的。注意:图 7-7 上对于 $L/(G\tau) < 2$ 的所有曲线都收敛在一起,这说明与粒度无关的生长模型对于小晶体也能得到满意的结果。K_2SO_4 和 $Na_2SO_4 \cdot 10H_2O$ 实验数据与上述计算值拟合得很好。

(3) 平均粒度和变异常数

对 MSMPR 结晶器做粒数衡算,得到了如下总质量的特征粒度 L_D 和质量分布的平均

粒度 L_M：

$$L_D = 3G\tau \quad (7-29)$$
$$L_M = 3.67G\tau \quad (7-30)$$

式(7-30)表明，50%的产品的粒度比 L_M 大。

晶体粒度分布能够用平均粒度和变异常数(CV)来表征，后者定量地描述了力度散布程度，通常用一个百分数表示。

$$CV = 100 \frac{L_{84\%} - L_{16\%}}{2L_{50\%}} \quad (7-31)$$

式中：$L_{84\%}$ 表示筛下累积质量百分数为84%的筛孔尺寸；$L_{16\%}$ 和 $L_{50\%}$ 同理。这些数值可从累积质量分布曲线获得。

对于 MSMPR 结晶器，其产品粒度分布的 CV 值大约为 50%。对于大规模工业结晶器生产的产品，例如强迫循环型结晶器和具有导流筒及挡板的真空结晶器，其 CV 值在 30%～50%。CV 值大，表明粒度分布范围广；CV 小，表明粒度分布范围窄，粒度趋于平均；若CV＝0，则表示粒子的粒度完全相同。

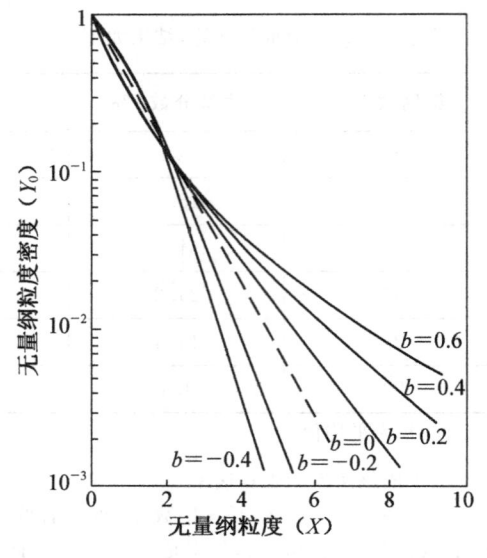

图 7-7 与粒度无关的生成的粒数密度图
$X = L/(G\tau); Y_0 = n/n^0$

7.2.4 收率的计算

根据给定的生产任务和操作规程，仍然可以通过物料衡算和能量衡算对结晶过程的收率和放热量等状态数据进行准确计算。

无论冷却法、蒸发法还是真空冷却法，在结晶操作过程中，原料液的浓度是已知的。对于大多数料液，在结晶结束时，母液中晶体的溶解度和生长速率是平衡的，母液中晶体溶质的浓度是处于饱和状态的。此时通过溶解度曲线可以查得母液中溶质浓度的具体数据。对于盐析结晶等复杂物系，则可通过实验实测母液中晶体溶质的实际浓度。

考虑到水合晶体等溶剂与溶质结合形成晶体析出的过程，以及溶剂蒸发等现象，经过推导可以得到晶体的质量收率和热负荷计算式

$$Y = \frac{WR[c_1 - c_2(1-V)]}{1 - c_2(R-1)} \quad (7-32)$$

式中：c_1、c_2 为原料液中结晶溶质浓度和最终母液中结晶溶质浓度，单位为 kg(溶质)/kg(溶剂)；V 为溶剂蒸发量，单位为 kg(溶剂)/kg(原料液中的溶剂)；R 为结合溶剂后晶体化合物与溶质的相对分子质量之比；W 为原料液中溶剂的量，单位为 kg 或 kg/h；Y 为结晶溶质的产率，单位为 kg 或 kg/h。

对于绝热冷却结晶过程，存在部分溶剂蒸发时，有

$$V = \frac{q_c R(c_1 - c_2) + C_p(t_1 - t_2)(1 + c_1)[1 - c_2(R-1)]}{\lambda[1 - c_2(R-1)] - q_c R c_2} \quad (7-33)$$

式中：λ 为溶剂的蒸发潜热，单位为 J/kg；q_c 为结晶热，单位为 J/kg；t_1、t_2 为溶液在结晶过程

中的初始温度和终了温度,单位为℃;C_p为溶液的质量定压热容,单位为J/(kg·℃)。

结晶过程热负荷 Q 为

$$-Q = Yq_c + (W + W_{c_1})C_p(t_1 - t_2) - V\lambda \qquad (7-34)$$

由式(7-34)可以估算绝热冷却结晶过程中达到生产要求指标时溶剂的蒸发量。此外,由于晶体生长速率的限制,在生产时最终结晶结束后放出的晶浆溶液中晶体溶质的浓度仍然是过饱和的,即存在一定的溶质过饱和度,因此由式(7-33)算出来的收率较实际收率要偏高一些。

【例题 7-2】 Swenson-Walker 冷却结晶器中连续结晶 $Na_3PO_4 \cdot 12H_2O$。原料液中 Na_3PO_4 的质量分数为 23%,从 313K 冷却到 298K。要求结晶产品量为 0.063kg/s。已知 Na_3PO_4 在 298K 的溶解度为 15.5kg/100kg(H_2O),溶液的平均比热容为 3.2kJ/(kg·K),结晶热为 146.5kJ/kg 水合物。冷却水进口和出口温度分别为 288K 和 293K,总传热系数 0.14kW/(m^2·K),单位结晶器长度的有效传热面积 $1m^2$/m。求结晶器的长度。

解
$$R = \frac{水合盐相对分子质量}{盐相对分子质量} = \frac{380}{164} = 2.32$$

忽略溶剂蒸发量,故
$$V = 0$$

换算原料液和出口液浓度
$$c_1 = 0.23/(1-0.23) = 0.30\text{kg/kg}(H_2O) \quad c_2 = 0.155\text{kg/kg}(H_2O)$$

1kg 原料液有 0.23kg 盐和 0.77kg H_2O,故
$$W = 0.77\text{kg}$$

代入式(7-28)
$$Y = \frac{0.77 \times 2.32[0.30 - 0.155(1-0)]}{1 - 0.155(2.32-1)} = 0.33\text{kg}$$

为产生 0.063kg/s 的晶体,原料需要量为
$$1 \times 0.063/0.33 = 0.193\text{kg}$$

冷却溶液需要的热量为
$$Q_1 = 0.193 \times 3.2(313 - 298) = 9.3\text{kW}$$

结晶热为
$$Q_2 = 0.063 \times 146.50 = 9.2\text{kW}$$

合计传出热量为
$$Q = Q_1 + Q_2 = 18.5\text{kW}$$

按逆流传热计,对数平均温度差为
$$\Delta T_{ln} = \frac{(3113-298)-(298-288)}{\ln\frac{(313-298)}{(298-288)}} = 14.4\text{K}$$

需传热面积为
$$A = Q/(U\Delta T_{ln}) = 18.5/(0.14 \times 14.4) = 9.2\text{m}^2$$

故结晶器长度为 9.2m。

7.3 熔融结晶基础

熔融结晶是根据待分离物质之间的凝固点不同而实现物质结晶分离的过程。熔融结晶

和溶液结晶同属于结晶过程,其基础理论是相同的,例如固液相平衡性质、成核和晶体生长过程等。然而熔融结晶和溶液结晶之间也存在着重要的差异。与溶液结晶过程比较,熔融结晶过程的特点见表7-1。

表 7-1　熔融结晶过程的特点

项　目	溶液结晶过程	熔融结晶过程
原　理	冷却或除去部分溶剂,使溶质从溶液中结晶出来	利用待分离组分凝固点的不同,使其得以结晶分离
操作温度	取决于物系的溶解度特性	在结晶组分的熔点附近
推动力	过饱和度	过冷度
目　的	分离、纯化、产品晶粒化	分离、纯化
过程的主要控制因素	传质及结晶速率	传热、传质及结晶速率
产品形态	呈一定分布的晶体颗粒	液体或固体
结晶器模式	以釜式为主	釜式或塔式

熔融结晶的基本操作模式有:

①悬浮结晶法。在具有搅拌器的容器中或塔式设备中从熔融体中快速结晶析出晶体粒子,该粒子悬浮在熔融体之中,然后再经纯化、熔化而作为产品排出。

②正常冻凝法(或逐步冻凝法)。在冷却表面上从静止的或者熔融体滞流膜中徐徐沉析出结晶层。

③区域熔炼法。按顺序将待纯化的固体材料局部加热,使熔融区从一端到另一端通过锭块,以完成材料的纯化或提高结晶度。

在第①和第②模式熔融结晶过程中,由结晶器或结晶器中的结晶区产生的粗晶还需经过净化或通过结晶器中纯化区来移除多余的杂质,从而达到结晶的纯化。

前两种结晶方法主要用于有机物的分离与提纯,第三种用于冶金材料精制或高分子材料的加工。据统计,目前已有数十万吨有机化合物用熔融结晶法分离与提纯。如纯度高达99.99%的对二氯苯生产规模达17000t/a;99.95%的对二甲苯达70000t/a;双酚A达到15000t/a等。在金属材料的精制上,区域熔炼法早已广泛应用。

7-2　熔融结晶基础

7.4　结晶过程与设备

7-3　结晶过程与设备

参考文献

[1] 刘家祺. 分离过程. 北京：化学工业出版社，2002.
[2] 袁惠新. 分离工程. 北京：中国石化出版社，2001.
[3] 《化学工程手册》编辑委员会. 化学工程手册. 北京：化学工业出版社，1985.
[4] Stephen H, Stenphen T. Solubilities of Inorganic and Organic Compounds. London: Pergamin, 1963.
[5] 罗森伯格. 物理化学原理. 北京：人民教育出版社，1981.
[6] Broul M, Nyvlt K, Sohnel O. Solubilities in Binary Aqueous Solution. Prauge: Academia, 1981.
[7] 姚玉英. 化工原理. 天津：天津大学出版社，1999.
[8] 姜忠义，李淑芬. 高等制药分离工程. 北京：化学工业出版社，2004.
[9] 周立雪，周波. 传质与分离技术. 北京：化学工业出版社，2002.
[10] 尹芳华，钟璟. 现代分离技术. 北京：化学工业出版社，2009.
[11] 顾觉奋. 分离纯化工艺原理. 北京：中国医药科技出版社，1994.
[12] 刘家祺. 传质分离过程. 北京：高等教育出版社，2005.

习 题

1. 结晶过程的原理是什么？结晶分离有什么特点？
2. 什么是重结晶？重结晶有什么意义？
3. 什么是过饱和度？简述不同的过饱和度对结晶过程的影响。
4. 用真空冷却结晶器生产硝酸钠结晶产品。已知原料液为363K的57.6%（质量分数，下同）硝酸钠水溶液，处理量为5000kg/h。母液含量为51%，温度为313K。设结晶过程中有3%的水分被蒸发。试求该结晶器的生产能力。
5. 利用一冷却结晶器生产带有两个结晶水的碳酸钾结晶产品。已知原料液为350K的59.8%（质量分数，下同）碳酸钾水溶液，处理量为1200kg/h。母液含量为53%。试求结晶产品量。
6. 含萘10%（质量分数）的萘/苯溶液10000kg，从30℃冷却到0℃。假设达到固液相平衡，参考下图，试确定：
   (1) 是苯还是萘结晶出来；
   (2) 生成结晶的数量；
   (3) 母液组成和数量。

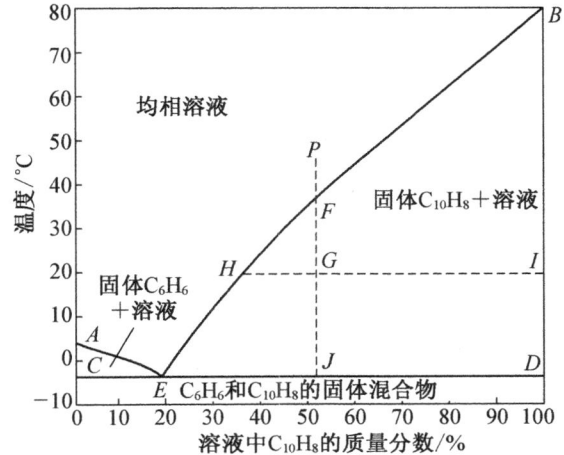

第 8 章

新型分离方法

随着化工生产与技术的发展,人们对分离技术的要求越来越高,分离难度也越来越大。为了适应这些要求,新型的分离流程和方法正在不断地被开发出来。

典型的气固、液固传质分离过程主要包括吸附、离子交换和膜分离等。吸附和结晶属于平衡分离过程;膜分离属于速率分离过程。相对于气固传质而言,液固传质过程由于液、固两相中组分的相互作用较为强烈而使得过程的传质更为复杂。吸附、离子交换和膜分离过程一般都在低温和常温下进行,能耗较低,且在杂质含量较多或目的组分含量较少的体系中显示出显著的技术优势。由于上述特点,吸附、离子交换和膜分离过程的应用范围从最初生产无机化工产品、石油化工产品等大宗化工产品逐步拓展到药品和生物制剂等高附加值产品。

8.1 吸附

吸附是指固体物质有选择性地将流体(气体或液体)中一定组分累积或凝聚在其内外表面上,使混合物中的组分彼此分离的单元操作过程,又叫吸着,其中固体物质称为吸附剂,被吸附的物质称为吸附质。在吸附过程中,气体或液体中的分子、原子或离子扩散到固体吸附剂表面,与其形成键或微弱的分子间力。解吸是吸附的逆过程。吸附是分离和纯化气体与液体混合物的重要单元操作之一,在化工、炼油、轻工、食品及环保等领域应用广泛。

8.1.1 吸附现象与吸附剂

1. 吸附现象

吸附现象的发现及其在生产上的应用虽已有悠久的历史,但很多年来,吸附操作只是作为一种辅助手段,主要用于溶剂的回收及气体的精制。近年来,由于技术的进步,吸附应用得到很大的发展。目前在工业中,吸附操作主要用于气体和液体的净化以及液体混合物的分离。对于气体和液体的净化,吸附质含量一般少于3%(质量分数,下同)即可;而对于液体混合物的分离,吸附质的浓度要求较高,约10%或更高。

吸附过程属于平衡级分离过程,所有可用于平衡级过程的技术(包括单级分离和多级分离)对吸附操作都适用。此外,由于固体吸附剂颗粒层固定不动的特点,吸附操作过程中可能采用半连续法,而这样的方法在液-液或气-液两流体相接触的平衡过程中是不常用的。

吸附过程是非均相过程，气体或液体为吸附质，与固相吸附剂接触，流体（气体或液体）分子从流体相被吸附到固体表面。固体具有把气体或液体分子吸附到自己表面的能力，这是由于固体表面上的质点亦和液体的表面一样，处于力场不平衡状态，表面上具有过剩的能量即表面能（表面自由焓），故固体表面可以自动地吸附那些能够降低其表面自由焓的物质。从吸附开始到吸附平衡状态，意味着系统的自由能降低，而表示系统无规则程度的熵也是降低的。按照热力学定律，自由能变化 ΔG、焓变化 ΔH 及熵变化 ΔS 应满足关系

$$\Delta G = \Delta H - T\Delta S \tag{8-1}$$

式（8-1）中，ΔG 和 ΔS 均为负值，则 ΔH 肯定为负值，说明吸附过程是个放热过程，其所放出的热量就称为该吸附质在此固体吸附剂表面上的吸附热。气体分子吸附时所放出的热量大约是其蒸发热的 2~3 倍；液体分子吸附所放出的热量大致等于其蒸发热。

吸附现象主要源于吸附质和吸附剂表面之间的相互作用力。根据该作用力的不同，吸附可分为物理吸附和化学吸附。

物理吸附是指当气体或液体分子与固体表面分子间的作用力为分子间力（也称范德华力）时产生的吸附，又称范德华吸附。物理吸附主要是基于范德华力、氢键和静电力，相当于流体中组分分子在吸附剂表面上的凝聚，可以是单分子层，也可以是多分子层。这一类吸附的特征是吸附质与吸附剂不发生作用，吸附过程进行得极快，参与吸附的各相间的平衡时常于瞬间达到。当固体表面分子与气体或液体分子间的引力大于气体或液体内部的分子间力时，气体或液体分子则吸着在固体表面上。从分子运动论的观点来看，这种吸附在固体表面的分子，由于分子热运动也会从固体表面脱离而逸入气体或液体中，而不改变本身的原有性质。当温度升高时，气体或液体分子的动能增加，分子将不易滞留在固体表面，而越来越多地逸入气体或液体中去，这就是解吸。因此，随着温度的升高或吸附质分压的降低，吸附质会解吸。这种吸附-解吸的可逆现象在物理吸附中均存在。工业上利用物理吸附的可逆性，通过改变操作条件，使吸附质解吸，达到吸附剂再生并回收吸附物质或分离的目的。

化学吸附是基于在固体吸附剂表面发生化学反应使吸附质和吸附剂之间以化学键力结合的吸附过程。这种吸附力比物理吸附的范德华力要大得多。化学吸附实际上是一种发生在固体表面的化学反应，其选择性较强，吸附速率较慢，只能形成单分子层吸附且不可逆，升高温度可以大大提高吸附速率。

物理吸附和化学吸附的比较见表 8-1。

表 8-1 物理吸附与化学吸附的比较

吸附性质	物理吸附	化学吸附
作用力	范德华力	化学键力
吸附热	近于液化热（<40kJ/mol）	近于化学反应热（80~400kJ/mol）
选择性	一般没有	有
吸附速率	快，几乎不需要活化能	较慢，需要一定的活化能
吸附层	单分子层或多分子层	单分子层
温度	放热过程，低温有利于吸附	温度升高，吸附速率增加
可逆性	常可完全解吸	不可逆

物理吸附与化学吸附在本质上虽有区别,但有时也难以严格区分。同一种物质,可能在较低温度下进行物理吸附,而在较高温度下进行化学吸附,也可同时发生两种吸附,如氧气为木炭所吸附的情况。

2. 吸附剂

吸附剂是流体吸附分离过程得以实现的基础,按其化学结构不同可分为有机吸附剂和无机吸附剂。常用的有机吸附剂有活性炭、炭化树脂、聚酰胺及纤维素等;常用的无机吸附剂有硅胶、氧化铝、硅藻土和分子筛等。

因为吸附是一种在固体表面上发生的过程,因此吸附剂的物理性质相当重要。在实际工业应用中采用的吸附剂应具有以下性质:①大的比表面积和多孔结构,从而增大吸附容量,工业上常用的吸附剂的比表面积为 $300\sim1200m^2/g$;②足够的机械强度和耐磨性;③高选择性,以达到流体的分离净化目的;④稳定的物理性质和化学性质,容易再生与回收;⑤制备简单,成本低廉。吸附剂根据表面的选择性不同,可分为亲水和疏水两类。而根据使用的要求,吸附剂可以制成片状或粒状等,也常常使用粉状吸附剂。

工业上常用的吸附剂有活性炭、沸石分子筛、活性氧化铝、硅胶、硅藻土和吸附树脂等。表 8-2 为几种吸附剂的性质。

表 8-2 几种常用的吸附剂的性质

吸附剂		特性及形态	孔径/10^{-10} m	孔隙率	颗粒密度/ (g/cm^3)	比表面积/ (m^2/g)
活性炭	小孔	疏水,无定形	10～25	0.4～0.6	0.5～0.9	400～1600
	大孔		>30	—	0.6～0.8	200～600
炭分子筛		疏水	2～10	—	0.98	400
活性氧化铝		亲水,无定形	10～75	0.50	1.25	320
硅胶	小孔	亲水/疏水, 无定形	22～26	0.47	1.09	750～850
	大孔		100～150	0.71	0.62	300～350
沸石分子筛		极性,亲水,晶体	3～10	0.2～0.5	—	600～700
有机吸附剂		—	25～40	0.4～0.55	—	80～700

(1) 活性炭

活性炭是最先用于化工生产且使用最广泛的吸附剂。它是由各种有机物(如木材、煤、果壳或重质石油馏分等)经炭化和活化后制成的一类多孔碳质吸附剂的总称。活性炭的比表面积巨大(可达 $1200\sim1600m^2/g$),孔结构复杂,孔隙形状各异,有很强的吸附能力。

活性炭具有非极性表面,为疏水和亲有机物的吸附剂。它具有性能稳定、抗腐蚀、吸附容量大和解吸容易等优点。经过多次循环操作,它仍可保持原有的吸附性能。它常用于溶剂回收、烃类气体的分馏、各种油品和糖液的脱色、水的净化等各方面,在三废处理中得到了广泛的应用,也常用作催化剂的载体。

在使用活性炭时应注意其可燃性,避免在再生或者放出大量吸附热的吸附过程中过度氧化。活性炭除可制成粉末状、颗粒状、球状、圆柱形外,还有活性炭纤维。后者可编织成各种织物,使装置更为紧凑并减少流体阻力,它的吸附能力比一般的活性炭高 1～10 倍,解吸速率比颗粒活性炭要快得多,而且没有拖尾现象。

炭分子筛（CMS）具有分子筛的作用，与活性炭相比，它有很窄的孔径分布，一般为 0.2～1.0nm，且孔径分布均匀。它能起到分子筛的作用，又有活性炭的基本性质，可用于分离更小的气体分子，如从空气中分离氮气，而且它对同系物或有机异构体有良好的选择性，目前已商业化。

（2）沸石分子筛

沸石分子筛是结晶铝硅酸金属盐的水合物。其化学通式为：$M_{x/m}[(AlO_2)_x \cdot (SiO_2)_y] \cdot zH_2O$，M 为ⅠA 和ⅡA 族金属元素，多数为钠、钾和钙，m 表示金属离子的价数，z 表示水合数；x 和 y 是整数。沸石分子筛具有 Al-Si 晶型结构，两种常用的沸石结构如图 8-1 所示。可以看出，沸石分子筛由高度规则的笼和孔构成，这些骨架结构里有空穴，空穴之间又有许多直径相同的微孔孔道相连。因此，它能让比孔道小的分子进入，将其吸附到空穴内部，并在一定条件下解吸，而比孔道大的分子则不能进入，从而使分子大小不同的混合物分离，起了筛分分子的作用，故得名分子筛。

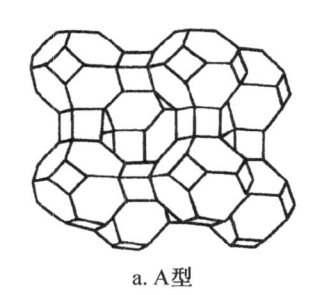

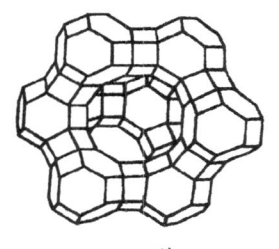

a. A型　　　　　　b. X型

图 8-1　两种常用的沸石结构

分子筛的出现，使吸附分离过程大大向前推进了一步。目前，它广泛用于气体和液体的脱水干燥、气体和液体烃类混合物的分离以及气体精制等。目前所使用的分子筛品种达 100 多种，工业上最常用的分子筛有 A 型、X 型、Y 型、L 型、丝光沸石和 ZSM 系列沸石。主要分子筛的种类、性质和应用情况见表 8-3。

表 8-3　主要分子筛的种类、性质和应用情况

型　号	孔径/nm	阳离子	吸附物质
3A	0.3	K	H_2、NH_3 及分子有效直径<3nm 的物质
4A	0.4	Na	上述物质、乙烷、丙烯、丁烯、H_2S、CO_2、O_2、N_2、乙醇
5A	0.5	Ca	上述物质、正构烷烃、正构烯烃、氟利昂、CH_2Cl_2
10X	0.9	Ca	上述物质、异构烷烃、异构烯烃
13X	1.0	Na	上述物质、正丁二胺
Y	0.7～0.9	Na	催化裂化催化剂
丝光沸石	0.65×0.70	Na	催化剂
ZSM-5	0.53×0.56	Na	催化剂

分子筛的显著优点是当吸附质在被处理的混合物中浓度很低时及在较高温度时，它仍有较好的吸附能力，其吸附作用有两个特点：①表面上的路易斯中心极性很强；②沸石中的笼或通道的尺寸很小，使得其中的引力场很强。

目前，沸石分子筛已发展到第三代产品。第一代为低、中硅铝比沸石（如 A、X 和 Y）等几种型号。第二代沸石分子筛是以 ZSM-5 为代表的高硅三维交叉直通道的新结构沸石，这类高硅沸石分子筛的水热稳定性好，亲油疏水，孔径在 0.6nm 左右。在此基础上，人们又将 Fe、Cr、Mo、As、Mn、Ca、B、Co、Ni 或 Ti 等元素引入沸石骨架。ZSM 沸石分子筛的种类已有从 ZSM-2 发展到 ZSM-58 等。20 世纪 80 年代开发的非硅铝骨架的磷酸铝系列分子筛是第三代分子筛，这种分子筛将 +1 价到 +5 价的 13 种元素引入骨架，构成数十种结构，孔径在 0.3~0.8nm。

（3）活性氧化铝

活性氧化铝（$Al_2O_3 \cdot nH_2O$）又称活性矾土，是氢氧化铝胶体经加热、脱水和活性后制成的一种多孔大表面吸附剂。其最适宜的活化温度为 250~500℃。活性氧化铝是 $\gamma\text{-}Al_2O_3$ 或是 γ、X 和 η 氧化铝的混合物。它具有相当大的比表面积（200~400m^2/g），且机械强度高，物化稳定性好，耐高温，抗腐蚀，但不宜在强酸和强碱条件下使用。

活性氧化铝是一种极性吸附剂，它表面的活性中心是羟基和路易斯酸中心，对水分子有较高的亲和力，吸附饱和后可在 175~315℃ 的温度下加热除去水而解吸。它不仅用于气体和液体的干燥，也常用作色谱柱的填充材料，还可以从污染的氧、氢、二氧化碳和天然气等气体中吸附润滑油的蒸气，并可用作催化剂的载体。

（4）硅胶和硅藻土

硅胶（$SiO_2 \cdot nH_2O$）的生产过程如下：先将 Na_2SiO_3 与无机酸反应生成 H_2SiO_3，其水合物在适宜的条件下经聚合、缩合而成为硅氧四面体的多聚物（即硅溶胶），硅溶胶经凝胶化、洗盐和脱水成为硅胶。硅胶的表面保留着大约 5%（质量分数）的羟基，是硅胶的吸附活性中心。极性化合物（如水、醇、醚、酮、酚、胺和吡啶等）能与硅胶表面的羟基生成氢键，故硅胶对它们的吸附力很强；对极性较强的分子（如芳香烃、不饱和烃等）的吸附能力次之；对饱和烃、环烷烃等只有色散力的作用，吸附能力最弱。硅胶的主要用途是脱除工业气体和空气中的水，也可用于吸附硫化氢、油蒸气和醇，以及分离烷烃与烯烃、烷烃与芳烃等，同时它也是常用的色谱柱填充材料。

硅藻土是由硅藻类植物死亡后的硅酸盐遗骸形成的。它是含水的无定形 SiO_2，并含有少量 Fe_2O_3、CaO、MgO、Al_2O_3 及有机杂质。外观一般呈浅黄色或浅灰色，优质的呈白色，质软、多孔而轻。硅藻土的多孔结构使它成为一种良好的吸附剂，在食品、化工生产中常用来作为助滤剂及脱色剂，近年来在涂料、油漆等行业也得到了应用。它能够均衡地控制涂膜表面光泽，增加涂膜的耐磨性和抗划痕性，去湿、除臭，而且还能净化空气，具有隔音、防水和隔热、通透性好的特点。研究成果表明，用硅藻土生产的室内外涂料、装修材料除了不会散发出对人体有害的化学物质外，还有改善居住环境的作用。它可以自动调节室内湿度，还具有消除异味的功能。在硅藻土中添加氧化钛制成的复合材料能够长时间消除异味和吸收、分解有害化学物质。

（5）吸附树脂

吸附树脂是带有巨型网状结构的高分子聚合物，常用的有聚苯乙烯树脂和聚丙烯酸树脂等。应用不同的单体可以制成非极性到强极性的很多种类的吸附树脂，它们可用于不同场合。吸附树脂可以分为非极性、中极性、极性及强极性四类。它主要用于除去废水中的有机物、糖液脱色、纤维素分离和精制天然产物和生物化学制品等。吸附树脂的再生比较容易，用稀酸、稀碱或有机溶剂（如醇、酮）洗涤即可再生，但价格较高。

表 8-4 列举了在不同的分离类型和体系中采用的吸附剂。

表 8-4 吸附分离过程的工业应用实例

分离的类型	分离的体系	吸附剂
气体主体分离	正构链烷烃/异构链烷烃、芳烃	分子筛
	N_2/O_2	分子筛
	O_2/N_2	炭分子筛
	$CO、CH_4、CO_2、N_2、Ar、NH_3/H_2$	分子筛、活性炭
	丙酮/排放气	活性炭
	C_2H_4/排放气	活性炭
	H_2O/乙醇	分子筛
	色谱分析分离	无机和高聚物吸附剂
气体净化	H_2O/含烯烃的裂解气、天然气、空气、合成气等	硅胶、分子筛、活性氧化铝
	CO_2/C_2H_4、天然气等	分子筛
	烃、卤代物、溶剂/排放气	活性炭、其他吸附剂
	硫化物/天然气、H_2、液化石油气等	分子筛
	Hg/氯碱槽排放气	分子筛
	有异味气体	活性炭
	溶剂/空气	活性炭
液体主体分离	正构链烷烃/异构链烷烃、芳烃	分子筛
	对二甲苯/间二甲苯、邻二甲苯	分子筛
	果糖/葡萄糖	分子筛
	洗涤用的烯烃/烷烃	分子筛
	色谱分析分离	无机和高聚物、亲和吸附剂
液体净化	水/有机物、含氧有机物、有机卤化物(脱水)	硅胶、活性氧化铝、分子筛
	有机物、含氧有机物、有机卤化物/水(水净化)	活性炭
	有异味液体	活性炭
	各种发酵产物/发酵罐流出液	活性炭、亲和吸附剂
	硫化物/有机物	分子筛、其他吸附剂
	人体中药物解毒	活性炭
	石油馏分、糖浆和植物油等的脱色	活性炭

8.1.2 吸附平衡与速率

在一定条件下,当流体(气体或液体)与吸附剂接触时,流体中的吸附质将被吸附剂吸收,经过足够长的时间,吸附质在两相中的浓度达到恒定值,称为吸附平衡。在同样条件下,若流体中吸附质的浓度高于平衡浓度,则吸附质将被吸附;反之,若流体中吸附质的浓度低于平衡浓度,已吸附在吸附剂上的吸附质将解吸,最终达到新的吸附平衡。由此可见,吸附平衡关系决定了吸附过程的方向和极限,是吸附过程的基本依据。

吸附平衡关系可以用不同的方法表示，通常用等温条件下吸附剂中吸附质的含量与流体相中吸附质的浓度或分压间的关系表示，称为吸附等温线。

1. 单组分气体吸附平衡

对于单一气体或蒸气的吸附等温线，是根据实验数据，以吸附量对恒温下气体或蒸气的平衡压力 p（或相对压力 p/p^s）绘制的。布鲁尼尔（Brunauer）等人将纯气体实验的物理吸附等温线分为五类，如图 8-2 所示，图中横坐标为单组分分压与该温度下饱和蒸气压的比值，纵坐标为吸附量。吸附等温线形状的差异是由于吸附剂和吸附质分子间的作用力不同造成的。

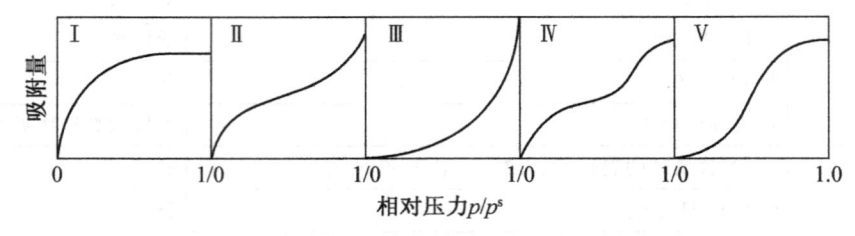

图 8-2 五种类型的吸附等温线

① Ⅰ型。朗格缪尔型，表示吸附剂毛细孔的孔径比吸附质分子直径略大时的单分子层吸附，常适用于处于临界温度以上的气体。如在 -193℃下氮气在活性炭上的吸附就属于此类型。其特征是优惠型吸附等温线，向纵坐标方向凸出，斜率随蒸气分压增加而减少。

② Ⅱ型。反 S 等温线，是一般的物理吸附，为完成单分子层吸附后再形成多分子层吸附，气体的温度低于其临界温度，压力较低，但接近于饱和蒸气压。如在 30℃下水蒸气在活性炭上的吸附就属于此类型。其特征是曲线最初一段是Ⅰ型，随着压力的增大曲线急剧上升。

③ Ⅲ型。反朗格缪尔型，与Ⅱ型相仿，比较少见。发生在吸附质的吸附热与其汽化热大致相等的情况下，吸附气体量不断随组分分压的增加而增加，直至相对饱和值趋于 1 为止。如在 78℃下溴在硅胶上的吸附就属于此类型。其特征是非优惠型吸附等温线，向纵坐标方向下凹，斜率随蒸气分压增加而增大。

④ Ⅳ型。与Ⅱ型相对应，能形成有限的多层吸附，在吸附剂的表面和比吸附质分子直径大很多的毛细孔壁上形成两种表面分子层。只是由于孔径有限，会出现吸附饱和现象。如 50℃下苯在 FeO 上的吸附就属于此类型。其特征是由Ⅱ型演变而来的，曲线两端向上凸，中间向下凹。

⑤ Ⅴ型。与Ⅲ型相对应，也会出现吸附饱和现象，偶然见于分子互相吸引效应很大的情况。如 100℃下水蒸气在活性炭上的吸附就属于此类型。其特征是由Ⅲ型演变而来的，曲线呈 S 形，有吸附滞后现象。

吸附等温线的主要作用是便于选择适宜的吸附剂，判断吸附剂吸附性能的特征和极限。若吸附等温线呈Ⅰ型、Ⅱ型或Ⅳ型，则采用吸附操作有效；若吸附等温线呈Ⅲ型或Ⅴ型，则采用吸附操作可能是不经济的。不同类型的吸附等温线反映了吸附剂吸着吸附质的不同机理，因此提出了多种吸附理论和表达吸附平衡关系的吸附等温式。然而对于实际固体吸附剂，由于其表面和孔结构复杂，很难符合理论的吸附平衡关系，因此还有很多经验的及实用的方程。

（1）亨利（Henry）定律

在固体表面上的吸附层从热力学意义上被认为是性质不同的相，它与气相之间的平衡

应遵循一般的热力学定律。在足够低的浓度范围内,平衡关系可用亨利定律表述

$$q = K'p \quad q = Kc \tag{8-2}$$

式中:K 或 K' 是亨利系数。亨利系数是吸附平衡常数,与温度的依赖关系用 Vant Hoff 方程表示

$$K' = K'_0 e^{-\Delta H/(RT)} \quad K = K_0 e^{-\Delta U/(RT)} \tag{8-3}$$

式中:$\Delta H = \Delta U - RT$,是吸附的焓变。由于吸附放热,ΔH 和 ΔU 均为负值,因此亨利系数随温度升高而减小。

(2) 朗格缪尔(Langmuir)等温吸附方程

Langmuir 基于他提出的单分子层吸附理论对气体推导出简单而且被广泛应用的近似表达式

$$q = q_m \frac{Kp}{1 + Kp} \tag{8-4}$$

式中:q、q_m 为吸附剂的吸附容量和单分子层最大吸附容量;p 为吸附质在气体混合物中的分压;K 为 Langmuir 常数,与温度有关。

上式中的 q_m 和 K 可以从关联实验数据得到。可将上式改写为倒数式

$$\frac{1}{q} = \frac{1}{q_m K p} + \frac{1}{q_m} \tag{8-5}$$

由式(8-5)可知,$1/q$ 与 $1/p$ 成直线关系,由此直线的截距和斜率可求出常数 q_m 和 K 的值。

尽管与 Langmuir 方程完全吻合的物系相当少,但有大量的物系近似符合,该方程适用于描述 I 型吸附等温线。特别是在足够低的浓度范围内,可将其简化为亨利定律,使物理吸附系统符合热力学一致性要求。化学吸附一般是单分子层吸附,Langmuir 模型特别适用。其被公认为是定性或半定量研究变压吸附系统的基础。

(3) 弗罗因德利希(Freundlich)和 Langmuir-Freundlich 等温吸附方程

Freundlich 方程是用于描述平衡数据最早的经验关系式之一,其表达式为

$$q = Kp^{\frac{1}{n}} \tag{8-6}$$

式中:q 为吸附质在吸附剂相中的浓度;p 为吸附质在流体相中的分压;K、n 为与温度有关的特征常数,其数值应由实验确定。

将式(8-6)变为对数式

$$\lg q = \lg K + \frac{1}{n} \lg p \tag{8-7}$$

由式(8-7)可知,$\lg q$ 与 $\lg p$ 成直线关系,此直线的截距为 $\lg K$,斜率为 $1/n$,由此可求得这两个经验常数。K 值越大,$1/n$ 越小,表明在相当大的浓度范围内,吸附都可进行。

n 值一般大于1,n 值越大,其吸附等温线与线性偏离越大,变成非线性等温线。图8-3为吸附质的相对吸附量(q/q_0)与相对压力(p/p_0)

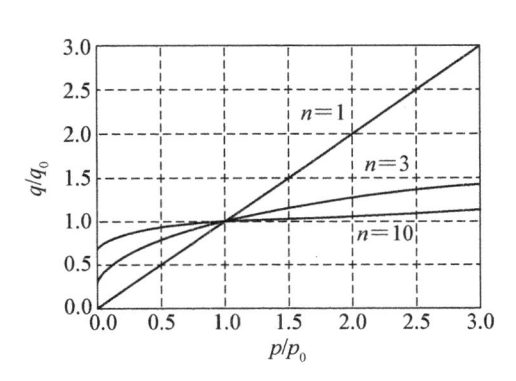

图8-3 Freundlich 吸附等温线

的关系曲线。p_0 为参考压力，q_0 为该压力下吸附质在吸附相中的浓度。由图可见，$n=1$ 时，吸附量与压力成线性关系，即符合亨利定律；当 $n>10$ 时，吸附等温线几乎是矩形，是不可逆吸附。

就气体吸附而言，Freundlich 方程适用的压力范围不能太宽，在高压或低压下误差比较大，通常适用于描述窄范围的吸附数据，大范围的数据可以分段关联。Freundlich 不但适用于气体吸附，更适用于液体吸附，特别是适用于低浓度下的吸附。水处理中污染物质的浓度都是相对较低的，此公式因简单、方便而被普遍采用。

为提高经验关系的适应性，有时将 Langmuir 和 Freundlich 方程结合起来使用，称为 Langmuir-Freundlich 等温吸附方程，其适用范围可拓宽，其表达式为

$$q = q_s \frac{Kp^{\frac{1}{n}}}{1+Kp^{\frac{1}{n}}} \tag{8-8}$$

式中：K、n 和 q_s 都是由实验数据确定，该方程是纯经验方程。

(4) Toch 等温吸附方程

前面提到 Freundlich 等温吸附方程不适用于压力范围较低或较高的情况，Langmuir-Freundlich 等温吸附方程则不适用于低压端，两者都没有亨利定律的性质。而 Valenzuela 和 Myers 导出的 Toch 等温吸附方程是普遍适用的经验方程，在低压或高压端的吸附较为吻合。其表达式为

$$q = q_s \frac{Kp}{[1+(Kp)^t]^{\frac{1}{t}}} \tag{8-9}$$

式中：K 和 t 为给定吸附质-吸附剂系统和温度条件下的特性参数，t 通常小于 1。当 $t=1$ 时，该方程与 Langmuir 等温吸附方程一致。

(5) Unilan 等温吸附方程

Honig 和 Reyerson 假定在固体表面任意一微元上的吸附是理想的，符合 Langmuir 等温吸附方程，推导出三参数 Unilan 等温吸附方程

$$q = \frac{q_s}{2s}\ln\left(\frac{1+Ke^s p}{1+Ke^{-s} p}\right) \tag{8-10}$$

式中：参数 q_s、s、K 由实测的等温吸附平衡数据拟合求得。当 $s=0$ 时，上式与 Langmuir 等温吸附方程一致。

Toch 和 Unilan 等温吸附法方程用于描述烃类、CO_2 在活性炭和沸石上的吸附数据的效果很好。除此之外还有一些经验等温线方程，如 Keller 方程、DR 方程、Jovanovich 方程、Temkin 方程和 BET 方程等。

【例题 8-1】 纯甲烷气体在活性炭上的吸附平衡实验数据（吸附温度 296K）如下：

$q/[\text{cm}^3(\text{STP})\text{CH}_4/\text{g 活性炭}]$	45.5	91.5	113	121	125	126	126
$p = p_{\text{CH}_4}/\text{kPa}$	275.8	1137.6	2413.2	3757.6	5240.0	6274.2	6687.9

拟合数据为：(1) Freundlich 方程；(2) Langmuir 方程。哪个方程拟合更适合？

解 将等温方程线性化，使用线性方程回归方法得到常数。

(1) 拟合式 (8-7)，得到 $K=8.979$，$n=3.225$，故 Freundlich 方程为

$$q = 8.979 p^{0.3101}$$

(2) 拟合式(8-5)，得到 $1/q_m = 0.007301$，$1/q_m K = 3.917$，故 Langmuir 方程为

$$q = \frac{0.2553p}{1+0.001864p}$$

由两个等温方程预测的 q 值见下表：

p/kPa	$q/[\text{cm}^3(\text{STP})\text{CH}_4/\text{g 活性炭}]$		
	实验值	Freundlich	Langmuir
276	45.5	51.3	46.5
1138	91.5	79.6	93.1
2413	113	101	112
3758	121	115	120
5240	125	128	124
6274	126	135	126
6688	126	138	127

从表中数据可知，Langmuir 方程的拟合结果比 Freundlich 方程的好得多，平均偏差为 1.0% 和 8.64%。其原因是在高压下，Langmuir 方程的 q 趋于渐近值，与实测数据类型吻合。

2. 多组分气体吸附平衡

单组分吸附是假设吸附质分子之间没有影响；而对多组分气体吸附，一个组分的存在对另一组分的吸附有很大影响，是十分复杂的。而工业上一般为双组分或多组分混合气体吸附分离。如果气体混合物中只有一种吸附质 A 被吸附，而其他组分的吸附都可忽略不计，则仍可使用单组分吸附平衡关系估算吸附质 A 的吸附量，只是用 A 的分压 p_A 代替 p。如果混合物中的几个组分都具有吸附量，实验研究表明，一个组分的吸附量的变化会影响另一组分的吸附量；若吸附分子之间存在相互作用，则吸附更复杂。

假定忽略吸附质分子间的相互作用，则可将 Langmuir 方程扩展到多组分体系

$$q_i = q_{m,i} \frac{K_i p_i}{1 + \sum_j K_j p_j} \tag{8-11}$$

式中：$q_{m,i}$、K_i 是纯组分吸附时的对应值；p_i 为气相中组分 i 的分压。总吸附量为各组分吸附量之和。

同理可得多组分 Langmuir-Freundlich 等温吸附方程

$$q_i = q_{s,i} \frac{K_i p_i^{\frac{1}{n_i}}}{1 + \sum_j K_j p_j^{\frac{1}{n_j}}} \tag{8-12}$$

式中：$q_{s,i}$ 是最大吸附量，不同于单分子层吸附时的 $q_{m,i}$。

式(8-12)能很好地表示非极性多组分混合物在分子筛上的吸附数据。虽然扩展到多组分吸附的 Langmuir 方程和 Freundlich-Langmuir 方程都缺乏热力学一致性，但其形式简单，仍是描述多组分吸附等温线的重要选择之一。

【例题 8-2】 CH_4 和 CO 在 294K 时的 Langmuir 常数如下:

气 体	$q_m/[\text{cm}^3(\text{STP})/\text{g}]$	K/kPa
CH_4	133.4	0.001987
CO	126.1	0.000905

用扩展 Langmuir 方程预测 CH_4(A)和 CO(B)气体混合物的比吸附体积(STR)。已知吸附温度为 294K,总压为 2512kPa,组成为 CH_4 69.6%(摩尔分数,下同)、CO 30.4%。将计算结果与下列实验数据进行比较。

总吸附量/$[\text{cm}^3(\text{STP})/\text{g}]$	吸附质的摩尔分数
114.1	CH_4: 0.867 CO: 0.133

解 $p_A = y_A p = 0.696 \times 2512 = 1748\text{kPa}$

$p_B = y_B p = 0.304 \times 2512 = 763.6\text{kPa}$

代入式(8-11)得

$$q_A = \frac{133.4 \times 0.001987 \times 1748}{1 + 0.001987 \times 1748 + 0.000905 \times 763.6} = 89.7 \text{cm}^3(\text{STP})/\text{g}$$

同理可得

$$q_B = 16.9 \text{cm}^3(\text{STP})/\text{g}$$

总吸附量为

$$q = q_A + q_B = 106.6 \text{cm}^3(\text{STP})/\text{g}$$

计算值比实验值小 6.6%。

计算吸附相组成:$x_A = 0.841$,$x_B = 0.159$,偏离实验值 0.026。

这表明扩展 Langmuir 方程对该物系有相当好的预测结果。

3. 液相吸附平衡

液相吸附的机理比气相复杂,无法像气体吸附一样用分压来表示其浓度。溶液中溶质的溶解度和离子化程度、溶剂与溶质之间的相互作用、溶质与溶剂的共吸附现象等均会不同程度地影响溶质的吸附。

经过对大量有机化合物吸附性能的研究,以活性炭对水溶液中有机物的吸附性能为例,归纳出以下几点规律:

①对于同族有机物,相对分子质量越大,吸附量越大;

②对于相对分子质量相同的有机物,芳香族化合物比脂肪族化合物容易吸附;

③直链化合物比侧链化合物容易吸附;

④溶解度越小,疏水性越强,吸附越容易;

⑤对于被其他基团置换的位置不同的异构体,吸附性能也不同。

当使用硅胶为吸附剂时,由于硅胶呈极性,此时吸附剂对非极性溶剂所形成溶液的吸附性能与用活性炭为吸附剂的情况相反。

当溶液的浓度比较低时,将 Langmuir 方程和 Freundlich 方程中的压力用浓度代替,仍然适用。故 Langmuir 方程和 Freundlich 方程变为

$$q = q_m \frac{Kc}{1 + Kc} \quad (8-13)$$

$$q = Kc^{\frac{1}{n}} \quad (8-14)$$

这两个方程在工程上有广泛的应用,例如,有机物或水溶液的脱色,环保中生化处理后污水中总有机碳的脱除。式中特征常数由实测吸附数据拟合得到。与气体吸附不同,全浓度范围内,溶质与溶剂的性质不同,将使等温吸附线有相当大的差异。

假设溶剂不被吸附,并忽略液体混合物总物质的量的变化,为了表示溶质的吸附量,提出了表观吸附量的概念。

$$q_1^e = \frac{n^0(x_1^0 - x_1)}{m} \quad (8-15)$$

式中:q_1^e 为表观吸附量,即单位质量吸附剂所吸附溶质的量,单位为 mol;n^0 为与吸附剂接触的二元溶液总量,单位为 mol;x_1^0 为与吸附剂接触前液体中溶质的摩尔分数;x_1 为达到吸附平衡后液相主体中溶质的摩尔分数;m 为吸附剂质量。

该式由溶质的物料衡算式得到,并假设溶剂不被吸附,忽略液体混合物总物质的量的变化。

【例题 8-3】 水中少量挥发性有机物(VOCs)可以用吸附法脱除。水中通常含有两种或两种以上 VOCs。本例为用活性炭处理含少量丙酮(1)和丙腈(2)的水溶液,使用溶质浓度小于 50mmol/L。单个溶质的吸附平衡数据拟合的 Freundlich 方程和 Langmuir 方程常数及其公式估算的绝对平均偏差见下表。

丙酮水溶液(25℃)	q 的绝对平均偏差/%	丙腈水溶液(25℃)	q 的绝对平均偏差/%
$q_1 = 0.141 c_1^{0.597}$ (1)	14.2	$q_2 = 0.138 c_2^{0.658}$ (3)	10.2
$q_1 = \dfrac{0.190 c_1}{1 + 0.416 c_1}$ (2)	27.3	$q_2 = \dfrac{0.173 c_2}{1 + 0.096 c_2}$ (4)	26.2

q_i—溶质吸附量,mmol/g;c_i—水溶液中溶质浓度,mmol/L

已知水溶液中含丙酮 40mmol/L,含丙腈 34.4mmol/L,操作温度 25℃。使用上述方程预测平衡吸附量,并与实验值进行比较(实验值:$q_1 = 0.715$ mmol/g,$q_2 = 0.822$ mmol/g,$q_总 = 1.537$ mmol/g)。

解 由式(8-11)变换得到用于液相的扩展 Langmuir 方程

$$q_i = q_{m,i} \frac{K_i p_i}{1 + \sum_j K_j p_j} \quad (5)$$

从式(2)得

$$q_{m,1} = \frac{0.190}{0.146} = 1.301 \text{ mmol/g}$$

从式(4)得

$$q_{m,2} = \frac{0.173}{0.0961} = 1.800 \text{ mmol/g}$$

从式(5)得

$$q_1 = \frac{1.301 \times 0.146 \times 40}{1 + 0.146 \times 40 + 0.0961 \times 34.4} = 0.749 \text{ mmol/g}$$

$$q_2 = \frac{1.800 \times 0.0961 \times 34.4}{1 + 0.146 \times 40 + 0.0961 \times 34.4} = 0.587 \text{ mmol/g}$$

$$q_总 = 1.336 \text{ mmol/g}$$

与实验数据比较,q_1、q_2 和 $q_总$ 的偏差分别是 4.8%、−28.6% 和 −13.1%。

8.1.3 固定床吸附过程

吸附分离过程的操作一般是以固定床吸附为基础的。固定床循环吸附操作有两个主要阶段:①吸附阶段。物料不断地通过吸附塔,被吸附的组分留在床中,其余组分从塔中流出,吸附过程可持续到吸附剂饱和为止。②解吸阶段。用升温、减压或置换等方法将被吸附的组分解吸，使吸附剂再生，并重复吸附操作。

固定床吸附器结构简单，造价低，吸附剂固定不动，磨损少，操作方便，是吸附分离中应用最广泛的一类吸附器，可用于从气体中回收溶剂蒸气、气体净化和主体分离、气体和液体的脱水等。其主要缺点有：间歇操作，设备内吸附剂再生时不能吸附；固定的吸附床层的传热性差，吸附剂不易很快被加热和冷却；吸附剂用量大。

8-1　固定床吸附过程

8.1.4　变压吸附过程

由吸附等温线可知，在同一温度下，吸附质在吸附剂上的吸附量随气相中吸附质的分压的升高而增加。由此可见，在一定温度下，加压有利于吸附质的吸附，降压有利于吸附质的解吸。这种在恒温条件下通过改变压力进行吸附-解吸的操作称为变压吸附（PSA）。变压吸附分离过程也是一种循环过程，由加压、吸附、降压和解吸构成。变压吸附操作不需要加热和冷却设备，只需改变操作压力即可吸附-解吸，其循环周期短，吸附剂利用率高，设备体积小，操作范围大，气体处理量大，分离后可获得较高纯度的产品。

8-2　变压吸附过程

8.2　离子交换

离子交换分离是利用带有可交换离子（阴离子或阳离子）的不溶性固体与溶液中带有同种电荷的离子之间置换离子，而使溶液得以分离的单元操作。例如

$$R-H+Na^+ \rightleftharpoons R-Na+H^+ \quad 或 \quad R-OH+Cl^- \rightleftharpoons R-Cl+OH^-$$

含有可交换离子的不溶性固体称为离子交换剂。利用这种离子交换进行元素间分离的方法称为离子交换分离法，它是现代分析化学中重要的化学分离方法之一。就其适用范围而言，它几乎可以用来分离所有的无机离子，同时也能用于许多结构复杂、性质相似的有机化合物的分离；就其适用规模而言，它不仅能满足工业生产中大规模分离的要求，而且可用于实验室中超微量物质的分离。离子交换分离法作为一种新型提取、浓缩、精制方法，得到了广泛应用。

8-3　离子交换

8.3 膜分离过程

8-4 微课:膜分离过程专业英语词汇

膜分离技术是 20 世纪 50 年代发展起来的一项高效分离新技术,是以天然或合成薄膜为质量分离剂,以电势差、化学势差或浓度差等为推动力,根据液体或气体混合物的不同组分通过膜的渗透率的差异,对双组分或多组分体系进行分离、分级、提纯或富集的过程。与传统的分离技术相比,该技术具有分离效率高、能耗低(无相变)、可实现连续分离、易于与其他过程相结合(联合过程)、易于放大、膜性能可调节、无污染等优点。常见的膜分离法主要有微孔过滤、超滤、反渗透、渗析、电渗析、渗透汽化和液膜分离等。

8.3.1 反渗透

反渗透是利用反渗透膜选择性地只透过溶剂(通常是水)的性质,对溶液施加压力克服溶剂的渗透压,使溶剂从溶液中透过反渗透膜而分离出来的过程。

反渗透过程的实现必须满足两个条件:①高选择性(对溶剂和溶质的选择透过性)和高透过通量(一般是透水);②操作压力必须高于溶液的渗透压。

1. 反渗透的基本原理

反渗透的原理为,当用一个半透性膜分离两种不同浓度的溶液时,膜仅允许溶剂分子通过。由于浓溶液中溶剂的化学势低于它在稀溶液中的化学势,稀溶液中的溶剂分子会自发地透过半透膜向浓溶液中迁移。

渗透是由于存在化学势梯度而引起的自发扩散现象。如图 8-4a 所示,在左右半池分别放置纯水和盐水溶液,中间被只能透过纯水的半透膜隔开,在一定温度和压力下,设纯水的化学势为 $\mu^0_{(T,p_1)}$,则盐溶液中水的化学势为

$$\mu_{(T,p_1)} = \mu^0_{(T,p_1)} + RT\ln a \tag{8-16}$$

式中:a 为溶液中水的活度,纯水的 $a=1$,而溶液中 a 一般小于 1,即 $RT\ln a < 0$,故 $\mu_{(T,p_1)} < \mu^0_{(T,p_1)}$。

由于纯水的化学势高于溶液中水的化学势,引起纯水向溶液方向渗透,并不断增加溶液侧的压力,这时溶液中水的化学势也随之增加。当溶液中水的化学势与纯水的化学势相等时,渗透达到动平衡状态(图 8-4b)。此时膜两侧的压力差称为渗透压,即 $p_2 - p_1 = \pi$。

如果在溶液上施加大于渗透压的压力,溶液中的水向纯水方向传递,这种在压力作用下使渗透现象逆转的过程称为反渗透。因溶质不能通过半透膜,故反渗透过程将使池右侧溶液因失去水而增浓(图 8-4c)。

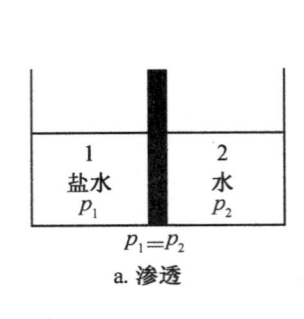

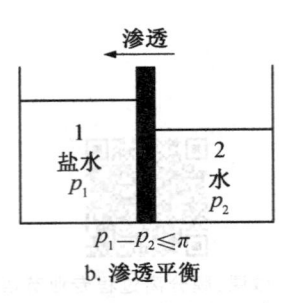

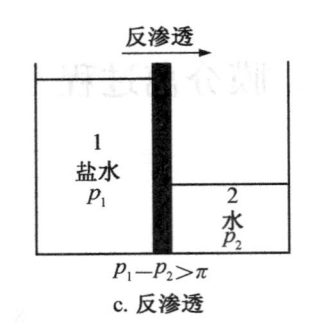

图 8-4 渗透、平衡与反渗透

在实际的反渗透过程中,透过液并非纯水,其中多少含有一些溶质,此时过程的推动力为

$$\Delta p = (p_2 - p_1) - (\pi_2 - \pi_1) \tag{8-17}$$

式中:π_1 和 π_2 分别为原液侧与透过液侧溶液的渗透压。

由此可见,为了进行反渗透过程,在膜两侧施加的压差必须大于两侧溶液的渗透压差。一般反渗透过程的操作压差为 2~10MPa。

2. 反渗透的工艺

(1) 反渗透膜

反渗透膜用的材料几乎全为有机高分子物质。醋酸纤维素是开发最早的膜材料,用它制成的反渗透膜在分离性能上有以下规律:

①离子电荷越大,脱除就越容易。

②对碱金属的卤化物,卤素位置越在周期表下方,脱除越不容易,无机酸则相反。

③硝酸盐、高氯酸盐、氰化物、硫氰酸盐、氯化物、铵盐及钠盐均不易脱除。

④许多低相对分子质量的非电解质,包括某些气体溶液、弱酸和有机分子,不易脱除。

⑤对有机物的脱除作用次序为:醛>醇>胺>酸;同系物的脱除率随其相对分子质量的增加而增大;异构体的次序为:叔>异>仲>伯。

⑥相对分子质量大于 130 的组分一般均能很好地脱除。

⑦温度升高可以使渗透量增加,25℃时,每升高 1℃,渗透通量增加 3%,但醋酸纤维素膜能耐受的温度不高。

除醋酸纤维素外,聚酰胺和芳香酰胺等也是常用的制造反渗透膜的材料。

(2) 反渗透设备

反渗透膜组件的结构有管式、板框式、中空纤维式和螺旋式四种。平板膜是最早研制的;中空纤维式和螺旋式膜是目前应用最广的,因为这两种膜组件的装填面积较大,而反渗透的渗透通量一般较低,常常需要较大的膜面积,因此采用这两种膜组件可使设备的体积不会过分庞大。

反渗透所用的压差比较大,故反渗透设备中高压泵的配置非常重要。反渗透操作对原料有一定的要求,为了保护反渗透膜,料液中的微小粒子必须预先除去。因此,反渗透工艺前一般有一预处理工序,常用的预处理方法是微滤或超滤。

(3) 反渗透的操作流程

在实际生产中,可以通过膜组件的不同配置方式来满足分离的不同质量要求。而且膜组件的合理排列组合对膜组件的使用寿命也有很大影响。如果排列组合不合理,则将造成某一段内的膜组件的溶剂通量过大或过小,不能充分发挥作用,或使膜组件污染速度加快,膜组件频繁清洗和更换,造成经济损失。

根据料液的情况、分离要求、所有膜一次分离的分离效率高低等的不同,反渗透过程可以采用不同的工艺过程。

图8-5所示是典型的一级一段连续操作流程,料液一次通过膜组件后即为浓缩液而排出。通常为了减少浓差极化的影响,料液流过膜面时应保持较高的流速。因为透过膜的渗透通量较小,单个膜组件的料液流程又不可能很长,因此料液通过膜组件一次的浓缩率较低,对于盐水淡化而言,水的利用率很低,该方法在工业上较少应用。

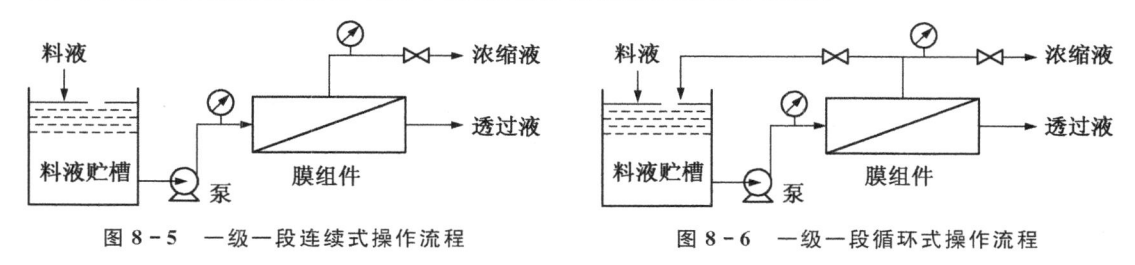

图8-5 一级一段连续式操作流程　　图8-6 一级一段循环式操作流程

图8-6所示是为了提高透过液的回收率,将部分浓缩液返回进料贮罐与原有的料液混合后,再次通过膜组件进行分离而采用部分浓缩液循环的流程。此时经过膜组件的料液浓度高,在截留率保持不变的情况下,透过的水质有所下降。

图8-7所示是最简单的一级多段连续式流程。它是将第一段的浓缩液作为第二段的进料液,再把第二段的浓缩液作为下一段的进料液,而各段的透过液连续排出。这种方式的透过液回收率高,浓缩液的量较少,但其溶质浓度较高。

在反渗透的应用过程中,还采用多级多段连续式和循环式工艺流程,操作方式与上述三种工艺流程相似。

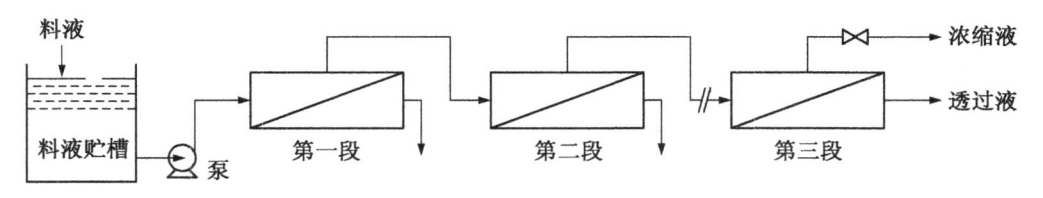

图8-7 一级多段连续式操作流程

3. 反渗透的应用

反渗透过程是从溶液(一般为水溶液)中分离出溶剂(水)的过程,这一基本特点决定了它的应用范围主要有脱盐和浓缩两个方面。

(1) 海水和苦咸水的淡化

目前许多国家存在着严重的缺水问题,实际上地球并不缺水,只是地球上的水资源大多是海水,缺乏淡水和饮用水。内陆地区的水资源很多是苦咸水。若能将海水和苦咸水淡化,可以解决许多地区的缺水问题。

目前,海水淡化方法中用得最多的是蒸发法,其次是反渗透法。反渗透法产水量已占总产水量的20%以上。与蒸发法相比,反渗透法的最大优点是能耗低,实际上它是唯一可能取代蒸发法的操作。以前多用不对称的醋酸纤维素膜,现在已开发出一些新的材料,且越来越多地使用复合膜。

(2) 纯水的制备

在各种纯水制备方法中,离子交换与反渗透的组合被认为是最佳选择。理论上这两种操作已几乎可除去水中所有的杂质,但在实践中仍需其他处理以保护反渗透膜。常用的流程是先将水进行超滤,然后反渗透,反渗透可将大部分离子除去,最后用离子交换法除去残余的离子。

用这一方法制造的纯水品质很好,可用作生物实验室用水以及纯水饮料。若用作注射用水,则需经有关部门认可。

(3) 小分子溶液的浓缩

反渗透也用于食品工业中水溶液的浓缩。反渗透浓缩的最大优点是风味和营养成分不受影响。

国外用反渗透处理干酪中产生的乳清。生产过程可以是直接用反渗透处理,浓缩后再干燥成乳清粉;也可先超滤,超滤浓缩物富含蛋白质,可制奶粉,渗透液再用反渗透浓缩,这样制得的乳清粉中乳糖含量很高,也可将反渗透浓缩液用作发酵原料。

8.3.2 纳滤

纳滤是反渗透过程为适应工业软化水的需求和降低成本的需求在 20 世纪 80 年代末期发展起来的新膜品种,以适应在较低压力下运行,从而降低操作成本,因其能够截留纳米级物质,故得名纳滤。其因具有独特的分离特性及优良的应用性能,已越来越广泛地被应用于食品、医药和生物等领域的各种分离、精制和浓缩过程。

8-5 纳滤

8.3.3 微滤和超滤

微滤和超滤均为压力推动的膜分离过程,其分离的范围处于纳滤和常规过滤之间。它们的操作原理都是通过膜的筛分作用将溶液中大于膜孔的微粒或大分子溶质截留,使小分子溶质和溶剂透过,从而实现分离。

微滤和超滤具有无相变、无需加热、设备简单、占地少、能耗低等优点。此外,由于操作压力低,对输送泵与设备管道材质的要求相对较低。

8-6 微滤和超滤

8.3.4 电渗析

电渗析是在直流电场作用下,利用离子交换膜的选择渗透性,产生阴、阳离子的定向迁移,达到溶液分离、提纯和浓缩的传递过程。电渗析是目前所有膜分离过程中唯一涉及化学变化的分离过程(电极反应)。与其他方法相比,电渗析能有效地将生产过程与产品的分离过程融合起来,在节能和促进传统技术的升级方面具有很大的潜力,具有其他方法不能比拟的优势。

1. 电渗析的基本原理

电渗析过程的原理如图 8-8 所示,在正、负两电极间交替地平行放置阳离子和阴离子交换膜,依次构成浓缩室和淡化室,当两膜所形成的隔室中充入含离子的水溶液(如氯化钠溶液)并接上直流电源后,溶液中带正电荷的阳离子在电场力作用下向阴极方向迁移,穿过带负电荷的阳离子交换膜,而被带正电荷的阴离子交换膜所挡住,这种与膜所带电荷相反的离子透过膜的现象称为反离子迁移。同理,溶液中带负电荷的阴离子在电场作用下向阳极运动,透过带正电荷的阴离子交换膜,而被阻于阳离子交换膜。其结果是使第2、第4浓缩室的水中的离子浓度增加;而与其相间的第3淡化室的离子浓度下降。

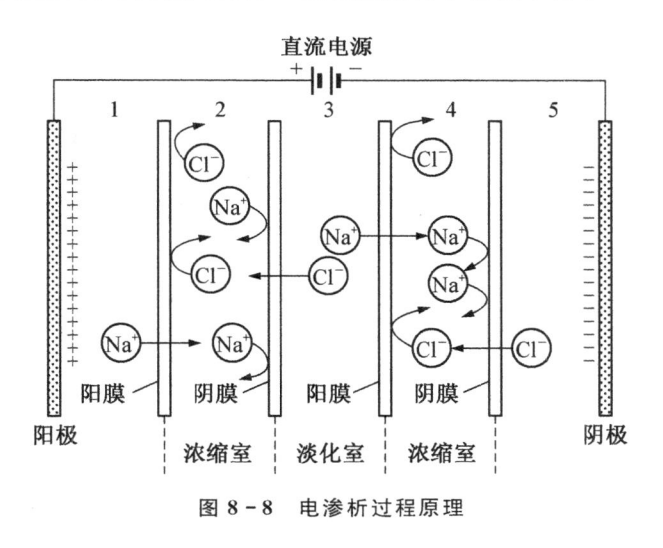

图 8-8 电渗析过程原理

2. 电渗析的操作流程

电渗析器多采用板框式,它的左右两端分别为阴阳电极室,中间部分自左向右依次由阳离子交换膜、淡化室隔板、阴离子交换膜和浓缩室隔板构成。

为了减轻浓差极化的影响,在电渗析器的淡化室中电流密度不能很高,应低于极限电流密度,而水流则应保持较高的流速(一般隔室中水的流速为 5~15cm/s),因此水流通过淡化室依次能够除去的离子量是有限的,因此,用电渗析器脱盐时应根据原水含盐量与脱盐要求采用不同的操作流程。对于含盐量很少和脱盐要求不高的情况,水流通过淡化室一次即可达到要求,否则盐水需通过淡化室多次才能达到要求。为此可采用以下 3 种操作流程:

(1) 间歇操作

如图 8-9 所示,将料液一次性加入两贮槽内,然后开始操作,使浓室和淡室排出的物流分别流入两个贮槽,反复循环直到产品浓度符合要求为止。

间歇操作适用于小批量生产,它比较灵活,除盐率高,但生产能力相对较低。

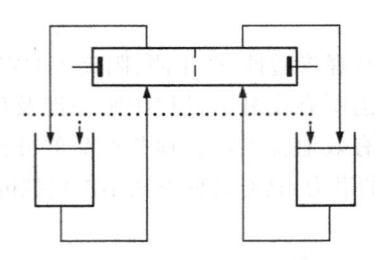

图 8-9　间歇操作的电渗析流程 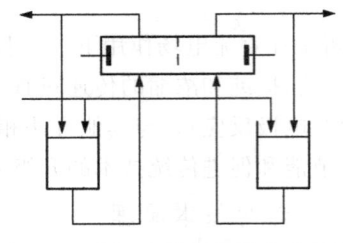　　　　图 8-10　单级连续操作的电渗析流程

（2）单级联系操作

如图 8-10 所示,由于一般淡室产品的流量大于浓室产品的流量,故应将料液大部分引入淡液槽,小部分引入浓液槽,两者流量比与浓缩比相对应,两种产品也分别循环。

这种操作方式比较稳定,生产能力较高,除盐率也高,但循环流量大,管路复杂,能耗也高。

（3）多级连续操作

将若干个单级连续操作串联就成为多级连续操作,如图 8-11 所示。串联后,淡室因流量大,可以不循环,浓室则应循环。

这种操作方式生产能力高,能耗低,但对进料流量和组成的波动较敏感,除盐率取决于流量。

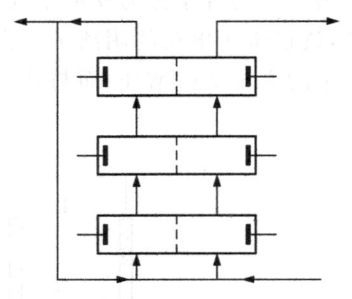

图 8-11　多级连续操作的电渗析流程

3. 电渗析的应用

电渗析技术最早是在 20 世纪 50 年代用于苦咸水淡化,60 年代应用于浓缩海水脱盐,70 年代以来,电渗析技术已发展成为大规模的化工单元操作。它是溶液中离子与水(含其他非电解质)分离的一种有效手段,并且也可利用这一特性实现某些化学反应。因此,它的应用范围十分广泛,包括原料与产品的分离精制和废水、废液处理,以除去有害杂质与回收有用的物质等。

①水的纯化,包括海水、苦咸水和普通自然水的纯化,以制取饮用水、初级水(锅炉或医药用)和高纯水等。

②食品、医药和化学工业中的应用,如医药工业中葡萄糖、甘露醇等溶液的脱盐,食品工业中牛乳、乳清的脱盐,除去果汁中引起酸味的过量柠檬酸等,利用离子的可渗性从蛋白质中水解液和发酵液中分离氨基酸。

③废水处理。用电渗析处理某些工业废水,既可使废水得到净化,又可回收其中有价值的物质,如含有酸、碱、盐的各种废水均可以用电渗析法处理,以除去和回收其中的酸、碱、盐。

④双极膜技术。这是电渗析新的应用领域,它可用于由相应的盐制高纯度的酸和碱、由相应的盐回收有机酸和电泳涂漆液等。

8.3.5　气体膜分离

气体膜分离是指在压力差为推动力的作用下,利用气体混合物中各组分在气体分离膜中渗透速率的不同而使各组分分离的过程。它在膜分离过程中占有重要地位,其特点是能耗低,占地少,投资少,无污染,操作灵活方便,已成为低温精馏、吸收、变压吸附等传统气体分离方法的有力竞争者,并显示出巨大的发展潜力和良好的应用前景。

8-7 气体膜分离

8.3.6 液膜分离

液膜分离是将第三种液体展成膜状以分隔两个液相,由于液膜的选择透过性,因此原料液中的某些组分透过液膜进入接受液,实现三组分的分离。液膜分离过程是由三个液相所形成的两个相界面上的传质分离过程,实际上是萃取与反萃取的结合。

8-8 液膜分离

8.4 色谱法

色谱法又称层析法,是一种分离、提纯和鉴定有机化合物的重要方法。它是在 1906 年由俄国植物学家茨维特(Tsweet)首先系统地提出。他将叶绿素的石油醚液流经装有 $CaCO_3$ 的管柱,并继续以石油醚淋洗时发现由于 $CaCO_3$ 对于叶绿素中各种色素吸附能力的不同而使它们彼此分离,于是管中出现不同颜色的谱带。于是他将这种彩色分层物定义为层析谱,而将这种方法称为色谱分析法。

色谱法是一种物理的分离方法。其分离原理是利用各组分在不相混溶并做相对运动的两相(流动相和固定相)中的溶解度的不同,或在固定相上的物理吸附程度的不同等,而使各组分分离。

色谱法按操作形式不同可以分为薄层色谱、纸色谱和柱色谱。色谱法具有高选择性、高效能、高灵敏度和高速的特点。到目前为止,各种色谱技术还在不断发展,色谱设备日益完善,操作技术不断突破,色谱法已成为近代化学中最重要的分离、分析手段之一。

8.4.1 薄层色谱法

薄层色谱法(TLC)是快速分离和定性分析少量物质的一种很重要的实验技术。它展开时间短(几十秒就能达到分离目的),分离效率高(可达到 300~400 块理论板数),需要样品少(数微克)。如果把吸附层加厚,试样点成一条线时,又可用作制备色谱,用以精制样品。薄层色谱特别适用于挥发性小的化合物,以及那些在高温下易发生变化、不宜用气相色谱分析的化合物。

根据铺上薄层的固体性质，薄层色谱可分为：①吸附薄层色谱，是用硅胶、氧化铝等吸附剂铺成的薄层，这就是利用吸附剂对不同组分吸附能力的差异而达到分离的方法；②分配薄层色谱，是由硅胶、纤维素等支持剂铺成的薄层，不同组分在指定的两相中有不同的分配系数；③离子交换色谱，由含有交换基团的纤维素铺成的薄层，根据离子交换原理而达到分离；④排阻薄层色谱，利用样品中分子大小不同、受阻情况不同加以分离，也称凝胶薄层色谱。

1. 薄层色谱法的基本原理和特点

吸附薄层色谱是使用最为广泛的方法。其原理是由于吸附剂对不同物质的吸附能力不同，当溶剂流过时，不同物质在吸附剂和溶剂间不断地吸附、溶解，再吸附、再溶解……吸附力强的、分配比小的物质移动慢，吸附力弱的、分配比大的物质移动快，从而达到分离的目的。在层析过程中，主要是发生物理吸附。由于物理吸附的普遍性和无选择性，当固体吸附剂与多元溶液接触时，可吸附溶剂分子，也可吸附任何溶质，尽管不同溶质的吸附量不同；其次，由于吸附过程是可逆的，被吸附的物质在一定条件下可以被解吸，而解吸与吸附的无选择性和相互关联性使吸附过程复杂化。

在层析过程中，展开剂是不断供给的，因此处于原点上的溶质不断地被解吸。解吸出来的溶质随着展开剂向前移动，遇到新的吸附剂，溶质和展开剂又会部分被吸附而建立暂时的平衡，这一暂时平衡又立即被不断移动上来的展开剂所破坏，使部分溶质解吸并随着移动向前移动，形成了吸附—解吸—吸附—解吸的交替过程。溶质在经历了无数次这样的过程后移动到一定的高度。

薄层色谱法的特点如下：
①展开所需时间短，一般 20～30min 即可上行十几厘米，速度快，效率高。
②斑点扩散较小，样品负荷量大，检出灵敏度高。
③可用多种检出试剂，也可用硫酸铬等强氧化剂显色，或在 500℃加热碳化检出。

2. 吸附剂

不同溶质对吸附剂有不同的亲和力，因而造成其随展开剂移动快慢不一，这主要是由化学结构的差异所引起的。

在含氧吸附剂上，吸附物与其吸附剂之间的作用力包括静电力、诱导力和氢键作用力，前两者为范德华力。被分离物质的极性越大，与极性吸附剂的作用就越强；非极性被分离物与极性吸附剂相互作用时，使非极性分离物分子产生诱导偶极矩而被吸附于吸附剂表面，称为诱导力。氢键作用力是特殊的范德华力，具有方向性和饱和性。

吸附剂颗粒的大小一般为 260 目以上。颗粒太大，展开时溶剂移动速率快，分离效果差；反之，颗粒太小，溶剂移动慢，斑点不集中，效果也不理想。吸附剂的活性与其含水量有关，含水量越低，活性越高。化合物的吸附能力与分子极性有关，分子极性越强，吸附能力越大。

常用的吸附剂有以下两种。
①硅胶。薄层色谱常用的硅胶有：
硅胶 H——不含黏合剂和其他添加剂的色谱用硅胶。
硅胶 G——含煅烧过的石膏作黏合剂的色谱用硅胶。标记 G 代表石膏(gypsum)。

硅胶 HF$_{254}$——含荧光物质色谱用硅胶,可用于 254nm 的紫外线下观察荧光。
硅胶 GF$_{254}$——含煅烧石膏、荧光物质的色谱用硅胶。
②氧化铝。与硅胶相似,商品也有 Al$_2$O$_3$-G、Al$_2$O$_3$-HF$_{254}$、Al$_2$O$_3$-GF$_{254}$。

3. 铺层与薄层活化

一般选择表面平滑、边缘磨钝、大小尺寸是 20cm×20cm 方形或 2.5cm×20cm 条形的软质玻璃来作薄层色谱用载片,在涂布前应充分洗净。目前有用聚酯薄膜代替玻璃板,作为可以剪裁的 0.25mm 厚的均匀薄层软片,并根据需要切成不同规格,质轻,便于存入。但活化温度不能超过 105℃,以免引起薄膜软化。

铺层是制备的浆料要求均匀,不带团块,黏稠适当。铺层的方法有多种:

①平铺法。取洗净的载片,将调好的浆料倒在左边的玻璃板上,然后用边缘光滑的不锈钢尺或玻璃片将浆料自左向右刮平,即得一定厚度的薄层。

②倾注法。将调好的浆料倒在玻璃板上,用手左右摇晃,使表面均匀、光滑(必要时可于平台处让一端触台,另一端轻轻跌落数次并互换位置),然后把薄层板放于已经校正水平面的平板上晾干。

③浸涂法。将载玻片浸入盛有浆料的容器中,浆料高度约为载玻片长度的 5/6,使载玻片涂上一层均匀的吸附剂。

做吸附色谱时,涂上吸附剂的薄层板通常在室温放置 10～30min 任其自然干燥后,放入烘箱内,缓缓升温至 105℃ 保持 30～60min 活化,活化温度高些、时间长些对薄层板的活性影响不大,但在加入烧石膏的薄层活化,温度不要超过 128℃,以免石膏脱水失去固着能力。

4. 点样

在距离薄层长端 8～10mm 处,划一条线,作为起点线。用毛细管(内径小于 1mm)吸取样品溶液(一般以氯仿、丙酮、甲醇、乙醇、苯、乙醚或四氯化碳等作溶剂,配成 1% 溶液),垂直地轻轻接触到薄层的起点线上。如溶液太稀,一次点样不够,第一次点样干后,再点第二次、第三次,多次点样时,每次点样都应点在同一圆心上。点的次数依样品溶液浓度而定,一般为 2～5 次。若样品量太少时,有的成分不易显出;若量太多,易造成斑点过大、互相交叉或拖尾,不能得到很好的分离。点样后的斑点以扩散成直径 1～2mm 为度。若为多处点样,则点样间距为 1～1.5cm。

5. 展开

薄层色谱的展开需在密闭的容器中进行。先将选择的展开剂放入展开缸中,使缸内的空气饱和几分钟,再将点好试样的薄层板放入展开。点样的位置必须在展开剂液面之上。当展开剂上升到薄层的前沿(离顶端 5～10mm)或各组分已经明显分开时,取出薄层板放平晾干,用铅笔划前沿的位置即可显色。

选择展开剂时,首先要考虑展开剂的极性以及对被分离化合物的溶解度。在同一种吸附剂薄层上,通常是展开剂的极性越大,对化合物的洗脱能力也越大。

单一溶剂的极性强弱一般可以根据介电常数的大小来判断,介电常数大则表示溶剂极性大。单一溶剂极性的顺序如下:石油醚＜正己烷＜环己烷＜四氯化碳＜苯＜甲苯＜氯仿＜二氯甲烷＜乙醚＜乙酸乙酯＜吡啶＜异丙醇＜丙酮＜乙醇＜甲醇＜水。

使用单一溶剂作为展开剂,溶剂组分简单,分离重现性好。而对于混合溶剂,二元、三元甚至多元展开剂,一般占比例较大的溶剂主要是起溶解和基本分离作用;占比例小的溶剂起调整、改善分离物的 R_f 值和对某些组分的选择作用。主要溶剂应选择使用不易形成氢键的溶剂,或选择极性比分离物低的溶剂,以避免 R_f 值过大。

常见化合物的酸碱性与展开剂关系见表 8-5。

表 8-5 常见化合物的酸碱性与展开剂关系

化合物酸碱性	展开剂体系
中性体系	氯仿-甲醇(100∶1)、(10∶1)或(2∶1)
	乙醚-正己烷(1∶1)
	乙醚-丙酮(1∶1)
	乙酸乙酯-正己烷(1∶1)
	乙酸乙酯-异丙醇(3∶1)
酸性体系	氯仿-甲醇-乙酸(100∶10∶1)
碱性体系	氯仿-甲醇-浓氨水(100∶10∶1)

某些化合物薄层色谱吸附剂和展开剂见表 8-6。

表 8-6 某些化合物薄层色谱吸附剂和展开剂举例

化合物	吸附剂	展开剂
生物碱	硅胶	苯-乙醇(9∶1)
		氯仿-丙酮-二乙胺(5∶4∶1)
	氧化铝	氯仿(乙醇)(环己烷)-氯仿(3∶7),加 0.05% 二乙胺
胺	硅胶	乙醇(95%)-氨水(25%)(4∶1)
	氧化铝	丙酮-庚烷(1∶1)
羧酸	硅胶	苯-甲醇-乙酸(45∶8∶8)
酚	硅胶(草酸处理)	己烷-乙酸乙酯(4∶1 或 3∶2)
	氧化铝(乙酸处理)	苯
脂	硅胶 G	石油醚-乙醚-醋酸(90∶10∶1)
	氧化铝	石油醚-乙醚(95∶5)
氨基酸	硅胶 G	正丁醇-乙酸-水(4∶1∶1 或 3∶1∶1)
	氧化铝	正丁醇-乙酸-水(3∶1∶1)
		吡啶-水(1∶1)
多环芳烃	氧化铝	四氯化碳
多肽	硅胶 G	氯仿-甲醇或丙酮(9∶1)

6. 显色

被分离物质如果是有色组分,展开后薄层板上即呈现出有色斑点。如果化合物本身无色,则可在紫外灯下观察有无荧光斑点,或是用碘蒸气熏的方法来显色。商品硅胶 GF_{254} 是在硅胶 G 中加入 0.5% 的荧光粉;硅胶 HF_{254} 是硅胶 H 中加入了 0.5% 的硅酸锌锰。在紫外灯下,薄层本身显荧光,样品斑点呈暗点。如果样品本身有荧光,经层析后可直接在紫外灯下观察斑点位置。使用一般吸附剂时,在样品本身无色的情况下需使用显色剂。通用的显色剂有碘、硫酸、紫外灯显色等。

7. 比移值的测定

比移值(R_f)表示物质移动的相对距离,即

$$R_f = \frac{试样移动距离}{溶剂移动距离} \tag{8-18}$$

斑点显色后,必须进一步确认每个斑点是什么成分。可根据不同的方法显出斑点的颜色和检出与标准物质比较其 R_f 值;也可以把纸上的斑点用溶剂洗脱下来,用仪器分析鉴定。对于良好的分离,R_f 值应该为 0.15~0.75,否则应该调换展开剂,重新展开。

8.4.2 纸色谱法

纸色谱法是以滤纸作为载体,让样品溶液在纸上展开达到分离的目的。

8-9 纸色谱法

8.4.3 柱色谱法

柱色谱法是化合物在液相和固相之间的分配,属于固-液吸附色谱法。柱色谱主要用于分离。

1. 柱色谱法的基本原理

吸附柱内装有"活性"固体(固定相),如氧化铝或硅胶等。液体样品从柱顶加入,流经吸附柱时,即被吸附在柱的上端,然后从柱顶加入洗脱溶剂冲洗,各组分由于吸附能力不同,以不同速度往柱下移,形成若干色带,再用溶剂洗脱,吸附能力最弱的组分随溶剂首先流出,分别收集各组分,再逐个鉴定。若各组分是有色物质,则在柱上可以直接看到色带;若是无色物质,可用紫外线照射,以便检查。

2. 吸附剂

常用的吸附剂有氧化铝、硅胶、氧化镁、碳酸钙和活性炭等。吸附剂的首要条件是与被吸附物及展开剂均无化学作用。吸附能力与颗粒大小有关,颗粒太粗,流速快,分离效果不好,太细则流速慢。色谱用的氧化铝可分酸性、中性和碱性三种。酸性氧化铝是用 1% 盐酸浸泡后,用蒸馏水洗至悬浮液 pH 值为 4~4.5,用于分离酸性物质;中性氧化铝 pH 值为 7.5,用于分离中性物质,应用最广;碱性氧化铝 pH 值为 9~10,用于分离生物碱、碳氢化合物等。

化合物的吸附能力与分子极性有关。分子极性越强，吸附能力越大；分子中含极性较大的基团，其吸附能力也较强。具有下列极性基团的化合物，其吸附能力按下列次序递增：$Cl^-,Br^-,I^-<C=C<-OCH_3<-CO_2R<C=O<-CHO<-SH<-NH_2<-OH<-CO_2H$。

3. 溶剂

吸附剂的吸附能力与吸附剂和溶剂的性质有关，选择溶剂时应考虑到被分离物各组分的极性和溶解度。非极性化合物用非极性溶剂。先将分离样品溶于非极性溶剂中，从柱顶流入柱中，然后用稍有极性的溶剂使谱带显色，再用极性更大的溶剂洗脱被吸附的物质。为提高溶剂的洗脱能力，也可用混合溶剂洗提。溶剂的洗脱能力按下列次序递增：己烷<环己烷<甲苯<二氯甲烷<氯仿<环己烷-乙酸乙酯(80∶20)<二氯甲烷-乙醚(80∶20)<二氯甲烷-乙醚(60∶40)<环己烷-乙酸乙酯(20∶80)<乙醚<乙醚-甲醇(99∶1)<乙酸乙酯<四氢呋喃<丙酮<正丙醇<乙醇<甲醇<水。

经洗脱的溶液，可利用上述纸色谱法及薄层色谱法进一步检测各部分的成分。

4. 柱色谱的操作

柱色谱常用的层析柱由玻璃或塑料制成，其直径与长度比为1∶60～1∶10，底部塞以玻璃纤维或脱脂棉，然后将吸附剂装入柱内。装柱法有干法和湿法两种。

（1）干法装柱

在管的上端放一漏斗，将已选定并经处理的吸附剂通过漏斗缓缓流入柱中，必要时可轻轻敲打管柱，使之装填均匀。然后加入溶剂，至吸附剂全部润湿，注意柱内无气泡，吸附剂的高度为管长的3/4。

（2）湿法装柱

先在柱内加入已选定的溶剂，将下端旋塞稍打开，将吸附剂缓缓加入管中，加入的速度不要太快，以免带入空气。吸附剂渐渐下沉，加完吸附剂后，继续让溶剂流出一段时间。

▶▶▶ 参考文献 ◀◀◀

[1] 尹芳华,钟璟. 现代分离技术. 北京：化学工业出版社,2009.

[2] 刘家祺. 分离过程. 北京：化学工业出版社,2002.

[3] 刘芙蓉,金鑫丽,王黎. 分离过程及系统模拟. 北京：科学出版社,2001.

[4] 方宾,阚显文. 近代分离方法导论. 合肥：安徽人民出版社,2006.

[5] Loeb S, Sourirajan S A. Sea Water Demineralization by Means of an Osmotic Membrane. Chem. Ser., 1962.

[6] 袁惠新. 分离过程与设备. 北京：化学工业出版社,2008.

[7] 廖传华,柴本银. 分离过程与设备. 北京：中国石化出版社,2008.

[8] Rautenbach R, Albrecht R. Membrane Process. New York：John Wiley&Sons,1989.

[9] 叶庆国. 分离工程. 北京：化学工业出版社,2009.

[10] 刘家祺. 传质分离过程. 北京：高等教育出版社,2005.

[11] 胡小玲,管萍. 化学分离原理与技术. 北京：化学工业出版社,2006.

[12] 陈欢林. 新型分离技术基础. 北京：化学工业出版社,2005.

[13] 靳海波,徐新,何广湘. 化工分离过程. 北京：中国石化出版社,2008.

习 题

1. 如何利用透过曲线判断固定床吸附器中吸附剂的吸附性能?
2. 简述血液渗析的工作原理。
3. 什么是反渗透? 其分离机理是什么?
4. 什么是膜分离操作? 按推动和传递机理的不同,膜分离过程可分为哪些类型?
5. 电渗析的分离机理是什么? 阳膜、阴膜有什么特点?
6. 超滤的分离机理是什么? 简述超滤与反渗透的异同点。
7. 试比较扩散、电渗析、反渗透、超滤、液膜分离等技术在废水处理方面的应用特点、应用范围、应用条件、应用前景,以及它们各自的优缺点。

第 9 章

分离过程的节能

任何分离过程都不能自发进行,混合物的分离必须消耗外能。能耗是大规模分离过程的关键指标,能耗费通常占操作费用的主要部分,尤其是在目前世界能源日趋紧张的情况下,研究分离过程中影响能耗的因素,讨论降低能耗的途径,寻求接近最小能耗的分离过程显然有极其重要的意义。

减小分离过程的能耗主要从以下方面着手:首先是选择适宜的分离方法,这是节能的关键步骤;其次是研究复杂混合物的适宜分离流程;最后是确定具体分离操作的适宜操作条件和参数,以及优化设备的结构和尺寸等。

9.1 分离过程节能的基本概念及热力学分析

物质的混合是不可逆过程,能够自发进行,体系的熵总是增加的。因此,其逆过程——分离不能自发进行,必然要消耗能量才能分离。由热力学第二定律可知,完成同一变化的可逆过程所需的功相等,因此,达到一定分离目的所需的最小功可以通过假设的可逆过程计算出来。最小功的数值取决于要分离混合物的组成、压力和温度,以及分离所得产品的组成、压力和温度。

设计分离过程的目标是在满足产品质量回收率的前提下减小能耗。了解分离所需的最小功(即分离过程的理想功)及实际能量消耗的大小与哪些因素有关,有助于分析、设计和改进分离过程,达到分离过程节能的目的。

9.1.1 有效能(熵)衡算

将物质的量为 n_{Fj}、摩尔焓为 H_{Fj} 和组成为 z_{Fj} 的 e 股进料分离成 n_{Qj}、H_{Qj} 和 z_{Qj} 的 m 股产品,其间不发生化学反应,与外界发生热量 Q_t 和功 W_t 的交换(规定环境向系统传入热量和做功为负)。如果由过程引起的动能、位能和表面能等的变化可以忽略,由热力学第一定律可得

$$\sum_{j=1}^{e} n_{Fj} H_{Fj} + Q_t = \sum_{j=1}^{m} n_{Qj} H_{Qj} + W_t \tag{9-1}$$

由热力学第二定律可得

$$\sum_{j=1}^{m} n_{Qj} S_{Qj} \geqslant \sum_{j=1}^{e} n_{Fj} S_{Fj} + \frac{Q_t}{T} \qquad (9-2)$$

式中：S 为物料的摩尔熵；假设分离过程等温进行，温度为 T。

上式等号仅适用于可逆分离过程。如以 $\Delta S_{产生}$ 表示系统的熵产生（可逆过程 $\Delta S_{产生} = 0$），式（9-2）则变为

$$\sum_{j=1}^{e} n_{Fj} S_{Fj} - \sum_{j=1}^{m} n_{Qj} S_{Qj} + \frac{Q_t}{T} + \Delta S_{产生} = 0 \qquad (9-3)$$

将式（9-3）各项乘以环境温度 T_0，并与式（9-1）相减后整理得

$$\sum_{j=1}^{e} n_{Fj}(H_{Fj} - T_0 S_{Fj}) - \sum_{j=1}^{m} n_{Qj}(H_{Qj} - T_0 S_{Qj}) + Q_t\left(1 - \frac{T_0}{T}\right) - W_t = T_0 \Delta S_{产生}$$

$$(9-4)$$

热力学已证明，温度 T 的热能 Q_t 的有效能为

$$B_Q = \left(1 - \frac{T_0}{T}\right) Q_t \qquad (9-5)$$

不计动能和位能时，物料的有效能为

$$B_{ph} = (H - H_0) - T_0(S - S_0) \qquad (9-6)$$

不可逆过程的有效能损耗为

$$D = T_0 \Delta S_{产生} \qquad (9-7)$$

将式（9-5）、式（9-6）和式（9-7）代入式（9-4），得到定态连续分离过程的有效能衡算式为

$$\sum_{j=1}^{e} n_{Fj} B_{Fj} - \sum_{j=1}^{m} n_{Qj} B_{Qj} + B_Q - W_t = D \qquad (9-8)$$

上式可以推广到不发生化学反应的任何定态过程。

9.1.2 等温分离最小功

Dodge 等人指出，在等温等压下将均相混合物分离成各个纯产品所需的最小功为

$$W_{\min,T} = -RT \sum_{i=1}^{C} x_{Fi} \ln(\gamma_{Fi} x_{Fi}) \qquad (9-9)$$

式中，$W_{\min,T}$ 为 1kmol 原料消耗的最小功；R 为气体常数；x_{Fi} 为进料中 i 组分的摩尔分数；γ_{Fi} 为进料中 i 组分的活度系数；C 为进料中的组分数。

式（9-9）对气体、固体和液体均适用。对于理想混合物或理想溶液，因 $\gamma_{Fi} = 1$，因此式（9-9）变为

$$W_{\min,T} = -RT \sum_{i=1}^{C} x_{Fi} \ln x_{Fi} \qquad (9-10)$$

由此可见，分离理想溶液与分离理想气体混合物所需的最小功是相同的。

对于由 A、B 两组分组成的二元体系，上式又可改写成

$$W_{\min,T} = -RT[x_{FA}\ln x_{FA} + (1-x_{FA})\ln(1-x_{FA})] \tag{9-11}$$

若溶液为正偏差，$\gamma_A > 1$，$\gamma_B > 1$，所需理论分离最小功比理想溶液的分离最小功小；反之，溶液为负偏差。由于不同组分间作用力大于同组分分子间的作用力，不同组分溶液更难分离，因此不同组分的非理想溶液所需最小功比理想溶液的最小功大。

若在等温等压下将进料混合物分离成不纯产物，其所需最小功应由式（9-9）再减去将这些不纯产物分离成纯产物的最小功。

对于进料中有 i 个组分分成 j 个不纯产物的情况，所需最小功为

$$W'_{\min} = -RT\left[\sum_i x_{Fi}\ln(\gamma_{Fi}X_{Fi}) - \sum_j \varphi_j \sum_i X_{i,j}\ln(\gamma_{ij}X_{i,j})\right] \tag{9-12}$$

式中：φ_j 为产物 j 占进料量的比值；$X_{i,j}$ 为组分 i 在产物 j 中的摩尔分数；γ_{ij} 为组分 i 在产物 j 中的活度系数。

【例题 9-1】 将含苯 58.65%（摩尔分数，下同）、甲苯 30% 和二甲苯 11.35% 的料液于常压下分离为两股产物，塔顶产物含苯 97.5% 和甲苯 0.5%，塔釜产物含苯 0.5%、甲苯 72% 和二甲苯 27.5%。试求分离的最小功。设料液和产物均处于环境温度 298K 下，并均可看作理想溶液。

解 设料液量为 1kmol，计算两股产品量 n_{Q1} 和 n_{Q2}。

$$n_{Q1} + n_{Q2} = 1$$

$$n_{Q1} \times 0.095 + n_{Q2} \times 0.005 = 1 \times 0.5865$$

联立解得

$$n_{Q1} = 0.5873\text{kmol} \quad n_{Q2} = 0.4127\text{kmol}$$

分离的最小功由式（9-12）计算得

$$\begin{aligned}W_{\min} = &-\{8.314\times 298\times[0.5873\times(0.995\ln 0.995 + 0.005\ln 0.005) \\ &+ 0.4127\times(0.005\ln 0.005 + 0.72\ln 0.72 + 0.275\ln 0.275) \\ &- (0.5865\ln 0.5865 + 0.38\ln 0.38 + 0.1135\ln 0.1135)]\} \\ = &-1604.2\text{kJ/kmol}\end{aligned}$$

9.1.3 非等温分离最小功

当分离过程的原料与产品温度不同时，称非等温分离，其理论最小功可用原料与产品有效能之差来计算。

原料与产品有效能的差（即产物有效能减原料有效能）即是最小功，以 $W_{\min,T_0}$ 表示

$$\Delta E_{\text{分离}} = W_{\min,T_0} = \Delta H - T_0\Delta S \tag{9-13}$$

当分离理想气体混合物时，式（9-13）中的 ΔH 和 ΔS 由下式确定

$$\Delta H = \sum_i y_{Fi}\int_{T_F}^{T_i} C_{pi}\,\mathrm{d}T \tag{9-14}$$

$$\Delta S = \sum_i y_i\left[\int_{T_F}^{T_i} \frac{C_{pi}}{T}\,\mathrm{d}T - R\ln\frac{p_i}{y_i p_F}\right] \tag{9-15}$$

式中：C_{pi} 为组分 i 的质量定压热容；T_F、p_F 为原料混合物的温度和压力；T_i、p_i 为纯 i 组分产

物的温度和压力。

化工裂解气的分离最小功均采用式(9-13)进行计算。分离最小功是一个分离过程必须消耗能量的下限,大多数实际分离过程的能耗远比最小功大,但不同分离过程最小功的大小代表了分离难易的程度。

9.1.4 净功耗

净功耗是指离开系统的热量送入一个可逆热机所做功与输入系统热量送入可逆热机所做功之差。图9-1表示精馏分离的这一过程,输入系统的温度为 T_R,热量为 Q_R,供一台可逆热机,同时在 T_C 温度下热量为 Q_C 移出系统,也供一台可逆热机,它们能得到的功分别为 $Q_R(1-T_0/T_R)$ 和 $Q_C(1-T_0/T_C)$,因此该过程的净功耗为

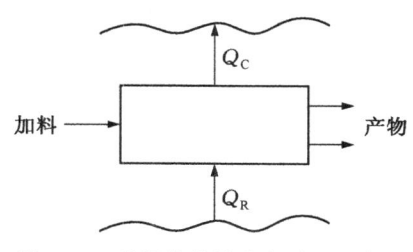

图 9-1 普通精馏塔分离过程示意图

$$-W_{\text{净}} = Q_R\left(1-\frac{T_0}{T_R}\right) - Q_C\left(1-\frac{T_0}{T_C}\right) \qquad (9-16)$$

若分离过程不耗机械功,且产物与原料之间热焓差与输入热量相比可忽略,则 $Q_R \approx Q_C = Q$,此时净功耗为

$$-W_{\text{净}} = QT_0\left(\frac{1}{T_C}-\frac{1}{T_R}\right) \qquad (9-17)$$

由上式可知,因 $T_R > T_C$,因此精馏过程的净功总是正值。

应当指出,净功耗是在可逆分离过程中的极限功耗,实际分离过程功耗都大于它,且净功耗只是代表输入热量的分离过程的功耗,若分离过程还消耗机械功,必须直接加到式(9-16)中。

9.1.5 热力学效率

分离过程的热力学效率定义为可逆过程消耗的最小功与实际过程的净功耗之比。

$$\eta = \frac{-W_{\min,T_0}}{-W_{\text{净}}} = \frac{\Delta B_{\text{分离}}}{-W_{\text{净}}} \qquad (9-18)$$

9.2 精馏节能技术

精馏是工业上应用最广的分离技术,消耗大量能量。减少精馏操作的能耗,一直是热门的研究课题。

分离过程所需最小功(即 $\Delta B_{\text{分离}}$)是由原料和产物的组成、温度和压力所决定的。欲提高分离过程的热力学效率,主要是通过降低过程的净功耗 $W_{\text{净}}$ 来实现。从热力学角度看,就是降低过程的不可逆性,使过程尽量接近可逆过程。精馏过程热力学不可逆性主要由以下原因引起:

①过程中存在压力梯度的动量传递；
②过程中存在温度梯度的热量传递；
③存在浓度梯度的传质传递；
④可能存在不可逆化学反应。

因此，如果降低流体流动过程产生的压降，减小传热过程的温度差，减小传质过程的两相浓度与平衡浓度的差别，都将使精馏过程的净功耗降低。

9.2.1 设置中间冷凝器和中间再沸器的精馏

温度是热能品质的度量，即使热负荷在数量上没有变化，但温度分布的变化有可能减少过程的不可逆损失。在精馏塔内，温度自塔顶向塔釜逐渐升高，如在塔中部设置中间再沸器，把再沸器加热量分配到塔的下段，对于高温塔，则可以应用较低温位的加热剂，在深冷分离塔中，则可以回收温度较低的冷量；如在塔中部设置中间冷凝器，把冷凝器热负荷分配到塔的上段，就可以用较高温度的冷剂，在裂解深冷分离塔中，可以应用较价廉的冷源，节省有效能。

分析图 9-2a 所示的二级再沸和二级冷凝精馏塔，即在提馏段设置第二再沸器，在精馏段设置第二冷凝器，则精馏段和提馏段各有两条操作线，如图 9-2b 所示。此时，与无中间再沸器和中间冷凝器的精馏塔相比，操作线更接近于平衡线，精馏过程的有效能损失减少，但同时也减少了推动力，故需要增加提馏段或精馏段的塔板数。

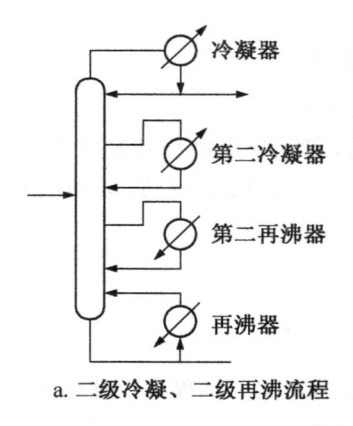

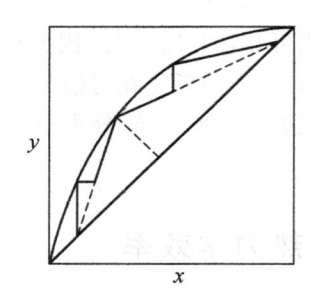

a. 二级冷凝、二级再沸流程 b. 二级冷凝、二级再沸 x-y 图解

图 9-2 带有中间冷凝器和中间再沸器的精馏塔

值得注意的是，可逆性提高的好处并不表现在总的热负荷有所减小，而在于通过塔的热能与有效能降级程度的减小，而且由于所需塔板数和换热设备的增加，设备投资费用还需增加。因此，在生产过程中必须要有适当吨位的加热剂或（和）冷剂与其相配，并需有足够大的热负荷值得利用，再加上塔顶和塔釜的温度差要相当大，才会取得经济效益。

9.2.2 多效精馏

多效精馏的原理类似于多效蒸发。多效精馏系统由若干压力不同的精馏塔组成，而且依压力高低的顺序，相邻两个塔中的高压塔塔顶蒸气作为低压塔再沸器的热源，除压力最低的塔外，其余各塔塔顶蒸气的冷凝潜热均被精馏系统自身回收利用，从而使精馏过程的能耗降低。

同多效蒸发一样,多效精馏的热量和过程也可分为并流(图9-3a、b)、逆流(图9-3c)和平流(图9-3d)。另外按照操作压力的组合划分,多效精馏塔还可以分为加压-常压、加压-减压、常压-减压及减压-减压。不论采用哪种多效方式,其精馏操作所需的热量与单塔精馏相比较,都可以减少30%~40%。

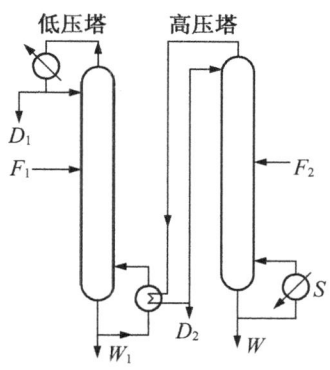

a. 并流型(低沸成分少于高沸成分)　　$F=F_1+F_2$；$D=D_1+D_2$；$W=W_1+W_2$

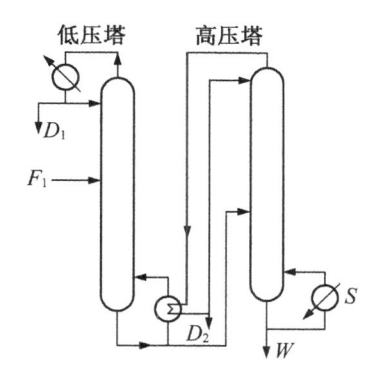

b. 并流型(低沸成分多于高沸成分)　　$D=D_1+D_2$

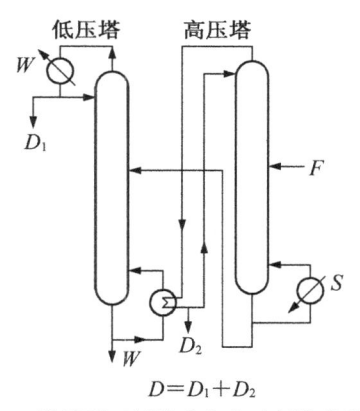

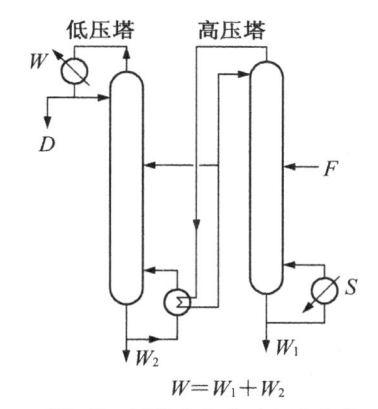

c. 逆流型(低沸成分多于高沸成分)　　$D=D_1+D_2$

d. 平流型(低沸成分少于高沸成分)　　$W=W_1+W_2$

图9-3　多效精馏操作的基本方式

多效精馏的节能效果受许多因素的影响,其中主要是被分离物系的性质、易挥发组分的含量、效数以及工艺流程等。随着效数增加,能耗降低,但效数过多,设备投资费用过大且操作困难,实际应用中较多采用双效精馏。若被分离物系中易挥发组分含量太低,可回收利用的塔顶蒸气冷凝潜热太少,就不宜采用多效精馏。工艺流程不同,节能效果不同。

在应用多效精馏系统的实例分析中,分离以下几种物系节能效果较好：

①苯及其衍生物,如苯-甲苯、苯-甲苯-二甲苯、混合二甲苯等。

②烃类混合物,如丙烯-丙烷、正庚烷-甲基戊烷等。

③工业废水(含有毒、有害物质,具有一定的挥发度),如二甲基甲酰胺废水、表面活性剂废水等。用多效精馏分离工业废水,除大幅度降低能耗外,还可以回收一部分化工原料,使分离后的废水能达到排放标准或可供进一步生化处理。

④醇类水溶液,主要是甲醇-水、乙醇-水物系。

多效精馏不仅降低水蒸气耗量,而且还能减少冷却水用量和耗电量。

9.2.3 热泵精馏

将温度较低的塔顶蒸气经压缩后作为塔釜再沸器的热源的精馏，称为热泵精馏。用于精馏塔的热泵主要有两种形式。第一类热泵(图9-4)是用外界的工作介质为冷剂,液态冷剂在冷凝器中蒸发,使塔顶物料冷凝。汽化后的冷剂进入压缩机升压,然后在压缩机出口压力下在再沸器将热量传递给塔釜物料,本身冷凝成液体,如此循环。这种塔内物料与制冷系统的工作介质之间封闭的系统称为闭式热泵。第二类热泵是以过程本身的物料为制冷系统的工作介质,称为开式热泵。其中一种形式是以塔釜物料为工作介质,在冷凝器汽化,取消再沸器,如图9-5a所示。另一种形式是以塔顶物料为工作介质,在再沸器冷凝,取消冷凝器,如图9-5b所示。

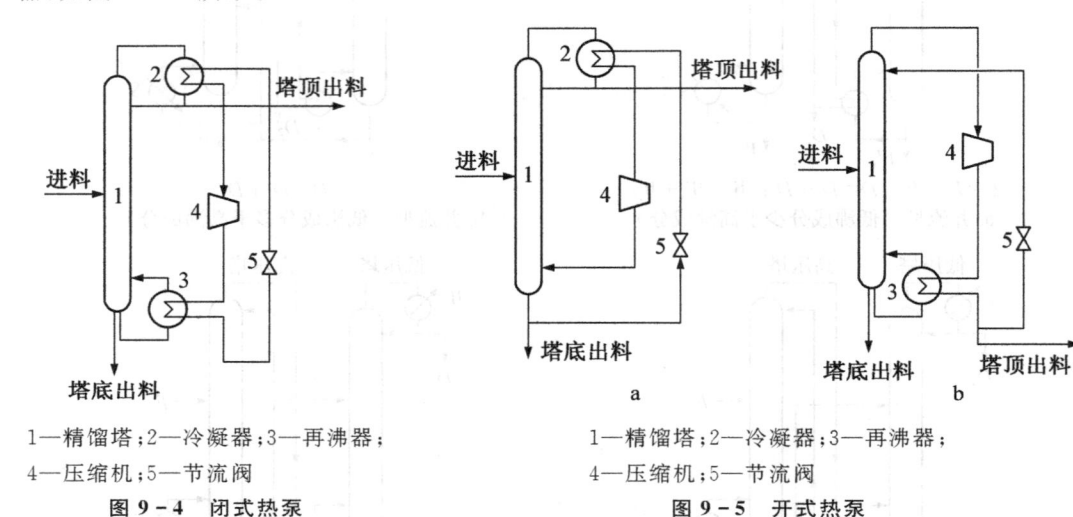

1—精馏塔；2—冷凝器；3—再沸器；
4—压缩机；5—节流阀
图9-4 闭式热泵

1—精馏塔；2—冷凝器；3—再沸器；
4—压缩机；5—节流阀
图9-5 开式热泵

9.3 有关分离操作的节能经验规则

分离过程常常在进料或其他操作条件变化时,其产品的分离程度会高于所需要的程度。对于精馏塔,这时常可以简单地用降低回流比和蒸发量来得到好处。而当设备在减负荷下操作时,则要多消耗能量。例如,为了保证精馏塔级能在有效范围内操作,就需要增加蒸发量。降低分离过程能耗的一些方法经验法则有：

①如果进料混合物中有多相存在,则首选机械分离。

②避免热量、冷量或机械功的损失,应采用合适的绝热措施,避免排出大量热的或冷的产品、质量分离剂等。

③避免做过于安全的设计和没有必要使分离过程过度的实际操作,对于生产能力变动的装置,则寻求有效调节范围的设计。

④寻求有效的控制方案,以降低不稳定操作时的过量能耗和减少由于能量积累所引起的相互影响对过程的干扰。

⑤在过程构成中寻求有效能最大者(或成本费用最大者)作为首要对象,通过过程的改进以降低能耗。

⑥在相际转移时,优先分离出转移量少的而不是转移量多的组分。

⑦使用的换热器要适当,换热器如果较贵,就要寻找传热系数较高的。
⑧尽力减小质量分离剂的流量,只要选择性可以达到要求,优先选择 K_f 大的分离剂。
⑨只要好用,优先选择分离因子高的方案。
⑩避免将不相同组成温度的物流混合设计。
⑪分清不同形式的能量以及不同温度水平的冷量和热量的价值差别;加进和引出热量要使其温度水平接近于所需要的或是所具有的值,尽量有效地利用热源和热阱之间的整个温差,例如多效蒸发。
⑫对于在较小温差下输入热量来进行分离的过程,可以考虑使用热泵中的机械功。
⑬适当采用分级或逆流操作,以降低分离剂用量。
⑭当分离因子差不多时,优先选用能量分离剂过程,而其次选质量分离剂过程,同时,如有必要分级,则优先考虑平衡过程,其次才考虑速率控制过程。
⑮在能量分离剂过程中,优先选择那些相变化潜热较低的分离剂。
⑯如果压降在能耗方面占重要地位,应设法寻找能够有效降低压降的设备内件。

有效能是一个状态函数,把过程中所有组分的有效能放在一起,过程物流有效能的改变决定了过程净功耗。改进那些有效能损失最多的工序,在降低能量需求方面将最有收获。一个类似的方法是着眼于改进过程中价格最高的那个组成部分,以降低总费用。

9.4 分离过程系统合成

化工生产过程中通常包含多组分混合物的分离操作,如用于原料的预处理、产品分离提纯以及废物处理等。对于一个化工厂,分离过程的费用在全厂的投资费用和操作费用中占有较大的比重,单从能耗来看,分离过程(如蒸馏、干燥、蒸发等操作)的能耗在化工工业中约占30%,而设备投资费用则占总投资的50%~90%,因此,改进分离过程的设计与操作是非常重要的。如何选择最合理的分离方法,确定最优的分离序列,以降低其各项费用,是分离过程系统合成的目的。在工业上,分离过程系统合成所取得的实际效益仅次于换热器网络的合成。

分离过程系统合成问题可综述为:给定一进料流股,已知它的状态(流量、温度、压力和组成),系统化地设计能从进料中分离出所需要的产品的过程,并使系统费用最小。设计者面临两个问题:一是找出最优的分离序列和每一个分离器性能;二是对每一个分离器找出其最优的设计变量值,如结构尺寸、操作参数等。

9-1 微课:分离过程综合专业英语词汇

9.4.1 分离序列数

多组分分离序列的选择是化工分离过程常遇到的问题。目前广泛采用的是有一个进料和两个产品的分离塔,称为简单分离塔。将简单分离塔进料中各组分按相对挥发度的大小顺序排列,当轻、重关键组分为相邻组分,且二者的回收率均很高时,可认为是清晰分割。为使问题简单化,假设各塔均为清晰分离塔,并且进料的某一组分只出现在一个产品流中。对于分离四组分混合物为四个纯的单一组分产品的情况,则需要三个塔和五种不同的分离流程,如图9-6所示。若将含有 c 个组分的混合物分离成 c 个产品,就需要 $c-1$ 个塔。由 $c-1$ 个塔可能构成的顺序数 S_c 的计算公式可以这样导出:对顺序中的第一个分离塔,其进料含有 c 个组分,可以有 $c-1$ 种不同的分法。若第一个塔的塔顶产品含有 j 个组分,将这一产品继续进行分离可能有的分离序列数用 S_j 表示;塔釜产品有 $(c-j)$ 个组分,用 S_{c-j} 表示其分离序列数。将 S_j 与 S_{c-j} 相乘,即得第一分离塔一种分离法的分离序列数为 $S_j S_{c-j}$。故对 $c-1$ 种不同分法的分离序列总和为

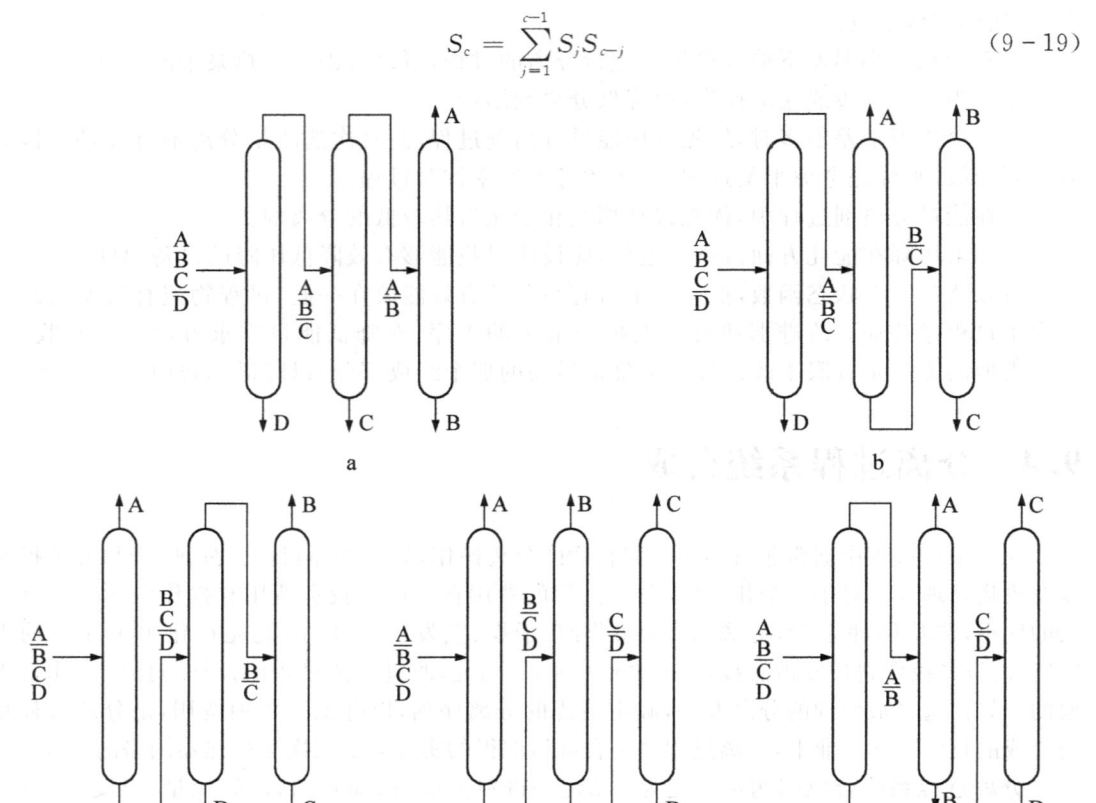

$$S_c = \sum_{j=1}^{c-1} S_j S_{c-j} \tag{9-19}$$

图 9-6　分离四组分混合物的五种流程

逐步推算获得各 S 值:对 $c=2$,已知只有一个分离序列,从式(9-19)可得 $S_2 = S_1 S_1 = 1$ 和 $S_1 = 1$;对 $c=3, S_3 = S_1 S_2 + S_2 S_1 = 2$;⋯;依此类推,可得表 9-1 中对于 $c \leqslant 11$ 的分离序列数。可以看出,分离序列数随组分数或产品流的增加而急剧增加。顺序数也可从如下的公式得到

$$S_c = \frac{[2(c-1)]!}{c!(c-1)!} \tag{9-20}$$

表 9-1　用简单分离塔分离时的分离塔数和分离序列数

组分数 c	各顺序中的分离塔数	顺序数 S_c	组分数 c	各顺序中的分离塔数	顺序数 S_c
2	1	1	7	6	132
3	2	2	8	7	429
4	3	5	9	8	1430
5	4	14	10	9	4862
6	5	42	11	10	16796

以上仅是对一种简单分离方法而言，若要考虑多于一种方法的分离情况，例如考虑采用质量分离剂的萃取精馏或恒沸精馏，则分离所需总顺序数 S 可按下式估算

$$S = T^{c-1} S_c \tag{9-21}$$

式中：T 为所考虑的不同分离方法数。例如 $c=4$，所考虑的分离方法为普通简单精馏、用苯酚的萃取精馏、用苯胺的萃取精馏及用甲醇的萃取精馏，一共四种方法。则从式(9-20)和式(9-21)得到可能的顺序数 $S=4^{4-1} \times 5=64 \times 5=320$ 种，即可能的顺序数为只考虑普通简单精馏时的 64 倍。如果还要考虑由于采用分离剂而引起的其他问题，如分离剂的回收和循环使用，以及对分离塔产品进行混调以得到最后产品所需要的浓度等，都可能会使顺序数增加更多。

9.4.2 分离序列的合成方法

多组分物料分离成多个纯组分产品需要采用多个塔。这些塔如何排列，哪个组分首先分出，这就是需要研究的问题。合理的流程安排对节能起着重要作用。

实际分离问题的可能分离序列往往很大，要从中选出最优序列是十分困难的。因此，人们提出了种种方法，以尽量缩小搜索空间，提高合成过程的效率。

分离序列合成的方法主要可分为三类：探试合成、调优合成、最优化合成。最优化合成和探试合成适用于无初始方案下的分离序列合成。探试合成得到的分离序列有时是局部最优解和近似最优解，因此，其中大多数方法必须与调优合成结合，派生出一些方法，如探试调优合成。调优合成只适用于有初始方案时的合成问题。初始方案的产生可依赖于探试合成或现有生产流程，因此调优合成更适用于对老厂的技术改造和挖潜革新。

1. 探试合成法

探试法实际上就是经验法，是人们根据探试规则来合成分离序列的方法，是根据多年积累的经验和对过程的热力学性质进行半定量分析所得的结论。

到目前为止，探试规则仅适用于简单清晰切割塔，即只有一个进料、两个出料，进料组分只出现在一个出料塔中的精馏塔。根据探试规则得到的较优分离序列，可以进一步研究有无可能采取侧线出料、中间再沸器或中间冷凝器等节能措施。对于普通精馏塔组成的塔序，可以从以下探试规则加以考虑：

①按相对挥发度递减的顺序逐个从塔顶分离出各组分。

当混合物中某些组分的沸点低于常温时，一些塔就必须在加压条件下操作或使用冷冻剂作为冷凝器的冷却介质。按本条规则设计流程，将最难冷凝的组分首先分离出，在后续塔的馏出液中均无更多低沸点组分存在。这样，也可以提高相应塔的冷凝器温度或降低操作压力，减少低温或高压塔的数量。

②最难的分离应放在塔序的最后。

关键组分的相对挥发度越接近于 1，物系越难分离，所需的回流比越大。若有非关键组分存在，由此引起的蒸气流量增加。另一方面，当有比轻关键组分更轻的组分进入最难分离的系统时，塔顶温度最低，不仅增加了冷量的消耗，而且提高了冷量的等级；而当有比重关键组分更重的组分进入系统时，则将提高塔釜温度，增大了塔顶和塔釜的温差。可见，非关键组分的存在使塔顶、塔釜的温差和蒸气流量都增加。精馏过程所消耗的净功耗与级间流率、

塔顶温度与塔釜温度的倒数之差成比例。因此,应该先分离非关键组分,把最难分离的塔放在最后。

③应使每个塔的馏出液与釜液的摩尔流率尽量接近。

在一定进料状态和分离要求下,精馏塔塔顶回流量和塔釜蒸发量是不能独立调整的。若馏出液的摩尔流率比釜液的小得多,则精馏段的 L/V 值就必定比提馏段的 V'/L' 值更接近于1,即精馏段的操作线比提馏段的操作线更接近对角线,此时精馏段的热力学效率降低。如馏出液的摩尔流率与釜液的相近,则精馏段和提馏段的内回流比较均衡,操作的可逆性好,分离所需能量将减小。

④回收率要求高的分离应放在最后。

达到高纯度或高回收率并不需要高回流比,但却需要较多的理论板数。但当达到一定纯度后,理论板数增加变缓。当有非关键组分存在时,级间流率增大,从而使塔径增大,对于板数多的塔,增大塔径将显著增加设备投资费用。因此,应先除去非关键组分,把回收率要求高的塔放在最后。

⑤进料中含量高的组分尽量提前分出。

若进料中某一组分的含量很大,即使它的挥发度不是各组分中最大的,一般也应将它提前分出,这样有利于减小后续各塔的直径和再沸器的负荷。

⑥有害组分应先分出。

若进料中含有强腐蚀性、热敏性等组分,为降低对后续设备材料的要求,或为易于控制操作温度、保证产品质量,应尽早将这些组分分出。

⑦进入低温分离系统的组分尽量少。

对于各组分沸点相差很大的混合物,若有组分需在冷冻条件下进行分离,应使进入冷冻系统或冷冻等级更高的系统的组分数尽量减小。温度较低,制冷所消耗的功越大,价格也越贵。

上述各条经验规则在实际中常常相互冲突。针对具体物系设计时需要对若干不同方案进行对比,以明确具体条件下的主要影响因素。这些经验规律的真正作用是剔除那些明显不合理的方案,缩小可选方案的范围,以利于选择合适的方案。

2. 调优合成法

调优合成法是以某个初始的流程为基础,经过一系列修正而合成接近最优系统的方法。其具体步骤为:

①利用已有的流程,或者根据探试规则确定初步流程。

②根据调优规则开发当前流程所允许的结构变化。

③对得到的各种结构变化进行分析,确定替代方案,选择其中最好的方案作为改进方案。

④以改进的方案为基础,再进行分析,做进一步的改进,如此反复进行直到不再改动为止。每一个修改的方案是在前一方案的基础上进行的。

用于产生一个分离序列所允许的机构变化的调优规则应当具有下列特征:

①有效性。根据调优规则所产生的所有分离序列都应当是可行的。

②完备性。从任意初始流程开始,反复应用调优规则能产生所有可能的流程。

③直观合理性。根据调优规则所产生的流程与当前进行调优的流程没有显著的区别。

下列两条规则完全满足上述三项要求。

规则1：将一个分离任务移至所在分离序列的前一个位置。
规则2：改变一个分离任务的分离方法。

用探试规则产生初始流程，再用调优法加以改进，是有经验的设计工程师常用的过程合成方法，但调优的速度和质量在很大程度上依赖于设计人员的素质和经验。

9.4.3 复杂塔的分离序列

尽管用经验法和更严格的塔序合成技术可确定较好甚至是最优的塔序，其热能的消耗仍然是比较大的。基于节能和热能综合利用的考虑，在简单分离塔原有功能的基础上加上多段进料、侧线进料、预分馏、侧线精馏、侧线提馏和热偶合等组合方式构成复杂塔及包括复杂塔在内的塔序，力求降低能耗。

图9-7表示出用精馏法分离三元物系的各种方案。组分A、B、C不形成恒沸物，其相对挥发度顺序为 $\alpha_A > \alpha_B > \alpha_C$。方案a和b为简单分离塔序，在第一塔中将一个组分（分别为A和C）与其他两个组分分离，然后在后续塔中分离另外的两个组分。图9-7收入这两个方案a、b的目的是便于其他方案与其比较。现分别讨论其他复杂塔分离方案。

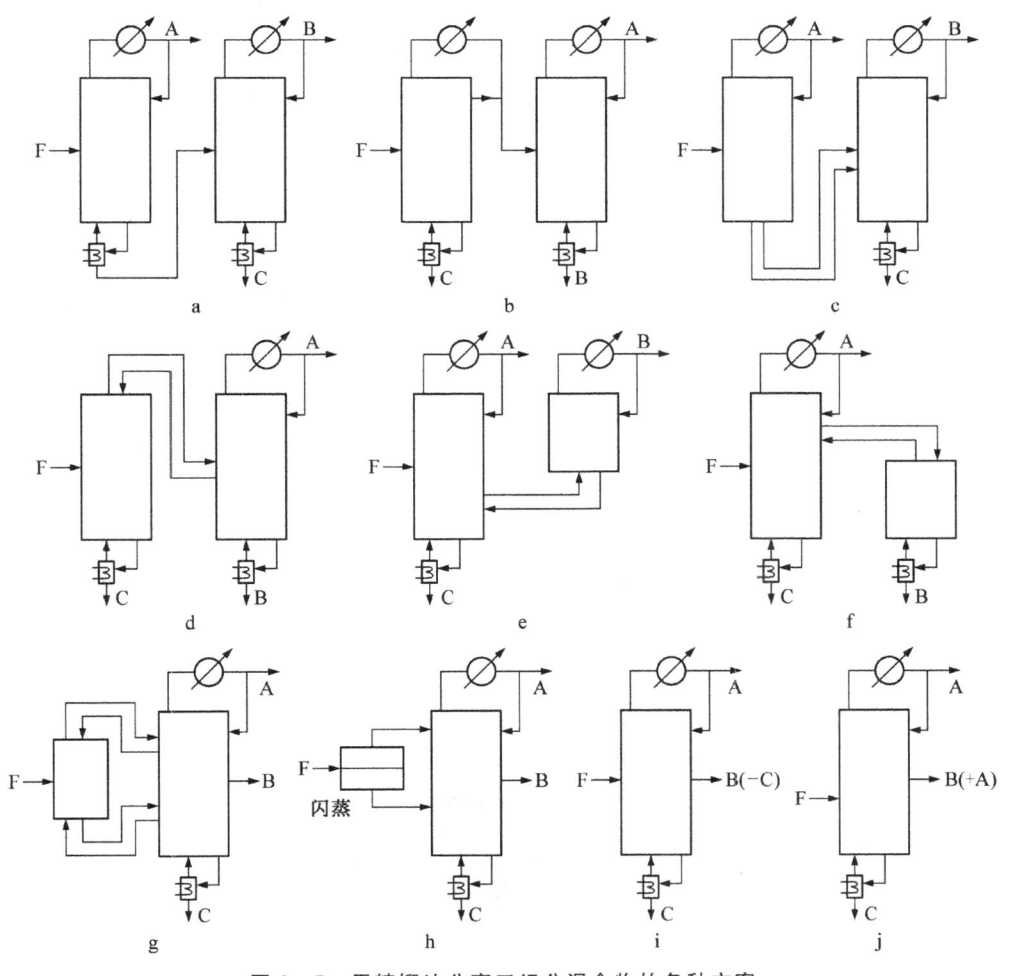

图9-7 用精馏法分离三组分混合物的各种方案

方案 a 为简单分离塔序,在第一个塔中将组分 A 与其他两个组分分离。应用条件：A 的含量远大于 C。

方案 b 类似于方案 a,为简单分离,第一个塔中将组分 C 与其他两个组分分离。应用条件：A 的含量远小于 C。

方案 c 中第一塔的作用及应用条件与方案 a 的相似,但再沸器被省掉了。釜液送往后续塔作为进料,上升蒸气由后续塔返回气提塔。该偶合方式的优点是节省了一个再沸器,可降低设备费；缺点是开工和控制比较困难。

方案 d 为类似于方案 c 的偶合方式,是对方案 b 的修正,其作用及应用条件与方案 b 的相似。该偶合方式的优点是节省了一个冷凝器,可降低设备费；缺点同方案 c。

方案 e 为在主塔(即第一塔)的提馏段以侧线采出中间馏分(B+C),再送入侧线精馏塔提纯,塔顶得到纯组分 B,釜液返回主塔。应用条件：B 的含量较少,A 的含量远大于 C。

方案 f 与方案 e 的区别在于侧线采出口在精馏段,故中间馏分为 A 和 B 的混合物,侧线提馏段的作用是从塔釜分离出纯组分 B。应用条件：B 的含量较少,A 的含量远低于 C。

方案 g 为热偶合系统(亦称 Petyluk 塔)第一塔起预分馏作用。由于组分 A 和 C 的相对挥发度大,可实现完全分离。组分 B 在塔顶、塔釜均存在。该塔不设再沸器和冷凝器,而是以两端的蒸气和液体物流与第二塔沟通起来。在第二塔的塔顶和塔釜分别得到纯组分 A 和 C。产品 B 可以按任何纯度要求由塔中侧线采出。如果 A-B 或 B-C 的分离较困难,则需要较多的塔板数。热偶塔的能耗是最低的,但开工和控制比较困难。当 B 的含量高,而 A 和 C 两者的含量相当时,则热偶合方案 g 常是可取的。

方案 h 与方案 g 的区别在于 A-C 组分间很容易分离,故用闪蒸罐代替第一塔即可,简化成单塔流程。

方案 i 与其他流程不同,采用单塔和提馏段侧线出料。采出口应开在组分 B 浓度分布最大处。该法虽能得到一定纯度的 B,却不能得到纯 B。h 和 i 的区别为从精馏段侧线采出。当 C 的含量少,同时(或者)C 和 B 的纯度要求不是很严格时,则方案 i 是有吸引力的。

方案 j 与方案 i 类似,采用单塔和精馏段侧线出料。采出口应在组分 B 浓度分布最大处。当 A 的含量少,同时(或者)A 和 B 的纯度要求不是很严格时,方案 j 是有吸引力的。

根据研究和经验可推断,这些方案还必须与方案 b(C 的含量远大于 A)和方案 a(C 的含量比 A 少或相仿)加以比较。

应该指出,上述分析不限于一个分离产品中只含有一个组分的情况,它也适用于将多种组分的混合物分离成三种不同产品的分离过程。此外,对于具有更多组分的系统,可能的分离方案数量将按几何级数增加,选择塔序的问题变得十分复杂。

9.5 氯化苯硝化反应产物分离

9-2 氯化苯硝化反应产物分离

9.6 甲醛酯和乙醇酯分离技术

9-3 甲醛酯和乙醇酯分离技术

▶▶▶ 参考文献 ◀◀◀

[1] 刘芙蓉,金鑫丽,王黎.分离过程及系统模拟.北京:科学出版社,2001.
[2] 刘家祺.传质分离过程.北京:高等教育出版社,2005.
[3] Dryden I G C. The Efficient Use of Energy. Oxford: Butter Worth Scientific,1982.
[4] 靳海波,徐新,何广湘.化工分离过程.北京:中国石化出版社,2008.
[5] King C J. Separation Processes. 2nd ed. New York: McGraw-Hill,1980.
[6] Henley E J, Seader J D. Equilibrium-Stage Separation Operation in Chemical Engineering. New York: John Wiley & Sons,1981.
[7] 顾正桂.化工分离单元集成技术及应用.北京:化学工业出版社,2010.

▶▶▶ 习 题 ◀◀◀

1. 含乙烯32.4%的乙烯-乙烷混合物于2MPa压力下进行蒸馏,塔顶为纯乙烯,温度为239K,塔釜为纯乙烷,温度为260K,正常操作下,塔釜加入热量为8800kJ/kg的乙烯。试计算分离净功耗及热力学效率。

2. 设空气中含氧21%(体积分数,下同),若在25℃下将空气可逆分离成含95% O_2 的气氧和含99% N_2 的气氮,计算该分离最小功。

3. 证明等温分离二元理想气体混合物为纯组分,其最小功函数的极大值出现在等摩尔组成进料的情况。

4. 有效能的损失是由什么原因引起的?如何减小有效能损失?

5. 精馏过程的不可逆性表现在哪些方面?节省精馏过程能耗有哪些措施?

6. 用普通精馏塔分离来自加氢单元的混合烃类。进料组成和相对挥发度数据如下表所示,试确定两个较好的流程。

组 分	进料流率/(kmol/h)	相对挥发度	组 分	进料流率/(kmol/h)	相对挥发度
丙烷(C_3)	10.0	8.1	丁烯-2(B2)	187.0	2.7
丁烯-1(B1)	100.0	3.7	正戊烷(C_5)	40.0	1.0
正丁烷(nB)	341.0	3.1			

7. 将含50%(摩尔分数,下同)氢气和50%甲烷的混合气体在300K下连续分离成两个气体产品,其中氢气的纯度≥90%,回收率为90%,产品的温度、压力与进料温度、压力相等。
(1) 如果 T_H=300K,求热力学可逆过程的净功耗。
(2) 若用单级连续冷冻分离法,求净功耗。若用理想换热,求热力学效率。

8. 乙醇-苯-水系统在101.3kPa,64.86℃下形成恒沸物,其组成为22.8%(摩尔分数,下同)乙醇(1)、53.9%苯(2)和23.3%水(3),利用恒沸点气相平衡组成与液相组成相等这样的有利条件计算在64.86℃下等温分离该恒沸混合液为三个纯液体产物所需的最小功。